内容简介

本书系统论述概率论和统计学的概念、方法、理论及其应用,是一部为高等院校本科生学习概率论和数理统计而编写的教材或教学参考书. 本书不仅提供了这个学科领域的基本内容,而且叙述了在日常生活、自然科学、技术科学、人文社会科学及经济管理等各方面的应用例子. 全书分为两册: 概率论分册和统计学分册. 概率论分册共五章,内容包括: 随机事件与概率,随机变量与概率分布,随机向量,概率极限定理,随机过程. 统计学分册共五章,内容包括: 统计学中的基本概念,估计,假设检验,回归分析,统计决策和贝叶斯分析简介. 本书恰当处理逻辑严谨性与生动直觉的辩证关系,使学生既有严谨的抽象思维能力,又对随机现象具有直觉想象力;认真贯彻理论联系实际,应用举例贴近时代生活;概率论部分强调了随机现象在社会生活和科学技术中的广泛性及所具有的内在规律,统计学部分则强调了其数据处理的功能,二者都以认识随机性、恰当处理随机性(包括决策和行动)为目标;内容选取上注意对难点进行化解,叙述通俗易懂,结构层次分明,使学生易于理解与掌握.

本书可作为高等学校理工类本科学生的教材或教学参考书,也可供经济管理和财经类等有关专业的研究生和从事统计计算的科技人员阅读.

北京大学数学教学系列丛书

概率与统计

（第二版）

（概率论分册）

陈家鼎　郑忠国　编著

图书在版编目(CIP)数据

概率与统计. 概率论分册/陈家鼎,郑忠国编著. —2 版. —北京:北京大学出版社,2017.7

(北京大学数学教学系列丛书)

ISBN 978-7-301-28410-0

Ⅰ. ①概… Ⅱ. ①陈… ②郑… Ⅲ. ①概率论—高等学校—教材 ②数理统计—高等学校—教材 Ⅳ. ①O21

中国版本图书馆 CIP 数据核字(2017)第 131462 号

书　　名 概率与统计(第二版)(概率论分册)
GAILÜ YU TONGJI

著作责任者 陈家鼎　郑忠国　编著

责任编辑 曾琬婷

标准书号 ISBN 978-7-301-28410-0

出版发行 北京大学出版社

地　　址 北京市海淀区成府路 205 号　100871

网　　址 http://www.pup.cn

电子信箱 zpup@pup.cn

新浪微博 @北京大学出版社

电　　话 邮购部 62752015　发行部 62750672　编辑部 62767347

印 刷 者 三河市北燕印装有限公司

经 销 者 新华书店

890 毫米×1240 毫米　A5　10.25 印张　330 千字

2007 年 8 月第 1 版

2017 年 7 月第 2 版　2023 年 3 月第 3 次印刷

定　　价 36.00 元

作者简介

陈家鼎 北京大学数学科学学院教授、博士生导师，1959年毕业于北京大学数学力学系. 长期从事数理统计的教学和科研工作，研究方向是不完全数据的统计推断、序贯统计及其在可靠性工程上的应用，发表论文50多篇. 曾任北京大学概率统计系系主任、北京大学数学科学学院副院长、中国概率统计学会理事长、中国统计学会副会长. 主持完成"序贯分析""生存分析与可靠性的若干前沿问题"等多项国家自然科学基金和教育部博士点基金项目. 主编的教材《数理统计学讲义》获国家教委优秀教材一等奖(高等教育出版社，1995). 与郑忠国等合作的项目"可靠性评定的数学理论与应用"获北京市科技进步二等奖(2002).

郑忠国 北京大学数学科学学院教授、博士生导师，1962年毕业于北京大学数学力学系，1965年北京大学研究生毕业. 长期从事数理统计的教学和科研工作，研究方向是非参数统计、可靠性统计以及统计计算，发表论文近百篇. 主持完成国家自然科学基金项目"不完全数据统计理论及其应用(1999—2001)"，教育部博士点基金项目"应用统计方法研究"和"工业与医学中的应用统计研究"等. 研究项目"随机加权法"获国家教委科技进步二等奖. 出版的教材有《高等统计学》(北京大学出版社，1995).

序　言

自 1995 年以来，在姜伯驹院士的主持下，北京大学数学科学学院根据国际数学发展的要求和北京大学数学教育的实际，创造性地贯彻教育部“加强基础，淡化专业，因材施教，分流培养”的办学方针，全面发挥我院学科门类齐全和师资力量雄厚的综合优势，在培养模式的转变、教学计划的修订、教学内容与方法的革新，以及教材建设等方面进行了全方位、大力度的改革，取得了显著的成效. 2001 年，北京大学数学科学学院的这项改革成果荣获全国教学成果特等奖，在国内外产生很大反响.

在本科教育改革方面，我们按照加强基础、淡化专业的要求，对教学各主要环节进行了调整，使数学科学学院的全体学生在数学分析、高等代数、几何学、计算机等主干基础课程上，接受学时充分、强度足够的严格训练；在对学生分流培养阶段，我们在课程内容上坚决贯彻“少而精”的原则，大力压缩后续课程中多年逐步形成的过窄、过深和过繁的教学内容，为新的培养方向、实践性教学环节，以及为培养学生的创新能力所进行的基础科研训练争取到了必要的学时和空间. 这样既使学生打下宽广、坚实的基础，又充分照顾到每个人的不同特长、爱好和发展取向. 与上述改革相适应，积极而慎重地进行教学计划的修订，适当压缩常微、复变、偏微、实变、微分几何、抽象代数、泛函分析等后续课程的周学时. 并增加了数学模型和计算机的相关课程，使学生有更大的选课余地.

在研究生教育中，在注重专题课程的同时，我们制定了 30 多门研究生普选基础课程(其中数学系 18 门)，重点拓宽学生的专业基础和加强学生对数学整体发展及最新进展的了解.

教材建设是教学成果的一个重要体现. 与修订的教学计划相配合，我们进行了有组织的教材建设. 计划自 1999 年起用 8 年的时间修订、编写和出版40余种教材.这就是将陆续呈现在大家面前的“北京大学数学教学系列丛书”.这套丛书凝聚了我们近十年在人才培养方面的思考,记录了我们教学实践的足迹,体现了我们教学改革的成果,反映了我们对新世纪人才培养的理念,代表了我们新时期的数学教学水平.

经过20世纪的空前发展,数学的基本理论更加深入和完善,而计算机技术的发展使得数学的应用更加直接和广泛,而且活跃于生产第一线,促进着技术和经济的发展,所有这些都正在改变着人们对数学的传统认识.同时也促使数学研究的方式发生巨大变化.作为整个科学技术基础的数学,正突破传统的范围而向人类一切知识领域渗透.作为一种文化,数学科学已成为推动人类文明进化、知识创新的重要因素,将更深刻地改变着客观现实的面貌和人们对世界的认识.数学素质已成为今天培养高层次创新人才的重要基础.数学的理论和应用的巨大发展必然引起数学教育的深刻变革.我们现在的改革还是初步的.教学改革无禁区,但要十分稳重和积极;人才培养无止境,既要遵循基本规律,更要不断创新.我们现在推出这套丛书,目的是向大家学习.让我们大家携起手来,为提高中国数学教育水平和建设世界一流数学强国而共同努力.

张 继 平

2002年5月18日

于北京大学蓝旗营

第二版前言

本书第二版对第一版进行了少量修改和补充,改动不大.概率论部分主要修订内容是:修改了个别不妥的文字和不正确的数字;举例说明强大数律与大数律的差别;对于初学者来说过于困难的几道习题,有的予以删除,有的予以改换.统计学部分主要是对原书中的笔误做了改正,对某些地方的表达方式做了一些修正,使得表达更精确和通顺.另外,由于统计学是面向实际应用的学科,近年来出现许多新方法,十分热门和流行.在第六章中,我们介绍了“大数据”这一方向,阐明它与统计学的关系,希望引起读者对这一当今热门对象的关注.在回归分析变量选择部分,我们还介绍了近年出现的 Lasso 方法,希望引起关注.

另外,考虑到现今许多高等院校理工类本科“概率论与数理统计”课程已改为“概率论”和“统计学”两门课程,本次修订我们将全书分为概率论分册和统计学分册,以满足课程改革的需要.

我们要特别强调的是,第二版和第一版一样,是为高等学校各专业本科学生学习“概率论与数理统计”而编写的教材,只要求学生预先学过“微积分”和“线性代数”的基础知识,不要求较深的数学知识(如实变函数、测度论).但有一些内容打上 * 号或小字排印,这些内容或者难度较大,或者涉及较深的数学知识,均不属于教学大纲的范围,只供有余力的学生进一步学习时参考.

陈家鼎　郑忠国

2015 年 11 月

第一版前言

概率论是研究自然界、人类社会及技术过程中随机现象的数量规律的一门数学. 数理统计学则是以概率论为指导,研究如何有效地收集和分析数据,以对所考查的问题进行推断或预测,直至为采取一定的决策和行动提供依据和建议. 随着现代科学技术的迅速发展和人类生活条件的不断改进,概率论和数理统计学得到了蓬勃的发展. 二者不仅形成了系统的理论,而且在自然科学、人文社会科学、工程技术及经济管理等方面有越来越广泛的应用. 很多院校都开设"概率论"课、"数理统计"课或"概率统计"课.

最近几年我们二人一直担任北京大学数学科学学院为全校本科生开设的基础课程——"概率论"和"数理统计"的教学工作. 这两门课各有 60 学时,学生来自文科、理科和医科的多个不同院系. 本书正是在我们讲稿的基础上经过修改、扩充而成的,其中第一章至第五章由陈家鼎编写,第六章至第十章由郑忠国编写.

我们在编写过程中参考了国内外已有的特别是近十年出版的多部优秀教材(见本书的参考文献),注意吸收这些教材中好的讲法和具体例子. 我们在编写中注意了下面三点:

(1) 恰当处理逻辑严谨性与生动直觉的关系,使学生既有严谨的抽象思维能力又有概率统计的直觉与对随机性的想象力. 通过各方面的例子介绍有关的概念、方法和定理的实际含义,注意引导学生的思维从直觉和想象上升到科学的抽象. 例如,既介绍了概率的"频率定义"和"主观定义",又介绍了"公理化定义",说明后者是在前者基础上的科学抽象. 先介绍随机变量的直观含义和直观描述,然后介绍随机变量的严格定义. 在介绍数学期望时先用加权平均的思想介绍离散型随机变量的期望,然后对一般的随机变量用离散型随机变量逼近的办法定义期望. 对每个定理都给出确切的论述,能不用测度论证明的尽量写出证明,但由于教学时数的限制,许多证明打上 * 号或用小字排印,不要求学生掌握.例如,对"两个随机变量之和的期望等于两个随机变量的期望之和"这一重要定理,我们在正文中只叙述了结论,但其详细证明则放在附录里小字排印.对"中心极限定理"和有关充分统计量的"因子分解定理"则不叙述证明.

(2) 认真贯彻理论联系实际的原则.既要使学生掌握概率和统计的基本理论,又要使学生认识这些理论如何灵活运用于实际,从而培养学生解决实际问题的能力.要做到这一点,必须要用心地列举贴近时代生活的,使学生感兴趣的多方面的应用例子.本书努力朝这个方向做.除了叙述日常生活、工业、商业、医学及管理等方面的典型应用例子(包括一些著名例子)外,还介绍一些较复杂的灵活应用例子.例如,第一章中作为独立试验序列的应用,介绍了乒乓球赛制的概率分析;第二章讲述随机变量取值的分散性时,除了"方差"外还介绍了经济学中常用的"基尼系数";在讲述正态分布的性质之后,介绍了当今工业质量管理工作中广泛关注的"6σ";第九章中作为回归分析的应用介绍了高考作文评分的监控方法,等等.

本书特别注重对理论联系实际的难点进行化解.例如,对"假设检验",避免单纯从逻辑推理进行论述,着重从多方面的应用实例说明假设检验问题的提法、零假设的设置及两类错误的概率.把实际中的检验问题分成两大类:决策性检验问题和显著性检验问题.有些检验问题强调控制第一类错误的概率(例如第八章例 1.4),有些检验问题则重点在控制第二类错误的概率(例如第八章例 1.5).本书还用一定篇幅介绍 p 值的概念和用法.又如,介绍"回归分析"的应用时把自变量分为两类:可控制的和不可控制的,把自变量和反应变量之间的关系分为两类:因果关系和非因果性的相关关系.本书还特别关注数据的来源和变量的性质.

(3) 在叙述方法与内容编排上注意基本内容与进一步内容、重点与非重点的界限,力求做到层次分明,便于教和学.我们认为,大学教材应比教学大纲规定的多一些,更应比课堂实际讲授的多一些.这样做有利于教师根据实际情况灵活掌握,有利于学生课外阅读,使有余力的学生可以选学更多的东西.本书中凡打 * 号和小字排印的部分均不是基本内容,不要求学生掌握.有些内容虽未标上 * 号也非小字排印,教师也可根据实际情况确定为非基本内容.

本教材虽是按两学期的教学安排("概率论"课一学期,"数理统计"课一学期)编写的,但是也可作为一学期的"概率统计"课的教材. 作为后者使用时,应选定书中最基本的部分. 笔者建议选择下列内容:

第一章(不含§1.7),第二章(不含§2.8),第三章(不含§3.7,§3.8),第四章§4.2和§4.3的部分内容,第五章的§5.1,第六章,第七章的§7.1,§7.5,第八章的§8.1,§8.2,§8.4中关于正态总体参数的检验方法,§8.6中的χ^2检验,第九章的§9.1,§9.2及§9.3至§9.5中方法的应用部分,第十章的§10.1.

北京大学出版社刘勇和曾琬婷同志对本书的出版付出了辛勤的劳动,我们在此向他们表示感谢.

由于我们水平有限,本书一定有不少缺点和谬误,欢迎读者和专家批评指正.

陈家鼎　郑忠国

2007年6月于北京大学数学科学学院

目　　录

第一章　随机事件与概率

§1.1　随机事件及其概率

在自然科学里，大家都很熟悉的许多定律（或规律）往往可以陈述为这样一种形式：

"在一组条件 S 之下，某事件 A 必然发生."

例如：(1) 在标准大气压下，纯水加热至 100℃ 必然开始汽化.

(2) 真空中初速为 0 的物体，在重力作用下经过时间 t（单位：s）下落的距离一定是 $\frac{1}{2}gt^2$（这里 g 是重力加速度）.

(3) 在真空中，光的传播速度为定值.

(4) 在室温（10℃ 至 40℃）下，生铁肯定不能熔化.

上述陈述方式是一种"确定性"的判断，它断言在一组条件 S 下，某事件 A 必然发生. 我们以后就把这种在条件 S 之下必然发生的事件叫作条件 S 之下的**必然事件**.

但是，我们在日常生活、实际工作和科学研究中，遇到更多的判断不是属于上面那种类型，而具有这样的形式：

"在一组条件 S 之下，某事件 A 可能发生也可能不发生."

例 1.1　北京的冬季（条件 S）至少降两次雪（事件 A）.

例 1.2　从一批含有次品的产品中随便抽一件，遇到次品.

例 1.3　某射手向远处的小目标射击一发子弹，命中目标.

例 1.4　在桌面上投掷一枚匀称的硬币，出现国徽朝上.

这里的事件"至少降两次雪""遇到次品""命中目标""国徽朝上"都不是必然事件. 事情很明显：北京有的年份冬季只降过一次雪；随便抽一件产品，可能遇到正品；一个射手无论他的技术水平多高，对远处的小目标不能保证一定打中；硬币既然匀称，当然也会出现国徽朝下的情形.

这种在条件 S 之下可能发生也可能不发生的事件 A，我们称之为**偶然事件**.

偶然事件也叫偶然现象，是我们经常碰到的. 偶然事件的发生与否虽然不能预先知道，但各种偶然事件发生的可能性是有大小之分的. 一个偶然事件，其发生的可能性的大小，是这个事件在条件 S 下的固有属性，并不依赖于人们的主观意志. 事实上，从我们日常生活和科学实验中已经逐渐积累了这种经验，只是没有严格地给予数量刻画而已. 例如，上述的例 1.1 至例 1.4 都涉及偶然事件，但我们知道，北京的冬季至少降两次雪的可能性是很大的，比起掷硬币时出现"国徽朝上"的可能性要大. 至于例 1.2 和例 1.3 就要具体分析了. 如果那批产品中次品多，则抽到次品的可能性就大；类似地，如果射手水平高，则命中目标的可能性就大. 这种体验人皆有之. 这表明，偶然事件发生的可能性的大小是客观存在的，是由该事件与条件 S 的内在联系所决定的. 怎样刻画偶然事件发生的可能性的大小呢？我们用区间 $[0,1]$ 中的一个数来刻画，并把这个数叫作该偶然事件的概率，概率越大表示可能性越大. 给定条件 S 及事件 A，怎样定义与计算 A 的概率呢？这个问题的回答不简单，需要考虑两种不同类型的前提条件.

首先考虑条件 S 可以不断重复实现的情形.

定义 1.1　在不变(或基本不变)的一组条件 S 之下，重复做 n 次实验(或观测，下同)，设 μ 是 n 次实验中事件 A 发生的次数. 如果对于大量的实验(即 n 很大)，发生的频率 $\frac{\mu}{n}$ 稳定地在某一数值 p 左右摆动，而且随着实验次数的增多，一般说来这种摆动的幅度变小，则称 A 为**随机事件**(或称为有概率的事件)，并称数值 p 为随机事件 A 在条件 S 下发生的**概率**，记为 $P(A|S)=p$，或简写为 $P(A)=p$.

定义 1.1 也可简单地说成：发生的频率有稳定性的事件叫作随机事件，频率的摆动中心叫作该随机事件的概率.

定义 1.1 中的概率 $P(A)$ 就是随机事件 A 在条件 S 下发生的可能性大小的数量刻画. 大量实践表明，只要条件 S 能不变(或基本不变)地不断重复实现，事件 A 发生的频率一般都有稳定性，因而事件 A 一般都是随机事件，即是有概率的事件.(见注 1)

注 1 为了使读者更清楚地理解事件发生的频率的稳定性，我们以掷硬币为例，列举历史上确实有过的实验记录(表 1.1.1). 从表 1.1.1 中容易看出，投掷次数越大，频率越接近 0.5.

表 1.1.1 掷硬币的实验记录

实验者	投掷次数	出现国徽朝上的次数	频率(μ/n)
德·摩根	2048	1061	0.5181
蒲丰	4040	2048	0.5069
皮尔逊	12000	6019	0.5016
皮尔逊	24000	12012	0.5005
维尼	30000	14994	0.4998

定义 1.1 本身也给出了计算概率的近似方法，即做大量的实验，计算事件发生的频率. 正如参考文献[2]中所指出的：“虽然得到的是近似值，但我们相信读者不至于因为现实生活中某一数值的获得只是些近似值而感到不实在. 事实上，我们周围许多量的测量完全是近似的，比如长度的概念并不会因为每次实测数据都是近似值而建立不起来，也不会因为温度计读数都是近似的而怀疑起温度的客观实在性.”(见注 2)

注 2 定义 1.1 只是给“概率”一个直观的大致描述，读者可能很不满足. 如何重复实现条件 S 不变(或基本不变)的实验？实验次数 n 要求多大才表现出频率稳定性？概率 p 究竟如何确定？这些问题很难在一般情形下有确切的回答(某些特殊情形除外). “概率”是现代科学中最基本的概念之一，像科学和哲学中的许多基本概念(例如物理学中的“力”、哲学中的“因果性”)一样，很难给出无懈可击的精确定义. 为了避免含糊不清，数学上将用公理化方法给“概率”下定义，它不直接回答“概率”是什么，而是把“概率”应具备的几条基本性质概括出来，把具有这几条性质的量叫作概率. 在此基础上展开概率的理论(见后面的§1.4). 至于所说的“概率”的实际意义仍要从定义 1.1 和下面的定义 1.2 来理解.

由于频率 $\dfrac{\mu}{n}$ 总介于 0,1 之间，从定义 1.1 知，对任何随机事件 A，有

$$0 \leqslant P(A) \leqslant 1.$$

我们可以把必然事件 A(即每次实验中皆发生的事件)看成随机事件的特殊情形，显然 $P(A)=1$；如果 A 是不可能事件(即必然不发生的

事件),则 A 也是随机事件,且 $P(A)=0$. 以后简称随机事件为事件.

下面介绍概率的主观定义. 在现实世界里,有一些事件是不能重复或不能大量重复的. 例如,有人在 2006 年问: 2008 年 10 月 1 日下雨的可能性有多大? 某医院的王大夫要对肺癌患者施行手术,患者家属问: 手术成功的可能性有多大? 这时不能用定义 1.1 来定义概率. 怎么办? 一些学者认为这样的事件不能定义概率; 另一些学者认为这样的事件可以定义概率,并且认为应该采用如下定义:

定义 1.2 在条件 S 下,一个事件的概率是人们根据已有的知识和经验对该事件发生的可能性所给出的个人信念,这种信念用区间 $[0,1]$ 中的一个数来表示,可能性大的对应较大的数.

定义 1.2 乃是概率的主观定义,所定义的概率叫作**主观概率**. 粗一看,概率的主观定义很不科学,"个人信念"的主观色彩太浓. 但仔细想一想,现实世界中却有一些"可能性大小"是由个人信念来确定的,而且这样确定的概率合乎实际,对于人们的决策和行动有重要的指导作用. 正如参考文献[8]中所说的,一个企业家在某年某月某日说"此项产品在未来市场上畅销的概率是 0.8",这里的 0.8 是根据他自己多年的经验和当时的一些市场信息综合而成的个人信念. 如果这位企业家经验丰富,又有多次成功的业绩,我们就可以相信"畅销的概率是 0.8". 又如,一位外科医生要对一位心脏病患者施行手术,他认为成功的概率是 0.9,这是他根据手术的难易程度、该病人的身体状况以及自己的手术经验综合而成的个人信念. 如果这位医生经验丰富,为人又好,人们就会相信"手术成功的概率是 0.9". 这样的例子很多. 可见,"主观概率"在一些情形下不可缺少,它是当事人对事件做了详细考查并充分利用个人已有的经验形成的"个人信念",而不是没有根据的乱说一通. 当然,"个人信念"毕竟是个人主观的东西,应该谨慎对待. 我们的态度是,在事件不能重复或不能多次重复的情形下,采用概率的主观定义(定义 1.2). 采用"主观概率"时,"个人信念"中的"个人"应是有经验的人、专家或专家组. 概率的主观定义乃是前面的频率定义(定义 1.1)的一种补充. (见注 3)

注 3 还应指出,概率既是可能性大小的度量,它不仅在自然科学、技术科学、社会科学中应用广泛,而且在思维科学中也起重要的作用. 大家知道,演绎法和归纳法是最重要的两种推理方法，二者相互补充，缺一不可. 演绎推理的特点是，前提 A 与结论 B 之间有必然关系：若 A 成立，则 B 一定成立；归纳推理的特点是，前提 A 与结论 B 之间有或然关系：若 A 成立，则 B 可能成立. 对于归纳推理（日常生活和科学研究中的大量推理属于归纳推理）来讲，“B 成立的可能性有多大”十分重要. 在 A 成立的条件下 B 成立的概率就是所谓从 A 到 B 的“归纳强度”，对归纳推理的深入研究离不开概率论. 本书后面要讲的“统计推断”就是一种归纳推理. 在归纳推理里，常常只说 B 成立的可能性有多大而不明确说出 A，其实 A 不可少，它是支持 B 成立的理由或证据. 概率 $P(B)$ 是 B 成立的可能性大小的度量，也是对 B 的“相信程度”的度量.（归纳推理是由个别的事物或现象推出该类事物或现象的普遍性规律的推理. 关于归纳推理，请参看金岳霖主编的《形式逻辑》（人民出版社，1979）的第 143～144 页及第 212～214 页.）

§1.2 事件的运算与概率的加法公式

我们常常看到，在一组条件 S 之下，有多个事件，其中有些是比较简单的，有些是比较复杂的. 分析事件之间的关系，特别是找出较简单事件与较复杂事件之间的关系，对于寻找某些事件（特别是一些较复杂的事件）的概率是很重要的. 因此，需要讨论事件之间的关系与运算，这里“运算”是指从一些事件出发得到另一事件的规则.

1. 事件的包含与相等

定义 2.1 设有事件 A 和 B. 如果 A 发生，则 B 必发生，那么称事件 B **包含**事件 A（或称 A 包含在 B 中），并记为

$$A \subset B \quad (\text{或 } B \supset A).$$

例如，投掷两枚匀称的硬币，令 A 表示“恰好一枚国徽朝上”，B 表示“至少一枚国徽朝上”，显然有 $A \subset B$.

定义 2.2 如果事件 A 包含事件 B，同时事件 B 也包含事件 A，则称事件 A 与 B **相等**（或称等价），并记为 $A=B$.

显然，$A=B$ 的含义是：事件 A 发生当且仅当事件 B 发生.

2. 事件的并与交

定义 2.3 设 A 和 B 都是事件，则“A 或 B”表示这样的事件 C：C

发生当且仅当 A 和 B 中至少有一个发生. 这个事件 C 叫作 A 与 B 的**并**,记为 $A\cup B$.

例 2.1 在桌面上,投掷两枚匀称的硬币,A 表示"恰好一枚国徽朝上",B 表示"两枚国徽朝上",C 表示"至少一枚国徽朝上",则

$$C=A\cup B.$$

例 2.2 在桌面上(或碗里)投掷两颗骰子(骰子是正六面体,各面标有一些点子,点子数分别是 1,2,3,4,5,6),我们考查投掷后骰子朝上那一面所出现的点数. 设 $A=$"一颗骰子出现的点数不少于 2,另一颗骰子出现的点数是偶数",$B=$"一颗骰子出现的点数不超过 2,另一颗骰子出现的点数是偶数",$C=$"至少有一颗骰子出现的点数是偶数",则不难看出,$A\cup B=C$.

注意,"A 或 B"中的"或"是可兼的"或",就是说,当 A 和 B 都发生时也认为"A 或 B"发生.

对于"并"运算,显然有下列性质:

$$A\cup B = B\cup A; \tag{2.1}$$

$$A\cup U = U, \quad A\cup V = A. \tag{2.2}$$

(我们恒用 U 表示必然事件,V 表示不可能事件.)

定义 2.4 设 A 和 B 都是事件,则"A 且 B"表示这样的事件 C: C 发生当且仅当 A 和 B 都发生. 这个事件 C 叫作 A 与 B 的**交**,记为 $A\cap B$,也简记为 AB.

例如,在例 2.1 中,$A\cap C=A$,$B\cap C=B$,$A\cap B=V$;在例 2.2 中,$A\cap C=A$,$B\cap C=B$,$A\cap B=$"一颗骰子出现的点数是 2,另一颗骰子出现的点数是偶数".

注意,"A 且 B"中的"且"就是"而且",从我们的定义推知

$$A\cap B = B\cap A; \tag{2.3}$$

$$A\cap U = A, \quad A\cap V = V. \tag{2.4}$$

(2.3)式表明,"A 且 B"与"B 且 A"是相等的事件. 这与日常生活语言里"而且"的用法有所不同. 例如,"她结了婚,而且有了孩子"与"她有了孩子,而且结了婚"这两句话可能有差异,但对于"交"运算来讲,却不管这种差异,不管"有孩子"与"结婚"的先后.

3. 事件的余与差

定义 2.5 设 A 是事件，称“非 A”是 A 的**对立事件**（或称**余事件**），其含义是：“非 A”发生当且仅当 A 不发生. 常常用 $\overline{A}$ 表示“非 A”，也用 A^c 表示“非 A”.

例如，在桌面上投掷两枚硬币，事件“至少一枚国徽朝上”就是事件“两枚都是国徽朝下”的对立事件.

从定义知

$$\overline{(\overline{A})} = A,\quad \overline{U} = V,\quad \overline{V} = U. \tag{2.5}$$

换句话说，A 是 $\overline{A}$ 的对立事件，U 和 V 互为对立事件. 易知 A 和 $\overline{A}$ 不会同时发生，A 与 $\overline{A}$ 至少一个发生，因此有

$$A\cap\overline{A}=V,\quad A\cup\overline{A}=U. \tag{2.6}$$

定义 2.6 设 A 和 B 是两个事件，则两个事件的**差**“A 减去 B”表示这样的事件 C：C 发生当且仅当 A 发生而 B 不发生. 这个事件 C 记为 $A-B$（或 $A\backslash B$）.

从定义 2.2，定义 2.4，定义 2.5 和定义 2.6 知

$$A-B=A\cap\overline{B}.$$

我们举一个打靶的例子，帮助读者理解事件的几种运算.

事件 A 代表命中图 1.2.1(a)中的小圆内，事件 B 代表命中图1.2.1(b)

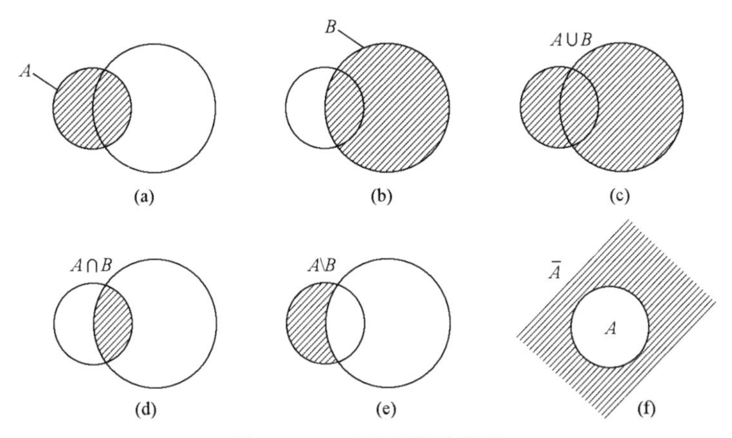

图 1.2.1 事件运算示意图

中的大圆内，则 $A\cup B$ 代表命中图 1.2.1(c)中的阴影部分，$A\cap B$ 代表命中图 1.2.1(d)中的阴影部分，$A-B$ 代表命中图 1.2.1(e)中的阴影部分，$\overline{A}$ 代表命中图 1.2.1(f)中的阴影部分(小圆之外).

4. 事件的运算规律

上述几种基本运算除了(2.1)式至(2.6)式这几条规律外，还有下列性质：

$$A\cup(B\cup C)=(A\cup B)\cup C \quad (“并”的结合律)； \tag{2.7}$$

$$(A\cap B)\cap C=A\cap(B\cap C) \quad (“交”的结合律)； \tag{2.8}$$

$$A\cap(B\cup C)=(A\cap B)\cup(A\cap C) \quad (分配律)； \tag{2.9}$$

$$A\cup(B\cap C)=(A\cup B)\cap(A\cup C) \quad (分配律)； \tag{2.10}$$

$$A\cup A=A, \quad A\cap A=A; \tag{2.11}$$

$$\overline{A\cup B}=\overline{A}\cap\overline{B} \quad (对偶律)； \tag{2.12}$$

$$\overline{A\cap B}=\overline{A}\cup\overline{B} \quad (对偶律). \tag{2.13}$$

这些等式都很易验证：先说明等号左边的事件发生时等号右边的事件必发生，再说明等号右边的事件发生时等号左边的事件必发生.

5. 多个事件的并与交

我们不难把上述两个事件的“并”与“交”的定义推广到多个事件的“并”与“交”上去.

定义 2.7　设 $A_1,\cdots,A_n$ 是 n 个事件，则“$A_1,\cdots,A_n$ 的并”是指这样的事件：它的发生当且仅当 $A_1,\cdots,A_n$ 中至少一个发生. 常常用 $\bigcup\limits_{i=1}^{n}A_i$ 表示“$A_1,\cdots,A_n$ 的并”.

定义 2.8　设 $A_1,\cdots,A_n$ 是 n 个事件，则“$A_1,\cdots,A_n$ 的交”是指这样的事件：它的发生当且仅当 $A_1,\cdots,A_n$ 这 n 个事件都发生. 用 $\bigcap\limits_{i=1}^{n}A_i$ 表示“$A_1,\cdots,A_n$ 的交”，也用 $A_1\cdots A_n$ 表示这个“交”.

基于实际工作和理论研究的需要，还要定义无穷多个事件的并与交.

定义 2.9　设 $A_1,\cdots,A_i,\cdots$ 是一列事件，B 是这样的事件：B 的发

生当且仅当这些 $A_i(i=1,2,\cdots)$ 中至少一个发生. 这个 B 叫作诸 A_i 的并，记为 $\bigcup\limits_{i=1}^{\infty} A_i$，有时也写为 $A_1 \cup A_2 \cup \cdots$.（见注）

注 "并"的更一般定义是：设 $\{A_\alpha, \alpha\in\Gamma\}$ 是一族事件（其中 Γ 是任何非空集，每个 $\alpha\in\Gamma$ 对应一个事件 A_α），这些 A_α 的"并"是指这样的事件 B：B 发生当且仅当至少一个 A_α 发生. 这个 B 常常记为 $\bigcup\limits_{\alpha\in\Gamma} A_\alpha$. 类似地，可以定义一族事件的交 $\bigcap\limits_{\alpha\in\Gamma} A_\alpha$.

例 2.3 一射手向某目标连续射击. 设 $A_1=$"第 1 次射击，命中"，$A_i=$"前 $i-1$ 次射击都未中，第 i 次射击命中"$(i=2,3,\cdots)$，$B=$"终于命中"，则从定义 2.9 知

$$B=\bigcup_{i=1}^{\infty} A_i.$$

定义 2.10 设 $A_1,\cdots,A_i,\cdots$ 是一列事件，C 为这样的事件：C 发生当且仅当这些 $A_i(i=1,2,\cdots)$ 都发生. 这个 C 称为诸 A_i 的交，记为 $\bigcap\limits_{i=1}^{\infty} A_i$，有时也记为 $A_1A_2\cdots$.

例 2.4 一射手向某目标连续射击. 设 $A_i=$"第 i 次射击，未命中目标"$(i=1,2,\cdots)$，则 $\bigcap\limits_{i=1}^{\infty} A_i=$"每次均未命中目标".

不难验证，多个事件的并和交有下列运算规律（我们只对可列个事件的并与交进行叙述，对有限个事件的并与交有类似的公式，从略）：

$$A\cup\left(\bigcap_{i=1}^{\infty} B_i\right)=\bigcap_{i=1}^{\infty}(A\cup B_i) \quad (\text{分配律}); \tag{2.14}$$

$$A\cap\left(\bigcup_{i=1}^{\infty} B_i\right)=\bigcup_{i=1}^{\infty}(A\cap B_i) \quad (\text{分配律}); \tag{2.15}$$

$$\overline{\left(\bigcup_{i=1}^{\infty} A_i\right)}=\bigcap_{i=1}^{\infty}\overline{A}_i \quad (\text{对偶律}); \tag{2.16}$$

$$\overline{\left(\bigcap_{i=1}^{\infty} A_i\right)}=\bigcup_{i=1}^{\infty}\overline{A}_i \quad (\text{对偶律}). \tag{2.17}$$

6. 互不相容的事件

定义 2.11 如果事件 A 与事件 B 不能都发生,即 $A\cap B=V$(不可能事件),则称 A 与 B 是**互不相容**的事件(也叫**互斥**的事件).

例如,投掷两枚硬币,事件"恰好一枚国徽朝上"与事件"两枚都是国徽朝上"是互不相容的.不难看出,对任何事件 A,A 与 $\overline{A}$ 是互不相容的.

定义 2.12 称事件 $A_1,\cdots,A_n$ **互不相容**,若对任何 $i\neq j(i,j=1,\cdots,n)$,A_i 与 A_j 互不相容.

以上讨论了事件的运算和关系,以下研究事件的概率.

7. 概率的加法公式

概率的加法公式(1) 如果事件 A 与事件 B 互不相容,则

$$P(A\cup B)=P(A)+P(B). \tag{2.18}$$

公式(2.18)表达了概率的最重要特性:可加性.它是从大量实践经验中概括出来的,成为我们研究概率的基础与出发点.我们把(2.18)式当作一条公理接受下来.从概率的定义 1.1 来看,这个公式的成立是很自然的.设想把条件 S 重复实现了 n 次(n 充分大),其中事件 A 发生了 μ_1 次,事件 B 发生了 μ_2 次,由于 A 与 B 互不相容,故 $A\cup B$ 发生了 $\mu_1+\mu_2$ 次.根据概率的定义 1.1,$\dfrac{\mu_1}{n}$应该与 $P(A)$很接近,$\dfrac{\mu_2}{n}$应该与 $P(B)$很接近,$\dfrac{\mu_1+\mu_2}{n}$应该与$P(A\cup B)$很接近,然而

$$\frac{\mu_1+\mu_2}{n}=\frac{\mu_1}{n}+\frac{\mu_2}{n},$$

因此 $P(A\cup B)$应该与 $P(A)+P(B)$相等.

由于 $A\cup\overline{A}=U$,A 与 $\overline{A}$ 互不相容,由加法公式(2.18)知

$$P(A)+P(\overline{A})=P(U)=1.$$

因此有

$$P(\overline{A})=1-P(A). \tag{2.19}$$

这个公式虽然简单,却很有用.这是因为事件 A 的概率 $P(A)$有时难以

直接求出,而对立事件 $\overline{A}$ 的概率却比较好求,这时利用公式(2.19)就可得到 $P(A)$.

公式(2.18)不难推广到 n 个事件的情形.设 $A_1,\cdots,A_n$ 互不相容(即任何两个互不相容),则

$$P\left(\bigcup_{i=1}^{n} A_i\right)=\sum_{i=1}^{n} P(A_i). \tag{2.20}$$

公式(2.20)叫作概率的**有限可加性**.它可从(2.18)式推导出来,证明留给读者.

概率的加法公式(2) 设 $A_1,A_2,\cdots$是一列事件,两两不相容(即对一切 $i\neq j$,A_i 与 A_j 互不相容),则

$$P\left(\bigcup_{i=1}^{\infty} A_i\right)=\sum_{i=1}^{\infty} P(A_i). \tag{2.21}$$

这个公式也是从社会实践中概括抽象出来的,不是用数学方法证明出来的(更不是从公式(2.18)推导出来的),它叫作概率的完全可加性.它的正确性在于:从未发现由它导出的结论与实际的事实相违背.因而我们把(2.21)式当作一条公理接受下来(见§1.4).

为了理解(2.21),我们考查一个例子.设某射手向一边长为1的正方形 $ABCD$ 进行射击.假设在这个正方形里给定了一列两两无公共点的圆 $C_1,C_2,\cdots$(见图1.2.2).令

$$A_i=\text{“落点在圆 } C_i \text{ 内”} \quad (i=1,2,\cdots).$$

设 $P(A_i)=$圆 C_i 的面积$(i=1,2,\cdots)$.很自然想到,落点进入这些圆之一的概率等于这些圆的总面积.所以应该有

$$P\left(\bigcup_{i=1}^{\infty} A_i\right)=\sum_{i=1}^{\infty} P(A_i).$$

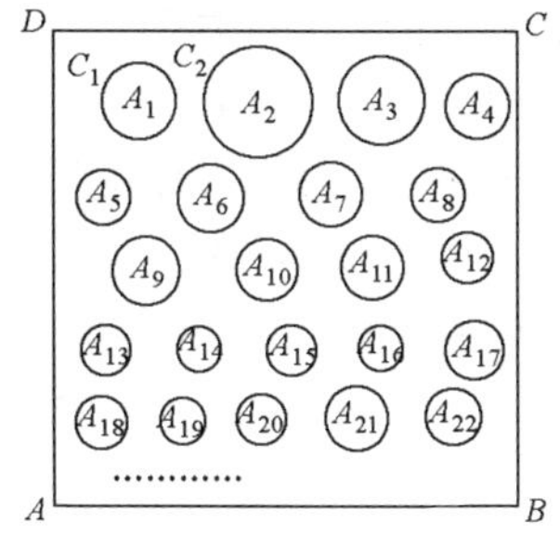

图1.2.2 无穷个事件的并的示意图

在使用加法公式(2.18),(2.20)及(2.21)时,应注意公式中诸事件 A_i 是两两互不相容的.但是,我们可以证明:对任何两个事件 A 和 B(不管是否互不相容),均有

$$P(A\cup B)=P(A)+P(B)-P(AB). \tag{2.22}$$

实际上,不难看出 $A\cup B=A\cup(B\cap\overline{A})$.由于 A 与 $B\cap\overline{A}$ 互不相容,从

(2.18)式知

$$P(A\cup B)=P(A)+P(B\cap\bar{A}). \tag{2.23}$$

由于 $B=(B\cap A)\cup(B\cap\bar{A})$,而且 $B\cap A$ 与 $B\cap\bar{A}$ 互不相容,故

$$P(B)=P(B\cap A)+P(B\cap\bar{A}).$$

将 $P(B\cap\bar{A})=P(B)-P(B\cap A)$代入(2.23)式,即知(2.22)式成立.

§1.3 古典概型

上面给出了概率的定义,我们关心的是如何计算概率.从定义 1.1 知,如果条件 S 能不断地重复实现,则 S 多次重复实现下事件 A 发生的频率就是 A 的概率的近似值.如果条件 S 不能重复或不能大量重复实现,则需要利用已有的知识和经验对事件 A 进行具体分析,指出事件 A 发生的可能性有多大,即主观概率的值.我们指出,在某些情形下并不需要进行重复实验,只要利用人们公认的知识或经验就可无异议地确定出事件的概率.

例如§1.1 中投掷硬币的例子,即使我们不临时做大量的投掷实验,人们(没有实际经验的小孩除外)都会想到,“国徽朝上”与“国徽朝下”出现的机会应是相等的.用我们的术语(参看定义 1.2)来说,“国徽朝上”这事件的概率是 1/2.为什么呢?因为问题本身有一种对称性(硬币匀称),如果“国徽朝上”与“国徽朝下”的机会不相等,那会与我们长期积累的关于“对称”的经验不相符.既然“国徽朝上”与“国徽朝下”有相等的概率,从(2.19)式知“国徽朝上”的概率是 1/2.

再来看一个稍微复杂的例子.设一堆产品总数是 100 件,其中不合格品是 5 件(其余是合格品).如果我们在这 100 件中任取一件(这里“任取”的含义是,每件产品都有同等的机会被取到),则我们不难推知抽取结果是不合格品的可能性是 5/100,从而事件“从 100 件产品中任取一件,结果是不合格品”的概率是 1/20.这个结论并不需要做大量的抽取实验便可确定,确定的办法是算一算不合格品在全部产品中所占的比例,其理由是问题本身具有“对称性”:每件产品被取到的机会相等.这种确定概率的方法适用于一大类问题.为了理解这一点,让我们较为仔细地分析一下上述例子.

设合格品是 $g_1,\cdots,g_{95}$,不合格品是 $b_1,\cdots,b_5$.

第一,在这个例子里,产品的总数 $N=100$,因此我们任取一个,其结果也只有限种即 100 种可能.

第二,我们断定任抽一个的结果必为某一个 g_i(例如 g_{21},g_{35},等等)或某一个 b_j(例如 b_1,b_4,等等),这些结果出现的机会是均等的,换句话说,概率都相等.记 $A_i=$"出现 g_i"$(i=1,\cdots,95)$,$A_{96}=$"出现 b_1",$A_{97}=$"出现 b_2",$A_{98}=$"出现 b_3",$A_{99}=$"出现 b_4",$A_{100}=$"出现 b_5".于是

$$P(A_1)=\cdots=P(A_{100}).$$

第三,诸事件 $A_1,\cdots,A_{100}$ 中任何两个是互不相容的,即任何两个不可能同时发生.

第四,既然这些事件 A_i 两两互不相容,根据公式(2.20)知

$$P\left(\bigcup_{i=1}^{100}A_i\right)=\sum_{i=1}^{100}P(A_i).$$

由于 $\bigcup_{i=1}^{100}A_i$ 是必然事件,故 $P\left(\bigcup_{i=1}^{100}A_i\right)=1$,从而 $P(A_i)=\frac{1}{100}(i=1,\cdots,100)$.这也是意料中的事.

第五,我们来求事件 $A=$"抽到不合格品"的概率.注意 $A=A_{96}\cup A_{97}\cup A_{98}\cup A_{99}\cup A_{100}$,于是

$$P(A)=\sum_{i=96}^{100}P(A_i)=\frac{5}{100}=\frac{1}{20}.$$

这样一种求事件 A 的概率的办法,带有一定的普遍性,它的主要之点是:把事件 A 表示成一些互不相容的有相等概率的事件(所谓基本事件)之并,只要数一数 A 中包含的基本事件的个数,就很容易计算出 A 的概率.更确切的描述如下:

在条件 S 之下只有 n 个可能的结果:$A_1,\cdots,A_n$,把每个结果看成一个事件,在 S 的每次实现下发生而且只发生上述事件之一,并且它们出现的机会相等(即这些 A_i 有相等的概率),那么称 $A_1,\cdots,A_n$ 为条件 S 下的**基本事件**.如果事件 A 由 m 个基本事件组成(即 A 是某 m 个基本事件之并),则

$$P(A)=\frac{A\text{ 中所含的基本事件个数}}{\text{总的基本事件个数}}=\frac{m}{n}. \tag{3.1}$$

这种在条件 S 下共有有限多种可能的结果，这些结果互不相容且各结果出现的可能性都相等的情形，就是所谓的**古典概型**(古典的概率模型).(3.1)式给出了古典概型中事件的概率计算公式.在应用公式(3.1)时，我们要注意基本事件 $A_1,\cdots,A_n$ 必须具有下列三条性质：

(1) $\bigcup\limits_{i=1}^{n} A_i$ 是必然事件（完全性）；

(2) 对任何 $i\neq j$，A_i 与 A_j 是互不相容的（不相容性）；

(3) 对任何 $i\neq j$，A_i 发生的机会与 A_j 发生的机会相等(等概性).

具有上述三条性质的事件组 $A_1,\cdots,A_n$ 简称**等概完备事件组**.要注意的是，"基本事件"是个相对的概念，根据分析问题的需要，可能对条件 S 下的结果有不同的划分方法，因而给予"基本事件"不同的含义.例如，在投掷一颗骰子时，"出现奇数点"和"出现偶数点"可当成基本事件构成等概完备事件组；也可把"出现 1 点""出现 2 点"……"出现 6 点"这 6 个事件当成等概完备事件组.这两种情形下基本事件的定义是不同的.使用公式(3.1)时，常常难点在于计算事件 A 所含的基本事件的个数.为此需要利用排列组合的知识.读者要通过一些例子来掌握公式(3.1)的应用.

例 3.1　某人同时掷两颗骰子，问：得到 7 点(两颗骰子的点数之和)的概率是多少？

解　我们用甲、乙分别表示这两颗骰子.每颗骰子共有 6 种可能的点数：1,2,3,4,5,6.两颗骰子共有 $6\times6=36$ 种可能的结果：(i,j) $(i=1,\cdots,6;j=1,\cdots,6)$，这里 i 表示骰子甲的点数，j 表示骰子乙的点数.显然，这些结果出现的机会是相等的，它们构成等概完备事件组.事件"得到 7 点"由 6 种结果(基本事件)组成：(1,6),(2,5),(3,4),(4,3),(5,2),(6,1).故从公式(3.1)知，事件"得到 7 点"的概率等于 $6/36=1/6$.

例 3.2　某人带有 5 把钥匙，其中有一把能开房门上的锁，但忘记了是哪一把，于是逐把试开.问：恰好在第 2 次试开时打开房门的概率是多少？

解　我们可以这样设想，这 5 把钥匙的代号是 1,2,3,4,5，其中 5 号能开房门的锁.逐把试开的过程就是 1,2,3,4,5 这 5 个数按一定顺序排列：$(i_1,\cdots,i_5)$，其中 i_k 是第 k 次试开时所用的钥匙的代号($k=1,\cdots,5$). 试开过程共有 5!种可能的情况(因为每种情况对应一种排列，而 5 个元素组成的不同排列共有 5!种). 把每种情况(排列)看成一个基本事件. 事件 $A=$"恰好在第 2 次试开时打开房门"正好由所有这样的基本事件(排列)组成：(i_1,i_2,i_3,i_4,i_5)，其中 $i_2=5$，而(i_1,i_3,i_4,i_5)是由 1,2,3,4 这 4 个数构成的任何排列. 显然 A 包含的基本事件有 4!个，故由公式(3.1)知

$$P(A)=4!/5!=1/5.$$

例 3.3 设某班共有 $N(N\geqslant 2)$个同学. 现有 $m(1\leqslant m<N)$张免费的电影票要发给这个班的同学. 班长决定由抓阄的方式确定哪 m 个同学得到票，即用纸做成 N 个阄，外表一样，其中 m 个阄内含有"有"字，其余 $N-m$ 个是白阄(不含字)，把这些阄随便堆放在桌上，由班上同学排成一队依次任取一阄，取到有字的阄的同学方可得到电影票. 问：所排的队中第 $i(1\leqslant i\leqslant N)$个同学得到电影票的概率是多少？

解 仿效例 3.2 的推理方法，可以证明第 $i(1\leqslant i\leqslant N)$个同学得到电影票的概率等于 $m(N-1)!/N!=m/N$. 由此可见，每个同学得到票的概率是一样大的，与抓阄时先后次序无关.

例 3.4 设有一批产品共 100 件，其中 5 件是不合格品. 现在任取 50 件，问：没取到不合格品的概率是多少？

解 从 100 件产品中任取 50 件，共有 C_{100}^{50} 种取法，这里 C_{100}^{50} 是组合数$\left(C_n^m=\dfrac{n!}{m!\,(n-m)!}\right.$，也可用$\left.\dbinom{n}{m}\text{表示组合数 }C_n^m\right)$. 每一种取法(即组合)看作一个基本事件，当然它们是等概的. 现在来研究事件 $A=$"任取 50 件未取到不合格品"包含多少个基本事件. 很明显，要所取的 50 件中没有不合格品，必须且只需这 50 件是从那 95 件合格品中取来的. 可见，这种没有不合格品的取法共有 C_{95}^{50} 种. 故事件 A 共含有 C_{95}^{50} 个基本事件. 从公式(3.1)得

$$P(A)=\frac{C_{95}^{50}}{C_{100}^{50}}=\frac{95!/(50!\cdot 45!)}{100!/(50!\cdot 50!)}\approx 0.03.$$

这就是说，任取 50 件，不出现不合格品的概率是 0.03.

例 3.5 设有一批产品，共 100 件，其中 5 件是不合格产品. 现在

从中任取 50 件,问:恰好取到 2 件不合格品的概率是多少?

解　我们可以这样想象,这 100 件产品是 $g_1,\cdots,g_{100}$,其中 $g_1,\cdots,g_{95}$ 是合格品,$g_{96},\cdots,g_{100}$ 是不合格品. 任取 50 件,共有 C_{100}^{50} 种取法,每一种取法(即组合)看作一个基本事件,当然它们是等概的. 现在来研究事件 A="任取 50 件,恰好取到 2 件不合格品"包含多少个基本事件. 显然,A 发生当且仅当从 95 件合格品中取出了 48 件而从 5 件不合格品中取出了 2 件. 从 95 件合格品中任取 48 件,共有 C_{95}^{48} 种不同的取法;从 5 件不合格品中任取 2 件,共有 C_5^2 种不同的取法. 利用排列组合的乘法原理知,任取 50 件恰好取到 2 件不合格品的取法共有 $C_{95}^{48}C_5^2$ 种. 也就是说,事件 A 包含 $C_{95}^{48}C_5^2$ 个基本事件. 于是,从公式(3.1)得

$$\begin{aligned}P(A)&=C_{95}^{48}C_5^2/C_{100}^{50}\\&=\frac{95!}{48!47!}\times\frac{5!}{2!3!}\Big/\frac{100!}{50!50!}\\&=\frac{24500}{76824}\approx 0.32.\end{aligned}$$

这就是说,任取 50 件恰好取到 2 件不合格品的概率是 0.32.

例 3.6　设一批产品共有 N 件,其中不合格品有 n 件(其余是合格品). 现从中任取 m 件,问:恰好取到 r 件不合格品的概率是多少?(设 $1\leqslant m\leqslant N-n,0\leqslant r\leqslant m,r\leqslant n$.)

这是比例 3.5 更普遍的问题. 经过与例 3.5 同样的推理,可以知道恰好取到 r 件不合格品的概率等于

$$C_{N-n}^{m-r}C_n^r/C_N^m. \tag{3.2}$$

在例 3.6 中把产品分成两类:合格品,不合格品. 若将产品分成三类:一级品、二级品、三级品,并从这些产品中任意抽取 5 件,问:恰好抽到 2 件一级品,2 件二级品与 1 件三级品的概率如何计算?

我们可以证明在计算概率时十分有用的一个一般性定理.

定理 3.1　设有 N 件产品分成 k 类,其中第 i 类有 $N_i(i=1,\cdots,k)$ 件产品,$N_1+\cdots+N_k=N$. 从这 N 件产品中任取 m 件,而 $m=m_1+\cdots+m_k(0\leqslant m_i\leqslant N_i,i=1,\cdots,k)$,则事件 A="恰有 m_1 件产品属于第 1 类,m_2 件产品属于第 2 类,……m_k 件产品属于第 k 类"发生的概率为

$$P(A)=\frac{C_{N_1}^{m_1}\cdots C_{N_k}^{m_k}}{C_N^m}. \tag{3.3}$$

证明 我们用 $g_1,\cdots,g_N$ 代表这 N 件产品.任取 m 件,所有可能的结果共有 C_N^m 种.每一结果都是 m 件产品的组合,都看成基本事件,共有 C_N^m 件基本事件,它们构成等概完备事件组.

事件 A 包含多少个这样的基本事件呢?根据事件 A 的定义,要一个基本事件(即一个组合)包含在 A 里,必须且只需这个基本事件里恰有 m_1 件产品来自第 1 类,m_2 件产品来自第 2 类,……m_k 件产品来自第 k 类.从第 $i(i=1,\cdots,k)$类中取出 m_i 件产品,共有 $C_{N_i}^{m_i}$ 种不同的结果.把各类中取出的一种结果并在一起,所得到的 m 件产品正是包含在 A 中的基本事件.按排列组合的乘法原理知,A 所包含的基本事件数为 $C_{N_1}^{m_1}\cdots C_{N_k}^{m_k}$.再利用公式(3.1)即知公式(3.3)成立. □

*__例 3.7__ 在贮藏室里有 n 双互不相同的鞋.从中随机抽取 $2r(r\geqslant 1,2r<n)$只,问:在取到的鞋中,没有成双的概率是多少?恰有一双的概率是多少?

解 注意,鞋有左、右脚之分,这和袜子不同.n 双鞋共有 $2n$ 只.记 $N=2n$.每双鞋组成一类,故 N 只鞋分成了 n 类:第 1 类,…,第 n 类.设 m_i 是整数,$0\leqslant m_i\leqslant 2(i=1,\cdots,n)$且满足 $\sum\limits_{i=1}^{n}m_i=2r$.任抽取 $2r$ 只鞋,考虑下列事件:

$A_{(m_1,\cdots,m_n)}$=“恰有 m_1 只属于第 1 类,m_2 只属于第 2 类,……m_n 只属于第 n 类”.
从公式(3.3)知

$$P(A_{(m_1,\cdots,m_n)})=\frac{C_2^{m_1}\cdots C_2^{m_n}}{C_{2n}^{2r}}. \tag{3.4}$$

令

$$E_0=\Big\{m=(m_1,\cdots,m_n):\text{对一切 } i=1,\cdots,n,\; m_i=0\text{ 或 }1,\text{且}\sum_{i=1}^{n}m_i=2r\Big\},$$

则事件“没有成双的鞋”$=\bigcup\limits_{m\in E_0}A_m$.

若 $m=(m_1,\cdots,m_n)\in E_0$,则 $m_1,\cdots,m_n$ 中恰有 $2r$ 个 1,$n-2r$ 个 0.故 E_0 的元素个数为 C_n^{2r},且 $C_2^{m_1}\cdots C_2^{m_n}=(C_2^1)^{2r}=2^{2r}$.因此 $P(A_m)=2^{2r}/C_{2n}^{2r}$,从而

$$P(\text{没有成双的鞋})=\sum_{m\in E_0}P(A_m)=C_n^{2r}\frac{2^{2r}}{C_{2n}^{2r}}.$$

为了求出 P(恰有一双)，令

$$F_j = \left\{ m = (m_1, \cdots, m_n):\ m_j = 2, \text{其他的 } m_i = 0 \text{ 或 } 1, \text{且} \sum_{i=1}^{n} m_i = 2r \right\}$$

$$(j = 1, \cdots, n).$$

易知

$$\text{事件“恰有一双”} = \bigcup_{j=1}^{n} \left(\bigcup_{m \in F_j} A_m \right).$$

不难看出，$F_j(1 \leqslant j \leqslant n)$ 中的元素个数等于 C_{n-1}^{2r-2}，当 $m=(m_1, \cdots, m_n) \in F_j$ 时，$C_2^{m_1} \cdots C_2^{m_n} = C_2^2 (C_2^1)^{2r-2} = 2^{2r-2}$. 于是 $P(A_m) = 2^{2r-2}/C_{2n}^{2r}$，从而

$$P(\text{恰有一双}) = \sum_{j=1}^{n} \sum_{m \in F_j} P(A_m) = \sum_{j=1}^{n} C_{n-1}^{2r-2} \frac{2^{2r-2}}{C_{2n}^{2r}}$$

$$= \frac{n C_{n-1}^{2r-2} 2^{2r-2}}{C_{2n}^{2r}}.$$

*例 3.8　从盛有号码为 $1, \cdots, N$ 的球的箱子里有放回地抽取了 n 次(每次取一个球，记下号码后再放回箱子里)，试求：

(1) 这些号码按严格增大的次序出现的概率；

(2) 这些号码按不减小的次序出现的概率.

解　(1)的解答比较简单. 有放回地抽取 n 次后得到的结果是有序数组 $(i_1, \cdots, i_n)$(i_k 是整数，且 $1 \leqslant i_k \leqslant N$)，所有可能的结果共 N^n 种，各种结果出现的机会相等. 事件“号码严格增大”包含多少个不同的结果呢？不难看出，其个数等于从 N 个不同的东西中任取 n 个时不同取法的个数，即 C_N^n. 故“号码严格增大”的概率等于 C_N^n / N^n.

(2)的解答要复杂些. 关键问题是：所有不减小的序列 $(i_1, \cdots, i_n)$($1 \leqslant i_1 \leqslant \cdots \leqslant i_n \leqslant N$) 共有多少个？

设 $(i_1, \cdots, i_n)$ 是不减小的序列，令

$$j_k = i_k + k - 1 \quad (k = 1, \cdots, n),$$

则 $(j_1, \cdots, j_n)$ 是由 $1, \cdots, N+n-1$ 中的数组成的严格增大序列. 反之，设 $(l_1, \cdots, l_n)$ 是由 $1, \cdots, N+n-1$ 中的数组成的严格增大序列，令

$$i_k = l_k - k + 1 \quad (k = 1, \cdots, n),$$

则 $(i_1, \cdots, i_n)$ 是由 $1, \cdots, N$ 中的数组成的不减小序列. 不难看出，从序列 $(i_1, \cdots, i_n)$ 到 $(j_1, \cdots, j_n)$ 的对应是一一对应，因而由 $1, \cdots, N$ 中的数组成的长度为 n 的不减小序列的个数等于由 $1, \cdots, N+n-1$ 中 n 个不同的数组成的严格增大序列的个数. 后者等于 C_{N+n-1}^n(根据上述(1)的讨论). 所以，“号码不减小”的概率等于

C_{N+n-1}^{n}/N^{n}.

作为本节末尾,我们介绍一个公式,它在计算某些事件的概率时很有用.

定理 3.2(Jordan 公式) 设 $A_1,\cdots,A_n(n\geqslant 2)$是 n 个事件,则

$$P\Big(\bigcup_{i=1}^{n}A_i\Big)=\sum_{i=1}^{n}P(A_i)-\sum_{i<j}P(A_iA_j)+\sum_{i<j<k}P(A_iA_jA_k)$$
$$-\sum_{i<j<k<l}P(A_iA_jA_kA_l)+\cdots+(-1)^{n-1}P(A_1\cdots A_n).$$

换言之,

$$P\Big(\bigcup_{i=1}^{n}A_i\Big)=\sum_{k=1}^{n}(-1)^{k-1}S_k, \tag{3.5}$$

其中

$$S_k=\sum_{i_1<\cdots<i_k}P(A_{i_1}\cdots A_{i_k})\quad(k=1,\cdots,n).$$

***证明** 对 n 用数学归纳法. 当 $n=2$ 时,(3.5)式化为(2.22)式,故 $n=2$ 时(3.5)式成立. 设 $n=m$ 时(3.5)式成立,我们来研究 $n=m+1$ 的情形. 从(2.22)式知

$$P\Big(\bigcup_{i=1}^{m+1}A_i\Big)=P\Big(\Big(\bigcup_{i=1}^{m}A_i\Big)\cup A_{m+1}\Big)$$
$$=P\Big(\bigcup_{i=1}^{m}A_i\Big)+P(A_{m+1})-P\Big(\Big(\bigcup_{i=1}^{m}A_i\Big)\cap A_{m+1}\Big). \tag{3.6}$$

按归纳法假设知

$$P\Big(\bigcup_{i=1}^{m}A_i\Big)=\sum_{s=1}^{m}(-1)^{s-1}\sum_{1\leqslant i_1<\cdots<i_s\leqslant m}P(A_{i_1}\cdots A_{i_s})$$
$$=\sum_{i_1=1}^{m}P(A_{i_1})+\sum_{s=2}^{m}(-1)^{s-1}\sum_{1\leqslant i_1<\cdots<i_s\leqslant m}P(A_{i_1}\cdots A_{i_s}). \tag{3.7}$$

同理

$$P\Big(\Big(\bigcup_{i=1}^{m}A_i\Big)\cap A_{m+1}\Big)=P\Big(\bigcup_{i=1}^{m}(A_iA_{m+1})\Big)$$
$$=\sum_{s=1}^{m}(-1)^{s-1}\sum_{1\leqslant i_1<\cdots<i_s\leqslant m}P(A_{i_1}\cdots A_{i_s}A_{m+1})$$
$$=\sum_{s=1}^{m-1}(-1)^{s-1}\sum_{1\leqslant i_1<\cdots<i_s\leqslant m}P(A_{i_1}\cdots A_{i_s}A_{m+1})$$
$$+(-1)^{m-1}P(A_1\cdots A_{m+1}). \tag{3.8}$$

将(3.7)式和(3.8)式代入(3.6)式,得

$$P\left(\bigcup_{i=1}^{m+1}A_i\right)=\sum_{i=1}^{m+1}P(A_i)+\sum_{s=2}^{m}(-1)^{s-1}\sum_{1\leqslant i_1<\cdots<i_s\leqslant m+1}P(A_{i_1}\cdots A_{i_s})$$
$$+(-1)^m P(A_1\cdots A_{m+1})$$
$$=\sum_{s=1}^{m+1}(-1)^{s-1}\sum_{1\leqslant i_1<\cdots<i_s\leqslant m+1}P(A_{i_1}\cdots A_{i_s}).$$

故 $n=m+1$ 时(3.5)式也成立.依归纳法原理,对一切 $n\geqslant 2$,(3.5)式成立. □

例 3.9 某班 N 个学生依一定顺序参加口试.设有 $n(1<n\leqslant N)$ 个考签,被抽到的考签用后随即放回,求在考试结束时至少有一个考签没有被抽到的概率.

解 把考签编号为 $1,\cdots,n$.设考试结束时抽到过的考签号依次是 $a_1,\cdots,a_N(1\leqslant a_i\leqslant n,i=1,\cdots,N)$.所有可能的结果 $(a_1,\cdots,a_N)$ 共有 n^N 种,各结果出现的机会相等.考虑下列事件:

$A=$“至少有一个考签未被抽到”,

$A_i=$“i 号考签一直未被抽到”　$(i=1,\cdots,n)$.

则 $A=\bigcup\limits_{i=1}^{n}A_i$.利用 Jordan 公式(3.5),有

$$P(A)=\sum_{k=1}^{n}(-1)^{k-1}\sum_{i_1<\cdots<i_k}P(A_{i_1}\cdots A_{i_k}),$$

这里

$$P(A_{i_1}\cdots A_{i_k})$$
$$=P\left(\bigcap_{s=1}^{k}A_{i_s}\right)=P(i_1,\cdots,i_k\text{ 号考签均一直未抽到})$$
$$=P(\text{每次抽到的考签其编号均属于集合}\{1,\cdots,n\}-\{i_1,\cdots,i_k\})$$
$$=(n-k)^N/n^N.$$

于是

$$P(A)=\sum_{k=1}^{n}(-1)^{k-1}\sum_{i_1<\cdots<i_k}\frac{(n-k)^N}{n^N}=\sum_{k=1}^{n}(-1)^{k-1}C_n^k\left(\frac{n-k}{n}\right)^N.$$

例 3.10(匹配问题)　某人写了 n 封信,又写了 $n(n\geqslant 2)$ 个信封,然后把这些信任意地装入信封(一个信封装一封信).问:至少有一封信装对了的概率是多少?

解 我们用 $1,\cdots,n$ 表示这 n 封信，用①，…，ⓝ表示相匹配的信封（就是说，若 i 装进信封ⓘ就算装对了）. 令

$$A=\text{“至少一封信装对了”},$$
$$A_i=\text{“信封ⓘ装对了”}\quad (i=1,\cdots,n),$$

则根据公式(3.5)有

$$P(A)=P\left(\bigcup_{i=1}^{n}A_i\right)=\sum_{k=1}^{n}(-1)^{k-1}S_k,$$

这里

$$S_k=\sum_{i_1<\cdots<i_k}P(A_{i_1}\cdots A_{i_k}).$$

用 a_k 表示信封ⓚ所包含的信的编号. 这 n 封信任意装入各信封后共有 $n!$ 种可能的结果：$(a_1,\cdots,a_n)$. 各结果出现的机会相等，每个“结果”看成一个基本事件. 事件 A_i 包含多少个基本事件呢？显然，A_i 发生当且仅当出现的结果 $(a_1,\cdots,a_n)$ 中 $a_i=i$. 这等价于其他的 $a_j\neq i$（一切 $j\neq i$）. 由此推知 A_i 包含 $(n-1)!$ 个基本事件，故

$$P(A_i)=(n-1)!/n!=1/n\quad (i=1,\cdots,n).$$

给定 $1\leqslant i_1<\cdots<i_k\leqslant n$，易知事件 $A_{i_1}\cdots A_{i_k}$ 发生当且仅当出现的结果 $(a_1,\cdots,a_n)$ 中 $a_{i_1}=i_1,\cdots,a_{i_k}=i_k$. 由此推知 $A_{i_1}\cdots A_{i_k}$ 包含 $(n-k)!$ 个基本事件，故 $P(A_{i_1}\cdots A_{i_k})=(n-k)!/n!$ $(k=1,\cdots,n)$. 因此

$$S_k=\sum_{i_1<\cdots<i_k}P(A_{i_1}\cdots A_{i_k})=\sum_{i_1<\cdots<i_k}\frac{(n-k)!}{n!}$$
$$=\mathrm{C}_n^k\frac{(n-k)!}{n!}=\frac{1}{k!}.$$

于是

$$P(A)=\sum_{k=1}^{n}(-1)^{k-1}S_k=\sum_{k=1}^{n}(-1)^{k-1}\frac{1}{k!}.$$

由于 $\mathrm{e}^x=\sum_{k=0}^{\infty}\frac{x^k}{k!}$，知 $1-\mathrm{e}^{-1}=\sum_{k=1}^{\infty}\frac{(-1)^{k-1}}{k!}$，于是

$$|1-\mathrm{e}^{-1}-P(A)|\leqslant\frac{1}{(n+1)!}.$$

当 $n\geqslant 4$ 时，

$$\frac{1}{(n+1)!} \leqslant \frac{1}{5!} = \frac{1}{120} < 0.01.$$

而 $1-\mathrm{e}^{-1} \approx 0.63$，于是 $P(A) \approx 0.63 \pm 0.01$. 这表明，至少一封信装对了的概率大约是 0.63.

§1.4　概率的公理化定义和性质

前面我们对随机事件和概率进行了初步讨论. 读者可能有疑问或不满足，到底什么是随机事件？概率的严格定义是什么？本节要用集合论观点和公理化方法回答这两个问题.

集合是现代数学里最基本、最重要的概念之一. 读者在中学里已学过集合的基本知识，我们在 §1.3 中已用到集合的概念和知识. 这里温习一下有关定义并做一些补充.

定义 4.1　一个**集合**是指具有确切含义的若干个东西的全体. 这些东西中的每一个称为该集合的**元素**.

通常用大写英文字母 $A,B,C,\cdots$（或附下标）表示集合，而用小写的英文字母 $a,b,c,\cdots$（或附下标）表示元素. 用花体字母 $\mathscr{F},\mathscr{E},\mathscr{A},\cdots$ 表示由集合组成的集合. 如果 a 是 A 的元素，则称 a **属于** A，并用记号 $a \in A$ 表示. 如果 a 不是 A 的元素，则用记号 $a \overline{\in} A$ 表示. 称没有元素的集合为**空集合**，简称**空集**，用记号 $\varnothing$ 表示.

定义 4.2　如果集合 A 的元素都是集合 B 的元素，则称 B **包含** A（或称 A 包含在 B 中），记为 $A \subset B$（或 $B \supset A$）. 此时，也称 A 是 B 的**子集**.

我们规定空集是任何集合的子集.

定义 4.3　称集合 A 与集合 B **相等**（记为 $A=B$），若 $A \subset B$ 且 $B \subset A$.

定义 4.4　属于集合 A 或属于集合 B 的元素的全体称为 A 与 B 的**并集**，记为 $A \cup B$，即

$$A \cup B \triangleq \{x: x \in A \text{ 或 } x \in B\},$$

这里 $\triangleq$ 的意义是按定义相等.

定义 4.5　属于集合 A 且属于集合 B 的元素的全体称为 A 与 B

的**交集**,记为 $A\cap B$(或 AB),即

$$A\cap B \triangleq \{x:\ x\in A \text{ 且 } x\in B\}.$$

我们可以把两个集合的"并"与"交"推广到有限个或无穷多个集合的"并"与"交". 设 $A_1,\cdots,A_n,\cdots$ 是一列集合,令

$$\bigcup_{i=1}^{n} A_i \triangleq \{x:\ \text{存在 } i(1\leqslant i\leqslant n),\text{使得 } x\in A_i\},$$

$$\bigcap_{i=1}^{n} A_i \triangleq \{x:\ \text{对一切 } i(1\leqslant i\leqslant n), x\in A_i\},$$

$$\bigcup_{i=1}^{\infty} A_i \triangleq \{x:\ \text{存在 } i\geqslant 1,\text{使得 } x\in A_i\},$$

$$\bigcap_{i=1}^{\infty} A_i \triangleq \{x:\ \text{对一切 } i\geqslant 1, x\in A_i\},$$

这些分别是 $A_1,\cdots,A_n$ 的并集、交集,可列个集合 $A_1,A_2,\cdots$ 的并集、交集. 我们也用 $A_1\cdots A_n$ 表示 $\bigcap\limits_{i=1}^{n} A_i$,用 $A_1A_2\cdots$ 表示 $\bigcap\limits_{i=1}^{\infty} A_i$.

定义 4.6 设 A 和 B 是两个集合,则属于 A 但不属于 B 的元素的全体称为 A 与 B 的**差集**,记为 $A-B$(或 $A\backslash B$),即

$$A-B \triangleq \{x:\ x\in A \text{ 且 } x\notin B\}.$$

并、交、差是集合运算,有下列熟知的性质:

(1) 关于并集的性质:

$$A\cup B=B\cup A \quad (\text{交换律}),$$
$$(A\cup B)\cup C=A\cup(B\cup C) \quad (\text{结合律}),$$
$$A\cup A=A, \quad A\cup\varnothing=A.$$

(2) 关于交集的性质:

$$A\cap B=B\cap A \quad (\text{交换律}),$$
$$(A\cap B)\cap C=A\cap(B\cap C) \quad (\text{结合律}),$$
$$A\cap A=A, \quad A\cap\varnothing=\varnothing.$$

(3) 关于并集与交集的分配律:

$$A\cap(B\cup C)=(A\cap B)\cup(A\cap C) \quad (\text{第一分配律}),$$
$$A\cup(B\cap C)=(A\cup B)\cap(A\cup C) \quad (\text{第二分配律}).$$

(4) 关于并集、交集、差集的对偶律:

$$B-\left(\bigcup_{i=1}^{n}A_i\right)=\bigcap_{i=1}^{n}(B-A_i),\quad B-\left(\bigcup_{i=1}^{\infty}A_i\right)=\bigcap_{i=1}^{\infty}(B-A_i);$$

$$B-\left(\bigcap_{i=1}^{n}A_i\right)=\bigcup_{i=1}^{n}(B-A_i),\quad B-\left(\bigcap_{i=1}^{\infty}A_i\right)=\bigcup_{i=1}^{\infty}(B-A_i).$$

我们不去泛泛讨论集合之间的关系，主要讨论某个非空集合 Ω 的一些子集之间的关系.

定义 4.7 设 A 是 Ω 的子集，称差集 $\Omega-A$ 为 A 的**余集**，记为 A^c.

若 $A_i(i=1,2,\cdots)$ 都是 Ω 的子集，则不难看出下列公式成立.

$$\left(\bigcup_{i=1}^{n}A_i\right)^c=\bigcap_{i=1}^{n}A_i^c,\quad \left(\bigcap_{i=1}^{n}A_i\right)^c=\bigcup_{i=1}^{n}A_i^c;$$

$$\left(\bigcup_{i=1}^{\infty}A_i\right)^c=\bigcap_{i=1}^{\infty}A_i^c,\quad \left(\bigcap_{i=1}^{\infty}A_i\right)^c=\bigcup_{i=1}^{\infty}A_i^c.$$

读者容易看出，我们在§1.2 中定义的事件运算与这里定义的集合运算之间十分相似. 事件的“并”与集合的“并”很相似，事件的“交”与集合的“交”很相似，而且运算规律也相似. 只要将上述表达集合的字母 A,B,C 等理解为事件，A^c 理解为 A 的对立事件，Ω 理解为必然事件，$\varnothing$ 理解为不可能事件，则集合的运算规律就变成事件运算的规律了.

集合的概念比起事件的概念更为基本、更为单纯. 有了前者，后者可以定义得更明确，而且可以把事件的运算归结为集合的运算. 下面就是当今世界上流行的观点.

为了研究条件 S 下的各种随机事件，我们把条件 S 下所有可能出现的不同结果的全体记作 Ω（每个结果看成一个“基本事件”）. S 下的事件就是若干个结果的集合（即 Ω 的子集）. 所谓观察到事件 A 发生就是指 S 下出现的结果属于 A. 显然，在这样的规定之下，Ω 本身是必然事件，空集 $\varnothing$ 是不可能事件. 如果 $A\subset\Omega$，则 $A^c=\Omega-A$ 就是 A 的对立事件 $\overline{A}$. 所谓 A 与 B 互不相容就是指 $A\cap B=\varnothing$（即 A 与 B 不相交）. 事件的“并”和“交”就分别归结为集合的并和交. 于是事件的运算完全化为集合的运算.

例 4.1 投掷两枚分币（条件 S），所有可能的结果为 $\omega_1,\omega_2,\omega_3,\omega_4$，这里

$\omega_1=$“上，下”（第一枚分币的国徽朝上，第二枚分币的国徽朝下）；

ω_2="上,上"(两枚分币的国徽都朝上);

ω_3="下,上"(第一枚分币的国徽朝下,第二枚分币的国徽朝上);

ω_4="下,下"(两枚分币的国徽都朝下).

记$\Omega=\{\omega_1,\omega_2,\omega_3,\omega_4\}$. 设事件$A$="恰有一枚分币的国徽朝上",则$A$正好由$\omega_1$和$\omega_3$组成,即$A=\{\omega_1,\omega_3\}$. 若事件$B$="至少一枚分币的国徽朝上"$=\{\omega_1,\omega_2,\omega_3\}$,事件$C$="恰好两枚分币的国徽朝上"$=\{\omega_2\}$,不难看出$B=A\cup C$.

为了准确理解与深入研究随机现象,我们不能满足于从直觉出发形成的概率定义(频率的稳定值或可能性大小的个人信念),必须把概率论建立在坚实的数学基础上. 苏联数学家柯尔莫哥洛夫(A. N. Kolmogorov,1903—1987)于1933年在其《概率论基本概念》一书(原文是德文,有中译本)中用集合论观点和公理化方法成功地解决了这个问题,得到了举世公认. 现将其内容简单介绍如下:

在柯氏的公理系统里,Ω是任意的非空集合,叫作基本事件空间(有时叫作样本空间),其背景是条件S下所有可能的不同结果的全体(每个结果是一个"基本事件").

定义4.8 设$\mathscr{F}$是由Ω的一些子集组成的集合(这种由集合组成的集合一般叫作集合系),$P=P(\cdot)$是$\mathscr{F}$上有定义的实值函数. 如果定义域$\mathscr{F}$和函数P满足下列条件:

(1) $\Omega\in\mathscr{F}$; (4.1)

(2) 若$A\in\mathscr{F}$,则$A^c=\Omega-A\in\mathscr{F}$; (4.2)

(3) 若$A_n\in\mathscr{F}(n=1,2,\cdots)$,则$\bigcup\limits_{n=1}^{\infty}A_n\in\mathscr{F}$; (4.3)

(4) $P(A)\geqslant 0$ (一切$A\in\mathscr{F}$); (4.4)

(5) $P(\Omega)=1$; (4.5)

(6) 若$A_n\in\mathscr{F}(n=1,2,\cdots)$,且两两不相交,就有

$$P\left(\bigcup_{n=1}^{\infty}A_n\right)=\sum_{n=1}^{\infty}P(A_n), \tag{4.6}$$

那么称P是$\mathscr{F}$上的**概率测度**(简称**概率**),$P(A)$为A的**概率**(也称为A发生的概率).(见注)

附有$\mathscr{F}$和P的Ω叫作**概率空间**,有时也说$(\Omega,\mathscr{F},P)$是**概率空间**.

$\Omega,\mathscr{F},P$ 是研究随机现象的三个要素. 若 $A\in\mathscr{F}$,则称 A 是随机事件,$P(A)$是 A 的概率(或 A 发生的概率). $\mathscr{F}$ 是概率的定义域. 在这种公理化的定义里,不指明随机事件和概率的直观含义,而是把事件定义为集合,把概率定义为一些集合上具有性质(4.4)至(4.6)的函数. $\mathscr{F}$ 的直观含义是:可以合理地定义概率的事件的全体. 性质(4.1)至(4.3)的直观含义是:必然事件是有概率的事件;若 A 有概率,则对立事件 A^c 也有概率;若一列事件都有概率,则其"并"也有概率.

注　"测度"的一般定义如下:设 $\mathscr{F}$ 是 Ω 的一些子集组成的集合,$\varnothing\in\mathscr{F}$($\varnothing$是空集),称 $\mathscr{F}$ 上有定义的函数 $\mu=\mu(\cdot)$为测度,如果它满足:$0\leqslant\mu(A)\leqslant+\infty$(一切 $A\in\mathscr{F}$);$\mu(\varnothing)=0$;若 $A_n\in\mathscr{F}\,(n=1,2,\cdots)$两两不相交且 $\bigcup\limits_{n=1}^{\infty}A_n\in\mathscr{F}$,则

$$\mu\left(\bigcup_{n=1}^{\infty}A_n\right)=\sum_{n=1}^{\infty}\mu(A_n).$$

从定理 4.2 知,我们定义的概率测度是一种特殊的测度.

定义 4.9　设 $\mathscr{F}$ 是由 Ω 的一些子集组成的集合,具有性质(4.1)至(4.3),则称 $\mathscr{F}$ 是 Ω 中的 σ **域**(或 σ **代数**).

任意指定非空集合 Ω 及 Ω 中一些子集组成的 σ 域 $\mathscr{F}$ 以及 $\mathscr{F}$ 上有定义的概率 P,所得到的三元组$(\Omega,\mathscr{F},P)$是我们研究概率的基础和出发点. 这个三元组的定义虽然简单,但却包含丰富而深刻的内容. 我们首先指出 σ 域 $\mathscr{F}$ 关于集合的基本运算是"封闭"的. 更确切地说,有下面的定理:

定理 4.1　设 $\mathscr{F}$ 是 Ω 的一些子集组成的 σ 域,那么有下列结论:

(1) 若 $A_i\in\mathscr{F}\,(i=1,\cdots,n)$,则 $\bigcup\limits_{i=1}^{n}A_i\in\mathscr{F}$ 且 $\bigcap\limits_{i=1}^{n}A_i\in\mathscr{F}$;

(2) 若 $A_i\in\mathscr{F}\,(i=1,2,\cdots)$,则 $\bigcap\limits_{i=1}^{\infty}A_i\in\mathscr{F}$;

(3) 若 $A\in\mathscr{F},B\in\mathscr{F}$,则 $A-B\in\mathscr{F}$.

证明　因 $\Omega\in\mathscr{F}$,故$\varnothing=\Omega^c\in\mathscr{F}$. 若 $A_i\in\mathscr{F}\,(i=1,\cdots,n)$,令 $A_i=\varnothing\,(i>n)$,则 $\bigcup\limits_{i=1}^{n}A_i=\bigcup\limits_{i=1}^{\infty}A_i\in\mathscr{F}$. 又$\left(\bigcap\limits_{i=1}^{n}A_i\right)^c=\bigcup\limits_{i=1}^{n}A_i^c$,故$\left(\bigcap\limits_{i=1}^{n}A_i\right)^c\in\mathscr{F}$,从而 $\bigcap\limits_{i=1}^{n}A_i\in\mathscr{F}$. 这就证明了上述(1)成立. 因为$\left(\bigcap\limits_{i=1}^{\infty}A_i\right)^c=\bigcup\limits_{i=1}^{\infty}A_i^c\in\mathscr{F}$,所

以 $\bigcap_{i=1}^{\infty} A_i \in \mathscr{F}$. 这就证明了上述(2)成立. 由于 $A-B=A\cap B^c$,故不难知上述(3)成立. □

从概率的三条性质(4.4)至(4.6)出发可推出概率的一系列性质.

定理 4.2 概率 P 有下列性质:

(1) $P(\varnothing)=0$;

(2) 若 $A\in\mathscr{F}$,则 $P(A^c)=1-P(A)$;

(3) 若 $A_1,\cdots,A_n$ 都属于 $\mathscr{F}$ 且两两不相交,则

$$P\left(\bigcup_{i=1}^{n} A_i\right) = \sum_{i=1}^{n} P(A_i); \tag{4.7}$$

(4) 若 $A\subset B, A\in\mathscr{F}, B\in\mathscr{F}$,则 $P(A)\leqslant P(B)$,且

$$P(B-A) = P(B)-P(A); \tag{4.8}$$

(5) 若 $A_n\subset A_{n+1}, A_n\in\mathscr{F}\,(n=1,2,\cdots)$,则

$$P\left(\bigcup_{n=1}^{\infty} A_n\right) = \lim_{n\to\infty} P(A_n); \tag{4.9}$$

(6) 若 $A_n\supset A_{n+1}, A_n\in\mathscr{F}\,(n=1,2,\cdots)$,则

$$P\left(\bigcap_{n=1}^{\infty} A_n\right) = \lim_{n\to\infty} P(A_n); \tag{4.10}$$

(7) 若 $A_n\in\mathscr{F}\,(n=1,2,\cdots)$,则

$$P\left(\bigcup_{n=1}^{\infty} A_n\right) \leqslant \sum_{n=1}^{\infty} P(A_n). \tag{4.11}$$

证明 令 $A_1=\Omega, A_n=\varnothing\,(n\geqslant 2)$. 从(4.6)式知 $1=P(\Omega)=1+\sum_{n=2}^{\infty} P(\varnothing)$, 故 $P(\varnothing)=0$. 若 $A_1,\cdots,A_n$ 两两不相交且都属于 $\mathscr{F}$,令 $A_k=\varnothing\,(k>n)$,则 $\bigcup_{k=1}^{n} A_k=\bigcup_{k=1}^{\infty} A_k$. 利用(4.6)式和 $P(\varnothing)=0$,知(4.7)式成立. 从(4.7)式直接推知 $P(A^c)=1-P(A)$. 由于 $B=A\cup(B-A)$,故从(4.7)式推知 $P(A)\leqslant P(B)$ 且(4.8)式成立.

当 $A_n\subset A_{n+1}$ 时,令 $B_n=A_n-A_{n-1}\,(n\geqslant 2), B_1=A_1$,则 $B_n\in\mathscr{F}$,它们两两不相交且 $\bigcup_{n=1}^{\infty} A_n=\bigcup_{n=1}^{\infty} B_n$. 从(4.6)式知

$$P\left(\bigcup_{n=1}^{\infty}A_n\right)=P\left(\bigcup_{n=1}^{\infty}B_n\right)=\lim_{n\to\infty}\sum_{i=1}^{n}P(B_i)=\lim_{n\to\infty}P(A_n).$$

当 $A_n\supset A_{n+1}\,(n\geqslant 1)$时，$A_n^c\subset A_{n+1}^c$ 且 $\left(\bigcap_{n=1}^{\infty}A_n\right)^c=\bigcup_{n=1}^{\infty}A_n^c$，故从(4.9)式知 $P\left(\left(\bigcap_{n=1}^{\infty}A_n\right)^c\right)=\lim_{n\to\infty}P(A_n^c)=1-\lim_{n\to\infty}P(A_n)$. 由此知

$$P\left(\bigcap_{n=1}^{\infty}A_n\right)=\lim_{n\to\infty}P(A_n).$$

为了证明(4.11)式，令 $B_1=A_1$，$B_n=A_n-\bigcup_{i=1}^{n-1}A_i\,(n\geqslant 2)$. 由于 B_1，B_2，…两两不相交且 $\bigcup_{n=1}^{\infty}A_n=\bigcup_{n=1}^{\infty}B_n$，$B_n\subset A_n$，因此

$$P\left(\bigcup_{n=1}^{\infty}A_n\right)=P\left(\bigcup_{n=1}^{\infty}B_n\right)=\sum_{n=1}^{\infty}P(B_n)\leqslant\sum_{n=1}^{\infty}P(A_n).$$

故(4.11)式成立. □

要注意的是，当 $A\subset\Omega$ 且 $A\overline{\in}\mathscr{F}$ 时，$P(A)$没有定义，此时对这样的 A 不能谈概率. 我们自然想到，如果把 $\mathscr{F}$ 定义为 Ω 的所有子集组成的集合(它当然也是一个 σ 域)，则 Ω 的所有子集都有概率. 这岂不很好吗？为什么一般情况下不这样定义 $\mathscr{F}$ 呢？原因是：对任意的 Ω，如果 $\mathscr{F}$ 由 Ω 的所有子集组成，则 $\mathscr{F}$ 上符合某些具体要求的概率测度可能不存在(参看下面的定理 4.4). 因而，在一般情形，$\mathscr{F}$ 是 Ω 的一些子集组成的 σ 域，而不一定是由 Ω 的所有子集组成. 当然，我们希望在尽可能多的子集上定义符合某些具体要求的概率. 但应指出，当 Ω 是有限集或可数无穷集(即 Ω 的全部元素可排成一个有限或无穷序列)时，通常取 $\mathscr{F}$ 为 Ω 的所有子集组成.

例 4.2 设 $\Omega=\{\omega_1,\cdots,\omega_n\}$(含 n 个元素)，$\mathscr{F}$ 由 Ω 的所有子集组成. 设 $p_1,\cdots,p_n$ 是 n 个数，满足：

$$p_i\geqslant 0\ (i=1,\cdots,n),\quad \text{且}\quad \sum_{i=1}^{n}p_i=1.$$

对任何 $A\subset\Omega$，令

$$P(A)=\sum_{i:\,\omega_i\in A}p_i\quad(\text{当 }A\text{ 是空集时，规定 }P(A)=0).$$

容易验证这个 $P(\cdot)$是概率(即满足条件(4.4)至(4.6)). 这样得到的$(\Omega,\mathscr{F},P)$叫作有限概率空间. 特别地，当 $p_i=\frac{1}{n}(i=1,\cdots,n)$时，这个概率空间表示古典概型.

例 4.3 设 $\Omega=\{\omega_1,\omega_2,\cdots\}$(可数无穷集)，$\mathscr{F}$ 由 Ω 的所有子集组成. 设 $p_1,p_2,\cdots$是一列数，满足：

$$p_i \geqslant 0 \ (i=1,2,\cdots), \quad \text{且} \quad \sum_{i=1}^{\infty} p_i = 1.$$

对任何 $A\subset\Omega$，令

$$P(A)=\sum_{i:\ \omega_i \in A} p_i \quad (\text{规定 } P(\varnothing)=0).$$

容易验证，这个 $P(\cdot)$具有性质(4.4)至(4.6). 这样得到的概率空间$(\Omega,\mathscr{F},P)$叫作可数概率空间.

有限概率空间和可数概率空间统称为**离散概率空间**. 特别地，设$\Omega=\{0,1,2,\cdots\}$(全体非负整数)，$\mathscr{F}$ 由 Ω 的所有子集组成，而

$$p_i = \mathrm{e}^{-\lambda}\lambda^i/i! \quad (i=0,1,2,\cdots;\lambda>0),$$

$$P(A)=\sum_{i\in A} p_i \quad (P(\varnothing)\triangleq 0).$$

这个概率空间$(\Omega,\mathscr{F},P)$叫作泊松(S. D. Poisson, 1781—1840)概率空间，我们在第二章要讨论它.

当 Ω 不是有限集也不是可数无穷集时，应如何定义 σ 域 $\mathscr{F}$ 呢？没有统一的办法. 既要使得在 $\mathscr{F}$ 上概率能合理地定义，又要使得 $\mathscr{F}$ 足够大能够包括我们关心的子集，这不是容易的事. 但是，对于最重要情形：$\Omega=\mathbf{R}^n$(n 维欧氏空间，$n\geqslant1$)，现代已研究清楚，$\mathscr{F}$ 应由 $\mathbf{R}^n$ 中所有 Borel 集组成. (E. Borel (1871—1956)是法国数学家，他首先对这类集合进行过一般性讨论.)这时可以保证在 $\mathscr{F}$ 上有满足种种具体要求的概率测度存在. 什么是 Borel 集？这是一个比较抽象的概念，说来话长. 我们先用直观的说法描述 Borel 集，然后给出其严格的定义. $\mathbf{R}^n$ 是所有 n 维向量$(x_1,\cdots,x_n)$组成的集合($n\geqslant1$)，即

$$\mathbf{R}^n=\{(x_1,\cdots,x_n):\ x_1,\cdots,x_n \text{ 都是实数}\}.$$

设 $a_1,b_1,\cdots,a_n,b_n$ 是 $2n$ 个实数且 $a_i<b_i(i=1,\cdots,n)$. 集合

$$\{(x_1,\cdots,x_n):\ a_i<x_i<b_i, i=1,\cdots,n\}$$

叫作 n 维长方体($n=1$ 时就是开区间). n 维长方体是 $\mathbf{R}^n$ 中最简单的集合. 粗略地说，从一些 n 维长方体出发“不断施行”并、交、余等集合运算(包括可数无穷个集

合的“并”和“交”)得到的集合叫作 $\mathbf{R}^n$ 中的 **Borel 集**.(这里的“不断施行”可以是有限次施行,也可以是可数无穷次施行.)Borel 集的严格定义见下面的定义 4.10. Borel 集是十分一般的概念,我们遇到的集合一般都是 Borel 集.(虽然,数学上已证明 $\mathbf{R}^n$ 中存在集合不是 Borel 集,但这样的集合十分复杂,要举一个具体例子也很不容易.)为了说明常见的集合是 Borel 集,我们以 $\mathbf{R}^1$(即 $\mathbf{R}$)为例说明如下:对任何实数 a,$\{a\}=\bigcap_{n=1}^{\infty}\left(a-\frac{1}{n},a+\frac{1}{n}\right)$,故单点集可表示成可数个开区间的交,从而单点集是 Borel 集.任意给定 $a<b$,由于$[a,b)=\{a\}\cup(a,b)$,故$[a,b)$是 Borel 集;同理$(a,b]$,$[a,b]$都是 Borel 集.设$(a_i,b_i)(i=1,2,\cdots)$是一列区间,则 $\bigcup_{i=1}^{n}(a_i,b_i)$ 和 $\bigcup_{i=1}^{\infty}(a_i,b_i)$都是 Borel 集.设 $a_1,a_2,\cdots$是一列实数(两两不相等),由于单点集 $\{a_i\}$是 Borel 集,故$\{a_1,\cdots,a_n\}$和$\{a_1,a_2,\cdots\}$都是 Borel 集.由此知,所有有理数组成之集 $\mathbf{Q}$ 是 Borel 集.所有无理数组成之集乃是 $\mathbf{Q}$ 的余集,从而也是 Borel 集.因为$(-\infty,a]=\bigcup_{n=1}^{\infty}(-n+a,a]$,既然$(-n+a,a]$是 Borel 集,故$(-\infty,a]$是 Borel 集,从而$(a,+\infty)=(-\infty,a]^c$ 也是 Borel 集.利用可数个集合的“并”“交”及“差”运算可以得到各式各样的 Borel 集.

定义 4.10　设 $\mathscr{E}$ 是由 $\mathbf{R}^n$ 中所有 n 维长方体组成的集合,$\mathbf{R}^n$ 中包含 $\mathscr{E}$ 的最小 σ 域叫作 Borel σ 域,记作 $\mathscr{B}^n$.(见注)称 $\mathbf{R}^n$ 的子集 E 是 **Borel 集**,如果 $E\in\mathscr{B}^n$.

注　包含 $\mathscr{E}$ 的“最小 σ 域”是指这样的 σ 域 $\mathscr{A}$,它满足:(1) $\mathscr{E}\subset\mathscr{A}$;(2) 若 $\mathscr{F}$ 是 $\mathbf{R}^n$ 中的任何 σ 域,只要 $\mathscr{E}\subset\mathscr{F}$,则一定有 $\mathscr{A}\subset\mathscr{F}$.

数学上,可以证明“最小 σ 域”是一定存在的.实际上,包含 $\mathscr{E}$ 的 σ 域一定存在(例如 $\mathbf{R}^n$ 中所有子集组成的集合就是包含 $\mathscr{E}$ 的一个 σ 域),定义 $\mathscr{A}$ 为所有包含 $\mathscr{E}$ 的 σ 域之交,则 $\mathscr{A}$ 就是包含 $\mathscr{E}$ 的最小 σ 域.$\mathscr{A}$ 就是上文中的 $\mathscr{B}^n$(参看文献[11]).

$\mathbf{R}$ 中的 Borel 集很多,但我们可以证明下列重要结论(对于 $\mathbf{R}^n(n\geqslant2)$有类似的结论,从略).

***定理 4.3**　设 $\Omega=[0,1]$,$\mathscr{B}_0$ 由包含在 Ω 中的所有 Borel 集组成,则在 $\mathscr{B}_0$ 上存在概率测度 $P(\cdot)$,满足:对任何 $0\leqslant a<b\leqslant1$,有

$$P((a,b))=b-a.$$

注　这是实变函数论的一条基本定理,是法国数学家勒贝格(H. Lebesgue (1875—1941))首先证明的.证明比较长,超出了本书的范围.实际上,勒贝格在更大的 σ 域上证明了这样的概率测度存在.读者如有兴趣,可参看文献[12]或其他测度论的书籍.

定理4.3中的测度$P(\cdot)$叫作勒贝格测度,它是普通长度概念的推广(区间的测度就是区间的长度).这个测度还有下列“平移不变性”:若A是Ω的Borel子集,λ是使得$A+\lambda\subset\Omega$的实数,则

$$P(A+\lambda)=P(A), \tag{4.12}$$

这里

$$A+\lambda\triangleq\{x+\lambda:\ x\in A\}. \tag{4.13}$$

***定理4.4** 设$\Omega=[0,1]$,$\mathscr{F}$由Ω的所有子集组成,则在$\mathscr{F}$上不存在概率测度$P(\cdot)$,满足:对任何$A\subset\Omega$及实数λ,只要$A+\lambda\subset\Omega$就一定成立$P(A+\lambda)=P(A)$,这里$A+\lambda$的定义见(4.13)式.

换句话说,在[0,1]的所有子集上不存在具有“平移不变性”的概率测度.

定理4.4的证明超出了本书的范围,读者如有兴趣,请参阅文献[27]的第18～19页.

作为本节的末尾,我们介绍Borel函数的概念.

定义4.11 设E是$\mathbf{R}^n$中的子集,$f(x)$是在E上有定义的实值函数.若对任何实数c,集合$\{x:\ x\in E$且$f(x)\leqslant c\}$是$\mathbf{R}^n$中的Borel集,则称$f(x)$是E上的**Borel函数**(也叫Borel可测函数).

Borel函数也是十分广泛的概念,我们遇到的函数一般都是Borel函数.例如,连续函数、只有有限个或可数无穷个间断点的函数以及能用公式表达的函数都是Borel函数.本书后面提到的一元或多元函数都是Borel函数,而不再一一申明.虽然如此,从纯数学的角度来说,Borel函数的概念仍不可少,因为非Borel函数也是有的.若E是$\mathbf{R}^n$中的非Borel集,则E的示性函数

$$I_E(x)=\begin{cases}1, & x\in E,\\ 0, & x\overline{\in}E\end{cases}$$

就是$\mathbf{R}^n$上的非Borel函数.

§1.5 条件概率与独立性

直到现在,我们对概率$P(A)$的讨论都是相对于某个确定的条件S而言的,$P(A)$是条件S实现之下事件A发生的概率.为简略起见,“条件S”常常不明确说出.除了这个基本条件S外,有时我们还要提出附加的限制条件.更确切地说,设A和B都是条件S下的事件,我们要问:在B已经发生的条件下事件A发生的概率是多少?这就是条件概率的问题.

定义 5.1　设 A 和 B 都是条件 S 下的事件,则称条件 S 已经实现且 B 已发生的情形下 A 发生的概率为 B 发生的条件下 A 的**条件概率**,记为 $P(A|B)$.

注意,$P(A|B)$还是在"一定条件"下事件 A 发生的概率,这个"一定条件"是指除原条件 S 外又附加了一个条件: B 发生. 为了强调附加条件的出现,才有"条件概率"的名称.

例 5.1　设盒内有 3 个白球和 2 个红球,我们随机地相继从中取出 2 个球,已知第一个是白球,问: 第二个也是白球的概率是多少?

解　"随机"取出的含义是每个球被取到的机会相等. "条件 S"就是随机地相继取 2 个球. 设 3 个白球是 W_1,W_2,W_3,2 个红球是 r_1,r_2. 条件 S 下所有可能的结果有 20 种(理由: 从 5 个东西中任取 2 个的排列共有 $5\times4=20$ 个). 设事件 $A=$"第一个是白球,第二个也是白球",$B=$"第一个是白球". 易知,在 B 已经发生的情形下,所有可能的结果有 12 种: (W_1,W_2), (W_1,W_3), (W_2,W_1), (W_2,W_3), (W_3,W_1), (W_3,W_2), (W_1,r_1), (W_1,r_2), (W_2,r_1), (W_2,r_2), (W_3,r_1), (W_3,r_2), 而事件 A 由其中的 6 种组成(在上述 12 种中排在前面的 6 种). 故在基本条件 S 和 B 实现的情形下,根据古典概型的公式(3.1),有

$$P(A|B)=\frac{6}{12}=\frac{1}{2}.$$

例 5.2　同时投掷甲、乙两颗骰子,考虑两颗骰子的点数之和 T. 问: 如果已知 T 是奇数,那么 T 小于 8 的概率是多少?

解　记 $A=\{T<8\}$,$B=\{T$ 是奇数$\}$. 要求的是 $P(A|B)$. 显然,投掷甲、乙两颗骰子,所有可能的结果有 $6\times6=36$ 种: (i,j) $(i=1,\cdots,6$ 表示甲的点数; $j=1,\cdots,6$ 表示乙的点数). 这 36 种均有相等的机会出现. 事件 B 由其中的 18 种结果组成:

$$\begin{gathered}(1,2),\ (1,4),\ (1,6),\ (2,1),\ (2,3),\ (2,5),\\ (3,2),\ (3,4),\ (3,6),\ (4,1),\ (4,3),\ (4,5),\\ (5,2),\ (5,4),\ (5,6),\ (6,1),\ (6,3),\ (6,5).\end{gathered}$$

在事件 B 发生的条件下事件 A 由下列 12 种结果组成:

$$\begin{gathered}(1,2),\ (1,4),\ (1,6),\ (2,1),\ (2,3),\ (2,5),\\ (3,2),\ (3,4),\ (4,1),\ (4,3),\ (5,2),\ (6,1).\end{gathered}$$

根据古典概型的公式(3.1),有 $P(A|B)=12/18=2/3$.

一般情形下,怎样计算条件概率呢?有下列计算公式:

$$P(A|B)=\frac{P(AB)}{P(B)} \quad (\text{当 } P(B)\neq 0 \text{ 时}). \tag{5.1}$$

公式(5.1)是从大量社会实践中总结出来的,不是用纯数学推导出来的. 在用公理方法讨论时,把(5.1)式直接当作条件概率的定义.(见注)但是对古典概型的情形,可用数学方法证明(5.1)式成立. 设条件 S 下的等概完备事件组有 n 个基本事件,B 由其中的 $m(m\geqslant 1)$ 个组成,A 由其中的 l 个组成,$A\cap B$ 由其中的 k 个组成. 根据条件概率的概念(见定义 5.1)和古典概型的性质,有

$$P(A|B)=\frac{\text{在 } B \text{ 发生的条件下 } A \text{ 中所含的基本事件数}}{\text{在 } B \text{ 发生的条件下基本事件总数}}=\frac{k}{m}=\frac{k/n}{m/n}.$$

但是 $P(B)=\dfrac{m}{n}$,$P(A\cap B)=\dfrac{k}{n}$,故(5.1)式成立.

注 当 $P(B)=0$ 时,如何计算条件概率 $P(A|B)$?这个问题比较复杂. 我们以后会在某些特殊情形下给出答案(见第三章).

公式(5.1)揭示了事件的原概率 $P(B)$,$P(AB)$ 与条件概率 $P(A|B)$ 这三个量之间的关系. 通常从两个方面来利用这个关系:一方面,从已知的 $P(B)$ 和 $P(AB)$ 去求 $P(A|B)$;另一方面,从已知的 $P(B)$ 和 $P(A|B)$ 去求得 $P(AB)$,这时把(5.1)式改写为

$$P(AB) = P(B)P(A|B). \tag{5.2}$$

公式(5.2)叫作**乘法公式**. (5.2)式的重要性在于:有时从条件概率的直观意义出发比较容易得到 $P(A|B)$ 的值,然后用公式(5.2)求出比较复杂的事件 AB 的概率(参看后面的例题).

从(5.2)式出发可导出更一般的乘法公式.

定理 5.1(一般乘法公式) 设 $A_1,\cdots,A_n$ 是 $n(n\geqslant 2)$ 个事件,满足 $P(A_1\cdots A_{n-1})\neq 0$,则

$$P(A_1\cdots A_n)=P(A_1)P(A_2|A_1)P(A_3|A_1A_2)\cdots \cdot P(A_n|A_1\cdots A_{n-1}). \tag{5.3}$$

证明 对 n 用数学归纳法. 从(5.2)式知 $n=2$ 时(5.3)式成立. 设 $n=k$ 时(5.3)式成立,则由(5.2)式知

$$P(A_1\cdots A_{k+1})=P((A_1\cdots A_k)\cap A_{k+1})$$

$$= P(A_1\cdots A_k)P(A_{k+1}|A_1\cdots A_k), \qquad (5.4)$$

根据归纳法假设,有

$$P(A_1\cdots A_k) = P(A_1)P(A_2|A_1)\cdots P(A_k|A_1\cdots A_{k-1}),$$

将此式代入(5.4)式,即知 $n=k+1$ 时(5.3)式成立. 依归纳法原理知,对一切 $n\geqslant 2$,(5.3)式成立. □

例 5.3 一盒子中装有白球和黑球. 现不放回地相继抽取两个球,假定都是白球的概率是 1/3,问: 盒中球的最小个数等于多少? 如果黑球个数是偶数,盒中球的最小个数是多少?

解 用 a 和 b 分别表示盒中的白球个数和黑球个数. 记 W_k = "第 k 次抽取时抽到白球"($k=1,2$). 已知 $P(W_1\cap W_2)=1/3$. 由(5.2)式知

$$P(W_1\cap W_2)=P(W_1)P(W_2|W_1).$$

显然 $P(W_1)=a/(a+b)$, $P(W_2|W_1)=(a-1)/(a+b-1)$,故

$$\frac{1}{3}=\frac{a}{a+b}\cdot\frac{a-1}{a+b-1}.$$

由于 $\frac{a}{a+b}>\frac{a-1}{a+b-1}$(因为 $a\geqslant 1, b\geqslant 1$),知 $\left(\frac{a}{a+b}\right)^2>\frac{1}{3}>\left(\frac{a-1}{a+b-1}\right)^2$. 于是

$$(\sqrt{3}+1)b/2 < a < 1+(\sqrt{3}+1)b/2. \qquad (5.5)$$

取 $b=1$,从(5.5)式知 $a=2$,此时 $P(W_1\cap W_2)=1/3$. 故盒中球的最小个数是 3.

若 b 是偶数,对 $b=2,4,6,\cdots$ 分别寻找满足(5.5)式的整数 a. 不难推知 $b=4, a=6$ 是合适的(注意,$b=2$ 时从(5.5)式知 $a=3$,但此时 $P(W_1\cap W_2)=3/10\neq 1/3$). 因此,$b$ 是偶数时球的最小数目是 10.

例 5.4 将 52 张扑克牌(不含大王、小王)随机地分成 4 堆,每堆 13 张,问: 各堆都含有 A 牌(即幺点)的概率是多少?

解 将 4 堆扑克牌编号: 第 1 堆、第 2 堆、第 3 堆、第 4 堆. 用 A_1, A_2, A_3, A_4 依次表示 4 个 A 牌: 黑桃 A,红桃 A,方块 A,梅花 A. 设 i_1, i_2, i_3, i_4 是 1,2,3,4 的一个排列,令 $E_{i_1i_2i_3i_4}$ = "第 i_1 堆有 A_1 但没有 A_2,A_3,A_4,第 i_2 堆有 A_2 但没有 A_1,A_3,A_4,第 i_3 堆有 A_3 但没有 A_1,A_2,A_4,第 i_4 堆有 A_4 但没有 A_1,A_2,A_3", E = "各堆都含有 A",则

$$E=\bigcup_{i_1,i_2,i_3,i_4}E_{i_1i_2i_3i_4}.$$

这些事件两两不相容. 易知 $P(E)=4!P(E_{1234})$. 令

$E_k=\{$第 k 堆含有 A_k 但不含有其他的 $A_j(j\neq k)\}\quad(k=1,2,3,4)$,

则

$$P(E_{1234})=P(E_1)P(E_2|E_1)P(E_3|E_1E_2)P(E_4|E_1E_2E_3).$$

易知

$$P(E_1)=C_{48}^{12}/C_{52}^{13},\qquad P(E_2|E_1)=C_{36}^{12}/C_{39}^{13},$$
$$P(E_3|E_1E_2)=C_{24}^{12}/C_{26}^{13},\quad P(E_4|E_1E_2E_3)=1.$$

于是

$$P(E_{1234})=\frac{C_{48}^{12}C_{36}^{12}C_{24}^{12}}{C_{52}^{13}C_{39}^{13}C_{26}^{13}}=\frac{13^4}{52\times 51\times 50\times 49},$$
$$P(E)=4!P(E_{1234})\approx 0.105.$$

*__例 5.5__(排队买票) 某剧院的售票处窗口卖票,每张票价 5 元. 设有 $m+n$ $(m\geqslant n\geqslant 1)$个人排队买票,其中 m 个人持有 5 元,n 个人持有 10 元. 若售票开始时售票处未准备零钱,问: 买票过程中没有一个人需要等候找钱的概率是多少?.

解 利用古典概型求解. 令 $N=m+n$,

$$\omega_i=\begin{cases}1, & \text{队中第 } i \text{ 个人手持 10 元},\\ -1, & \text{队中第 } i \text{ 个人手持 5 元}\end{cases}\quad(i=1,\cdots,N),$$

则 $\omega=(\omega_1,\cdots,\omega_N)$表示一种可能的排队,$\Omega=\{\omega\}$表示所有可能的排队. Ω 共有 C_N^n 个元素,各元素出现的概率相等.

当 $\omega=(\omega_1,\cdots,\omega_N)\in\Omega$ 时,令

$$y_i(\omega)=\sum_{k=1}^{i}\omega_k\ (i=1,\cdots,N),\quad y(\omega)=(y_1(\omega),\cdots,y_N(\omega)).$$

易知

$$\begin{aligned}A&\triangleq\{\text{没有一个人需要等候找钱}\}\\&=\{\omega:\omega\in\Omega,\text{且对一切 } i=1,\cdots,N,\text{有 } y_i(\omega)\leqslant 0\},\end{aligned}$$
$$B=\Omega-A=\{\omega:\text{存在 } i_0<N,\text{使得 } y_{i_0}(\omega)=1\}.$$

任意给定 $\omega=(\omega_1,\cdots,\omega_N)\in B$,令

$$i_0=\min\{i:1\leqslant i\leqslant N,y_i(\omega)=1\},$$
$$\tilde{y}_i(\omega)=\begin{cases}y_i(\omega), & 1\leqslant i\leqslant i_0,\\ 2-y_i(\omega), & i_0<i\leqslant N,\end{cases}$$
$$\tilde{y}(\omega)=(\tilde{y}_1(\omega),\cdots,\tilde{y}_N(\omega)),\quad \widetilde{B}=\{\tilde{y}(\omega):\omega\in B\}.$$

可以验证: 当 $\omega\neq\hat{\omega}$ 时,$\tilde{y}(\omega)\neq\tilde{y}(\hat{\omega})$. 可见 B 与 $\widetilde{B}$ 有相等的元素个数.

可以验证: 当 $\omega\in B$ 时,$\tilde{y}_i(\omega)-\tilde{y}_{i-1}(\omega)=1$ 或 -1(我们规定 $\tilde{y}_0(\omega)=0$).

当 $\tilde{y}_i(\omega)-\tilde{y}_{i-1}(\omega)=1$ 时，称 i 是 $\tilde{y}(\omega)$ 的升点；当 $\tilde{y}_i(\omega)-\tilde{y}_{i-1}(\omega)=-1$ 时，称 i 是 $\tilde{y}(\omega)$ 的降点. 于是

$$\text{升点个数}+\text{降点个数}=N=m+n.$$

另一方面，$\sum_{i=1}^{N}[\tilde{y}_i(\omega)-\tilde{y}_{i-1}(\omega)]=$ 升点个数−降点个数，但是

$$\sum_{i=1}^{N}[\tilde{y}_i(\omega)-\tilde{y}_{i-1}(\omega)]=\tilde{y}_N(\omega)=2-y_N(\omega)=2-(n-m)=m+2-n,$$

于是可推知升点个数为 $\dfrac{m+n+m+2-n}{2}=m+1$.

每个 $\tilde{y}(\omega)$ 由其全部升点的位置决定，而 $m+1$ 个升点分布在 N 个点中共有 C_N^{m+1} 种可能的情况，故 $\widetilde{B}$ 共有 C_N^{m+1} 个元素，从而 B 共有 C_N^{m+1} 个元素. 于是

$$P(B)=\frac{C_N^{m+1}}{C_N^n}=\frac{n}{m+1}.$$

因此
$$P(A)=1-P(B)=\frac{m+1-n}{m+1}.$$

"条件概率"也是一种概率，从概率的定义或公式(5.1)知条件概率有下列性质(当 $P(B)\neq 0$ 时)：

(1) $P(B|B)=1, P(V|B)=0$ (V 是不可能事件)；

(2) 若 $A_1, A_2, \cdots$ 是一列两两不相容的事件，则

$$P\Big(\bigcup_{k=1}^{\infty}A_k|B\Big)=\sum_{k=1}^{\infty}P(A_k|B).$$

与条件概率密切相关的概念是独立性. 设 A 和 B 都是条件 S 下的随机事件. 若 $P(A|B)=P(A)$，即在 B 发生的条件下 A 发生的条件概率与 A 的原概率 $P(A)$ 相等，则说 A 与 B 是相互独立的. 事件 A 与 B 相互独立的直观意义很清楚：事件 B 的发生并不影响事件 A 发生的概率. 更正式的定义是：

定义 5.2　设 A 和 B 都是条件 S 下的随机事件. 若满足

$$P(AB)=P(A)P(B), \tag{5.6}$$

则称 A 与 B **相互独立**(简称**独立**).

很明显，若 $P(B)\neq 0$，则从(5.6)式知 $P(AB)/P(B)=P(A)$，即有 $P(A|B)=P(A)$；反之，若 $P(B)\neq 0$ 且 $P(A|B)=P(A)$，则(5.6)式成立. 用(5.6)式定义"相互独立"的好处在于允许 $P(B)=0$. 从定义 5.2 不难看出，零概率的事件与任何事件相互独立，概率为 1 的事件也与任

何事件相互独立.

怎样判断两个事件是否相互独立呢？在许多情形下分析事情的本质就可判断出，有时需要通过计算才能判断出，还有一些情形需要通过深入的专门研究才能判断出.例如，同时开动甲、乙两台机器，事件“甲在1小时内正常运转”与事件“乙在1小时内正常运转”是相互独立的，因为甲对乙没有什么影响，乙对甲也没有什么影响.如果要考查“抽烟”与“身体健康”这两个事件之间的关系，则比较复杂.对此，经过多年的深入研究，在20世纪60年代才有明确的结论：二者不相互独立，抽烟对身体健康有害.

例 5.6 一盒中有5个乒乓球(3个新球，2个旧球).现有放回地取两次，每次随机取一个球.令

$A=$“第1次取时取到新球”， $B=$“第2次取时取到新球”，

不难看出 $P(B|A)=P(B)$，A 与 B 独立.

例 5.7 甲、乙两人同时用炮向一敌机射击.已知甲击中敌机的概率为0.6，乙击中敌机的概率为0.5，求敌机被击中的概率.

解 记 $A=$“甲击中敌机”，$B=$“乙击中敌机”，$C=$“敌机被击中”.从公式(2.22)知

$$P(C)=P(A\cup B)=P(A)+P(B)-P(AB).$$

可以认为事件 A 与 B 相互独立，故 $P(AB)=P(A)P(B)$.因为 $P(A)=0.6$，$P(B)=0.5$，故 $P(C)=0.6+0.5-0.6\times0.5=0.8$.

例 5.8 投掷一次匀称的骰子.设 $A=$“出现偶数点”，$B=$“出现的点数不超过4”.易知

$$P(A)=1/2,\ P(B)=2/3,\ P(AB)=P(\text{出现 2 点或 4 点})=1/3.$$

易知 $P(AB)=P(A)P(B)$，故 A 与 B 相互独立.

定理 5.2 若4对事件 A 与 B，A 与 $\bar{B}$，$\bar{A}$ 与 B，$\bar{A}$ 与 $\bar{B}$ 中有一对相互独立，则另外3对也都相互独立.

证明 这里只证明：若 A 与 B 相互独立，则 A 与 $\bar{B}$ 也相互独立(其他情形留给读者自己证明).因为 $A=(AB)\cup(A\bar{B})$，且 AB 与 $A\bar{B}$ 互不相容，知 $P(A\bar{B})=P(A)-P(AB)$.若 A 与 B 相互独立，则 $P(AB)=P(A)P(B)$.于是

$$P(A\bar{B})=P(A)-P(A)P(B)=P(A)(1-P(B))=P(A)P(\bar{B}).$$

故 A 与 $\bar{B}$ 相互独立. □

利用定理 5.2,我们可以给出例 5.7 的另一解法:

$$P(C)=1-P(\bar{C})=1-P(\bar{A}\bar{B})=1-P(\bar{A})P(\bar{B})$$
$$=1-(1-0.6)(1-0.5)=0.8.$$

这种解法的特点是:通过对偶公式把求事件并的概率转化为求事件交的概率.这种转化法在某些问题里是特别有效的.

我们可将两个事件相互独立的概念推广到多个事件的"相互独立"上去.

定义 5.3　称事件 A,B,C 是**相互独立**的,如果下列四个等式均成立:

$$P(AB)=P(A)P(B),\quad P(AC)=P(A)P(C),$$
$$P(BC)=P(B)P(C),\quad P(ABC)=P(A)P(B)P(C).$$

值得注意的是,只有最后一个等式 $P(ABC)=P(A)P(B)P(C)$ 并不能保证前面三个等式成立.类似于三个事件的情形,对于 n 个事件 $A_1,\cdots,A_n$ 有下面的定义:

定义 5.4　称事件 $A_1,\cdots,A_n(n\geqslant 2)$ 是相互独立的,如果对任何整数 $k(2\leqslant k\leqslant n)$,有

$$P(A_{i_1}\cdots A_{i_k})=P(A_{i_1})\cdots P(A_{i_k}),\tag{5.7}$$

其中 $i_1,\cdots,i_k$ 是满足条件 $1\leqslant i_1<\cdots<i_k\leqslant n$ 的任何 k 个整数.

从定义 5.4 可看出,若一组事件相互独立,则其一部分也相互独立.定义 5.4 包含了定义 5.2 和定义 5.3.(5.7)式包括 2^n-n-1 个等式(因为 $C_n^2+C_n^3+\cdots+C_n^n=2^n-n-1$),读者自然问:为什么要求这么多等式成立?理由是:n 个事件"相互独立"的直观含义应该是,其中任何一些事件的发生不影响其他事件发生的概率.为了反映这项特性,就得要求(5.7)式成立.更具体说,可以证明下面的定理:

***定理 5.3**　设 $A_1,\cdots,A_n(n\geqslant 2)$ 是 n 个事件,满足 $P(A_1\cdots A_n)\neq 0$,则 $A_1,\cdots,A_n$ 相互独立的充要条件是:若 $\{i_0,i_1,\cdots,i_m\}(m\geqslant 1)$ 是 $\{1,\cdots,n\}$ 的任何子集,则

$$P(A_{i_0}|A_{i_1}\cdots A_{i_m})=P(A_{i_0}).\tag{5.8}$$

证明　*必要性*　设 $A_1,\cdots,A_n$ 相互独立,从(5.7)式知

$$P(A_{i_0}A_{i_1}\cdots A_{i_m})=P(A_{i_0})P(A_{i_1})\cdots P(A_{i_m})=P(A_{i_0})P(A_{i_1}\cdots A_{i_m}),$$

于是 $P(A_{i_0}|A_{i_1}\cdots A_{i_m})=P(A_{i_0})$,即(5.8)式成立.

充分性 设(5.8)式成立.对任何 $2\leqslant k\leqslant n$,任意给定 k 个整数 $i_1,\cdots,i_k(1\leqslant i_1<\cdots<i_k\leqslant n)$,利用乘法公式知

$$P(A_{i_1}\cdots A_{i_k})=P(A_{i_1})\prod_{s=2}^{k}P(A_{i_s}|A_{i_1}\cdots A_{i_{s-1}}).$$

从(5.8)式知 $P(A_{i_s}|A_{i_1}\cdots A_{i_{s-1}})=P(A_{i_s})(s=2,\cdots,k)$.于是就有

$$P(A_{i_1}\cdots A_{i_k})=P(A_{i_1})\cdots P(A_{i_k}),$$

故 $A_1,\cdots,A_n$ 相互独立. □

怎样判断多个事件是否相互独立呢?与两个事件的情形一样,在许多情形下根据对事情本质的分析就能做出判断,并不需要复杂的推理.

例 5.9 设有某型号的高射炮,每门炮(发射一发)击中敌机的概率为 0.6.现在若干门炮同时发射(每炮射一发),问:若要以 99%的把握击中来犯的一架敌机,至少需配置几门高射炮?

解 设 n 是需要配置的高射炮的门数.记 A_i="第 i 门炮击中敌机"$(i=1,\cdots,n)$,A="敌机被击中".由于 $A=\bigcup\limits_{i=1}^{n}A_i$,于是要找 n,使得

$$P(A)=P\left(\bigcup_{i=1}^{n}A_i\right)\geqslant 0.99. \tag{5.9}$$

由于 $P(A)=1-P(\overline{A})=1-P\left(\bigcap\limits_{i=1}^{n}\overline{A}_i\right)$,且 $\overline{A}_1,\cdots,\overline{A}_n$ 相互独立,故

$$P(A)=1-P(\overline{A}_1)\cdots P(\overline{A}_n)=1-0.4^n.$$

为了使(5.9)式成立,必须且只需 $1-0.4^n\geqslant 0.99$.由此知

$$n\geqslant \lg 0.01/\lg 0.4=2/0.3979=5.026,$$

故至少需配置 6 门高射炮方能以 99%的把握击中敌机.

例 5.10(可靠性) 一个系统就是由一些部件组成的有规定功能的整体.部件(或系统)在规定的条件下和规定的时间内具有规定功能的概率叫作该部件(或系统)的可靠度.如何根据各个部件的可靠度计算出系统的可靠度,这是工程上的重要问题(参看文献[20]).系统与部件的关系(即系统的结构)是多种多样的.设系统由 m 个部件组成,通常认为各部件能否正常工作是相互独立的.最简单、最常见的系统有两种:串联系统、并联系统.

(1) 串联系统是指这样的系统,当且仅当每个部件都正常工作时

系统正常工作(所谓"正常工作"是指具有规定的功能). 此时系统的可靠度 R 为

$$R = R_1 \cdots R_m,$$

其中 $R_i(i=1,\cdots,m)$是第 i 个部件的可靠度.

(2) 并联系统是指这样的系统,当且仅当至少一个部件正常工作时系统正常工作. 此时系统的可靠度 R 为

$$R = 1-(1-R_1)\cdots(1-R_m),$$

其中 $R_i(i=1,\cdots,m)$是第 i 个部件的可靠度.

作为本节末尾,我们指出,一组事件两两相互独立并不能保证这组事件相互独立. 请看下列有名的例子.

例 5.11(S. N. Bernstein, 1917)　设有一个质地均匀的正四面体,将其第 1 面染红色,第 2 面染黄色,第 3 面染蓝色,第 4 面染红、黄、蓝三色(各占一部分). 在桌上任意抛掷此四面体一次,考查和桌面接触的那一面上出现什么颜色. 设事件 A="出现红色",B="出现黄色",C="出现蓝色". 我们指出,这三个事件两两独立但不相互独立. 实际上,这里有四个基本事件:

$$A_i = \text{“四面体的第 } i \text{ 面接触桌面”} \quad (i = 1,2,3,4).$$

既然是正四面体,这四个基本事件的概率都是 1/4. 显然,$A=A_1 \cup A_4$, $B=A_2 \cup A_4$,$C=A_3 \cup A_4$,故 $P(A)=P(B)=P(C)=1/2$. 因为 $AB=AC=BC=A_4$,故 $P(AB)=P(AC)=P(BC)=P(A_4)=1/4$. 可见 A, B,C 两两独立. 显然 $P(ABC)=P(A_4)=1/4$,但是

$$P(A)P(B)P(C) = (1/2)^3 = 1/8.$$

这表明 A,B,C 不相互独立.

§1.6　全概公式和逆概公式

与条件概率有关的重要公式有三个,除了上节的乘法公式外,再就是全概公式和逆概公式. 这些公式的共同特点是: 公式简单、论证容易,但却富于应用. 读者不仅要掌握这些公式的叙述和证明,更要紧的是通过一些具体例子学会灵活运用. 只记公式但不去学会运用等于赴宝山而空返.

1. 全概公式

定理 6.1(全概公式) 如果事件组 $B_1,\cdots,B_n(n\geqslant 2)$满足下列条件:

(1) $B_1,\cdots,B_n$ 两两不相容,且 $P(B_i)>0(i=1,\cdots,n)$;

(2) $B_1\cup\cdots\cup B_n$ 是必然事件,

则对任何事件 A,皆有

$$P(A)=\sum_{i=1}^{n}P(B_i)P(A|B_i). \tag{6.1}$$

证明 因为 $A=A\cap\left(\bigcup_{i=1}^{n}B_i\right)=\bigcup_{i=1}^{n}(A\cap B_i)$,又由于 $AB_1,\cdots,AB_n$ 是两两不相容的且 $P(AB_i)=P(B_i)P(A|B_i)$,故

$$P(A)=\sum_{i=1}^{n}P(A\cap B_i)=\sum_{i=1}^{n}P(B_i)P(A|B_i). \quad \square$$

公式(6.1)就是所谓的**全概公式**.(见注)它的重要性在于:当直接求 $P(A)$比较困难而 $P(B_i)$和条件概率 $P(A|B_i)$比较好求时,利用公式(6.1)就可得到 $P(A)$的值.

注 全概公式的另一形式是:如果一列事件 $B_1,\cdots,B_n,\cdots$ 两两不相容,$P(B_i)>0\ (i=1,2,\cdots)$,且 $\bigcup_{i=1}^{\infty}B_i$ 是必然事件,则对任何事件 A,皆有

$$P(A)=\sum_{i=1}^{\infty}P(B_i)P(A|B_i). \tag{6.2}$$

同时满足上述条件(1)的前半部分(即 $B_1,\cdots,B_n$ 两两不相容)和条件(2)的事件组 $B_1,\cdots,B_n$ 叫作**完备事件组**.运用全概公式的关键在于:找出这样的完备事件组 $B_1,\cdots,B_n$,使得概率 $P(B_i)$和条件概率 $P(A|B_i)$都比较好求.

例 6.1 甲、乙、丙三人向同一飞机射击.设甲、乙、丙射中的概率分别是 0.4,0.5,0.7.若只有一人射中,则飞机坠毁的概率为 0.2;若两人射中,则飞机坠毁的概率为 0.6;若三人射中,则飞机必然坠毁.求飞机坠毁的概率.

解 记 A=“飞机坠毁”,B_0=“三人皆未射中”,B_1=“只有一人射中”,B_2=“恰好两人射中”,B_3=“三人皆射中”.显然,B_0,B_1,B_2,B_3 构

成完备事件组.由于各人是否射中是相互独立的,易知

$$P(B_0)=(1-0.4)(1-0.5)(1-0.7)=0.09,$$

$$\begin{aligned}P(B_1)&=0.4\times0.5\times0.3+0.6\times0.5\times0.3\\&\quad+0.6\times0.5\times0.7\\&=0.36,\end{aligned}$$

$$\begin{aligned}P(B_2)&=0.6\times0.5\times0.7+0.4\times0.5\times0.7\\&\quad+0.4\times0.5\times0.3\\&=0.41,\end{aligned}$$

$$P(B_3)=0.4\times0.5\times0.7=0.14.$$

再由题意有

$$P(A|B_0)=0,\qquad P(A|B_1)=0.2,$$
$$P(A|B_2)=0.6,\quad P(A|B_3)=1.$$

利用公式(6.1),得

$$\begin{aligned}P(A)&=\sum_{i=0}^{3}P(B_i)P(A|B_i)\\&=0.09\times0+0.36\times0+0.41\times0.6+0.14\times1\\&=0.458.\end{aligned}$$

例 6.2 一保险公司相信人群可分为两类:一类是容易出事故的;另一类是不容易出事故的.已知前者在一年内出事故的概率是 0.4,后者在一年内出事故的概率是 0.2,前者约占人群的 30%.今有一人来投保,问:他在一年内出事故的概率有多大?

解 设 A=“他在一年内出事故”,B=“他是容易出事故的”,则 $B,\bar{B}$ 构成完备事件组.从(6.1)式知

$$P(A)=P(B)P(A|B)+P(\bar{B})P(A|\bar{B}).$$

从题意知 $P(B)=0.3$,$P(A|B)=0.4$,$P(A|\bar{B})=0.2$,$P(\bar{B})=1-0.3=0.7$.于是

$$P(A)=0.3\times0.4+0.7\times0.2=0.26.$$

*__例 6.3__(赌徒输光问题) 设甲有赌本 M 元,乙有赌本 N 元(M 和 N 都是正整数).每一局中,若甲胜,则乙给甲 1 元;若乙胜,则甲给乙 1 元(没有和局).设每局中甲胜的概率是 $p(0<p<1)$,问:如果一局一局地赌博下去(直到有一方输光才停止),甲输光的概率是多少?

解 记 $L=M+N$,则 L 是固定的正整数,$L\geqslant2$.当 $L=2$ 时,显然甲输光的概率是 $1-p$.以下设 $L\geqslant3$.我们来研究更一般的问题:若甲有赌本 i 元,乙有赌本

$L-i$ 元,则甲输光的概率 p_i 是多少?(本例中要求的是 p_M.)

问题扩大了,反而有利于寻找计算公式,这在数学中是常有的事.令 $A=$"甲输光",$A_i=$"甲的赌本是 i 元"($i=1,\cdots,L-1$),则 $p_i=P(A|A_i)$.令 $B=$"甲在第一局取胜",则 $A=(BA)\cup(\bar{B}A)$.故当 $2\leqslant i\leqslant L-2$ 时,

$$\begin{aligned}P(A|A_i)&=P(BA|A_i)+P(\bar{B}A|A_i)\\&=P(B|A_i)P(A|A_iB)+P(\bar{B}|A_i)P(A|A_i\bar{B})\\&=P(B|A_i)P(A|A_{i+1})+P(\bar{B}|A_i)P(A|A_{i-1}),\end{aligned}$$

即有

$$p_i=pp_{i+1}+qp_{i-1}\quad(q=1-p).\tag{6.3}$$

易知 $p_1=pp_2+q$,$p_{L-1}=qp_{L-2}$.可见,若令 $p_0=1$,$p_L=0$,则(6.3)式对一切 $1\leqslant i\leqslant L-1$ 均成立.

从(6.3)式知 $p_{i+1}-p_i=\dfrac{q}{p}(p_i-p_{i-1})$,于是

$$p_{i+1}-p_i=\left(\frac{q}{p}\right)^i(p_1-p_0)=\left(\frac{q}{p}\right)^i(p_1-1).$$

因此

$$p_{i+1}-p_1=\sum_{k=1}^{i}(p_{k+1}-p_k)=\sum_{k=1}^{i}\left(\frac{q}{p}\right)^k(p_1-1).\tag{6.4}$$

由于 $p_L=0$,在(6.4)式中令 $i=L-1$,得

$$p_1=\sum_{k=1}^{L-1}\left(\frac{q}{p}\right)^k(1-p_1).\tag{6.5}$$

当 $p\neq\dfrac{1}{2}$ 时,$p_1=\left[\dfrac{q}{p}-\left(\dfrac{q}{p}\right)^L\right]\Big/\left[1-\left(\dfrac{q}{p}\right)^L\right]$.再利用(6.4)式,知

$$p_i=p_1+\frac{\dfrac{q}{p}-\left(\dfrac{q}{p}\right)^i}{1-\dfrac{q}{p}}(p_1-1)=\frac{\left(\dfrac{q}{p}\right)^i-\left(\dfrac{q}{p}\right)^L}{1-\left(\dfrac{q}{p}\right)^L}\quad(2\leqslant i\leqslant L-1).$$

当 $p=\dfrac{1}{2}$ 时,从(6.5)式知 $p_1=\dfrac{L-1}{L}$.利用(6.4)式,知

$$p_i=p_1+\sum_{k=1}^{i-1}(p_1-1)=\frac{L-i}{L}\quad(2\leqslant i\leqslant L-1).$$

于是

$$p_M=\begin{cases}\dfrac{\left(\dfrac{q}{p}\right)^M-\left(\dfrac{q}{p}\right)^{M+N}}{1-\left(\dfrac{q}{p}\right)^{M+N}}, & p\neq\dfrac{1}{2},\\[2ex]\dfrac{N}{M+N}, & p=\dfrac{1}{2}.\end{cases}$$

这就是甲输光的概率.这个计算过程中关键的一步是：根据第一局的输赢结果建立方程(6.3).这种方法可以叫作“首步(局)分析法”,它可用于处理许多问题.

*例 6.4　一袋中装有 n 个球,其中 n_1 个红球,n_2 个黑球,$n=n_1+n_2$.在此 n 个球中任意取出 $m(1\leqslant m\leqslant n)$ 个,再从这 m 个球中任意取出 $r(1\leqslant r\leqslant m)$ 个,设 $r=r_1+r_2(0\leqslant r_1\leqslant n_1,0\leqslant r_2\leqslant n_2)$,问：此 r 个球中恰有 r_1 个红球,r_2 个黑球的概率是多少?

解　我们可以这样想象,袋中的球已编了号：$1,\cdots,n$,其中前 n_1 个号码表示红球,后 n_2 个号码表示黑球.给定 $\{1,\cdots,n\}$ 中 r 个不同的数 $\{i_1,\cdots,i_r\}$,令 $B(i_1,\cdots,i_r)=$“最后抽得的 r 个球的号码是 $i_1,\cdots,i_r$”(即从袋中任意抽取 m 个球,再从这 m 个球中任意抽取 r 个球,结果得到的号码是 $i_1,\cdots,i_r$).我们指出

$$P(B(i_1,\cdots,i_r))=1/\mathrm{C}_n^r.$$

实际上,设 $\{j_1,\cdots,j_m\}$ 是 $\{1,\cdots,n\}$ 中任何 $m(m\leqslant n)$ 个不同的元素组成的子集,$A(j_1,\cdots,j_m)=$“从袋中任意抽取 m 个球得到的号码是 $j_1,\cdots,j_m$”,则

$$\begin{aligned}&P(B(i_1,\cdots,i_r))\\&=\sum_{\{j_1,\cdots,j_m\}\supset\{i_1,\cdots,i_r\}}P(A(j_1,\cdots,j_m))P(B(i_1,\cdots,i_r)|A(j_1,\cdots,j_m)).\end{aligned}$$

易知

$$P(A(j_1,\cdots,j_m))=1/\mathrm{C}_n^m,\quad P(B(i_1,\cdots,i_r)|A(j_1,\cdots,j_m))=1/\mathrm{C}_m^r.$$

于是

$$P(B(i_1,\cdots,i_r))=\sum_{\{j_1,\cdots,j_m\}\supset\{i_1,\cdots,i_r\}}1/(\mathrm{C}_n^m\mathrm{C}_m^r).$$

对于给定的 $i_1,\cdots,i_r$,在 $\{1,\cdots,n\}$ 中包含 $\{i_1,\cdots,i_r\}$ 的由 m 个元素组成的子集共有 C_{n-r}^{m-r} 个,于是

$$P(B(i_1,\cdots,i_r))=\mathrm{C}_{n-r}^{m-r}/(\mathrm{C}_n^m\mathrm{C}_m^r)=1/\mathrm{C}_n^r.$$

由此推知(参看例 3.6),所得到的 r 个球中恰有 r_1 个红球,r_2 个黑球的概率为

$$\mathrm{C}_{n_1}^{r_1}\mathrm{C}_{n_2}^{r_2}/\mathrm{C}_n^r.$$

2. 逆概公式

定理 6.2(逆概公式)　如果事件组 $B_1,\cdots,B_n(n\geqslant 2)$ 满足下列条件：

(1) $B_1,\cdots,B_n$ 两两不相容,且 $P(B_i)>0(i=1,\cdots,n)$;

(2) $\bigcup\limits_{i=1}^{n}B_i$ 是必然事件,

则对任一事件 A,只要 $P(A)>0$,就有

$$P(B_k|A)=\frac{P(B_k)P(A|B_k)}{\sum_{i=1}^{n}P(B_i)P(A|B_i)}\quad(k=1,\cdots,n).\tag{6.6}$$

证明 因为 $P(B_k|A)=P(B_kA)/P(A)(k=1,\cdots,n)$，再利用乘法公式 $P(B_kA)=P(B_k)P(A|B_k)$ 及全概公式(6.1)即知(6.6)式成立. □

公式(6.6)就是所谓的**逆概公式**，也叫作**贝叶斯公式**.（见注）贝叶斯(T. Bayes (1702—1761))是英国的牧师和学者，在他死后(1763 年)发表的论文“论有关机遇问题的求解”里提出了这个公式.

注 逆概公式(贝叶斯公式)的另一形式是：如果一列事件 $B_1,\cdots,B_n,\cdots$ 两两不相容，$P(B_i)>0(i=1,2,\cdots)$，且 $\bigcup_{i=1}^{\infty}B_i$ 是必然事件，则对任何事件 A，只要 $P(A)>0$，就有

$$P(B_k|A)=\frac{P(B_k)P(A|B_k)}{\sum_{i=1}^{\infty}P(B_i)P(A|B_i)}\quad(k=1,2,\cdots).\tag{6.7}$$

在使用逆概公式(6.6)时，常常把公式中的 $P(B_i)(i=1,\cdots,n)$ 叫作**先验概率**，它们的值是根据先前的知识和经验确定出，既可以利用频率和概率的关系来确定，也可以基于“主观概率”来确定(参看本章的§1.1). 公式(6.6)中的 $P(B_k|A)$ 乃是观察到事件 A 发生后 B_k 的概率，人们也称 $P(B_k|A)$ 为 B_k 的**后验概率**. 公式(6.6)可以看作从先验概率到后验概率的转换公式.

例 6.5 某发报台分别以概率 0.6 和 0.4 发出信号“·”和“——”. 由于通信系统受到干扰，当发出信号“·”时，收报台未必收到信号“·”，而是分别以概率 0.8 和 0.2 收到信号“·”和“——”；当发报台发出信号“——”时，收报台分别以概率 0.9 和 0.1 收到信号“——”和“·”. 问：当收报台收到的信号是“·”时，发报台确实发出信号“·”的概率是多少？

解 设 B=“发出信号‘·’”，A=“收到信号‘·’”. 易知，B 和 $\bar{B}$ 构成完备事件组. 利用逆概公式(6.6)，有

$$P(B|A)=\frac{P(B)P(A|B)}{P(B)P(A|B)+P(\bar{B})P(A|\bar{B})}.$$

根据提供的知识知 $P(B)=0.6$,$P(A|B)=0.8$,$P(A|\bar{B})=0.1$,于是可得 $P(B|A)=0.923$.

例 6.6 某厂有甲、乙、丙三个车间生产同一种产品,已知这三个车间的产量分别占总产量的 25%,35%,40%,不合格品率分别是 0.05,0.04,0.02. 有一用户买了该厂一件产品,经检验是不合格品. 但该产品是哪个车间生产的标志已经脱落,各车间的产品已经相混. 问:该产品分别是车间甲、乙、丙生产的概率是多少?

解 设 $A=$“从该厂产品中任取一件恰好取到不合格品”,$B_1=$“该产品是车间甲生产的”,$B_2=$“该产品是车间乙生产的”,$B_3=$“该产品是车间丙生产的”. 要求的是条件概率 $P(B_1|A)$,$P(B_2|A)$,$P(B_3|A)$.

已知 $P(B_1)=25/100$,$P(B_2)=35/100$,$P(B_3)=40/100$,$P(A|B_1)=0.05$,$P(A|B_2)=0.04$,$P(A|B_3)=0.02$. 利用逆概公式(6.6),得

$$P(B_1|A)=\frac{P(B_1)P(A|B_1)}{\sum_{i=1}^{3}P(B_i)P(A|B_i)}=\frac{25}{69}.$$

用同样的方法可计算得 $P(B_2|A)=\frac{28}{69}$,$P(B_3|A)=\frac{16}{69}$. 可见,该产品来自乙车间的可能性最大.

例 6.7 一学生要回答一道有 $m(m\geqslant 2)$ 个选择的选择题. 设他知道正确答案的概率是 p,不知道时就猜,猜对的概率是 $1/m$. 若已知该学生写出的答案是正确的,问:他知道正确答案的条件概率是多少?

解 考虑下列事件:$A=$“答案正确”,$B=$“知道正确答案”. 从逆概公式(6.6)知

$$P(B|A)=\frac{P(B)P(A|B)}{P(B)P(A|B)+P(\bar{B})P(A|\bar{B})}.$$

根据题意知 $P(B)=p$,$P(\bar{B})=1-p$,$P(A|B)=1$,$P(A|\bar{B})=1/m$. 于是

$$P(B|A)=\frac{p\cdot 1}{p\cdot 1+(1-p)/m}=\frac{mp}{1+(m-1)p}.$$

这就是他所写的答案正确时他真正知道正确答案的概率. 例如 $m=5$,$p=1/2$,则 $P(B|A)=5/6$.

例 6.8(艾滋病检测[5]) 艾滋病(AIDS)是一种可怕的接触性传染病. 为了防止其传播,我们要识别艾滋病病毒的携带者. 目前有一种血液试验检测法用于检测身体中是否有艾滋病病毒. 尽管这种检测法相当精确,但也可能带来两种误诊. 首先,它可能会对某些真有艾滋病的人做出没有艾滋病的诊断,这就是所谓假阴性;其次,它也可能对某些没有艾滋病的人做出有艾滋病的诊断,这就是所谓假阳性.

根据现有统计资料,我们可以认为上述血液试验检测法的灵敏度如下:假阴性的概率是 0.05(即有艾滋病的人的试验结果呈阴性的概率),假阳性的概率是 0.01(即没有艾滋病的人的试验结果呈阳性的概率).

美国是艾滋病较为流行的国家之一,根据粗略的估计,大约 1000 人中就有一人得这种病. 为了能有效地控制和减缓这种病的传播速度,曾经有人提议应在申请结婚登记的新婚夫妇中进行有无艾滋病病毒的血液试验. 该项普查计划提出后,立刻遭到许多专家学者的反对,他们认为这是一项既费钱又费力同时又收效不大的计划. 最终此项计划未被通过. 那么,到底专家学者的意见对不对? 该普查计划该不该执行呢?

假如该普查计划得以实施,而你又做了血液试验,结果呈阳性,那么你真正得了艾滋病的可能性有多大呢? 我们定义事件:

$$A = \text{“被检测人带有艾滋病病毒”},$$
$$T = \text{“试验结果呈阳性”}.$$

我们关心的是条件概率 $P(A|T)$. 由逆概公式(6.6)知

$$P(A|T) = \frac{P(A)P(T|A)}{P(A)P(T|A) + P(\overline{A})P(T|\overline{A})}. \tag{6.8}$$

注意 $P(A)=0.001, P(T|A)=1-0.05, P(\overline{A})=0.999, P(T|\overline{A})=0.01$. 从(6.8)式知 $P(A|T)\approx 0.087$. 这个条件概率是相当小的. 因此,即使你的检测结果呈阳性,也不必太紧张. 可见实行这种血液检测法,费钱费力但结果很不可靠. 该普查计划缺乏执行的理由,究其原因,从 $P(A|T)$的表达式看出就是因为 $P(A)$太小. 从(6.8)式知

$$P(A|T)=\frac{0.95P(A)}{0.95P(A)+[1-P(A)]0.01}=\frac{0.95}{0.95+0.01/P(A)}.$$

可见,$P(A|T)$是 $P(A)$的严格增函数,而且 $P(A)$接近 1 时 $P(A|T)$也

接近 1. 对于处于感染艾滋病的“高危”人群，用上述血液检测法进行普查倒是很有效的.

§1.7 独立试验序列

本节要介绍一种概率模型，在这个模型里基本事件的概率可以直接计算出来，但是与古典概型不同，这些基本事件不一定是等概的.

问题 设每次射击射中目标的概率等于 0.1. 如果射击 10 次，试求射中两次的概率.

这种类型的问题是广泛存在的. 其一般提法是：设每次试验中事件 A 发生的概率是 $p(0\leqslant p\leqslant 1)$，问：$n$ 次独立重复的试验（条件 S）下事件 A 发生 $k(k=0,1,\cdots,n)$ 次的概率是多少?.

我们所说的“n 次独立重复”是指在相同的环境下重复 n 次且各次试验独立地进行，彼此不相干. 怎样计算“事件 A 发生 k 次”的概率呢? 我们首先分析“条件 S”下所有可能出现的结果. 在每次试验下，只有两种可能的结果：A 发生，A 不发生. 我们用 1 表示 A 发生，0 表示 A 不发生. 故在条件 S 下共有 2^n 种结果，每一种结果就是 0,1 组成的一个长为 n 的序列. 例如，

$$(1,0,1,\overbrace{0,0,\cdots,0}^{n-3\text{个}})$$

就是一种可能的结果，它表示第 1 次试验结果是 A 发生，第 2 次试验结果是 A 不发生，第 3 次试验结果是 A 发生，第 4 次至第 n 次试验结果是 A 都不发生. 序列

$$(i_1,\cdots,i_n) \quad (i_s = 0 \text{ 或 } 1, s = 1,\cdots,n)$$

共有 2^n 个. 把每个序列看成一个基本事件，共有 2^n 个基本事件. 所谓“A 发生 k 次”就是由所有那种恰含有 k 个 1 的序列对应的基本事件组成. 每一个恰含 k 个 1 的序列出现的概率等于 $p^k(1-p)^{n-k}$. 恰含有 k 个 1 的序列共有多少个呢? 这相当于从 n 个不同的东西里抽取 k 个时有多少种不同的取法，当然是 C_n^k 种. 根据概率的加法公式（不相容事件之并的概率等于各事件的概率之和），得到下述结论：

定理 7.1 设每次试验中事件 A 发生的概率是 p，则在 n 次独立

重复的试验中 A 发生 k 次的概率是

$$P(A\text{ 发生 }k\text{ 次}) = C_n^k p^k (1-p)^{n-k} \quad (k=0,1,\cdots,n). \tag{7.1}$$

从(7.1)式还知道

$$\sum_{k=0}^{n} C_n^k p^k (1-p)^{n-k} = 1 \quad (0 \leqslant p \leqslant 1). \tag{7.2}$$

实际上,

$$\begin{aligned}\sum_{k=0}^{n} C_n^k p^k (1-p)^{n-k} &= \sum_{k=0}^{n} P(A\text{ 发生 }k\text{ 次}) \\ &= P\left(\bigcup_{k=0}^{n}\{A\text{ 发生 }k\text{ 次}\}\right) \\ &= 1 \quad (\text{因为必然事件的概率是 1}).\end{aligned}$$

当然,从二项式定理直接知道

$$\sum_{k=0}^{n} C_n^k p^k (1-p)^{n-k} = [p+(1-p)]^n = 1.$$

(7.1)式是重要的公式,可用来解决很多问题.例如,在刚才叙述的射击问题中,"射中目标两次"的概率 $= C_{10}^2 \times 0.1^2 \times (1-0.1)^8 \approx 0.19$.

例 7.1 设每次射击射中目标的概率等于 0.001. 如果射击 5000 次,试问:至少两次射中目标的概率是多少?

解 容易看出,

$$\begin{aligned}P(\text{至少两次射中目标}) &= \sum_{k=2}^{5000} P(\text{恰好 }k\text{ 次射中目标}) \\ &= 1 - P(\text{每次都未射中目标}) - P(\text{恰有一次射中目标}) \\ &= 1-(1-0.001)^{5000} - C_{5000}^1 \times 0.001^1 \times (1-0.001)^{5000} \\ &\approx 1 - 0.0067 - 0.0335 = 0.9598.\end{aligned}$$

当 n 和 k 较大时,(7.1)式的右端较难计算,此时可采用近似公式.

第一近似公式 当 n 很大而 p 很小时,有

$$P(A\text{ 发生 }k\text{ 次}) \approx \frac{1}{k!}(np)^k \mathrm{e}^{-np}. \tag{7.3}$$

用到例 7.1 上去,有

$$P(\text{每次都未射中目标}) \approx \mathrm{e}^{-5000\times 0.001} = \mathrm{e}^{-5},$$

$$P(\text{恰有一次射中目标}) \approx \frac{5000\times 0.001}{1!}\mathrm{e}^{-5000\times 0.001} = 5\mathrm{e}^{-5}.$$

于是　　　P(至少两次射中目标)$\approx 1-6\mathrm{e}^{-5}\approx 0.9596$.

第一近似公式的理论依据是下述定理：

定理 7.2　如果 $0<p_n<1$，且 $\lim\limits_{n\to\infty} np_n=\lambda>0$，则

$$\lim_{n\to\infty} \mathrm{C}_n^k p_n^k (1-p_n)^{n-k} = \frac{\lambda^k}{k!}\mathrm{e}^{-\lambda}. \tag{7.4}$$

证明　根据排列组合公式，有

$$\begin{aligned}\mathrm{C}_n^k p_n^k (1-p_n)^{n-k} &= \frac{n(n-1)\cdots(n-k+1)}{k!} p_n^k (1-p_n)^{n-k} \\ &= \frac{1}{k!}(np_n)^k \left(1-\frac{1}{n}\right)\left(1-\frac{2}{n}\right)\cdots\left(1-\frac{k-1}{n}\right)(1-p_n)^{n-k}.\end{aligned}$$

注意到

$$\begin{aligned}(1-p_n)^{n-k} &= \exp\{(n-k)\ln(1-p_n)\} \\ &= \exp\left\{(n-k)p_n \cdot \frac{1}{p_n}\ln(1-p_n)\right\},\end{aligned}$$

$$\lim_{n\to\infty} p_n = 0, \quad \lim_{n\to\infty} np_n = \lambda, \quad \lim_{n\to\infty} \frac{1}{p_n}\ln(1-p_n) = -1,$$

故(7.4)式成立. □

第二近似公式　当 n 很大而 p 不是很小时，有

$$P(A\text{ 发生 }k\text{ 次}) \approx \frac{1}{\sqrt{np(1-p)}} \frac{1}{\sqrt{2\pi}} \mathrm{e}^{-x_k^2},$$

其中 $x_k=(k-np)/\sqrt{np(1-p)}$.

第二近似公式也是有根据的，其数学推导较长，读者如有兴趣可参看文献[4]的第 185 页.

例 7.2　设每次射击射中目标的概率等于 1/6. 如果射击 6000 次，问：射中次数在 900 至 1100 之间的概率等于多少？

这个问题在理论上好回答：

$$\text{所求的概率} = \sum_{k=900}^{1100} \mathrm{C}_{6000}^k \left(\frac{1}{6}\right)^k \left(\frac{5}{6}\right)^{6000-k}.$$

项数太多了，怎么算？以后我们知道(见第四章)，利用著名的中心极限定理可容易地计算得这个概率的近似值是 0.99946.

例 7.3(自由随机游动[2])　假设一质点在直线(数轴)上运动，在时刻 0 从原点出发，每隔一个单位时间向右或向左移动一个单位距离，

向右移动的概率总是 p,向左移动的概率总是 $q(p+q=1)$,问:在时刻 n 质点位于 k 的概率是多少?(n 是正整数,k 是整数)

解 不失一般性,我们只考虑 $k>0$ 的情形.($k<0$ 时可类似地进行讨论.)为了质点在时刻 n 位于 k,必须且只需在 n 次移动时向右移动的次数比向左移动的次数多 k 次.若用 x 表示向右移动的次数,y 表示向左移动的次数,则必须且只需

$$x+y=n,\quad x-y=k.$$

于是 $x=\dfrac{n+k}{2}$.因为 x 是整数,故 k 与 n 具有相同的奇偶性.可见,$A=$"质点在时刻 n 位于 k"等价于"质点在头 n 次移动时有 $\dfrac{n+k}{2}$ 次向右,$\dfrac{n-k}{2}$ 次向左".由此知,当 n 与 k 都是奇数或都是偶数时,

$$P(A)=\mathrm{C}_n^{\frac{n+k}{2}}p^{\frac{n+k}{2}}q^{\frac{n-k}{2}};$$

当 n 与 k 的奇偶性相反(即 n 与 k 中一个为奇数一个为偶数)时,事件 A 不可能发生,从而 $P(A)=0$.

例 7.4 甲、乙两人进行比赛,一局一局地比下去,每局获胜者得 1 分,输者得 0 分,累计得分比另一人多 2 分者为优胜(比赛进行到产生优胜者后停止).已知每局中甲获胜的概率是 p,乙获胜的概率为 $q=1-p$,没有和局,试求甲优胜的概率.

解 用 A 表示事件"甲优胜",B 表示"头两局均甲胜",C 表示"头两局甲和乙各胜一局".易知 $A=B\cup(C\cap A)$,于是

$$P(A)=P(B)+P(C\cap A)=P(B)+P(C)P(A|C).$$

不难看出 $P(A|C)=P(A)$(当头两局甲和乙各胜一局后比赛面临的形势与开始比赛时的形势一样),于是

$$P(A)[1-P(C)]=P(B),\quad P(A)=P(B)/[1-P(C)].$$

由于各局比赛的结果是相互独立的,易知 $P(B)=p^2$,$P(C)=P$(第 1 局甲胜,第 2 局乙胜)$+P$(第 1 局乙胜,第 2 局甲胜)$=pq+pq$,于是 $P(A)=p^2/(1-2pq)$.这就是甲为优胜者的概率.

例 7.5 甲、乙两人轮流投掷两颗骰子.若甲在乙掷出 7 点之前掷出了 6 点,则甲胜;若乙在甲掷出 6 点之前掷出 7 点,则乙胜.两人约定

甲先掷，问：甲胜的概率是多少？乙胜的概率又是多少？

解　显然，投掷一次时甲掷出 6 点的概率为 5/36，乙掷出 7 点的概率为 6/36=1/6.

设事件 A=“甲在乙掷出 7 点之前掷出 6 点”，事件 B=“甲在第 1 次投掷时掷出了 6 点”，事件 C=“乙在第 1 次投掷时掷出了 7 点”. 容易看出 $A = B\cup(\bar{B}\cap\bar{C}\cap A)$，于是

$$P(A) = P(B) + P(\bar{B}\cap\bar{C}\cap A) = P(B) + P(\bar{B}\cap\bar{C})P(A|\bar{B}\bar{C}).$$

由于 $P(A|\bar{B}\bar{C})=P(A)$，故

$$P(A)[1-P(\bar{B}\cap\bar{C})]=P(B).$$

注意到 $P(\bar{B}\cap\bar{C})=P(\bar{B})P(\bar{C})$（两人掷出的结果是相互独立的），因此

$$P(A) = P(B)/[1-P(\bar{B})P(\bar{C})].$$

现在 $P(B)=5/36$，$P(C)=1/6$，故 $P(A)=30/61$. 这就是甲胜的概率. 同理知乙胜的概率为 31/61.

作为本节末尾，我们对乒乓球的赛制进行分析，这可看作独立试验序列概型的一种应用.

例 7.6（乒乓球赛制的概率分析）[①]　从 2000 年起，乒乓球比赛由每局 21 分制改为 11 分制，单打由 5 局 3 胜制改为 7 局 4 胜制. 国际乒联的此项改革受到了国际上的广泛欢迎. 每位运动员和教练员都切身感受到新赛制的特点：比赛胜负的偶然性明显增加了，任何优秀运动员取胜的把握比以前变小了，比赛的观赏性提高了，新赛制有利于调动更多的运动员参赛，从而促进了国际上乒乓球运动的开展.

优秀运动员胜率的降低是一种定性的感觉，自然要问：到底降低了多少？能否给出定量的回答？

我们要用独立试验序列的概率模型给出定量的回答. 当然，只是从纯技术的角度进行分析，假定运动员能正常发挥其水平，不考虑运动员的心理因素.

(1) 11 分制和 21 分制下取胜一局的概率及其差别.

假设甲、乙两人进行乒乓球比赛，每打一球甲胜的概率是 p，乙胜的概率是 $q(0\leqslant p\leqslant 1, p+q=1)$，即每次交锋甲得 1 分的概率是 p，乙得 1 分的概率是 $1-p$. 用 $L(p)$ 表示 11 分制下甲赢得一局的概率，$L^*(p)$ 表示 21 分制下甲赢得一局的概率. 我们可找出下列计算公式：

---

① 陈奇志，陈家鼎. 乒乓球赛制的概率分析. 数理统计与管理，2007，27(2)：360-364.

$$L(p) = p^{11}\sum_{i=0}^{9}C_{10+i}^{i}q^{i} + \frac{1}{1-2pq}C_{20}^{10}p^{12}q^{10}, \tag{7.5}$$

$$L^{*}(p) = p^{21}\sum_{i=0}^{19}C_{20+i}^{i}q^{i} + \frac{1}{1-2qp}C_{40}^{20}p^{22}q^{20}. \tag{7.6}$$

现在给出公式(7.5)的具体证明.((7.6)式的证明是完全类似的,从略.)

用 A 表示“11 分制下,一局结束时甲获胜”这一随机事件,用 A_n 表示“11 分制下,打了 $n(n\geqslant 11)$个球后一局结束而且甲获胜”这一随机事件. 易知 $A=\bigcup\limits_{n=11}^{\infty}A_n$,于是 $P(A)=\sum\limits_{n=11}^{\infty}P(A_n)$. 当 $n=11+i(0\leqslant i\leqslant 9)$时,

$A_n=\{$头 $10+i$ 个球中,甲胜 10 次,乙胜 i 次,而且第 $11+i$ 个球甲胜$\}$.

我们恒假定各次交锋是相互独立进行的,每人能正常地发挥其水平. 利用独立试验序列的概率公式(7.1),知

$$P(A_n) = C_{10+i}^{i}p^{11}q^{i} \quad (n = 11+i, 0\leqslant i\leqslant 9).$$

当 $n>20$ 时,一定是双方战成 10 平之后才能出现结束. 故 n 是奇数时,A_n 是不可能事件,$P(A_n)=0$. 当 n 是偶数时,可设 $n=20+2m$(m 是正整数),分析比赛过程,可知

$A_n=$“头 20 个球中甲、乙各胜 10 球,第 20+1 个球和第 20+2 个球甲、乙各胜一球,第 20+3 个球和第 20+4 个球甲、乙各胜一球,…… 第 $20+2m-3$ 个球和第 $20+2m-2$ 个球甲、乙各胜一球且第 $20+2m-1$ 个球和第 $20+2m$ 个球均甲胜”

$=$“头 20 个球甲、乙各胜 10 球”

$\cap\left(\bigcap\limits_{i=1}^{m-1}\text{“第 }20+2i-1\text{ 个球和第 }20+2i\text{ 个球甲、乙各胜一球”}\right)$

$\cap$“第 $20+2m-1$ 个球和第 $20+2m$ 个球均甲胜”.

于是

$P(A_{20+2m})=P$(头 20 个球中甲、乙各胜 10 球)

$\cdot\prod\limits_{i=1}^{m-1}P$(第 $20+2i-1$ 个球和第 $20+2i$ 个球甲、乙各胜一球)

$\cdot P$(第 $20+2m-1$ 个球和第 $20+2m$ 个球均甲胜)

$=C_{20}^{10}p^{10}q^{10}(2pq)^{m-1}p^{2}$.

故有

$$L(p) = P(A) = \sum_{i=0}^{9}P(A_{11+i}) + \sum_{m=1}^{\infty}P(A_{20+2m})$$

$$=p^{11}\sum_{i=0}^{9}C_{10+i}^{i}q^{i}+C_{20}^{10}p^{12}q^{10}\sum_{m=1}^{\infty}(2pq)^{m-1}$$

$$=p^{11}\sum_{i=0}^{9}C_{10+i}^{i}q^{i}+\frac{1}{1-2pq}C_{20}^{10}p^{12}q^{10}.$$

这就证明了(7.5)式成立.

我们对 $p=0.50,0.51,0.52,\cdots,0.85$ 分别计算出 $L(p)$,$L^*(p)$及差值 $L^*(p)-L(p)$,发现 $\Delta_1\triangleq L^*(p)-L(p)$在 $p=0.59$ 时达最大值 0.0736,且 $L(0.59)=0.8107$,$L^*(0.59)=0.8843$(参看表 1.7.1).

(2) 11 分制和 21 分制下单打取胜的概率及其差别.

11 分制下是 7 局 4 胜制,甲取胜一局的概率是 $L(p)$,故比赛进行 k 局后甲获胜的概率为 $L(p)C_{k-1}^{3}[L(p)]^{3}[1-L(p)]^{k-4}$(理由是前 $k-1$ 局中甲胜 3 局且第 k 局甲胜).所以 11 分制下甲单打取胜的概率为

$$W(p)=[L(p)]^{4}\sum_{k=4}^{7}C_{k-1}^{3}[1-L(p)]^{k-4}.$$

21 分制下是 5 局 3 胜制,甲取胜一局的概率是 $L^*(p)$,故不难推知甲单打取胜的概率为

$$W^*(p)=[L^*(p)]^{3}\sum_{k=3}^{5}C_{k-1}^{2}[1-L^*(p)]^{k-3}.$$

我们对 $p=0.50,0.51,0.52,\cdots,0.85$(间距是 0.01)分别计算出 $W(p)$,$W^*(p)$及差值 $W^*(p)-W(p)$,发现 $\Delta_2\triangleq W^*(p)-W(p)$在 $p=0.54$ 时达最大值 0.0364 且,$W(0.54)=0.8025$,$W^*(0.54)=0.8389$(参看表 1.7.2).

表 1.7.1 两种赛制下取胜一局的概率及其差别

p	$L(p)$	$L^*(p)$	Δ_1
0.50	0.5000	0.5000	0.0000
0.51	0.5387	0.5525	0.0138
0.52	0.5771	0.6041	0.0271
0.53	0.6147	0.6541	0.0393
0.54	0.6514	0.7015	0.0501
0.55	0.6868	0.7458	0.0590
0.56	0.7206	0.7866	0.0659
0.57	0.7527	0.8233	0.0706
0.58	0.7827	0.8559	0.0732
0.59	0.8107	0.8843	0.0736
0.60	0.8364	0.9086	0.0722

表 1.7.2 两种赛制下单打取胜的概率及其差别

p	$W(p)$	$W^*(p)$	Δ_2
0.50	0.5000	0.5000	0.0000
0.51	0.5842	0.5977	0.0136
0.52	0.6646	0.6897	0.0251
0.53	0.7382	0.7711	0.0329
0.54	0.8025	0.8389	0.0364
0.55	0.8562	0.8920	0.0358
0.56	0.8991	0.9312	0.0321
0.57	0.9319	0.9584	0.0265
0.58	0.9558	0.9762	0.0204
0.59	0.9724	0.9871	0.0147
0.60	0.9835	0.9934	0.0099

（续表）

p	$L(p)$	$L^*(p)$	Δ_1
0.61	0.8599	0.9290	0.0691
0.62	0.8811	0.9458	0.0647
0.63	0.9000	0.9594	0.0593
0.64	0.9168	0.9701	0.0533
0.65	0.9314	0.9784	0.0470
0.66	0.9441	0.9848	0.0407
0.67	0.9549	0.9895	0.0345
0.68	0.9641	0.9929	0.0288
0.69	0.9718	0.9953	0.0236
0.70	0.9781	0.9970	0.0189
0.71	0.9832	0.9981	0.0149
0.72	0.9873	0.9989	0.0115
0.73	0.9906	0.9993	0.0087
0.74	0.9931	0.9996	0.0065
0.75	0.9951	0.9998	0.0047
0.76	0.9965	0.9999	0.0034
0.77	0.9976	0.9999	0.0023
0.78	0.9984	1.0000	0.0016
0.79	0.9989	1.0000	0.0011
0.80	0.9993	1.0000	0.0007
0.81	0.9996	1.0000	0.0004
0.82	0.9997	1.0000	0.0003
0.83	0.9999	1.0000	0.0001
0.84	0.9999	1.0000	0.0001
0.85	1.0000	1.0000	0.0000

（续表）

p	$W(p)$	$W^*(p)$	Δ_2
0.61	0.9905	0.9968	0.0062
0.62	0.9948	0.9985	0.0037
0.63	0.9973	0.9994	0.0021
0.64	0.9986	0.9997	0.0011
0.65	0.9993	0.9999	0.0006
0.66	0.9997	1.0000	0.0003
0.67	0.9999	1.0000	0.0001
0.68	0.9999	1.0000	0.0000
0.69	1.0000	1.0000	0.0000
0.70	1.0000	1.0000	0.0000
0.71	1.0000	1.0000	0.0000
0.72	1.0000	1.0000	0.0000
0.73	1.0000	1.0000	0.0000
0.74	1.0000	1.0000	0.0000
0.75	1.0000	1.0000	0.0000
0.76	1.0000	1.0000	0.0000
0.77	1.0000	1.0000	0.0000
0.78	1.0000	1.0000	0.0000
0.79	1.0000	1.0000	0.0000
0.80	1.0000	1.0000	0.0000
0.81	1.0000	1.0000	0.0000
0.82	1.0000	1.0000	0.0000
0.83	1.0000	1.0000	0.0000
0.84	1.0000	1.0000	0.0000
0.85	1.0000	1.0000	0.0000

*§1.8 补充知识

本节讲述四个方面内容：关于概率论的起源，几何概型，熵以及概率的另类应用．这些内容作为补充知识供读者阅读，以便扩大知识面．

1．关于概率论的起源

人类关于概率（偶然事件发生的可能性有大小之分）的思想由来已久，但涉及概率的计算和推理起源于并不高尚的赌博和机会游戏．正如法国大数学家拉普拉斯（P. Laplace，1749—1827）所说："一门开始于研究赌博的科学，居然成了人类知识中最重要的学科之一．"历史上有文字记载的第一个概率问题——分赌本问题出现在意大利数学家帕乔里(Luca Pacioli, 1445—1509)出版于1494年的书里. 这个问题是这样的: A,B 两人玩一种赌博(意大利中世纪的一种叫 balla 的赌博),两人各出赌本10元,共有赌本20元. 规则是: 谁先赢6局则得到全部赌本20元并结束赌博. 在进行过程中因故(例如警察来抓赌)停止下来,停止时 A 赢了5局,B 赢了3局. 问: 应如何分赌本? 帕乔里提出了这个问题并在书中给出答案: A 和 B 按 5∶3 来分赌本. 1556年,数学家 N. Tartalia(1499—1557)反对这个答案,提出应按 2∶1 来分. 两年后,G. F. Pererone 声称应按 6∶1 来分. 1654年,著名法国数学家帕斯卡(B. Pascal, 1623—1662)提出应按 7∶1 来分. 这些答案中哪一个是正确的呢? 人们后来知道帕斯卡的答案是正确的. 这里表面上看是个比例问题,实质上却是个概率问题. 我们把问题提得更一般些. 设 A,B 两人玩一种赌博,两人各出赌本 m 元,共有赌本 $2m$ 元(m 是正整数). 规则是: 谁先赢 N 局则胜出并得到全部赌本. 在进行过程中因故停止,此时 A 赢了 a 局,B 赢了 b 局($0\leqslant a<N, 0\leqslant b<N, a+b>0$). 问: 应如何分赌本?

设 p 是 A 继续赌下去时获胜的概率,则 A 和 B 应按 p 的值来分赌本. p 是一个条件概率 $P(A$ 获胜$|$前 $a+b$ 局中,A 赢了 a 局,B 赢了 b 局). 采用条件概率的观点分赌本是人们认识上的飞跃,得到了公认. 怎样计算这个条件概率呢? 利用本书前面的知识是不难求出的. 设每局中 A 赢的概率是 $1/2$(B 赢的概率也是 $1/2$). 这是人们都能接受的假定. 从公式(7.1)知

$$P(\text{前 } a+b \text{ 局中}, A \text{ 赢了 } a \text{ 局}, B \text{ 赢了 } b \text{ 局}) = \mathrm{C}_{a+b}^{a}\left(\frac{1}{2}\right)^{a}\left(\frac{1}{2}\right)^{b} = \mathrm{C}_{a+b}^{a}\left(\frac{1}{2}\right)^{a+b}. \tag{8.1}$$

令

$A_n=$"前 $a+b$ 局中,A 赢了 a 局,B 赢了 b 局,且第 $a+b+1, a+b+2, \cdots, n-1$ 局中,A 赢了 $N-a-1$ 局,第 n 局 A 赢" $(N+b\leqslant n\leqslant 2N-1)$,

$E=$"前 $a+b$ 局中,A 赢了 a 局,B 赢了 b 局",

$B_n=$"第 $a+b+1, a+b+2, \cdots, n-1$ 局中,A 赢了 $N-a-1$ 局",

$C_n=$"第 n 局 A 赢",

则 $A_n=E\cap B_n\cap C_n$. 又由于

$$P(B_n)=\mathrm{C}_{n-1-a-b}^{N-a-1}\left(\frac{1}{2}\right)^{N-a-1}\left(\frac{1}{2}\right)^{n-1-a-b-(N-a-1)} = \mathrm{C}_{n-1-a-b}^{N-a-1}\left(\frac{1}{2}\right)^{n-1-a-b},$$

$$P(C_n)=1/2,$$

于是

$$P(A_n)=P(E)P(B_n)P(C_n)=P(E)\mathrm{C}_{n-1-a-b}^{N-a-1}\left(\frac{1}{2}\right)^{n-a-b},$$

因此知

$$\begin{aligned}p&=P(A\text{ 获胜}|\text{前 }a+b\text{ 局中},A\text{ 赢了 }a\text{ 局},B\text{ 赢了 }b\text{ 局})\\&=P(A\text{ 获胜}|E)=\sum_{n=N+b}^{2N-1}P(A_n|E)\\&=\sum_{n=N+b}^{2N-1}\mathrm{C}_{n-1-a-b}^{N-a-1}\left(\frac{1}{2}\right)^{n-a-b}.\end{aligned}\tag{8.2}$$

当 $N=6,a=5,b=3$ 时，从(8.2)式知

$$p=\sum_{n=9}^{11}\mathrm{C}_{n-9}^{0}\left(\frac{1}{2}\right)^{n-8}=\frac{1}{2}+\frac{1}{4}+\frac{1}{8}=\frac{7}{8}.$$

由此可见，对于先前提出的分赌本问题，应按 7∶1 的比例把赌本分给甲和乙.

在 1654 年 6 月至 10 月期间，帕斯卡与法国著名数学家费马(P. Ferma, 1601—1665)有多次通信讨论赌博中的概率计算.(当时世界上尚无数学期刊问世，研究数学的人也无意公开发表其研究结果，费马是所谓“业余数学家之王”，名声很大.)第一封信是帕斯卡写给费马的(现已丢失).第二封信是费马写给帕斯卡的，指出了帕斯卡的一个错误并叙述了古典概型.第三封信是 1654 年 7 月 29 日帕斯卡写给费马的，信中承认了自己的错误，并用费马的理论解决了一些问题，向费马征求意见.例如，信中回答了当时的大赌徒梅耳(C. de Mere)向他提出的如下问题：掷一颗骰子 4 次，至少出现一个“6”点的概率是否应和同时掷两颗骰子 24 次至少出现“双 6”的概率一样大?(梅耳的直觉是后者要小些.)这个问题今天看来十分简单.读者利用古典概型的知识不难推知

$$\text{前者}=\frac{6^4-5^4}{6^4}=\frac{671}{1296}=0.5177\cdots>\frac{1}{2},$$

$$\text{后者}=\frac{36^{24}-35^{24}}{36^{24}}=0.4914\cdots<\frac{1}{2}.$$

帕斯卡在同年 8 月 24 日写给费马的信里给出了上述分赌本问题的答案，他的解法与费马的解法有所不同，但结论一样.

科学史上一般把他们两人相互通信的 1654 年算作概率论的诞生年.此后不久，荷兰学者惠更斯(C. Huyghens, 1629—1695，物理学家)学习了费马和帕斯卡关于概率的知识，于 1656 年发表了一本小书《掷骰子的博弈中如何推理》.这是历史上第一本概率论著作，从此概率论成了数学的一个科目.该书叙述了 14 个问题及其解答，定义了“数学期望”的概念并用于解决许多问题.(该书的第 14 个问题就是本章的例 7.5.)

应该指出，在费马和帕斯卡之前，意大利著名数学家卡尔丹诺(G. Cardano,

1501—1576)已对概率有很多研究.这位多才多艺的学者也是一位有名的赌徒,热衷于赌博中的概率计算.在1550年前后,他写了一本叫《论赌博》的书,可惜生前未发表,一直到1663年才公开发表.人们在这本书里发现,卡尔丹诺已在书中写出了概率论的两条法则:加法法则(不相容事件之并的概率等于事件的概率之和)与乘法法则(相互独立的事件同时发生的概率等于事件的概率相乘).由于著作未及时发表,该书未在概率论发展史上产生大的影响.

概率论早期历史上又一著名人物是瑞士著名数学家伯努利(Jacob Bernoulli,1654—1705).在他死后8年(1713年)发表的著作《猜度术》里,对概率问题进行了广泛的探讨(例如,解决了"赌徒输光"概率的计算问题,见本章例6.3).最重要的是,该著作第一次叙述并证明了今天称之为"大数律"的重要定理(参看本书第四章).由于大数定律十分重要,有的学者甚至提出应把1713年看作概率论的诞生年.

2. 几何概型

古典概型是最简单的概率模型:只能出现有限个不同的结果且各结果出现的可能性相等.利用这种等可能性可以成功计算出某些事件的概率.对于有无限多种可能的结果而又具有"某种等可能性"的情形,也可考虑概率计算问题.

例8.1(约会问题)　甲、乙两人相约某天下午5点至6点在某地会面,先到者等候另一人20分钟,过时离去.试求这两人能会面的概率.(讨论这个问题时暗中有些假定:两人的行动是相互独立的(即奔向某地的过程中互相无联系),而且每个人在5点至6点这个时段的各个时刻到达的"机会"是相等的.)

解　用x,y分别表示甲、乙的到达时刻.(从下午5时算起,$x=0$表示甲在下午5时0分到达;$y=0$表示乙在下午5时0分到达.x,y的单位是"分钟".)令

$$G=\{(x,y):0\leqslant x\leqslant 60,0\leqslant y\leqslant 60\},$$

$$G_0=\{(x,y):(x,y)\in G\text{ 且 }|x-y|\leqslant 20\}.$$

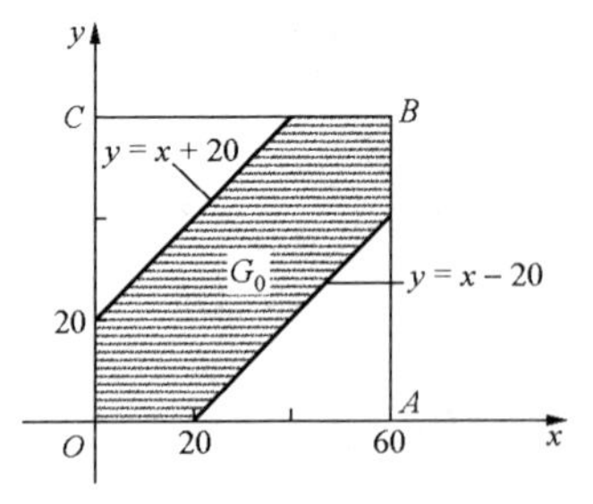

图1.8.1　约会问题示意图

G可看成平面上的点组成的边长是60的正方形$OABC$,G_0可看成这个正方形的阴影部分(图1.8.1).

我们认为两个图形的面积之比

$$\frac{G_0\text{ 的面积}}{G\text{ 的面积}} \tag{8.3}$$

可以作为"两人能会面"这个事件的概率.为什么呢?理由如下:

既然甲在下午5时至6时之间的每个时刻

到达的机会相等，自然想到，对任何 $0 \leqslant a < b \leqslant 60$，甲的到达时刻属于区间 $[a,b]$ 的概率与区间长度 $b-a$ 成正比，即有固定的正数 λ，使得这个概率为 $\lambda(b-a)$. 同理，有常数 $\mu>0$，使得对任何 $0 \leqslant c < d \leqslant 60$，乙的到达时刻属于区间 $[c,d]$ 的概率为 $\mu(d-c)$. 由于甲、乙两人的行动是相互独立的，易知"甲的到达时刻属于 $[a,b]$，而乙的到达时刻属于 $[c,d]$"这一事件的概率等于 $\lambda\mu(b-a)(d-c)$. 换句话说，甲和乙的到达时刻 (x,y) 属于长方形 $\{(x,y): a \leqslant x \leqslant b, c \leqslant y \leqslant d\}$ 的概率与长方形的面积成正比. 由于这个长方形是 G 中任何边平行坐标轴的长方形，故不难想象 (x,y) 属于 G 中任何图形的概率应和该图形的面积成正比. 设比例常数是 α，则"两人能会面"的概率 $=\alpha m(G_0)$，这里 $m(G_0)$ 表示 G_0 的面积. 由于甲和乙的到达时刻 (x,y) 一定属于 G(这里假定两人是守信君子，在约定的时间段内到达)，而必然事件的概率是 1，故 $1=\alpha m(G)$，这里 $m(G)$ 是 G 的面积. 可见 $\alpha=[m(G)]^{-1}$. 所以 (8.3) 式给出了"两人能会面"的概率.

经过简单的计算知 $m(G)=60^2$，$m(G_0)=60^2-40^2$，于是从 (8.3) 式知"两人能会面"的概率为 5/9.

例 8.1 启发我们考虑下列较一般的概率模型.

设条件 S 下所有可能的不同结果可用平面上(或空间中)一个区域 G 中的全部点来表示，且各结果出现的"机会"相等(更确切说，每个结果看成一个点，出现结果属于 G 的任何部分的概率与该部分的面积(或体积)成正比)，则对于 G 的任何有面积(或体积)的部分 G_0，出现结果属于 G_0 的概率 p 等于两个面积(或体积)的比值，即

$$p=\frac{m(G_0)}{m(G)} \tag{8.4}$$

($m(A)$ 表示 A 的面积(或体积)). 这种用几何图形表示随机事件并用面积(或体积)的比值表示事件概率的模型叫作**几何概型**，其中概率 p 也叫作**几何概率**. 这种用面积比确定概率的方法历史上由来已久.

例 8.2(蒲丰[①](Buffon)问题) 平面上画有许多平行线，相邻两条之间的距离等于 a(图 1.8.2). 向此平面任投一长度为 $l(l<a)$ 的针，试求此针与某一平行线相交的概率.

解 以 x 表示针的中点到最近的一条平行线的距离，φ 表示该平行线与针的交角(图 1.8.2)，显然有

$$0 \leqslant x \leqslant \frac{a}{2} \quad (0 \leqslant \varphi \leqslant \pi).$$

① 蒲丰是 18 世纪法国数学家.

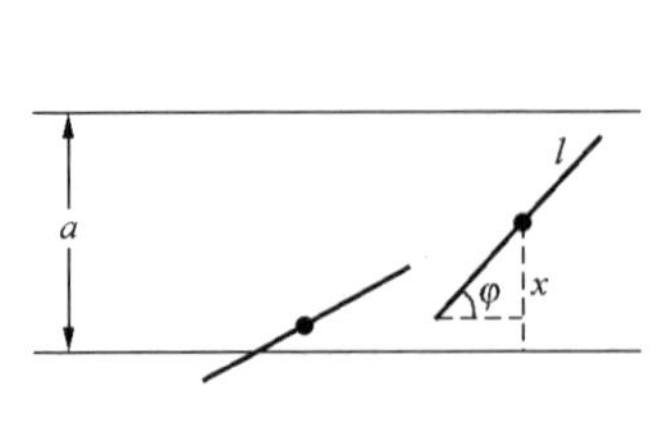

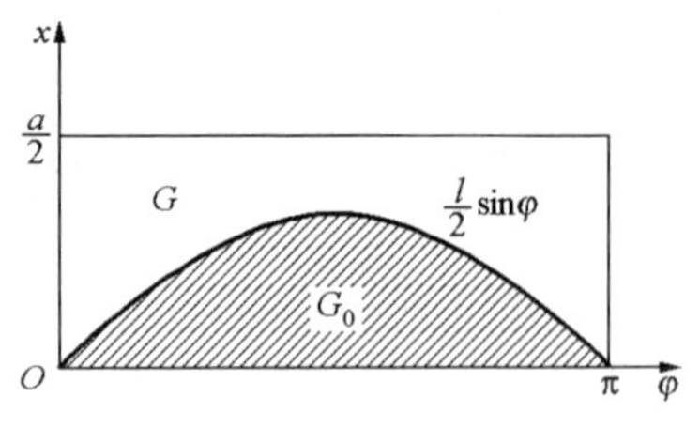

图 1.8.2　蒲丰问题示意图

因此投针后所有可能的结果(φ,x)构成下列长方形 G：

$$G=\left\{(\varphi,x):0\leqslant\varphi\leqslant\pi,0\leqslant x\leqslant\frac{a}{2}\right\}.$$

我们关心的是事件 A＝"针与平行线相交"，A 发生当且仅当出现的结果(φ,x)满足 $x\leqslant\frac{l}{2}\sin\varphi$. 令

$$G_0=\left\{(\varphi,x):(\varphi,x)\in G,\text{且 } x\leqslant\frac{l}{2}\sin\varphi\right\}.$$

假定点(φ,x)落入 G 中任何部分的概率与该部分的面积成正比，从(8.4)式知

$$P(A)=\frac{G_0\text{ 的面积}}{G\text{ 的面积}}=\frac{\int_0^\pi\frac{l}{2}\sin\varphi\,\mathrm{d}\varphi}{\frac{a}{2}\pi}=\frac{2l}{a\pi}.$$

蒲丰问题的解可用来计算 π 的近似值. 设在平面上重复投针 N 次，其中有 k 次针与平行线相交，则利用概率的频率定义(本章定义 1.1)知 $P(A)\approx\frac{k}{N}$. 于是 $\frac{k}{N}\approx\frac{2l}{a\pi}$，从而 $\pi\approx\frac{2lN}{ak}$. 投掷次数越多近似得越好.

例 8.3　将长为 L 的棒随机地折成三段，求三段构成三角形的概率.

解　设折成三段后其中两段的长为 x,y，则另一段之长为 $L-x-y$. (x,y)的所有可能值构成集合：

$$G=\{(x,y):0<x<L,0<y<L,x+y<L\}.$$

我们关心的是事件 A＝"三段构成三角形". 易知，A 发生当且仅当任意两段的长度之和大于第三段的长度. 换句话说，若两段之长为 x 和 y，则 A 发生当且仅当成立

$$x+y>L-x-y,\quad x+(L-x-y)>y,\quad y+(L-x-y)>x.$$

这三个不等式可简写为 $x+y>\frac{L}{2}$，$y<\frac{L}{2}$，$x<\frac{L}{2}$，于是 A 发生当且仅当(x,y)属于集合

$$G_0=\left\{(x,y): 0<x<\frac{L}{2}, 0<y<\frac{L}{2}, \frac{L}{2}<x+y<L\right\}.$$

从图 1.8.3 可看出，G 是直角边边长为 L 的等腰直角三角形，故 G 的面积为 $m(G)=\frac{1}{2}L^2$；G_0 是阴影部分$\left(\text{直角边边长为 } \frac{1}{2}L \text{ 的等腰直角三角形}\right)$，它的面积为 $m(G_0)=\frac{1}{2}\left(\frac{L}{2}\right)^2=\frac{1}{8}L^2$. 从(8.4)式知

$$P(A)=\frac{m(G_0)}{m(G)}=\frac{1}{4}.$$

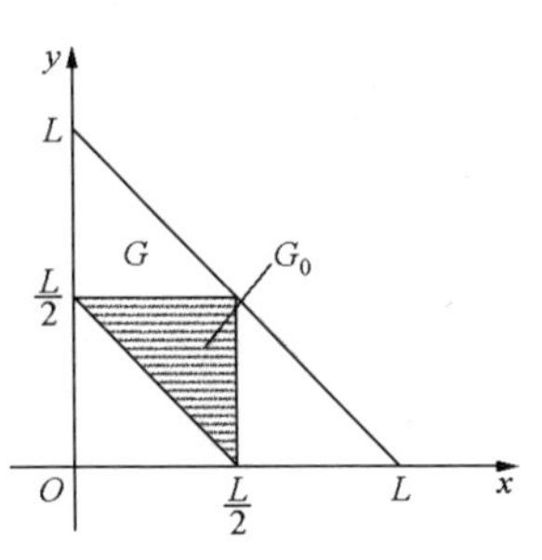

图 1.8.3 G 与 G_0 的关系图

3. 熵

熵是与概率有密切关系的概念. 事件 A 的概率 $P(A)$ 是 A 发生可能性大小的度量. 现在问：A 的发生带给我们多大的信息呢？显然，若 $P(A)$ 越大，则 A 发生带来的信息越少；反之，$P(A)$ 越小，则 A 的发生带来的信息越大. 例如，有人告诉你“昨天中国女子乒乓球队战胜了日本队”，你觉得他没有给你多少信息，甚至认为他说了一句废话，原因是出现这样结果的概率非常大，结果几乎在预料之中. 若有人告诉你“某著名运动员在单打比赛第二轮遭淘汰”，你会感觉得到信息不少. 很明显，事件 A 的发生所带来的信息量 $H(A)$ 应该是 $P(A)$ 的严格减函数，而且 A 是必然事件时 $H(A)=0$. 此外，信息量 $H(A)$ 还应具有这样的性质：若事件 A 与事件 B 相互独立，则 A 与 B 都发生带来的信息量应该是 $H(A)$ 与 $H(B)$ 之和(因为 A 与 B 不相干)，即 $H(A\cap B)=H(A)+H(B)$. 我们指出，根据上述信息量 $H(A)$ 应具有的特性，可以证明 $H(A)$ 一定等于 $-c\ln P(A)$ (c 是一个固定的正数，与 A 无关).

引理 8.1 设 $H(u)$ 是 $(0,1]$ 上的严格减函数，$H(1)=0$，则为了 $H(u)$ 满足

$$H(uv)=H(u)+H(v) \quad (\text{一切 } 0<u<1, 0<v<1),$$

必须且只需存在 $c>0$，使得

$$H(u)=-c\ln u \quad (0<u\leqslant 1).$$

证明 充分性显然. 下证必要性. 设 $H(u)$ 是 $(0,1]$ 上的严格减函数，$H(1)=0$，$H(uv)=H(u)+H(v)$，则对任何正整数 m 和 n，有 $H(u^n)=nH(u)$，于是

$$H(u^{\frac{1}{m}})=\frac{1}{m}H(u), \quad H(u^{\frac{n}{m}})=H((u^{\frac{1}{m}})^n)=nH(u^{\frac{1}{m}})=\frac{n}{m}H(u).$$

可见，对任何有理数 $r>0$，有

$$H(u^r)=rH(u) \quad (0<u\leqslant 1).$$

利用函数 $H(u)$ 的单调性可推知，当 r 是正无理数时，上式仍成立. 令 $u=\mathrm{e}^{-1}$，则

$$H(e^{-r}) = rH(e^{-1}).$$

令 $r=-\ln u, c=-H(e^{-1})$，则有

$$H(u) = -c\ln u. \qquad \square$$

从引理 8.1 知，信息量 $H(A)$ 的合理定义是

$$H(A) = -c\ln P(A),$$

这里 c 是一个正常数，它的大小涉及信息量的单位. 为了简单起见，通常取 $c=1$. 因而有下面的定义：

定义 8.1 设事件 A 的概率是 $P(A)(P(A)>0)$，则称 $H(A)=-\ln P(A)$ 为 A 带来的**信息量**.

设 $A_1,\cdots,A_n(n\geqslant 2)$ 是条件 S 下的完备事件组$\left(\text{即这些 } A_i \text{ 两两不相容且 } \bigcup_{i=1}^{n} A_i \text{ 是必然事件}\right)$，且 $P(A_i)>0\ (i=1,\cdots,n)$，则在 S 实现之下带给我们的平均信息量是 $-\sum_{i=1}^{n} P(A_i)\ln P(A_i)$（加权平均）.

定义 8.2 设 $A_1,\cdots,A_n(n\geqslant 2)$ 是条件 S 下的完备事件组，且 $P(A_i)>0(i=1,\cdots,n)$，则称

$$H(A_1,\cdots,A_n) = -\sum_{i=1}^{n} P(A_i)\ln P(A_i) \tag{8.5}$$

为完备事件组 $A_1,\cdots,A_n$ 的**熵**.

定理 8.1 设 $A_1,\cdots,A_n(n\geqslant 2)$ 是完备事件组，且 $P(A_i)>0(i=1,\cdots,n)$，则当且仅当 $P(A_1)=\cdots=P(A_n)$ 时熵最大.

证明 设 $p_i=P(A_i)\ (i=1,\cdots,n)$，则 $\sum_{i=1}^{n} p_i = 1, p_i > 0(i=1,\cdots,n)$. 我们来证明

$$-\sum_{i=1}^{n} p_i\ln p_i \leqslant \ln n, \tag{8.6}$$

而且等号成立的充分必要条件是 $p_1=\cdots=p_n$.

实际上，对一切 $x>0$，有不等式 $\ln x\leqslant x-1$，而且 $x\neq 1$ 时 $\ln x<x-1$（可用微商方法证明这里的不等式）. 于是

$$\ln\frac{n^{-1}}{p_i} \leqslant \frac{n^{-1}}{p_i}-1 \quad (i=1,\cdots,n), \tag{8.7}$$

$$\sum_{i=1}^{n} p_i\ln\frac{n^{-1}}{p_i} \leqslant \sum_{i=1}^{n} p_i\left(\frac{n^{-1}}{p_i}-1\right) = 0.$$

因此

$$\sum_{i=1}^{n} p_i \ln \frac{1}{n} - \sum_{i=1}^{n} p_i \ln p_i \leqslant 0.$$

这表明(8.6)式成立. 显然,当 $p_1=\cdots=p_n$ 时,$p_i=\frac{1}{n}(i=1,\cdots,n)$,故(8.6)式中等号成立. 若 $p_1,\cdots,p_n$ 不全相等,则有 i_0,使得 $p_{i_0}\neq n^{-1}$. 于是

$$\ln \frac{n^{-1}}{p_{i_0}} < \frac{n^{-1}}{p_{i_0}} - 1.$$

再利用(8.7)式知(8.6)式中不等号"<"成立. □

熵就是"不确定性"的度量. 定理 8.1 的结论也合乎我们的直觉: 若条件 S 下可能发生的互不相容的事件至少有两个,则当且仅当这些事件有相等的概率时结果的不确定性最大.

例 8.4 设掷一颗匀称的骰子. 考虑下列事件: A_1="出现的点数是奇数", A_2="出现的点数是偶数",B_i="出现 i 点"$(i=1,\cdots,6)$. 从熵的定义知,完备事件组$\{A_1,A_2\}$的熵为

$$H(A_1,A_2)=-\frac{1}{2}\ln\frac{1}{2}-\frac{1}{2}\ln\frac{1}{2}=\ln 2,$$

完备事件组$\{B_1,\cdots,B_6\}$的熵为

$$H(B_1,\cdots,B_6)=-\sum_{i=1}^{6}\frac{1}{6}\ln\frac{1}{6}=\ln 6>H(A_1,A_2).$$

定理 8.2(熵增加原理) 设$\{A_1,\cdots,A_n\}(n\geqslant 2)$是条件 S 下的完备事件组, $A_i(i=1,\cdots,n)$可表示成事件 $B_{i1},\cdots,B_{im_i}$ 的并(当 $m_i>1$ 时,要求这些事件两两不相容),则完备事件组$\{B_{ij}: i=1,\cdots,n; j=1,\cdots,m_i\}$的熵不小于完备事件组$\{A_1,\cdots,A_n\}$的熵.

证明 令 $p_i=P(A_i)(i=1,\cdots,n)$, $p_{ij}=P(B_{ij})(i=1,\cdots,n;j=1,\cdots,m_i)$,则 $p_i=\sum_{j=1}^{m_i}p_{ij}(i=1,\cdots,n)$. 由于

$$-p_i\ln p_i=\sum_{j=1}^{m_i}p_{ij}(-\ln p_i)\leqslant\sum_{j=1}^{m_i}p_{ij}(-\ln p_{ij}),$$

故

$$-\sum_{i=1}^{n}p_i\ln p_i\leqslant-\sum_{i=1}^{n}\sum_{j=1}^{m_i}p_{ij}\ln p_{ij}.$$

□

以上是对熵的初步介绍. 熵对于研究信息有很大用处. 如要了解更多有关熵的知识,请看参考文献[18]的第 14 章及其他信息论著作.

4. 概率的另类应用

有些确定性的问题在提法上与概率无关,但可用概率方法解决.

例 8.5(图的着色问题[3])　设平面上有 n 个点(叫作顶点),任何两点连接一条线段(叫作边),这样得到的图叫作完全图.现在每条边上涂上颜色:红色或蓝色.任给整数 $k(3\leqslant k\leqslant n)$.问:是否存在一种着色方法,使得任何 k 个顶点其所有边的颜色不全相同?

这个问题的回答不简单.但我们可用概率方法证明:当

$$C_n^k < 2^{\frac{1}{2}k(k-1)-1} \tag{8.8}$$

时,存在一种着色办法,使得任何 k 个点其各边的颜色不全相同.

注意,共有 C_n^2 条边.我们把这些边编号为 $1,\cdots,N(N=C_n^2)$.令

$$x_i=\begin{cases}1, & \text{编号为 } i \text{ 的边涂上红色},\\ 0, & \text{编号为 } i \text{ 的边涂上蓝色}\end{cases}\quad (i=1,\cdots,N).$$

因此一种涂色方法对应由 0,1 组成的一个序列$(x_1,\cdots,x_N)$.所有这种序列组成集合 Ω,即

$$\Omega=\{\omega=(x_1,\cdots,x_N):\ x_i=0 \text{ 或 } 1, i=1,\cdots,N\}.$$

在 n 个顶点中,任取 k 个,共有 C_n^k 种取法,即有 C_n^k 个子集 $A_1,\cdots,A_m(m=C_n^k)$.用 B_i 表示顶点在 A_i 中的各边的编号所组成的集合.显然 $B_i\subset\{1,\cdots,N\}$,B_i 共有 C_k^2 个元素.令

$$E_i=\{\omega=(x_1,\cdots,x_N):\ \omega\in\Omega, \text{且对一切 } j\in B_i, x_j \text{ 有相等的值}\}\quad (i=1,\cdots,m).$$

我们指出,当(8.8)式成立时,有

$$\bigcup_{i=1}^{m} E_i \neq \Omega. \tag{8.9}$$

用反证法.假设 $\bigcup\limits_{i=1}^{m} E_i=\Omega$.考虑下列古典概型:$\Omega$ 的每个元素有相等的概率,对任何 $A\subset\Omega$,定义

$$P(A)=\frac{1}{2^N}\#(A)\quad (\#(A) \text{ 表示 } A \text{ 的元素个数}).$$

显然 $P(\Omega)=1$.我们来计算 $P(E_i)$.由于

$$\begin{aligned}E_i=&\{\omega=(x_1,\cdots,x_N):\ \omega\in\Omega, \text{且对一切 } j\in B_i, x_j=1\}\\ &\cup\{\omega=(x_1,\cdots,x_N):\ \omega\in\Omega, \text{且对一切 } j\in B_i, x_j=0\},\end{aligned}$$

于是 $\#E_i=2^{N-l}+2^{N-l}=2^{N-l+1}$(这里 $l=C_k^2$),从而 $P(E_i)=2^{N-l+1}/2^N=2^{-l+1}=2^{-\frac{1}{2}k(k-1)+1}$ $(i=1,\cdots,m)$.因此

$$\begin{aligned}P\Big(\bigcup_{i=1}^{m} E_i\Big)&\leqslant\sum_{i=1}^{m}P(E_i)=m2^{-\frac{1}{2}k(k-1)+1}\\ &=C_n^k 2^{-\frac{1}{2}k(k-1)+1}<1\quad (\text{根据(8.8)式}).\end{aligned}$$

这与 $\bigcup_{n=1}^{m} E_i=\Omega$ 的假设相矛盾. 所以(8.9)式成立. 这表明,存在 $\omega=(x_1,\cdots,x_N)\in\Omega-\bigcup_{i=1}^{m} E_i$,即存在一种着色方法,使得任何 k 个顶点其各边有不全相同的颜色.

条件(8.8)何时得到满足呢? 当 n 不太大而 k 比较大时能够满足,例如 $n=10,k=5$.

用概率方法处理非概率问题的思想是重要的,表现形式多种多样,我们在第四章中要用概率方法计算定积分.

习 题 一

1. 某产品共 40 件,其中有不合格品 3 件. 现从中任取两件,求其中至少有一件不合格品的概率.

2. 袋中有红、黄、白色球各一个,每次任取一个,有放回地抽 3 次,求下列事件的概率: $A=$"都是红色的",$B=$"颜色全同",$C=$"颜色全不同",$D=$"颜色不全同",$E=$"无黄色球",$F=$"无红色且无黄色球".

3. 从一副扑克牌(共 52 张)中,任意抽出两张,问: 都是黑桃的概率是多少?

4. 已知 $p=P(A),q=P(B),r=P(A\cup B)$,求 $P(AB),P(A\overline{B}),P(\overline{A}\overline{B})$.

5. 已知事件 A 与事件 B 同时发生必然导致事件 C 发生,试证:

$$P(C)\geqslant P(A)+P(B)-1.$$

6. 设 A_1,A_2,A_3 是三个事件,试证明: 若 $A_1A_2A_3\subset A$,则

$$P(A)\geqslant P(A_1)+P(A_2)+P(A_3)-2.$$

7. 设有 5 个人在一座 8 层大楼的底层进入电梯. 若他们中的每一个人自第二层开始在每一层离开是等可能的,求这 5 个人在不同层离开的概率.

8. 设会场上有 n 个人,问: 此 n 个人彼此有不同生日的概率是多少? 其中至少有两个人有相同生日的概率是多少? (设每人出生在一年 365 天中的每一天的机会是均等的.)

9. 设分别印有号码 $1,\cdots,10$ 的 10 个球装在一袋中. 现从中任取 3 个,问: 大小在中间的号码恰为 5 的概率是多少?

10. 设 10 个白球和 10 个黑球被随机分为 10 组,每组两个,求每组中恰有一白球、一黑球的概率.

11. 设在北京大学未名湖里捕了 80 条鱼,在它们身上做了记号后都放回湖中. 三天后又从湖里捕了 100 条,发现其中有 4 条是带有记号的. 如果湖中共有 N 鱼条,问: 出现这样一个事件(100 条中有 4 条带有记号)的概率是多少? (你对 N

的真值的最好猜测是什么?)

12. 一副扑克牌共 52 张,分为 4 种花色,每种花色 13 张. 假设牌已充分洗过,以致各张牌被抽到的概率是相等的. 今从中任抽 6 张牌,试写出基本事件空间,并求:

(1) 其中含有黑桃 K 的概率;

(2) 这 6 张牌中各种花色都有的概率;

(3) 至少有两张牌同点的概率.

13. 从自然数列 $1,\cdots,n$ 中随机取两个数,问:一个数比 k 小而另一个数比 k 大的概率是多少?(这里 k 是一个给定的正整数,$1<k<n$.)

14. 设 $P(AB)=0$,问:下列说法哪些是正确的?

(1) A 与 B 不相容;

(2) AB 是不可能事件;

(3) AB 不一定是不可能事件;

(4) $P(A)=0$ 或 $P(B)=0$;

(5) $P(A-B)=P(A)$.

15. 设 A,B,C 都是有限集 M 的子集,试证明:

$$\#(M) \geqslant \#(A)+\#(B)+\#(C)-[\#(AB)+\#(AC)+\#(BC)]$$

(我们恒用 $\#(E)$ 表示集合 E 的元素个数).

16. 市场调查员报道了以下数据:在被询问的 1000 名顾客中,有 811 人喜欢巧克力糖,752 人喜欢夹心糖,418 人喜欢冰糖,570 人喜欢巧克力糖和夹心糖,356 人喜欢巧克力糖和冰糖,348 人喜欢夹心糖和冰糖,298 人喜欢全部三种糖. 试说明这一报道有错.

*17. 设 A 和 B 是任何两个事件,试证明:

$$|P(AB)-P(A)P(B)| \leqslant 1/4.$$

*18. 事件 A 与 B 是互不相容的,它们能否独立?

19. 试证明:如果事件 $A_1,\cdots,A_n(n\geqslant 2)$ 相互独立,且 B_i 等于 A_i 或 $\overline{A}_i(i=1,\cdots,n)$ 或 U(U 是必然事件),则 $B_1,\cdots,B_n$ 也是相互独立的.

20. 一个盒子中装有 n 个相同的球,标有号码 $1\sim n$. 今从盒中连续摸出 k 个球,问:摸出球的最大号码等于 m 的概率是多少?摸出球的号码均不超过 m 的概率是多少?(这里 m 是给定的不超过 n 的正整数.)

21. 某地的彩票规则是:彩民从 $1\sim 51$ 共 51 个号码中挑选 6 个号码;彩票开奖时,从装有 51 个标着号码 $1\sim 51$ 的球中随机地摸出 6 个球,球的号码为兑奖号码. 问:有 $k(k=4,5,6)$ 个号码选中的概率是多少?(特别地当 6 个号码全选中时,获头奖,获头奖的概率可以求出.)

22. 设 A,B,C 都是事件,指出下列各式中哪些成立,哪些不一定成立:

(1) $A\cup B=(A\bar{B})\cup B$;

(2) $\bar{A}B=A\cup B$;

(3) $(\overline{A\cup B})\cap\bar{C}=\bar{A}\,\bar{B}\bar{C}$;

(4) $(AB)\cap(A\bar{B})=V$(V 是不可能事件);

(5) $A\cup(BC)=(A\cup B)\cap C$.

*23. 设 $A_1,\cdots,A_n(n\geqslant 2)$都是有限集,试证明下列计数公式成立:

$$\#\left(\bigcup_{i=1}^{n}A_i\right)=\sum_{k=1}^{n}(-1)^{k-1}\sum_{1\leqslant i_1<\cdots<i_k\leqslant n}\#(A_{i_1}\cdots A_{i_k}).$$

24. 若 $P(A|B)>P(A|\bar{B})$,试证:$P(B|A)>P(B|\bar{A})$.

25. 为了寻找一本专著,一个学生决定到三个图书馆去试一试.已知每一图书馆有这本书的概率为 50%,且如果有这本书则已借出的概率为 50%.若各图书馆藏书是相互独立的,求这个学生能得到这本书的概率.

26. 在某种射击条件下,射手甲、乙、丙分别以概率 0.6,0.5,0.4 中靶.今三位射手一齐射击,有两弹中靶,问:丙中靶的可能性大还是不中靶的可能性大?

27. 已知在所有男子中有 5%的人患色盲症,在所有的妇女中有 0.25%的人患色盲症.随机抽一成年人检查发现其患色盲症,问:该成年人为男子的概率是多少?(设男子和妇女的人数相等.)

28. 设 $P(A)=0.9,P(B)=0.8$,试证:

$$P(A|B)\geqslant 0.875.$$

29. 已知事件 A 与事件 B 相互独立且互不相容,试求 $\min\{P(A),P(B)\}$.

30. 已知下列 7 个概率值:

$$P(A),\ P(B),\ P(C),\ P(AB),\ P(AC),\ P(BC),\ P(ABC),$$

试求 $P(C|\bar{A}\,\bar{B})$.

31. 甲和乙两人玩一个系列游戏.游戏的规则是:当乙赢 n 次以前,如果甲已经取胜 m 次,判甲赢得系列游戏;否则,乙赢得系列游戏.在单次游戏中,甲赢的概率是 p,乙赢的概率是 $q=1-p$.问:甲赢得系列游戏的概率是多少?(这里 m 和 n 是给定的正整数.)

32. 甲、乙两人玩摸球游戏:两个人轮流从装有 m 个白球和 n 个黑球的盒中摸球(摸到的球取出后不放回),先摸到白球者赢.问:第一个摸球的人赢的概率是多少?(这里 m 和 n 是正整数.)

33. 某人带有两盒火柴,每盒 $n(n\geqslant 1)$根,每次用时他在两盒中随机抓一盒,从中取出一根.问:遇到一盒空而另一盒剩 r $(0\leqslant r\leqslant n)$根的概率是多少?

34. 已知一封信放在写字台里的概率为 p,且它在写字台的 8 只抽屉中任一只里是等概率的. 我们检查了 7 只抽屉未发现这封信, 问: 这封信在第 8 只抽屉里的概率是多少?

35. 投掷三颗骰子, 若这三颗骰子出现的点数各不相同, 问: 有一颗出现 1 点的概率是多少?

36. 某种电灯泡使用时数在 1500 h 以上的概率为 0.2, 求三个这种灯泡在使用 1500 h 后最多只有一个坏了的概率.

37. 一部件由 6 个元件组成, 这 6 个元件在指定的时间 T 内失效的概率分别为

$$p_1 = 0.6, \quad p_2 = 0.2, \quad p_3 = p_4 = p_5 = p_6 = 0.3.$$

试求下列两种情形下部件在时间 T 内失效的概率:

(1) 部件由这些元件串联而成;

(2) 部件的元件按下图连接:

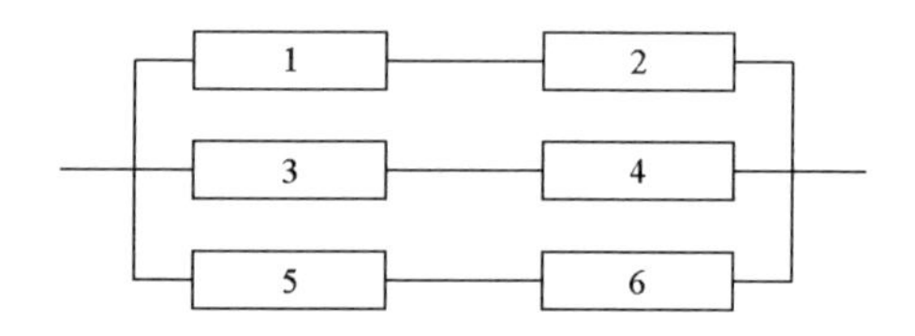

38. 设某昆虫生产 k 个卵的概率为

$$p_k = \frac{\lambda^k}{k!}e^{-\lambda} \quad (\lambda > 0),$$

又设一个虫卵能孵化成昆虫的概率为 p. 若虫卵能否孵化为昆虫是相互独立的, 问: 此昆虫的下一代有 m 条的概率是多少?

39. 在有三个孩子的家庭中, 已知至少有一个是女孩, 求至少有一个是男孩的概率.

40. 已知 8 支枪中 3 支未经校正, 5 支已校正. 一射手用前者射击, 中靶的概率为 0.3; 而用后者射击, 中靶的概率是 0.8. 今有一人从 8 支枪中任取一支射击, 结果中靶, 求这枪是已校正过的概率.

41. 设有一质地均匀的正八面体, 其第 1,2,3,4 面染有红色; 第 1,2,3,5 面染有白色; 第 1,6,7,8 面染有黑色. 在桌面上将此正八面体抛掷一次, 然后观察与桌面接触的那一面出现何种颜色. 令 A=“出现红色”, B=“出现白色”, C=“出现黑色”, 问: A,B,C 是否相互独立?

42. 设事件 A,B,C 相互独立, 求证: $A\cup B, AB, A-B$ 都与 C 相互独立.

43. 连续投掷一对均匀的骰子, 如果掷出的两点数之和为 7, 则甲赢; 如果掷出的两点数之积为 5, 则乙赢. 不停地投掷到有一方赢为止. 求甲赢的概率.

44. 重复投掷一颗均匀的骰子,设

$A=$"掷出的点数能被 2 整除", $B=$"掷出的点数能被 3 整除",

试求 A 在 B 之前发生的概率.

*45. 在单位圆(半径为 1 的圆)的圆周上随机取三点,求此三点相互连接构成钝角三角形的概率.

46. 设有 2500 个同一年龄段、同一社会阶层的人参加某保险公司的人寿保险.根据以前的统计资料,在一年里每个人死亡的概率是 0.0001,每个参加保险的人一年付给保险公司 40 元保险费,而在死亡时其家属从保险公司领取 20000 元赔偿金.求(不计利息)下列事件的概率:

$A=$"保险公司亏本"; $B=$"保险公司一年内获利不少于 6 万元".

47. 用高射炮打敌机.敌机上的部位可分成三部分:在第一部分被击中一弹,或第二部分被击中二弹,或第三部分被击中三弹时敌机才能被击落.各部分的命中率与该部分的面积成正比,这三部分面积之比是 1∶2∶7.若已中两弹,求敌机被击落的概率.

48. 某国家的统计数据显示,一个人的血型为 O,A,B,AB 型的概率分别为 0.46,0.40,0.11,0.03.现任选 5 人,求下列事件的概率:

(1) 2 人为 O 型,其他 3 人分别为其他三种血型;

(2) 3 人为 O 型,2 人为 A 型;

(3) 没有一人为 AB 型.

49. 设甲、乙两艘轮船驶向一个不能同时停泊两艘轮船的码头,它们在一昼夜内各时刻到达的可能性都是相等的.如果甲船的停泊时间是 1 h,乙船的停泊时间是 2 h,求它们中任何一艘都不需要等候码头空出的概率.

第二章 随机变量与概率分布

§2.1 随机变量的概念

上一章中我们考查了在一定条件 S 下偶然事件发生的可能性的大小,引入了随机事件及其概率的概念.为了进一步研究随机现象,我们需要引进随机变量的概念.

定义 1.1(随机变量的直观描述) 如果条件 S 下的结果可以用一个数量变量 X 来描述,X 究竟等于多少不能预先确定,而随着条件 S 下的结果不同而可能变化,但对任何实数 c,事件"X 取值不超过 c"是有概率的,则把这样一种变量 X 叫作**随机变量**.

定义 1.1′(随机变量的数学描述) 如果条件 S 下所有可能的结果组成集合 $\Omega=\{\omega\}$,$X=X(\omega)$是 Ω 上有定义的实值函数,而且对任何实数 c,事件$\{\omega: X(\omega)\leqslant c\}$是有概率的,则称 X 是**随机变量**.(更完全的定义见本章的§2.4.)

我们恒用大写的英文字母 X,Y,Z 等或希腊字母 ξ,η,ζ 等(或带足标)表示随机变量,而用"$X\leqslant c$"表示"X 取值不超过 c",用$\{X\leqslant c\}$表示事件$\{\omega: X(\omega)\leqslant c\}$.

例 1.1 任意投掷一匀称的骰子,得到的点数 X 便是一个随机变量.X 的取值不能预先确定,有随机性,但是 X 的取值是下列 6 个数之一: 1,2,3,4,5,6.$\{X=k\}$(表示事件"X 取值等于 k")是随机事件,其概率为 1/6.当然,对任何实数 c,$\{X\leqslant c\}$是有概率的.

例 1.2 一盒中有 5 个球,其中 2 个白球,3 个黑球.从中任意抽取 3 个球,则抽得的白球数 X 就是一个随机变量.这个 X 也可以用定义 1.1′描述如下:

用①,②,③表示黑球,④,⑤表示白球.抽取的结果 ω 与抽得的白球数 $X(\omega)$的对应关系见下面的表 2.1.1.

我们看到,X 只可能取 0,1,2 三个值,而$\{X=0\}$,$\{X=1\}$,$\{X=2\}$

都是有概率的事件.当然,对任何实数 c,$\{X\leqslant c\}$是有概率的.这里$\{X=i\}$是指事件$\{\omega: X(\omega)=i\}(i=0,1,2)$,$\{X\leqslant c\}$是指事件$\{\omega: X(\omega)\leqslant c\}$.

表 2.1.1 白球个数表

ω	白球数 $X(\omega)$
①②③	0
①②④	1
①②⑤	1
①③④	1
①③⑤	1
①④⑤	2
②③④	1
②③⑤	1
②④⑤	2
③④⑤	2

利用上一章的知识,我们还知道

$$P(X=0)=\mathrm{C}_3^3/\mathrm{C}_5^3=1/10,$$

$$P(X=1)=\mathrm{C}_3^2\mathrm{C}_2^1/\mathrm{C}_5^3=6/10,$$

$$P(X=2)=\mathrm{C}_3^1\mathrm{C}_2^2/\mathrm{C}_5^3=3/10.$$

注意,在许多比较简单的情形,条件 S 下所有可能的结果组成的集合 Ω 不必具体写出,用 X 代替 $X(\omega)$就可以了.在不写出可能产生误会的场合则要写出集合 Ω 及函数 $X(\omega)$.

例 1.3 设某射手每次射击射中目标的概率是 $p=0.8$.如果他连续射击 30 次,则他射中目标的次数 X 便是一个随机变量.易看出 X 取值是下面的 31 个数之一:$0,1,\cdots,30$.事件$\{X=k\}$是有概率的,从上一章的知识还知道

$$P(X=k)=\mathrm{C}_{30}^k\times 0.8^k\times 0.2^{30-k}\quad(k=0,1,\cdots,30).$$

例 1.4 设某射手每次射击射中目标的概率是 0.8.现在他连续向一个目标射击,直到射中目标为止,则总共的"射击次数"X 是随机变量.易看出 X 可能取到一切正整数.对任何正整数 n,事件$\{X=n\}$是有

概率的. 实际上, $P(X=1)=0.8$; 对任何 $n>1$, 有

$$P(X=n)=P(\text{头 } n-1 \text{ 次均未射中目标,而第 } n \text{ 次射击时射中目标})$$
$$=0.2^{n-1}\times 0.8.$$

例 1.5　任意掷两颗骰子, 用 X 表示两骰子出现的点数之和, Y 表示两骰子出现的点数之积, 则 X 和 Y 都是随机变量. 我们可用定义 1.1′来描述: 用甲、乙表示这两颗骰子, 用 $\omega=(i,j)(i,j=1,\cdots,6)$ 表示可能的结果, 其中 i 是甲出现的点数, j 是乙出现的点数. Ω 是所有这种 ω 的集合(共 36 个元素). 易看出

$$X=X(\omega)=X(i,j)=i+j,$$
$$Y=Y(\omega)=Y(i,j)=ij.$$

进一步, 我们还可以求出 $P(X=k)$ 及 $P(Y=k)$ 的值(对一切正整数 k).

例 1.6　某公共汽车站每隔 10 min 会有某路的一辆公交车到达. 一位要搭乘该路车的乘客完全不知道公交车的到达时刻, 他在任一时刻到达车站是等可能的, 则他的候车时间(到达后等待车来所需的时间) X 是一个随机变量. 显然, X 取值不小于 0 min 但不超过 10 min, 事件 $\{X\leqslant c\}$ 是有概率的(以后我们要给出这个概率的数值).

和前面的 5 个例子不同, 例 1.6 的随机变量 X 所取的值不一定是整数, 而且不能一一列举, 取值是连续的, 可以取某个区间中的任何值.

例 1.7　一门大炮(或一枚导弹)向某个地面(或海面)目标瞄准射击. 用 ρ 表示弹着点与目标中心之间的距离(图 2.1.1), 则 ρ 就是一个随机变量. 在地面(或海面)上取定直角坐标系: 原点在目标中心处, 大炮所在地点与目标中心的连线方向为 y 轴方向, 与之垂直的方向为 x 轴方向(图 2.1.1). 弹着点 $M(X,Y)$ 的两个分量 X,Y 也都是随机变量.

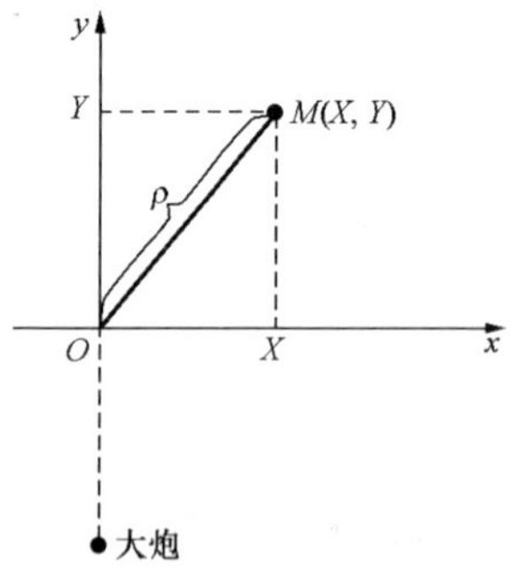

图 2.1.1　炮弹落点示意图

本例中随机变量 ρ,X,Y 的值都是"连续的", X 和 Y 还可能取负值.

随机变量的概念在概率论和统计学中十分重要. 在实际问题中广泛存在随机变量, 例如在工业产品中随便抽取一件, 问: 它的质量指标(如强度、硬度、光洁度等)是多少? 每个质量指标都可看作随机

变量(质量指标的值依赖于具体的产品),对质量指标的分析就是要对随机变量进行分析. 如问：钢板的抗压强度超过 1000 kg/cm^2 的概率有多大? 若用 X 表示某厂生产的钢板的抗压强度(单位：kg/cm^2),则问题化为求概率

$$P(X>1000).$$

应注意的是,在随机变量 X 的定义里,虽然要求对任何实数 c,事件$\{X\leqslant c\}$都是有概率的,但是在实际工作和日常生活中,我们遇到的事件一般都是有概率的(一个事件竟然复杂到无概率可言的地步,这在直觉上难以想象,虽然在理论上还不能说任何事件都有概率,见§1.4),因此随机变量 X 的定义的要点是：对于条件 S 下的每一个可能的结果 ω,有一个数 $X(\omega)$与之对应. 随机变量是 ω 的函数! 换句话说,随机变量是随着机会(机会用 ω 表示)而变的量!

随机变量多种多样,怎样进行研究呢? 通常分类进行研究. 如果随机变量 X 所有可能取的值只有有限个或者可排成一个无穷序列,则称 X 为**离散型随机变量**. 例 1.1 至例 1.5 中的随机变量都是离散型随机变量. 非离散型随机变量范围太大,其中最重要的是连续型随机变量(定义见本章的§2.3). 我们首先讨论离散型随机变量,其次讨论连续型随机变量,最后讨论一般的随机变量,还要讨论随机变量的函数及随机变量的数字特征.

§2.2 离散型随机变量

离散型随机变量 X 只可能取有限个值或可列无穷个值(即全部值可排成一个无穷序列). 设 X 的可能值是 $x_1,x_2,\cdots$(有限个或无穷个). 为了完全描述随机变量 X,只知道它可能取的值是远远不够的,更重要的是要知道它取各个值的概率. 也就是说,要知道下列一串概率的值：

$$P(X=x_1),\quad P(X=x_2),\quad \cdots.$$

记 $p_k=P(X=x_k)(k=1,2,\cdots)$. 将 X 的可能值及相应的概率列成表 2.2.1.

表 2.2.1 叫作 X 的**概率分布表**,它清楚而完整地表示 X 的取值及概率分布情况.

表 2.2.1 概率分布表

X	x_1	x_2	$\cdots$	x_k	$\cdots$
p	p_1	p_2	$\cdots$	p_k	$\cdots$

定义 2.1 设 X 的可能取值是 $x_1, x_2, \cdots$(有限个或可列无穷个),则称

$$p_k = P(X = x_k) \quad (k = 1,2,\cdots) \tag{2.1}$$

为 X 的**概率分布**,这时也称为 X 的**概率函数**或**概率分布律**.

关于$\{p_k\}$,显然有下列性质:

(1) $p_k \geqslant 0\ (k=1,2,\cdots)$;

(2) $\sum\limits_k p_k = 1$.

注意,当 X 的可能值只有有限个 $x_1, \cdots, x_n$ 时,$\sum\limits_k p_k$ 是有限和 $\sum\limits_{k=1}^{n} p_k$;当 X 的可能值可排成无穷序列 $x_1, x_2, \cdots$ 时,$\sum\limits_k p_k$ 表示无穷级数的和 $\sum\limits_{k=1}^{\infty} p_k$. 由于 $\bigcup\limits_k \{X = x_k\}$ 是必然事件,利用概率的完全可加性知

$$\sum_k p_k = 1.$$

作为概率分布的例子,我们回头看例 1.2 中的 X(抽得的白球数),它的概率分布表如表 2.2.2 所示. X 的概率分布也可用下列一组等式表示:

$$P(X = 0) = 0.1, \quad P(X = 1) = 0.6, \quad P(X = 2) = 0.3.$$

表 2.2.2 X 的概率分布表

X	0	1	2
p	0.1	0.6	0.3

对于离散型随机变量,常见的概率分布有下列几种,每种都有专门名词来称呼.

1. 两点分布(伯努利分布)

定义 2.2 如果随机变量 X 的可能值是 0 和 1 且概率分布为

$$P(X=1)=p,\quad P(X=0)=1-p\quad(0\leqslant p\leqslant 1),\qquad(2.2)$$

则称 X 服从**两点分布**(也称**伯努利分布**).

例 2.1 设 100 件产品中有 97 件合格品,3 件不合格品.现从中任取一件(假定每件被抽到的机会相等),令

$$X=\begin{cases}1, & \text{取到合格品},\\ 0, & \text{取到不合格品},\end{cases}$$

则 $P(X=1)=0.97$,$P(X=0)=0.03$,即 X 服从两点分布,参数为 $p=0.97$.

两点分布有时也称 0-1 分布.两点分布很简单,但很常见.当一定条件下只有两个可能的结果,就可确定一个服从两点分布的随机变量.

例 2.2 某部队向来犯敌机发射一枚导弹.令

$$X=\begin{cases}1, & \text{敌机被击落},\\ 0, & \text{否则},\end{cases}$$

则 X 服从两点分布,其参数 p 是"敌机被击落"这一事件的概率.

这个例子启发我们:第一章详细讨论的事件的概率可转化为考虑随机变量的概率分布.设 A 是条件 S 下的随机事件,令

$$X=\begin{cases}1, & A\text{ 发生},\\ 0, & A\text{ 不发生},\end{cases}$$

则 X 便是服从两点分布的随机变量,其参数 $p=P(A)$.这种把随机事件的研究化归随机变量的研究的办法,在理论上和应用上都很重要,我们以后将看到这一点.

2. 二项分布

定义 2.3 设随机变量 X 的所有可能值是 $0,1,\cdots,n$,且

$$P(X=k)=\mathrm{C}_n^k p^k(1-p)^{n-k}\quad(k=0,1,\cdots,n),\qquad(2.3)$$

这里 $n\geqslant 1$,$0\leqslant p\leqslant 1$,则称 X 服从参数为 n,p 的**二项分布**,记作

$$X\sim B(n,p).$$

令 $p_k=P(X=k)$ $(k=0,1,\cdots,n)$.利用二项式定理,知

$$\sum_{k=0}^{n}p_k=\sum_{k=0}^{n}\mathrm{C}_n^k p^k(1-p)^{n-k}=(p+(1-p))^n=1.$$

故二项分布的定义是合理的.

二项分布有明显的实际背景.在§1.7中讨论了独立试验序列,其中有一条定理(定理7.1)告诉我们,若在单次试验中事件A发生的概率是p,则在n次独立重复试验中,有

$$P(A\text{ 发生 }k\text{ 次})=C_n^k p^k(1-p)^{n-k}\quad(k=0,1,\cdots,n).$$

由此可见,在n次独立重复试验中A发生的次数X这个随机变量服从二项分布.由于$\bigcup\limits_{k=0}^{n}\{A\text{ 发生 }k\text{ 次}\}$是必然事件,故

$$\sum_{k=0}^{n}C_n^k p^k(1-p)^{n-k}=\sum_{k=0}^{n}P(X=k)=1.$$

这从另一途径知道$\sum\limits_{k=0}^{n}p_k=1$.

读者不难看出,$n=1$时的二项分布就是两点分布.

对于二项分布(2.3),自然会问:它有何特性?特别地,问:k取何值时$P(X=k)$的值最大?

定理2.1　设$n\geqslant 2,0<p<1,m=[(n+1)p]$(用$[x]$表示不超过$x$的最大整数,下同),

$$p_n(k)=C_n^k p^k(1-p)^{n-k}\quad(k=0,1,\cdots,n),$$

则有下列结论:

(1) 当$(n+1)p$不是整数时,

$$\begin{aligned}p_n(0)&<p_n(1)<\cdots<p_n(m-1)<p_n(m)\\&>p_n(m+1)>\cdots>p_n(n);\end{aligned}\tag{2.4}$$

(2) 当$(n+1)p$是整数时,

$$\begin{aligned}p_n(0)&<p_n(1)<\cdots<p_n(m-1)=p_n(m)\\&>p_n(m+1)>\cdots>p_n(n).\end{aligned}\tag{2.5}$$

证明　显然

$$\frac{p_n(k+1)}{p_n(k)}=\frac{n-k}{k+1}\cdot\frac{p}{1-p},$$

又$\dfrac{n-k}{k+1}\cdot\dfrac{p}{1-p}>1$的充分必要条件是$k<(n+1)p-1$,于是有下列结论:

当 $k<(n+1)p-1$ 时，$p_n(k+1)>p_n(k)$； (2.6)

当 $k>(n+1)p-1$ 时，$p_n(k+1)<p_n(k)$； (2.7)

当 $k=(n+1)p-1$ 时，$p_n(k+1)=p_n(k)$. (2.8)

下面分两种情形讨论：

(1) $(n+1)p$ 不是整数.

此时 $m=[(n+1)p]<(n+1)p<m+1$. 当 $k<m$ 时，$k\leqslant m-1<(n+1)p-1$，从(2.6)式知 $p_n(k)<p_n(k+1)$；当 $k\geqslant m$ 时，$k>(n+1)p-1$，从(2.7)式知 $p_n(k)>p_n(k+1)$. 所以(2.4)式成立.

(2) $(n+1)p$ 是整数.

此时 $m=(n+1)p$，从(2.8)式知 $p_n(m)=p_n(m-1)$，再利用(2.6)式和(2.7)式知(2.5)式成立. □

从定理 2.1 知，$p_n(k)$作为 k 的函数先增后减，在 $k=[(n+1)p]$处达到最大值；当$(n+1)p$ 是整数时，有两个最大值点：

$$(n+1)p,\quad (n+1)p-1.$$

3. 泊松分布

定义 2.4 设随机变量 X 的所有可能取值是全体非负整数，且

$$P(X=k)=\frac{1}{k!}\lambda^k e^{-\lambda}\quad (k=0,1,\cdots), \tag{2.9}$$

其中 λ 是正数，则称 X 服从参数为 λ 的**泊松(Poisson)分布.**

注意到 $\sum_{k=0}^{\infty}\frac{1}{k!}\lambda^k e^{-\lambda}=1$，故上述定义是合理的. 泊松(S. Poisson (1781—1840))是法国数学家，在 1837 年首先提出这个分布，他把这个分布看作二项分布 $B(n,p)$当 $np\to\lambda$ 时的极限(见第一章的§1.7). 后来人们发现这个概率分布可用来刻画许多随机现象. 例如，L. Bortkiewicz 在 1898 年发现，每一骑兵队中一年里被马踢死的人数近似服从泊松分布. 此外，在生物学、医学、工业及随机服务系统的研究中，泊松分布是常见的. 例如，铸件(或布)的疵点数、电话交换台收到的电话呼唤次数等也近似服从泊松分布. 以后，我们还可以从理论上解释(参看第五章的§5.2)何以在很多情况下出现泊松分布.

例 2.3　卢瑟福和盖革在 1910 年观察了放射性物质放出的 α 粒子个数的情况，一共进行了 2608 次观察，每次观察时间是 8 分钟，总共观察到 10094 个 α 粒子，如表 2.2.3 所示. 从表中我们看到，按公式(2.9)计算出的概率 $p_k=P(X=k)=\frac{1}{k!}\lambda^k e^{-\lambda}(\lambda=3.87)$ 与 $\{X=k\}$ 发生的频率相当接近.

表 2.2.3　放射粒子数的观察频率与概率

放射粒子数 X	观察到次数 μ_k	频率 $\nu_k=\frac{\mu_k}{2608}$	$p_k=\frac{1}{k!}\lambda^k e^{-\lambda}$ $(\lambda=3.87)$
0	57	0.022	0.021
1	203	0.078	0.081
2	383	0.147	0.156
3	525	0.201	0.201
4	532	0.204	0.195
5	408	0.156	0.151
6	273	0.105	0.097
7	139	0.053	0.054
8	45	0.017	0.026
9	27	0.010	0.011
10	10	0.004	0.004
$\geqslant 11$	6	0.002	0.003
总计	2608	0.999	1.000

设随机变量 X 服从泊松分布，问：k 取何值时 $P(X=k)$ 的值最大？下面的定理 2.2 回答了此问题.

定理 2.2　设随机变量 X 服从泊松分布，即

$$p_k=P(X=k)=\frac{\lambda^k}{k!}e^{-\lambda}\quad(\lambda>0;k=0,1,\cdots),$$

则有下列结论：

(1) 当 λ 不是整数时，

$$p_0<p_1<\cdots<p_{[\lambda]}>p_{[\lambda]+1}>\cdots;$$

(2) 当 λ 是整数时，

$$p_0<p_1<\cdots<p_{\lambda-1}=p_\lambda>p_{\lambda+1}>\cdots.$$

证明 因为 $p_{k+1}=\dfrac{\lambda}{k+1}p_k$，故不难推知本定理的结论成立. □

4. 超几何分布

设一批产品共有 N 个，其中有 D 个不合格品(其余是合格品). 现从中任取 n 个，则这 n 个产品中所含的不合格品数 X 是一个离散型随机变量. 从第一章的§1.3 知

$$P(X=k)=\frac{\mathrm{C}_D^k\mathrm{C}_{N-D}^{n-k}}{\mathrm{C}_N^n}\quad(k=0,1,\cdots,l),\tag{2.10}$$

这里 $l=\min\{D,n\}$(我们恒规定：当 $m>n\geqslant 0$ 时，$\mathrm{C}_n^m=0$，$\mathrm{C}_0^0=1$).

定义 2.5 若随机变量 X 的概率分布是(2.10)(其中 $N\geqslant D\geqslant 0$，$N\geqslant n\geqslant 1$)，则称 X 服从**超几何分布**.

超几何分布与二项分布有密切关系.

定理 2.3 设超几何分布(2.10)中 D 是 N 的函数，即 $D=D(N)$，且

$$\lim_{N\to\infty}\frac{D(N)}{N}=p\quad(0<p<1),$$

则

$$\lim_{N\to\infty}\frac{\mathrm{C}_{D(N)}^k\mathrm{C}_{N-D(N)}^{n-k}}{\mathrm{C}_N^n}=\mathrm{C}_n^kp^k(1-p)^{n-k}\tag{2.11}$$

对任何固定的 $k\geqslant 0$ 成立.

证明 既然 $0<p<1$，那么 N 充分大时，$n<D(N)<N$(注意，n 是固定的). 以下简记 $D(N)$ 为 D. 易知

$$\begin{aligned}\frac{\mathrm{C}_D^k\mathrm{C}_{N-D}^{n-k}}{\mathrm{C}_N^n}&=\frac{D!}{k!(D-k)!}\cdot\frac{(N-D)!}{(n-k)!(N-D-n+k)!}\cdot\frac{n!(N-n)!}{N!}\\&=\frac{n!}{k!(n-k)!}\cdot\frac{D(D-1)\cdots(D-k+1)}{N^k}\\&\quad\cdot\frac{(N-D)(N-D-1)\cdots(N-D-n+k+1)}{N^{n-k}}\\&\quad\cdot\frac{N^n}{N(N-1)\cdots(N-n+1)}\\&=\mathrm{C}_n^k\left(\prod_{i=1}^k\frac{D-i+1}{N}\right)\left(\prod_{i=1}^{n-k}\frac{N-D-i+1}{N}\right)\left(\prod_{i=1}^n\frac{N}{N-i+1}\right)\end{aligned}$$

$$\to C_n^k p^k (1-p)^{n-k} \quad (N \to \infty). \qquad \square$$

(2.11)式的直观意义如下：若一批产品的总量 N 很大，而不合格品所占的比例是 p，则从整批中随机抽取 n 个时所抽到的不合格品个数近似服从参数是 n,p 的二项分布.

超几何分布不仅在产品检查时常常遇到，而且还有别的用处.

例 2.4（动物调查） 设栖息于某地区的一种动物的总数是 N. 为了确定 N 的值（更确切说，给出 N 的合适估计值），可采用下列方法：首先从该地区抓获 m 只这种动物，安上记号后再放回该地区，过一段时间再从该地区抓获 n 只这种动物，发现其中有 $i(i\geqslant 1)$ 只带有上次安上的记号，则可以推测 N 大约等于 $\left[\frac{mn}{i}\right]$. 这根据什么呢？设从该地区再捕获的 n 只动物中有上次安上记号的动物的个数为 X，这个 X 是随机变量，易知

$$P(X=k)=\frac{C_m^k C_{N-m}^{n-k}}{C_N^n} \quad (k=0,1,\cdots,l),$$

这里 $l=\min\{n,m\}$.

记 $p_N(k)=P(X=k)$. 现在观测到 $X=i$，即事件 $\{X=i\}$ 发生了，自然想到 N 应使得 $p_N(i)$ 达到最大值（最大概率原理，参看统计学分册的第七章）. 换句话说，应找 $N\geqslant n$，使得 $p_N(i)$ 达到最大值. 由于

$$\frac{p_N(i)}{p_{N-1}(i)}=\frac{(N-m)(N-n)}{N(N-m-n+i)},$$

可见 $p_N(i)\geqslant p_{N-1}(i)$ 的充分必要条件是

$$(N-m)(N-n)\geqslant N(N-m-n+i).$$

这个不等式等价于 $N\leqslant mn/i$，故 $p_N(i)\geqslant p_{N-1}(i)$ 的充分必要条件是 $N\leqslant\frac{mn}{i}$. 由此可见，$p_N(i)$ 随着 N 的增大先增后减，在 $N=\left[\frac{mn}{i}\right]$ 时达到最大. 故我们推测该地区这种动物的数目大约是 $\left[\frac{mn}{i}\right]$. 例如，当 $m=50,n=40,i=4$ 时，N 的推测值是 500. 用最大概率的思想对未知量进行推测的方法叫作最大似然估计法（见第七章）. 本例中通过两次捕获以对未知量进行推测的方法（所谓捕获—再捕获方法）在资源调查和野生动物保护等方面有广泛应用.

5. 几何分布

定义 2.6 设随机变量 X 的所有可能值是全体正整数,且

$$P(X=k)=(1-p)^{k-1}p \quad (k=1,2,\cdots), \tag{2.12}$$

其中 $0<p<1$,则称 X 服从**几何分布**(令 $p_k=(1-p)^{k-1}p(k=1,2,\cdots)$,则 $p_1,p_2,\cdots$构成一个几何级数,公比是 $1-p$,"几何分布"的名称来源于此).

几何分布的实际背景是:某射手向某目标连续射击,若他单次射击射中目标的概率是 p,则他首次射中目标所需的射击次数 X 是一个随机变量,它服从几何分布(2.12).

6. 负二项分布

例 2.5 某射手向一个目标连续射击,决心射中 r 次后停止(r 是正整数).若他单次射击射中目标的概率是 $p(0<p<1)$,则他需要的射击次数 X 是一个随机变量.试求 X 的概率分布.

解 显然,X 所取的值是不小于 r 的正整数,且

$$\begin{aligned}P(X=k)&=P(\text{前 } k-1 \text{ 次射击恰好射中 } r-1 \text{ 次,且}\\&\qquad\text{第 } k \text{ 次射击射中})\\&=\mathrm{C}_{k-1}^{r-1}p^{r-1}(1-p)^{k-r}p=\mathrm{C}_{k-1}^{r-1}p^{r}(1-p)^{k-r}\\&\qquad(k=r,r+1,\cdots).\end{aligned}$$

定义 2.7 设随机变量 X 的取值范围是$\{r,r+1,\cdots\}$(r 是正整数),且

$$P(X=k)=\mathrm{C}_{k-1}^{r-1}p^{r}(1-p)^{k-r} \quad (k=r,r+1,\cdots;0<p<1),$$

则称 X 服从**负二项分布**(这里 r,p 是参数,当 $r=1$ 时,负二项分布就是几何分布).

7. 离散均匀分布

定义 2.8 设随机变量 X 的取值范围是$\{1,\cdots,N\}$(N 是大于 1 的整数),且

$$P(X=k)=\frac{1}{N} \quad (k=1,\cdots,N),$$

则称 X 服从**离散均匀分布**.

在抽签、抽样调查及彩票中奖等方面的研究中常常会遇到离散均匀分布. 有时参数 N 是未知的,需要你去估计它.

§2.3 连续型随机变量

定义 3.1 对于随机变量 X,如果存在非负函数 $p(x)$,使得对任意 $a<b$,都有

$$P(a<X<b)=\int_a^b p(x)\mathrm{d}x, \tag{3.1}$$

则称 X 为**连续型随机变量**,并称 $p(x)$ 为 X 的**分布密度函数**或**概率密度函数**(简称**分布密度**或**概率密度**)(见注). 这里$\{a<X<b\}$表示事件"X 的取值大于 a 且小于 b",或者说"X 的取值属于(a,b)".

注 由(3.1)式和定积分的性质知,当 $p(x)$在 $x=x_0$ 处连续时,有

$$\lim_{\Delta x\to 0+}\frac{P\left(x_0-\frac{1}{2}\Delta x<X<x_0+\frac{1}{2}\Delta x\right)}{\Delta x}=p(x_0).$$

这表明,当 $p(x_0)$较大时,X 在 x_0 附近取值的概率也比较大. 分布密度的"密度"一词,与物理学中质量线密度的"密度"有相似之处.

作为分布密度的 $p(x)$,有下列性质:

$$\int_{-\infty}^{+\infty}p(x)\mathrm{d}x=1. \tag{3.2}$$

实际上,令 $A_n=\{-n<X<n\}(n=1,2,\cdots)$,则 $A_n\subset A_{n+1}$ 且 $\bigcup\limits_{n=1}^{\infty}A_n$ 是必然事件,于是

$$1=\lim_{n\to\infty}P(A_n)=\lim_{n\to\infty}\int_{-n}^{n}p(x)\mathrm{d}x=\int_{-\infty}^{+\infty}p(x)\mathrm{d}x.$$

故(3.2)式成立. 我们指出,对任何实数 a,有

$$P(X=a)=0. \tag{3.3}$$

实际上,对任何正整数 n,有

$$P(X=a)\leqslant P\left(a-\frac{1}{n}<X<a+\frac{1}{n}\right)=\int_{a-\frac{1}{n}}^{a+\frac{1}{n}}p(x)\mathrm{d}x,$$

令 $n\to\infty$ 知(3.3)式成立.

从(3.3)式知,对任何 $a<b$,有

$$P(a\leqslant X\leqslant b)=P(a\leqslant X<b)=P(a<X\leqslant b)=P(a<X<b).$$

这里$\{a\leqslant X\leqslant b\}$指事件"$X$ 取值不小于 a 且不超过 b",其他记号有类似的含义.

从(3.1)式和(3.3)式知

$$\begin{aligned}P(X\leqslant c)&=\lim_{n\to\infty}P(c-n<X\leqslant c)\\&=\lim_{n\to\infty}\int_{c-n}^{c}p(x)\mathrm{d}x=\int_{-\infty}^{c}p(x)\mathrm{d}x.\end{aligned}$$

我们要注意的是,把分布密度在某些个别点的值改变为任意的非负数后,得到的函数仍是分布密度.(因为定积分的值与被积函数在个别点上的值无关.)

在实际工作中遇到的非离散型随机变量很多是连续型的,而且分布密度函数 $p(x)$至多有有限个间断点.

注 从(3.1)式出发,由于 $a,b(a<b)$的任意性,利用测度论知识可以证明,对于十分一般的集合 B($\mathbf{R}$ 中的 Borel 集),下式皆成立:

$$P(X\in B)=\int_{-\infty}^{+\infty}I_B(x)p(x)\mathrm{d}x, \tag{3.4}$$

这里

$$I_B(x)=\begin{cases}1, & x\in B,\\0, & x\overline{\in}B.\end{cases}$$

下面介绍实际工作中常见的连续型随机变量.

1. 均匀分布

定义 3.2 如果随机变量 X 的分布密度为

$$p(x)=\begin{cases}\lambda, & a\leqslant x\leqslant b,\\0, & 其他\end{cases}\quad(a<b), \tag{3.5}$$

则称 X 服从区间$[a,b]$(或(a,b))上的**均匀分布**.

从(3.2)式知(3.5)式中的 $\lambda=\dfrac{1}{b-a}$. 若 X 服从$[a,b]$上的均匀分布,常常记为 $X\sim U(a,b)$,此时对任何区间$(c,d)$$(a\leqslant c<d\leqslant b)$,从(3.1)式知 $P(c<X<d)=\lambda(d-c)$. 这表明,X 取值于$[a,b]$中任何小区间的概率与该小区间的长度成正比,而与该小区间的位置无关. 这就

是均匀分布的概率意义.

§2.1 例 1.6 中的候车时间 X 服从$[0,10]$上的均匀分布(因为出行者到达车站的时刻是“随机”的).

2. 指数分布

定义 3.3　如果随机变量 X 的分布密度为

$$p(x)=\begin{cases}\lambda e^{-\lambda x}, & x>0,\\ 0, & x\leqslant 0\end{cases}\quad(\lambda>0),$$

则称 X 服从参数为 λ 的**指数分布**.

若 X 服从参数为 λ 的指数分布,则从(3.1)式知,对任何 $0\leqslant a<b$,有

$$P(a<X<b)=\lambda\int_a^b e^{-\lambda x}\,dx=e^{-\lambda a}-e^{-\lambda b},$$

$$P(X>a)=e^{-\lambda a},\quad P(X>0)=1.$$

指数分布应用很广,很多电子元器件(例如电子管、电视机)的寿命(从生产出来到失去规定功能所经历的时间)服从指数分布.不难看出,对任何 $s\geqslant 0,t\geqslant 0$,有

$$\begin{aligned}P(X>s+t|X>s)&=P(X>s+t)/P(X>s)\\&=e^{-\lambda(s+t)}/e^{-\lambda s}=e^{-\lambda t}=P(X>t).\end{aligned}$$

这表示指数分布有一种“无记忆性”:若产品的寿命 X 服从指数分布,则该产品在使用过程中的时刻 s 未寿终的条件下往后的使用寿命与寿命 X 本身有相同的概率分布.

我们指出,这种“无记忆性”是指数分布所独有的.更确切的论述是下面的定理:

定理 3.1　设 X 是只取非负值的随机变量,则对任何 $s\geqslant 0,t\geqslant 0$,等式

$$P(X>s+t|X>s)=P(X>t)\tag{3.6}$$

恒成立的充分必要条件是 X 服从指数分布.

证明　前面已证明了充分性.现在来证明必要性.设 X 是取非负值的随机变量,满足(3.6)式.从(3.6)式知

$$P(X>s)>0, \quad \text{且} \quad P(X>s+t)=P(X>s)P(X>t).$$

令 $f(u)=P(X>u)\ (u\geqslant 0)$. 易知

$$f(s+t)=f(s)f(t),$$

于是 $f(1)=f\Big(\underbrace{\frac{1}{n}+\frac{1}{n}+\cdots+\frac{1}{n}}_{n\text{个}}\Big)=\Big(f\Big(\frac{1}{n}\Big)\Big)^n$, 即 $f\Big(\frac{1}{n}\Big)=(f(1))^{\frac{1}{n}}$,

从而 $$f\Big(\frac{m}{n}\Big)=f\Big(\underbrace{\frac{1}{n}+\cdots+\frac{1}{n}}_{m\text{个}}\Big)=\Big(f\Big(\frac{1}{n}\Big)\Big)^m=(f(1))^{\frac{m}{n}}.$$

故对一切正有理数 r, 有 $f(r)=(f(1))^r$. 由于 $0<f(1)<1$, 且 $f(u)$ 是 u 的减函数, 故不难推知: 对一切 $u\geqslant 0$, 有 $f(u)=(f(1))^u$.

令 $\lambda=-\ln f(1)$, 则 $f(u)=\mathrm{e}^{-\lambda u}$, 即

$$P(X>u)=\mathrm{e}^{-\lambda u}=\int_u^{+\infty}\lambda \mathrm{e}^{-\lambda x}\,\mathrm{d}x.$$

故 $$P(a<X<b)=\int_a^b \lambda \mathrm{e}^{-\lambda x}\,\mathrm{d}x \quad (0\leqslant a<b).$$

这表明 X 服从指数分布. □

3. 正态分布

定义 3.4 如果随机变量 X 的分布密度为

$$p(x)=\frac{1}{\sqrt{2\pi}\sigma}\exp\Big\{-\frac{1}{2\sigma^2}(x-\mu)^2\Big\}, \tag{3.7}$$

其中 μ 是实数, σ 是正数, 则称 X 服从参数为 μ,σ 的**正态分布**, 并记为 $X\sim N(\mu,\sigma^2)$.

分布密度函数 $p(x)$ 在直角坐标系里的图像呈钟形, 最大值点是 $x=\mu$. 曲线 $y=p(x)$ 关于直线 $x=\mu$ 对称, 在 $x=\mu+\sigma$ 和 $x=\mu-\sigma$ 处有拐点, $x\to+\infty$ 或 $x\to-\infty$ 时均以 x 轴为渐近线(图 2.3.1). 当 σ 大时, 曲线 $y=p(x)$ 平缓; 当 σ 小时, 曲线 $y=p(x)$ 陡峭(图 2.3.2).

参数 $\mu=0,\sigma^2=1$ 时的正态分布叫作**标准正态分布**, 其分布密度是

$$p(x)=\frac{1}{\sqrt{2\pi}}\mathrm{e}^{-x^2/2}.$$

读者利用微积分的知识容易验证下式成立:

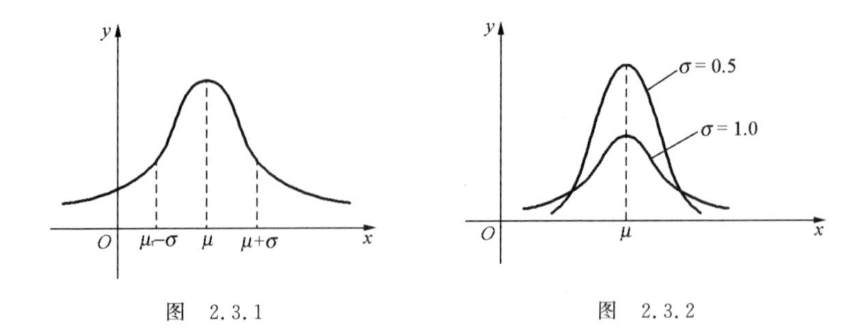

图　2.3.1　　　　图　2.3.2

$$\int_{-\infty}^{+\infty} \frac{1}{\sqrt{2\pi}} \mathrm{e}^{-x^2/2} \mathrm{d}x = 1. \text{①} \tag{3.8}$$

有了(3.8)式,令$\dfrac{x-\mu}{\sigma}=t$,则

$$\int_{-\infty}^{+\infty} \frac{1}{\sqrt{2\pi}\sigma} \exp\left\{-\frac{1}{2\sigma^2}(x-\mu)^2\right\} \mathrm{d}x = \int_{-\infty}^{+\infty} \frac{1}{\sqrt{2\pi}} \mathrm{e}^{-t^2/2} \mathrm{d}t = 1.$$

这表明函数(3.7)确实满足(3.2)式.

表达式(3.7)看起来比较复杂,但大量实际经验和理论研究表明,服从(或近似服从)正态分布的随机变量(简称**正态随机变量**)却很常见.从历史上看,最早出现函数(3.7)的场合是考虑二项分布的近似计算问题.设事件 A 在单次试验中发生的概率为 p,在 N 次独立重复试验中 A 发生的次数是 X,如何计算出概率 $P(a<X<b)$ $(a<b)$呢? 经

---

① 先计算重积分

$$I = \int_{-\infty}^{+\infty}\int_{-\infty}^{+\infty} \mathrm{e}^{-(x^2+y^2)/2} \mathrm{d}x\mathrm{d}y.$$

作变量替换:$x = r\cos\theta$, $y = r\sin\theta$($0\leqslant r<+\infty$, $0\leqslant\theta<2\pi$).易知变换的雅可比行列式 $J\left(\dfrac{x,y}{r,\theta}\right)=r$,于是

$$\begin{aligned} I &= \int_0^{+\infty}\int_0^{2\pi} \mathrm{e}^{-r^2/2} r\mathrm{d}r\mathrm{d}\theta = \int_0^{+\infty} \mathrm{e}^{-r^2/2} r\left(\int_0^{2\pi}\mathrm{d}\theta\right)\mathrm{d}r \\ &= 2\pi\int_0^{+\infty} \mathrm{e}^{-r^2/2} r\mathrm{d}r = 2\pi\int_0^{+\infty} \mathrm{e}^{-u}\mathrm{d}u = 2\pi. \end{aligned}$$

另一方面,$I = \int_{-\infty}^{+\infty} \mathrm{e}^{-x^2/2}\mathrm{d}x \cdot \int_{-\infty}^{+\infty} \mathrm{e}^{-y^2/2}\mathrm{d}y = \left(\int_{-\infty}^{+\infty} \mathrm{e}^{-x^2/2}\mathrm{d}x\right)^2$.故 $\int_{-\infty}^{+\infty} \mathrm{e}^{-x^2/2}\mathrm{d}x = \sqrt{I} = \sqrt{2\pi}$.所以(3.8)式成立.

过法国数学家 De Moive$\left(在 1733 年对 p=\dfrac{1}{2} 情形\right)$和拉普拉斯(在1812 年对一般的 $p\in(0,1)$)的研究,知道

$$P(a<X<b)\approx\int_{x_1}^{x_2}\frac{1}{\sqrt{2\pi}}\mathrm{e}^{-x^2/2}\mathrm{d}x,$$

其中 $x_1=(a-np)/\sqrt{np(1-p)}$,$x_2=(b-np)/\sqrt{np(1-p)}$,被积函数是标准正态分布的分布密度(参看第四章的"中心极限定理"). 在 1809 年,德国大数学家高斯(F. Gauss(1777—1855))在天文观测时发现测量误差服从正态分布 $N(0,\sigma^2)$,他也独立地提出了分布密度(3.7). 从此,正态分布受到广泛注意. 正态分布也叫**高斯分布**. 后来人们发现鸟蛋的直径服从正态分布(1902 年). 现代人们发现,许多生理指标(例如身高、体重、血压等)以及产品的质量指标(例如硬度、抗压强度等)都服从或近似服从正态分布. 正态随机变量的大量出现不是偶然的,以后要讲的"中心极限定理"可从理论上解释这一点.

例 3.1 某车床生产滚球,随机抽取了该车床生产的 50 个产品,测得它们的直径(单位:mm)如下:

15.0, 15.8, 15.2, 15.1, 15.9, 14.7, 14.8, 15.5, 15.61, 5.3,
15.1, 15.3, 15.0, 15.6, 15.7, 14.8, 14.5, 14.2, 14.9, 14.9,
15.2, 15.0, 15.3, 15.6, 15.1, 14.9, 14.2, 14.6, 15.8, 15.2,
15.9, 15.2, 15.0, 14.9, 14.8, 14.5, 15.1, 15.5, 15.5, 15.1,
15.1, 15.0, 15.3, 14.7, 14.5, 15.5, 15.0, 14.7, 14.6, 14.2.

我们用 X 表示该车床生产的滚球的直径,则 X 是随机变量,上述 50 个数乃是其观测值. 我们可以认为 X 服从正态分布 $N(15.1,0.4325^2)$(理由:参看第八章).

现在来谈谈正态随机变量的有关计算问题. 令

$$\Phi(x)=\int_{-\infty}^{x}\frac{1}{\sqrt{2\pi}}\mathrm{e}^{-u^2/2}\mathrm{d}u. \tag{3.9}$$

当 $X\sim N(0,1)$时,$P(X\leqslant x)=\Phi(x)$. 这个 Φ 叫作**标准正态分布函数**,在有关正态分布的计算中常常用到. 易知

$$\Phi(-x)=1-\Phi(x).$$

$\Phi(x)$的值已经计算出,见附表 1.

例 3.2　设随机变量 $X\sim N(0,1)$，求 $P(1<X<2)$.

解　从定义 3.4 知

$$P(1<X<2)=\int_1^2\frac{1}{\sqrt{2\pi}}\mathrm{e}^{-x^2/2}\mathrm{d}x=\Phi(2)-\Phi(1).$$

通过查附表 1 知 $\Phi(2)=0.9773$，$\Phi(1)=0.8413$，于是

$$P(1<X<2)=0.1360.$$

定理 3.2　设随机变量 $X\sim N(\mu,\sigma^2)$，则对一切 $a<b$，有

$$P(a<X<b)=\Phi\left(\frac{b-\mu}{\sigma}\right)-\Phi\left(\frac{a-\mu}{\sigma}\right).\tag{3.10}$$

证明　从定义 3.4 知

$$P(a<X<b)=\int_a^b\frac{1}{\sqrt{2\pi}\sigma}\exp\left\{-\frac{1}{2\sigma^2}(x-\mu)^2\right\}\mathrm{d}x.$$

令 $\dfrac{x-\mu}{\sigma}=t$，则

$$\begin{aligned}P(a<X<b)&=\int_{\frac{a-\mu}{\sigma}}^{\frac{b-\mu}{\sigma}}\frac{1}{\sqrt{2\pi}}\mathrm{e}^{-t^2/2}\mathrm{d}t\\&=\Phi\left(\frac{b-\mu}{\sigma}\right)-\Phi\left(\frac{a-\mu}{\sigma}\right).\end{aligned}$$ □

推论 3.1　设随机变量 $X\sim N(\mu,\sigma^2)$，则对一切正数 k，有

$$P(\mu-k\sigma<X<\mu+k\sigma)=2\Phi(k)-1.\tag{3.11}$$

证明　从(3.10)式知

$$\begin{aligned}P(\mu-k\sigma<X<\mu+k\sigma)&=\Phi(k)-\Phi(-k)\\&=\Phi(k)-(1-\Phi(k))=2\Phi(k)-1.\end{aligned}$$ □

从(3.11)式和附表 1 知

$$\begin{aligned}&P(\mu-\sigma<X<\mu+\sigma)=0.6826,\\&P(\mu-2\sigma<X<\mu+2\sigma)=0.9546,\\&P(\mu-3\sigma<X<\mu+3\sigma)=0.9974,\\&P(\mu-6\sigma<X<\mu+6\sigma)=0.\underbrace{9\cdots9}_{9个9}0134.\end{aligned}$$

由此可见，正态随机变量 X 的取值基本落在区间 $(\mu-3\sigma,\mu+3\sigma)$ 内，落在 $(\mu-6\sigma,\mu+6\sigma)$ 之外的情形极为罕见.

4. 威布尔分布

定义 3.5 称随机变量 X 服从**威布尔(Weibull)分布**,若它有分布密度

$$p(x)=\begin{cases}\dfrac{m}{\eta^m}x^{m-1}\exp\left\{-\left(\dfrac{x}{\eta}\right)^m\right\}, & x>0,\\ 0, & x\leqslant 0,\end{cases}$$

其中 m,η 是两个正参数,m 叫作形状参数,η 叫作刻度参数.

许多产品(例如轴承)的使用寿命服从威布尔分布.注意,$m=1$ 时的威布尔分布就是指数分布.威布尔是瑞典物理学家,他在 1939 年研究物质材料的强度时首先提出了这种分布.

5. 伽玛分布(Γ 分布)

定义 3.6 称随机变量 X 服从**伽玛分布(Γ 分布)**,若它有分布密度

$$p(x)=\begin{cases}\dfrac{\beta^\alpha}{\Gamma(\alpha)}x^{\alpha-1}e^{-\beta x}, & x>0,\\ 0, & x\leqslant 0,\end{cases}$$

其中 α,β 是两个正参数,$\Gamma(\alpha)=\int_0^{+\infty}u^{\alpha-1}e^{-u}du$ 乃是有名的 Γ 函数.(见注)

注 更一般的定义是:称随机变量 X 服从(三参数)伽玛分布,若它有分布密度

$$p(x)=\begin{cases}\dfrac{\beta^\alpha}{\Gamma(\alpha)}(x-r)^{\alpha-1}e^{-\beta(x-r)}, & x>r,\\ 0, & x\leqslant r,\end{cases}$$

其中 α,β,r 是参数,$\alpha>0,\beta>0$.

在一些实际问题中会遇到伽玛分布,特别是在水文研究中.伽玛分布与指数分布、正态分布有很密切的关系,以后将看到这一点.

6. 帕累托分布

定义 3.7 称随机变量 X 服从**帕累托(Pareto)分布**,若它有分布

密度

$$p(x)=\begin{cases}(\alpha-1)x_0^{\alpha-1}x^{-\alpha}, & x\geqslant x_0,\\ 0, & x<x_0,\end{cases}$$

其中 x_0 是正参数，α 是大于 1 的参数.

帕累托是意大利经济学家，他首先把家庭年收入这个随机变量看作服从（或近似服从）这样的概率分布.

7. 贝塔分布

定义 3.8　称随机变量 X 服从**贝塔分布**，若它有分布密度

$$p(x)=\begin{cases}\dfrac{1}{\mathrm{B}(\alpha,\beta)}x^{\alpha-1}(1-x)^{\beta-1}, & 0\leqslant x\leqslant 1,\\ 0, & \text{其他},\end{cases}$$

其中 α,β 是正参数，$\mathrm{B}(\alpha,\beta)=\int_0^1 x^{\alpha-1}(1-x)^{\beta-1}\mathrm{d}x$ 乃是有名的贝塔函数.

贝塔分布与二项分布、伽玛分布都有密切的关系.

还有一些在理论上或应用上著名的分布，这里不一一列举了，以后要讲到.

§2.4　随机变量的严格定义与分布函数

以上对随机变量做了直观描述和初步的数学描述，并介绍了许多常见的随机变量. 读者可能不满足，到底随机变量的精确定义是什么？随机变量的种类很多，用什么统一的手段进行刻画和研究呢？本节就是回答这些问题.

前面说过，随机变量就是随着条件 S 下的结果不同而可能有异的变量. 很自然想到，条件 S 下的概率空间 $(\Omega,\mathscr{F},P)$ 是我们讨论问题的出发点，这里 Ω 是条件 S 下所有可能的不同结果组成的集合（每个结果看成一个基本事件），σ 域 $\mathscr{F}$ 是条件 S 下“有概率的事件”的全体，P 是概率测度（简称概率）.

定义 4.1　设 $(\Omega,\mathscr{F},P)$ 是概率空间，$X=X(\omega)$ 是 Ω 上有定义的实

值函数. 如果对任何实数 x,集合$\{\omega: X(\omega)\leqslant x\}$属于 $\mathscr{F}$,则称 X 是$(\Omega,\mathscr{F},P)$**上的随机变量**(简称**随机变量**).

这个定义包含两个方面内容:

(1) 随机变量 $X=X(\omega)$是基本事件 ω 的函数,它体现随机而变.

(2) 虽然 $X=X(\omega)$的值不能预先确定(因为无法预料将出现什么样的 ω),但是对给定的 x,事件$\{\omega: X(\omega)\leqslant x\}$是有确定概率的,这体现了随机变量的一种"规则性",不是乱变到不可控制的程度.

当然,在实际工作中一般遇到的事件都是有概率的,也就是说在定义 4.1 中的 $\mathscr{F}$ 是足够大的,以至于人们不必老提到 $\mathscr{F}$.

今后常常省略符号 ω,把 $X(\omega)$记为 X,把事件$\{\omega: X(\omega)\leqslant x\}$简记为$\{X\leqslant x\}$或$\{X\in(-\infty,x]\}$. 类似地,对于直线上的任何点集 B,把$\{\omega: X(\omega)\in B\}$简记为$\{X\in B\}$. 从定义 4.1 知,对于随机变量 X 来说,$\{X\leqslant x\}\in\mathscr{F}$. 下面指出,对于相当任意的 B,均有$\{X\in B\}\in\mathscr{F}$.

*__定理 4.1__ 设 $X=X(\omega)$是$(\Omega,\mathscr{F},P)$上的随机变量,则对直线上的任何 Borel 集 B,有

$$\{X\in B\}\in\mathscr{F}. \tag{4.1}$$

证明 记 $\mathbf{R}=(-\infty,+\infty)$(全体实数组成的集合). 令

$$\mathscr{L}=\{B: B\subset\mathbf{R},\text{且}\{X\in B\}\in\mathscr{F}\}.$$

换句话说,$\mathscr{L}$ 由所有那些使得(4.1)成立的 B 组成.

我们指出,$\mathscr{L}$ 是 $\mathbf{R}$ 中的一个 σ 域(σ 代数). 实际上,$\{X\in\mathbf{R}\}=\Omega\in\mathscr{F}$,故 $\mathbf{R}\in\mathscr{L}$. 若 $B\in\mathscr{L}$,则$\{X\in B\}\in\mathscr{F}$. 于是$\{X\in B^c\}=\Omega-\{X\in B\}\in\mathscr{F}$($B^c$ 是 B 的余集). 故 $B^c\in\mathscr{L}$. 若 $B_n\in\mathscr{L}(n=1,2,\cdots)$,则 $\left\{X\in\bigcup_{n=1}^{\infty}B_n\right\}=\bigcup_{n=1}^{\infty}\{X\in B_n\}\in\mathscr{F}$,从而 $\bigcup_{n=1}^{\infty}B_n\in\mathscr{L}$. 因此 $\mathscr{L}$ 是 $\mathbf{R}$ 中的 σ 域. 我们指出,所有的开区间皆属于 $\mathscr{L}$. 实际上,对任何 $a<b$,有 $(-\infty,a]\in\mathscr{L}$(因为$\{X\in(-\infty,a]\}=\{X\leqslant a\}\in\mathscr{F}$). 又

$$(-\infty,b)=\bigcup_{n=1}^{\infty}\left(-\infty,b-\frac{1}{n}\right]\in\mathscr{L},$$

于是$(a,b)=(-\infty,b)-(-\infty,a]\in\mathscr{L}$(因为 $\mathscr{L}$ 是 σ 域).

根据定义,Borel σ 域 $\mathscr{B}$ 乃是 $\mathbf{R}$ 中包含所有开区间的最小 σ 域,因此 $\mathscr{B}\subset\mathscr{L}$. 这表明,对一切 Borel 集 B,(4.1)式成立. □

怎样刻画随机变量的概率特性呢? 可用分布函数作为统一手段.

定义 4.2 设 $X=X(\omega)$是随机变量,则称函数

$$F(x)=P(X\leqslant x)\quad (x\in \mathbf{R})$$

为 X 的**分布函数**,有时记为 $F_X(x)$.

定理 4.2　分布函数 $F(x)$ 有下列三条性质:

(1) 单调性:若 $a<b$,则 $F(a)\leqslant F(b)$;

(2) $\lim\limits_{x\to-\infty}F(x)=0$, $\lim\limits_{x\to+\infty}F(x)=1$;

(3) 右连续性:$\lim\limits_{\delta\to 0+}F(x+\delta)=F(x)$.

证明　(1) 是显然的,因为 $\{X\leqslant a\}\subset\{X\leqslant b\}$,所以 $F(a)\leqslant F(b)$.

(2) 令 $A_n=\{X\leqslant -n\}(n=1,2,\cdots)$,则 $A_1\supset A_2\supset\cdots$ 且 $\bigcap\limits_{n=1}^{\infty}A_n=\varnothing$,于是

$$\lim_{n\to\infty}F(-n)=\lim_{n\to\infty}P(A_n)=P\left(\bigcap_{n=1}^{\infty}A_n\right)=0.$$

因此 $\lim\limits_{x\to-\infty}F(x)=0$. 令 $B_n=\{X\leqslant n\}(n=1,2,\cdots)$,则 $B_1\subset B_2\subset\cdots$ 且 $\bigcup\limits_{n=1}^{\infty}B_n$ 是必然事件,故

$$\lim_{n\to\infty}F(n)=\lim_{n\to\infty}P(B_n)=1.$$

因此 $\lim\limits_{x\to+\infty}F(x)=1$.

(3) 令 $C_n=\left\{X\leqslant x+\dfrac{1}{n}\right\}(n=1,2,\cdots)$,则 $C_1\supset C_2\supset\cdots$ 且 $\bigcap\limits_{n=1}^{\infty}C_n=\{X\leqslant x\}$. 于是

$$\lim_{n\to\infty}F\left(x+\frac{1}{n}\right)=\lim_{n\to\infty}P(C_n)=P(X\leqslant x)=F(x).$$

由此知 $\lim\limits_{\delta\to 0+}F(x+\delta)=F(x)$.　□

有了分布函数 $F(x)$,与 X 有关的各种事件的概率就完全确定了. 例如:

$$P(X<x)=F(x-0)\quad \left(F(x-0)\triangleq\lim_{\delta\to 0+}F(x-\delta)\right),$$

$$P(a<X\leqslant b)=F(b)-F(a),$$

$$P(a\leqslant X\leqslant b)=F(b)-F(a-0),$$

$$P(a<X<b)=F(b-0)-F(a).$$

实际上，

$$\{X < x\} = \bigcup_{n=1}^{\infty}\left\{X \leqslant x - \frac{1}{n}\right\},$$

故

$$P(X < x) = \lim_{n\to\infty} P\left(X \leqslant x - \frac{1}{n}\right) = F(x-0).$$

其他几个等式可类似地得到证明.

若 X 是离散型随机变量，其可能值是 $x_1, x_2, \cdots$（有限个或可列无穷个），概率分布是 $p_k = P(X = x_k)(k=1,2,\cdots)$，则 X 的分布函数为

$$F_X(x) = P(X \leqslant x) = \sum_{k:\, x_k \leqslant x} P(X = x_k) = \sum_{k:\, x_k \leqslant x} p_k.$$

这是分布函数与概率分布之间的关系. 当然，这个分布函数不是连续函数，有一些间断点（每个可能值 x_k 就是间断点，这是因为

$$\lim_{\delta\to 0+} P(X \leqslant x_k - \delta) = P(X < x_k) < P(X \leqslant x_k) = F(x_k)).$$

若 X 是连续型随机变量，其分布密度是 $p(x)$，则对任何固定的 x，有

$$P(x - n < X \leqslant x) = \int_{x-n}^{x} p(u)\,\mathrm{d}u \quad (n = 1,2,\cdots).$$

注意 $\bigcup_{n=1}^{\infty}\{x-n < X \leqslant x\} = \{X \leqslant x\}$，令 $n \to \infty$，得

$$F(x) = \int_{-\infty}^{x} p(u)\,\mathrm{d}u. \tag{4.2}$$

(4.2)式表达了分布函数与分布密度之间的关系. 从微积分知识知道，若 $p(x)$ 在 x_0 连续，从(4.2)式知 $F'(x_0) = p(x_0)$.

定理 4.3　设随机变量 X 的分布函数 $F(x)$ 具有性质：$F'(x)$ 处处存在且是 x 的连续函数，则 X 是连续型的，且 $F'(x)$ 就是 X 的分布密度.（见注）

注　经过更深入的研究知道，只要导数 $F'(x)$ 处处存在，则定理 4.3 的结论仍成立. 证明较复杂，从略.

证明　利用微积分基本定理知

$$F(b) - F(a) = \int_a^b F'(x)\,\mathrm{d}x \quad (a < b),$$

故

$$P(a < X \leqslant b) = \int_a^b F'(x)\mathrm{d}x.$$

由于 $F(x)$ 是连续函数，知 $P(X=b)=0$，所以

$$P(a < X < b) = \int_a^b F'(x)\mathrm{d}x.$$

因此 X 是连续型的且 $F'(x)$ 是其分布密度．　□

定理 4.4　设随机变量 X 的分布函数 $F(x)$ 连续，除有限个点 $c_1 < \cdots < c_k$ 外 $F'(x)$ 存在且连续，则 X 是连续型的且函数

$$p(x) = \begin{cases} F'(x), & x \neq c_1, \cdots, c_k, \\ a_i, & x = c_i (i = 1, \cdots, k), \end{cases}$$

$(a_1, \cdots, a_k$ 是任意的非负数$)$是 X 的分布密度．

证明　我们来证明

$$P(a < X < b) = \int_a^b p(x)\mathrm{d}x.$$

不失一般性，我们假定 $a < c_1 < b \leqslant c_2$，则由 $F(x)$ 连续可推知

$$\begin{aligned} P(a < X < b) &= F(b) - F(a) \\ &= (F(c_1) - F(a)) + (F(b) - F(c_1)) \\ &= \int_a^{c_1} F'(x)\mathrm{d}x + \int_{c_1}^b F'(x)\mathrm{d}x \\ &= \int_a^b p(x)\mathrm{d}x. \end{aligned}$$

一般情形留给读者完成证明．　□

应该指出，存在既非离散型又非连续型的随机变量．

例 4.1　设某电路受外界刺激而电压随机波动，电压 V 服从指数分布．用伏特计测量电压．由于伏特计的最大读数是 V_0，因此伏特计上的读数是

$$X = \begin{cases} V, & 0 \leqslant V < V_0, \\ V_0, & V \geqslant V_0. \end{cases}$$

这个读数 X 既不是离散型的，也不是连续型的．可求出 X 的分布函数 $F(x)$ 如下：

$$F(x)=\begin{cases}1-e^{-\lambda x}, & 0<x<V_0,\\0, & x\leqslant 0,\\1, & x\geqslant V_0,\end{cases}$$

其中 λ 是正数，满足 $P(V>x)=e^{-\lambda x}\ (x>0)$.

还应指出，存在这样的随机变量，其分布函数连续，但它本身不是连续型的（具体例子从略. 利用周民强编的《实变函数》[12]第 47～48 页中的函数 $\Phi(x)$ 可造出这样的例子）.

作为本节末尾，我们对“分布函数”一词还补充说几句话. 前面讲过随机变量的分布函数具有性质：不减性，右连续性，且 $\lim\limits_{x\to-\infty}F(x)=0$，$\lim\limits_{x\to+\infty}F(x)=1$. 在数学上，常常把具有这三条性质的函数叫作分布函数（不与随机变量联系起来）. 一个重要问题是：是否每个具有这三条性质的函数一定是某个随机变量的分布函数呢？答案是肯定的，论证见下一节. 这个结论在理论上和应用上都有重要意义.

§2.5 随机变量的函数

本节要讨论的问题是：若已知随机变量 $X=X(\omega)$ 的概率分布（概率分布律、分布密度或分布函数），对随机变量 $Y=f(X)$（这里 $f(x)$ 是普通的函数），如何找出 Y 的概率分布？注意，这里 Y 是这样的随机变量：当 X 取值 x 时，它取值 $y=f(x)$. 从数学上看，$Y=f(X)$ 乃是复合函数 $Y=f(X(\omega))$.（见注）

注 当然，为了 Y 是数学上严格定义的随机变量（见定义 4.1），必须对函数 $f(x)$ 有所假定才能使得 $\{Y\leqslant c\}$ 是有概率的事件. 通常假定 $f(x)$ 是 Borel 函数，即对任何实数 c，$\{x:\ f(x)\leqslant c\}$ 是 Borel 集（见第一章的 §1.4）. 可以证明下列结论：

***定理 5.1** 设 $X=X(\omega)$ 是概率空间 $(\Omega,\mathscr{F},P)$ 上的随机变量，则对任何 Borel 函数 $f(x)$，$Y=f(X(\omega))$ 也是这个概率空间上的随机变量.

证明 任给实数 c，令

$$B=\{x:\ f(x)\leqslant c\},$$

则 $\{\omega:\ Y\leqslant c\}=\{\omega:\ f(X(\omega))\leqslant c\}=\{\omega:\ X(\omega)\in B\}$. 由于 B 是 Borel 集，根据定理 4.1 知 $\{\omega:\ X(\omega)\in B\}\in\mathscr{F}$，所以 $\{Y\leqslant c\}\in\mathscr{F}$. 因此 Y 是随机变量. □

由于通常遇到的函数 $f(x)$ 一般都是 Borel 函数，故 $Y=f(X)$ 一般都是随机变量.

例 5.1　设 $X\sim N(\mu,\sigma^2)$,试求 $Y=\frac{1}{\sigma}(X-\mu)$的概率分布.

解　对于任何实数 y,由于$\{Y\leqslant y\}=\{X\leqslant\sigma y+\mu\}$,于是

$$\begin{aligned}P(Y\leqslant y)&=P(X\leqslant\sigma y+\mu)\\&=\int_{-\infty}^{\sigma y+\mu}\frac{1}{\sqrt{2\pi}\sigma}\exp\left\{-\frac{1}{2\sigma^2}(x-\mu)^2\right\}\mathrm{d}x.\end{aligned}$$

作变量替换 $\frac{x-\mu}{\sigma}=t$,则

$$P(Y\leqslant y)=\int_{-\infty}^{y}\frac{1}{\sqrt{2\pi}}\mathrm{e}^{-t^2/2}\mathrm{d}t.$$

这表明 $Y\sim N(0,1)$.

例 5.2　设 $X\sim N(0,1)$,试求 $Y=X^2$ 的概率分布.

解　对任何 $y\leqslant 0$,有 $P(Y\leqslant y)=0$;对任何 $y>0$,有

$$\begin{aligned}P(Y\leqslant y)&=P(-\sqrt{y}\leqslant X\leqslant\sqrt{y})\\&=\int_{-\sqrt{y}}^{\sqrt{y}}\frac{1}{\sqrt{2\pi}}\mathrm{e}^{-x^2/2}\mathrm{d}x=\frac{2}{\sqrt{2\pi}}\int_0^{\sqrt{y}}\mathrm{e}^{-x^2/2}\mathrm{d}x.\end{aligned}$$

作变量替换 $x^2=t$,则

$$P(Y\leqslant y)=\int_0^y\frac{1}{\sqrt{2\pi}}t^{-1/2}\mathrm{e}^{-t/2}\mathrm{d}t\quad(y>0).$$

由此知 Y 有如下分布密度:

$$p(y)=\begin{cases}\frac{1}{\sqrt{2\pi}}y^{-1/2}\mathrm{e}^{-y/2}, & y>0,\\0, & y\leqslant 0.\end{cases}$$

这两个例子的特点是,先求分布函数,然后看情况,能写出分布密度就写出分布密度(注意,有时分布密度不存在.例如,若 $X\sim N(0,1)$,则 $Y=[X]$就不存在分布密度).在某些情形下可以直接写出分布密度.

***定理 5.2**　设随机变量 X 有分布密度 $p(x)$,且在区间$(a,b)$$(-\infty\leqslant a<b\leqslant+\infty)$上满足 $P(a<X<b)=1$.又 $Y=f(X)$,其中 $f(x)$是(a,b)上严格单调的连续函数,$g(y)$是 $f(x)$的反函数,且 $g'(y)$处处存在.令

$$q(y)=\begin{cases}p(g(y))|g'(y)|, & y\in(\alpha,\beta),\\ 0, & \text{其他},\end{cases} \tag{5.1}$$

其中(α,β)是反函数 $g(y)$ 的存在区间,即 $\alpha=\min\{A,B\}$,$\beta=\max\{A,B\}$,$A\triangleq\lim\limits_{x\to a+}f(x)$,$B\triangleq\lim\limits_{x\to b-}f(x)$,则 $q(y)$是 Y 的分布密度.

证明 为确定计,设 $f(x)$是严格增函数(当 $f(x)$是严格减函数时,可类似地进行证明).易知,对于 $u\in(\alpha,\beta)$,有

$$\begin{aligned}P(Y\leqslant u)&=P(f(X)\leqslant u)=P(X\leqslant g(u))\\&=\int_{-\infty}^{g(u)}p(x)\mathrm{d}x=\int_{a}^{g(u)}p(x)\mathrm{d}x.\end{aligned}$$

作变量替换 $x=g(y)$,则

$$P(Y\leqslant u)=\int_{\alpha}^{u}p(g(y))|g'(y)|\mathrm{d}y=\int_{-\infty}^{u}q(y)\mathrm{d}y.$$

当 $u\leqslant\alpha$ 时,$P(Y\leqslant u)=P(X\leqslant a)=0=\int_{-\infty}^{u}q(y)\mathrm{d}y$;

当 $u\geqslant\beta$ 时,

$$\begin{aligned}P(Y\leqslant u)&=P(X\leqslant b)=1=\int_{a}^{b}p(x)\mathrm{d}x\\&=\int_{\alpha}^{\beta}p(g(y))\ |g'(y)|\ \mathrm{d}y=\int_{-\infty}^{u}q(y)\mathrm{d}y.\end{aligned}$$

总之,对一切实数 u,有 $P(Y\leqslant u)=\int_{-\infty}^{u}q(y)\mathrm{d}y$.故 $g(y)$ 是 $Y=f(X)$ 的分布密度. □

例 5.3 研究一水箱里某种微生物的增长情况.设在时刻 0 微生物的总数是 $v(v>0)$,增长率是 X,在时刻 t 的微生物总数是 $Y=v\mathrm{e}^{Xt}$ $(t>0)$.若 X 有分布密度

$$p(x)=\begin{cases}3(1-x)^2, & 0<x<1,\\ 0, & \text{其他},\end{cases}$$

试求 Y 的概率分布.

解 令 $f(x)=v\mathrm{e}^{xt}\ (0<x<1)$,则其反函数为

$$g(y)=\frac{1}{t}\ln\frac{y}{v}\quad(v<y<v\mathrm{e}^{t}).$$

易知 $g'(y)=\dfrac{1}{ty}$.根据(5.1)式,$Y=v\mathrm{e}^{Xt}$ 的分布密度是

$$q(y)=\begin{cases}3\left(1-\dfrac{1}{t}\ln\dfrac{y}{v}\right)^2\dfrac{1}{ty}, & v<y<v\mathrm{e}^{t},\\ 0, & \text{其他}.\end{cases}$$

例 5.4(对数正态分布)　设 X 是只取正值的随机变量，使得 $Y=\ln X$ 服从正态分布 $N(\mu,\sigma^2)$，试求出 X 的分布函数和分布密度.

解　对任何 $x>0$，有

$$F_X(x)=P(X\leqslant x)=P(\ln X\leqslant \ln x)=P(Y\leqslant \ln x)$$
$$=\int_{-\infty}^{\ln x}\frac{1}{\sqrt{2\pi}\sigma}\exp\left\{-\frac{1}{2\sigma^2}(y-\mu)^2\right\}\mathrm{d}y.$$

作变量替换 $y=\ln u$，知

$$F_X(x)=\int_0^x\frac{1}{\sqrt{2\pi}\sigma u}\exp\left\{-\frac{1}{2\sigma^2}(\ln u-\mu)^2\right\}\mathrm{d}u. \tag{5.2}$$

当 $x\leqslant 0$ 时，$F_X(x)=0$. 称这样的 X 服从**对数正态分布**，它也是实际工作中常见的随机变量. 不难看出，X 的分布密度 $p(u)$ 是这样的：当 $u\leqslant 0$ 时，$p(u)=0$；当 $u>0$ 时，$p(u)$ 是(5.2)式中的被积函数.

我们来研究分布函数的反函数.

定义 5.1　设 $F(x)$ 是任何分布函数(即 $F(x)$ 非减、右连续，且 $\lim\limits_{x\to-\infty}F(x)=0$，$\lim\limits_{x\to+\infty}F(x)=1$)，令

$$F^{-1}(p)\triangleq\min\{x:F(x)\geqslant p\}\quad(0<p<1), \tag{5.3}$$

则称 $F^{-1}(p)$ 是 $F(x)$ 的**广义反函数**.

注意，由于 $F(x)$ 是右连续增函数，满足不等式 $F(x)\geqslant p$ 的 x 中必有最小者. 当 $F(x)$ 是严格增的连续函数时，$F^{-1}(p)$ 正好是方程 $F(x)=p$ 的唯一根. 此时 $F^{-1}(p)$ 是 $F(x)$ 的普通反函数.

引理 5.1　$F^{-1}(p)(0<p<1)$ 有下列性质：

(1) $F^{-1}(p)$ 是 p 的增函数.

(2) $F(F^{-1}(p))\geqslant p$. 若 $F(x)$ 在点 $x=F^{-1}(p)$ 处连续，则

$$F(F^{-1}(p))=p.$$

(3) $F^{-1}(p)\leqslant x$ 的充分必要条件是 $p\leqslant F(x)$.

证明　(1) 是显然成立的.

(2) 由于 $F(F^{-1}(p)+\varepsilon)\geqslant p(\forall\varepsilon>0)$，令 $\varepsilon\to 0$，利用 $F(x)$ 的右连续性知 $F(F^{-1}(p))\geqslant p$. 若 $F(x)$ 在点 $F^{-1}(p)$ 处连续，从 $F(F^{-1}(p)-\varepsilon)<p(\varepsilon>0)$ 推知

$$F(F^{-1}(p))=\lim_{\varepsilon\to 0}F(F^{-1}(p)-\varepsilon)\leqslant p,\quad 从而\quad F(F^{-1}(p))=p.$$

(3) 若 $F(x)\geqslant p$,从定义 5.3 知 $x\geqslant F^{-1}(p)$;反之,若 $x\geqslant F^{-1}(p)$,则 $F(x)\geqslant F(F^{-1}(p))\geqslant p$. 故(3)成立. □

定理 5.3 设随机变量 X 的分布函数 $F(x)$ 是连续函数,$Y=F(X)$,则 Y 服从区间[0,1]上的均匀分布.

证明 给定 $y\in(0,1)$. 从引理 5.1 知 $F(x)<y$ 的充分必要条件是 $x<F^{-1}(y)$. 于是

$$P(Y<y)=P(X<F^{-1}(y))=P(X\leqslant F^{-1}(y))$$
$$=F(F^{-1}(y))=y\quad(\text{因为 } F(\cdot)\text{ 是连续函数}).$$

因此,对一切 $y\in(0,1)$,有

$$P(Y\leqslant y)=\lim_{n\to\infty}P\left(Y<y+\frac{1}{n}\right)=\lim_{n\to\infty}\left(y+\frac{1}{n}\right)=y.$$

这表明 Y 服从[0,1]上的均匀分布. □

我们还顺便指出,若随机变量 X 的分布函数 $F(x)$ 不是连续函数,则 $Y=F(X)$ 一定不服从均匀分布. 这一点留给读者自己证明.

定理 5.4 设 $F(x)$ 是任何分布函数. 若 U 是服从区间[0,1]上均匀分布的随机变量,且

$$X=F^{-1}(U)\quad(F^{-1}(\cdot)\text{ 的定义见(5.3)式}),$$

则 X 的分布函数恰好是 $F(x)$.

证明 对任何 $y\in(0,1)$,从引理 5.1 知 $x\geqslant F^{-1}(y)$ 的充分必要条件是 $F(x)\geqslant y$. 于是

$$P(X\leqslant x)=P(F^{-1}(U)\leqslant x)=P(U\leqslant F(x))=F(x).$$

这表明 X 的分布函数是 $F(x)$. □

定理 5.4 的结论对于随机模拟有重要价值:可通过服从区间[0,1]上均匀分布的随机变量的观测值得到以给定的分布函数为分布函数的随机变量的观测值.(见注)这在应用上十分重要. 我们在第四章还要讨论随机模拟.

注 在实际应用时,有时广义反函数 $F^{-1}(u)$ 的表达式(计算公式)难以求出,此时要用别的方法得到以给定的分布函数 $F(x)$ 为分布函数的随机变量的观测值. 这类方法有好几种,参看文献[18],其中有一种见习题三的第 50 题.

以上我们讨论了一个随机变量 X 的函数 $Y=f(X)$. 在实际工作中和理论研究上,常常会遇到多个随机变量 $X_1,\cdots,X_n$ $(n\geqslant 2)$ 及其函数

$Y=f(X_1,\cdots,X_n)$，这里 $X_1=X_1(\omega),\cdots,X_n=X_n(\omega)$都是某条件 S 下的随机变量，$f(x_1,\cdots,x_n)$是 n 元实值函数，Y 乃是复合函数 $Y=f(X_1(\omega),\cdots,X_n(\omega))$. 我们将在第三章对此进行全面研究，本章下面只涉及一个特殊情形($n=2,f(x_1,x_2)=x_1+x_2$).

§2.6　随机变量的数学期望

我们知道，对于一般的随机变量 X，不能问它一定等于多少，只能问它取各种值的概率有多大，也就是问它的概率分布(例如分布函数或分布密度)怎样. 知道了概率分布后，X 的概率特性就全掌握了. 但是在实际问题中概率分布较难确定，而它的某些数字特征却比较容易估算出来，并且在不少问题中只知道它的某些数字特征也就够了，不必要知道详细的概率分布. 打个比方说，问一个班上同学们的年龄怎样时，可以用张表列举各个年龄的同学分别有多少人，也可只用少数几个数字(例如平均年龄、最大年龄与最小年龄之差)来刻画年龄情况. 前者提供的信息详细，后者简略. 对于学校一级的管理部门来讲，由于班次很多，不必关心每个班的详细情况，知道几个能刻画同学年龄状况的数字就够了.

在随机变量的数字特征中，最重要的是数学期望和方差. 前者刻画随机变量取值的"平均水平"，后者刻画取值的"分散程度". 当然，还有其他的数字特征，如高阶矩和分位数. 本节介绍数学期望.

1. 离散型随机变量的数学期望

对于随机变量 X，我们希望找到一个数 m，它能体现 X 取值的平均水平(平均大小). 怎样找？例如，设 X 的概率分布如表 2.6.1 所示，则 X 的可能值有两个：100，200. 可能值的平均为 $\dfrac{100+200}{2}=150$. 显然，

表 2.6.1　X 的概率分布表

X	100	200
p	0.01	0.99

用 150 作为 X 取值的平均水平是不合适的,因为将两个可能值一视同仁不符合实际.该随机变量以很大概率取值 200,而以很小概率取值 100.不应考虑可能值的普通平均,而应考虑以概率为权的“加权平均”.自然想到用 $100\times0.01+200\times0.99=199$ 作为 X 取值的平均水平.我们还可以这样考虑,设对 X 进行了 n 次观测(n 很大),其中 X 有 n_1 次取值为 100,n_2 次取值为 200,则全部数据的平均值为

$$\frac{100\times n_1+200\times n_2}{n}=100\,\frac{n_1}{n}+200\,\frac{n_2}{n}.$$

当 n 很大时,频率接近概率,即

$$\frac{n_1}{n}\approx P(X=100)=0.01,\quad \frac{n_2}{n}\approx P(X=200)=0.99,$$

故全部数据的平均值近似等于 $100\times0.01+200\times0.99=199$.总之,以概率为权的加权平均能体现随机变量取值的平均水平.基于这种考虑,我们有下面的定义:

定义 6.1 设离散型随机变量 X 的概率分布如表 2.6.2 所示,其中 $p_k=P(X=x_k)(k=1,2,\cdots)$,$X$ 的可能值是 $x_1,x_2,\cdots$(有限个或可列无穷个),则称和数 $\sum\limits_k x_kp_k$ 为 X 的**数学期望**(简称**期望**或**均值**),记为 E(X)或 EX.

表 2.6.2 X 的概率分布表

X	x_1	x_2	$\cdots$	x_k	$\cdots$
p	p_1	p_2	$\cdots$	p_k	$\cdots$

注意,当 $x_1,x_2,\cdots$是无穷序列时,$\sum\limits_k x_kp_k$ 表示 $\sum\limits_{k=1}^{\infty}x_kp_k$(无穷级数的和),这时恒假定这个级数是绝对收敛的,即级数 $\sum\limits_{k=1}^{\infty}|x_k|p_k$ 收敛.(见注)

注 级数 $\sum\limits_{k=1}^{\infty}|x_k|p_k$ 收敛可以保证和数 $\sum\limits_{k=1}^{\infty}x_kp_k$ 与加项的先后次序无关.绝对收敛的条件可以放宽,更一般的假定是级数 $\sum\limits_{k=1}^{\infty}x_k^+p_k$ 和 $\sum\limits_{k=1}^{\infty}x_k^-p_k$ 中至少有一个收敛(这里 $x_k^+=\max\{x_k,0\}$,$x_k^-=\max\{-x_k,0\}$).这时和数 $\sum\limits_{k=1}^{\infty}x_kp_k$ 与加项的先后次

序无关.特别地,当 $x_k \geqslant 0(k=1,2,\cdots)$ 时,和数 $\sum_{k=1}^{\infty} x_k p_k$ 永远有意义(当非负项级数发散时,规定和数为 ∞).但是,本书不考虑这种一般情形,只考虑 $\sum_{k=1}^{\infty} x_k p_k$ 绝对收敛的情形.

对于概率分布为表 2.6.1 所示的随机变量 X,它的期望为

$$\mathrm{E}(X)=100 \times 0.01+200 \times 0.99=199.$$

$\mathrm{E}(X)$是一个实数,它完全由 X 的概率分布所确定,因此这个$\mathrm{E}(X)$也叫作相应概率分布的期望.下面对几个常见的离散型随机变量计算其期望.

(1) 两点分布.

设随机变量 X 服从两点分布,$P(X=1)=p=1-P(X=0)$.从定义 6.1 知

$$\mathrm{E}(X)=1 \cdot p+0 \cdot(1-p)=p.$$

(2) 二项分布.

设随机变量 X 服从二项分布 $B(n,p)$,即

$$P(X=k)=\mathrm{C}_n^k p^k q^{n-k} \quad (k=0,1,\cdots,n),$$

其中 $0 \leqslant p \leqslant 1, q=1-p$.易知

$$\begin{aligned}
\mathrm{E}(X)= & \sum_{k=0}^{n} k P(X=k)=\sum_{k=1}^{n} \frac{k \cdot n!}{k!(n-k)!} p^k q^{n-k} \\
& =\sum_{k=1}^{n} \frac{(np)(n-1)!}{(k-1)!(n-k)!} p^{k-1} q^{n-k} \\
& =\sum_{k=1}^{n} \frac{(np) \cdot(n-1)!}{(k-1)!(n-1-(k-1))!} p^{k-1} q^{n-1-(k-1)} \\
& =np \sum_{k=1}^{n} \mathrm{C}_{n-1}^{k-1} p^{k-1} q^{n-1-(k-1)} \\
& =np \sum_{l=0}^{n-1} \mathrm{C}_{n-1}^{l} p^{l} q^{n-1-l}=np(p+q)^{n-1}=np.
\end{aligned}$$

(3) 泊松分布.

设随机变量 X 服从泊松分布,即

$$P(X=k)=\frac{\lambda^k}{k!} \mathrm{e}^{-\lambda} \quad (k=0,1,\cdots),$$

其中 $\lambda>0$. 易知

$$\mathrm{E}(X)=\sum_{k=0}^{\infty}kP(X=k)=\sum_{k=1}^{\infty}k\frac{\lambda^k}{k!}\mathrm{e}^{-\lambda}$$

$$=\mathrm{e}^{-\lambda}\sum_{k=1}^{\infty}\frac{\lambda^k}{(k-1)!}=\mathrm{e}^{-\lambda}\cdot\mathrm{e}^{\lambda}\lambda=\lambda.$$

(4) 几何分布.

设随机变量 X 服从几何分布,即

$$P(X=k)=(1-p)^{k-1}p\quad(k=1,2,\cdots),$$

其中 $0<p<1$. 易知

$$\mathrm{E}(X)=\sum_{k=1}^{\infty}kP(X=k)=\sum_{k=1}^{\infty}k(1-p)^{k-1}p$$

$$=p\sum_{k=1}^{\infty}k(1-p)^{k-1}\overset{①}{=}\frac{1}{p}.$$

(5) 负二项分布.

设随机变量 X 服从负二项分布,即

$$P(X=k)=\mathrm{C}_{k-1}^{r-1}p^r(1-p)^{k-r}\quad(k=r,r+1,\cdots),$$

其中 r 是正整数,$0<p<1$. 易知

$$\mathrm{E}(X)=\sum_{k=r}^{\infty}kP(X=k)=\sum_{k=r}^{\infty}\frac{k!}{(r-1)!(k-r)!}p^r(1-p)^{k-r}$$

$$=\frac{p^r}{(r-1)!}\sum_{k=r}^{\infty}k(k-1)\cdots(k-r+1)(1-p)^{k-r}$$

$$=\frac{p^r}{(r-1)!}\cdot\frac{r!}{p^{r+1}}=\frac{r}{p},$$

这里用到:当 $0<x<1$ 时,

$$\sum_{k=r}^{\infty}k(k-1)\cdots(k-r+1)x^{k-r}=\left(\sum_{k=0}^{\infty}x^k\right)^{(r)}$$

$$=\left(\frac{1}{1-x}\right)^{(r)}=\frac{r!}{(1-x)^{r+1}}.$$

---

① 当 $0<x<1$ 时,$\sum_{k=1}^{\infty}kx^{k-1}=\left(\sum_{k=0}^{\infty}x^k\right)'=\left(\frac{1}{1-x}\right)'=\frac{1}{(1-x)^2}$(这里′表示微商).

(6) 离散均匀分布.

设随机变量 X 的可能值是 $1,\cdots,N$,且

$$P(X=k)=\frac{1}{N}\quad (k=1,\cdots,N).$$

易知

$$\mathrm{E}(X)=\sum_{k=1}^{N}kP(X=k)=\frac{N+1}{2}.$$

(7) 超几何分布.

设随机变量 X 的概率分布是

$$P(X=k)=\frac{\mathrm{C}_D^k\mathrm{C}_{N-D}^{n-k}}{\mathrm{C}_N^n}\quad (k=0,1,\cdots,l),$$

其中 $0\leqslant D\leqslant N,1\leqslant n\leqslant N,l=\min\{n,D\}$.

我们指出

$$\mathrm{E}(X)=\frac{n}{N}D.\tag{6.1}$$

现在分情况验证此式成立.

当 $D=N$ 时,$X=n$,故 $P(X=n)=1$,从而

$$\mathrm{E}(X)=n\cdot 1=n,$$

所以(6.1)式成立.

当 $D=0$ 时,$X=0$,故 $\mathrm{E}(X)=0$. 所以(6.1)式成立.

当 $D=1$ 时,$P(X=1)=\dfrac{\mathrm{C}_D^1\mathrm{C}_{N-D}^{n-1}}{\mathrm{C}_N^n}=\dfrac{n}{N}D$, 所以

$$\mathrm{E}(X)=0\cdot P(X=0)+1\cdot P(X=1)=\frac{n}{N}D.$$

以下设 $1<D<N$. 易知

$$\begin{aligned}\mathrm{E}(X)&=\sum_{k=1}^{n}k\mathrm{C}_D^k\mathrm{C}_{N-D}^{n-k}\Big/\mathrm{C}_N^n=D\sum_{j=0}^{n-1}\mathrm{C}_{D-1}^j\mathrm{C}_{N-D}^{n-1-j}\Big/\mathrm{C}_N^n\\&=\frac{D\mathrm{C}_{N-1}^{n-1}}{\mathrm{C}_N^n}\quad\left(\text{这里用了恒等式}\sum_{j=0}^{n}\mathrm{C}_{n_1}^j\mathrm{C}_{n_2}^{n-j}=\mathrm{C}_{n_1+n_2}^n\right)\\&=\frac{n}{N}D.\end{aligned}$$

故(6.1)式恒成立.

2. 一般随机变量的数学期望

设 X 是非离散型的随机变量,怎样定义 X 的数学期望呢?我们可用离散型随机变量近似 X. 任意给定 $\varepsilon>0$,定义 X^* 如下:将数轴划分为长为 ε 的一列区间 $[k\varepsilon,(k+1)\varepsilon)$ $(k=\cdots,-2,-1,0,1,2,\cdots)$,当 X 取值属于 $[k\varepsilon,(k+1)\varepsilon)$ 时,定义 $X^*=k\varepsilon$(一切整数 k),即

$$X^*=\begin{cases}0, & 0\leqslant X<\varepsilon,\\ \varepsilon, & \varepsilon\leqslant X<2\varepsilon,\\ -\varepsilon, & -\varepsilon\leqslant X<0,\\ 2\varepsilon, & 2\varepsilon\leqslant X<3\varepsilon,\\ -2\varepsilon, & -2\varepsilon\leqslant X<-\varepsilon,\\ \cdots\cdots & \cdots\cdots\\ k\varepsilon, & k\varepsilon\leqslant X<(k+1)\varepsilon,\\ \cdots\cdots & \cdots\cdots\end{cases}\tag{6.2}$$

显然,X^* 是离散型随机变量,且 $0\leqslant X-X^*<\varepsilon$. 当 ε 很小时,X 与 X^* 十分接近. 若 $\mathrm{E}(X^*)$ 存在,且极限 $\lim\limits_{\varepsilon\to 0}\mathrm{E}(X^*)$ 存在,我们自然就将极限 $\lim\limits_{\varepsilon\to 0}\mathrm{E}(X^*)$ 作为 X 的数学期望的定义. 因此有如下定义:

定义 6.2 设 X 是任何随机变量. 若对任何 $\varepsilon>0$,上面定义的 X^* 有期望 $\mathrm{E}(X^*)$ 且极限 $\lim\limits_{\varepsilon\to 0}\mathrm{E}(X^*)$ 存在,则称 X 的**数学期望**(简称**期望**或**均值**)$\mathrm{E}(X)$ 存在,且

$$\mathrm{E}(X)\triangleq\lim_{\varepsilon\to 0}\mathrm{E}(X^*).$$

注 我们指出,对于离散型随机变量,定义 6.2 与定义 6.1 是一致的. 实际上,设 X 的可能值是 $x_1,x_2,\cdots$(有限个或可列无穷个),按定义 6.1,有

$$\mathrm{E}(X)=\sum_i x_iP(X=x_i)\quad(\text{当 } x_1,x_2,\cdots\text{是无穷序列时,要求级数绝对收敛}).$$

对任何 $\varepsilon>0$,设 X^* 由(6.2)式定义. 我们来证明

$$\lim_{\varepsilon\to 0}\sum_{k=-\infty}^{\infty}k\varepsilon P(X^*=k\varepsilon)=\sum_i x_iP(X=x_i).\tag{6.3}$$

一方面,

$$\sum_i x_iP(X=x_i)=\sum_{k=-\infty}^{\infty}\ \sum_{k\varepsilon\leqslant x_i<(k+1)\varepsilon}x_iP(X=x_i)$$

$$\geqslant \sum_{k=-\infty}^{\infty} \sum_{k\varepsilon \leqslant x_i < (k+1)\varepsilon} k\varepsilon P(X = x_i)$$

$$= \sum_{k=-\infty}^{\infty} k\varepsilon P(k\varepsilon \leqslant X < (k+1)\varepsilon)$$

$$= \sum_{k=-\infty}^{\infty} k\varepsilon P(X^* = k\varepsilon);$$

另一方面，

$$\sum_i x_i P(X = x_i) \leqslant \sum_{k=-\infty}^{\infty} \sum_{k\varepsilon \leqslant x_i < (k+1)\varepsilon} (k+1)\varepsilon P(X = x_i)$$

$$= \sum_{k=-\infty}^{\infty} (k+1)\varepsilon P(k\varepsilon \leqslant X < (k+1)\varepsilon)$$

$$= \sum_{k=-\infty}^{\infty} k\varepsilon P(k\varepsilon \leqslant X < (k+1)\varepsilon) + \varepsilon$$

$$= \sum_{k=-\infty}^{\infty} k\varepsilon P(X^* = k\varepsilon) + \varepsilon.$$

由此可见，(6.3)式成立. 这就证明了 $\lim\limits_{\varepsilon \to 0} \mathrm{E}(X^*) = \mathrm{E}(X)$.

从定义 6.2 出发，对于连续型随机变量 X，可证明有下面的计算公式(6.4).

定理 6.1　设随机变量 X 有分布密度 $p(x)$，且积分

$$\int_{-\infty}^{+\infty} |x| p(x) \mathrm{d}x$$

收敛，则 $\mathrm{E}(X)$存在，且

$$\mathrm{E}(X) = \int_{-\infty}^{+\infty} x p(x) \mathrm{d}x. \tag{6.4}$$

证明　任意给定 $\varepsilon > 0$，设 X^* 由(6.2)式给出. 易知

$$P(X^* = k\varepsilon) = \int_{k\varepsilon}^{(k+1)\varepsilon} p(x) \mathrm{d}x,$$

于是

$$\sum_{k=-\infty}^{\infty} |k\varepsilon| P(X^* = k\varepsilon) = \sum_{k=-\infty}^{\infty} |k\varepsilon| \int_{k\varepsilon}^{(k+1)\varepsilon} p(x) \mathrm{d}x$$

$$\leqslant \sum_{k=-\infty}^{\infty} \int_{k\varepsilon}^{(k+1)\varepsilon} (|x| + \varepsilon) p(x) \mathrm{d}x = \int_{-\infty}^{+\infty} |x| p(x) \mathrm{d}x + \varepsilon.$$

可见级数 $\sum\limits_{k=-\infty}^{\infty} k\varepsilon P(X^* = k\varepsilon)$ 绝对收敛，故 $\mathrm{E}(X^*)$存在. 易知

$$\begin{aligned}&\left|\mathrm{E}(X^*)-\int_{-\infty}^{+\infty}xp(x)\mathrm{d}x\right|\\&=\left|\sum_{k=-\infty}^{\infty}k\varepsilon\int_{k\varepsilon}^{(k+1)\varepsilon}p(x)\mathrm{d}x-\sum_{k=-\infty}^{\infty}\int_{k\varepsilon}^{(k+1)\varepsilon}xp(x)\mathrm{d}x\right|\\&\leqslant\sum_{k=-\infty}^{\infty}\int_{k\varepsilon}^{(k+1)\varepsilon}|k\varepsilon-x|p(x)\mathrm{d}x\leqslant\varepsilon\sum_{k=-\infty}^{\infty}\int_{k\varepsilon}^{(k+1)\varepsilon}p(x)\mathrm{d}x\\&=\varepsilon\int_{-\infty}^{+\infty}p(x)\mathrm{d}x=\varepsilon,\end{aligned}$$

故
$$\lim_{\varepsilon\to 0}\mathrm{E}(X^*)=\int_{-\infty}^{+\infty}xp(x)\mathrm{d}x. \qquad \square$$

有些书上干脆把(6.4)式作为连续型随机变量期望的定义，而不对一般的随机变量给出期望的定义. 这样做有许多不利之处：

(1) 对一些比较简单的随机变量(如例 4.1 的伏特计读数)不能谈期望；

(2) 在证明期望的性质(如两个随机变量之和的期望等于两个随机变量的期望之和)时遭遇困难.

注 从定理 6.1 的证明过程可以看出，若随机变量 X 的分布密度函数 $p(x)$ 使得积分 $\int_{-\infty}^{+\infty}|x|\,p(x)\mathrm{d}x$ 发散，则 X 的期望不存在. 实际上，当 $k\varepsilon\leqslant x<(k+1)\varepsilon$ 时，$|x|\leqslant|k\varepsilon|+\varepsilon(\varepsilon>0)$，于是

$$\begin{aligned}\int_{k\varepsilon}^{(k+1)\varepsilon}|x|\,p(x)\mathrm{d}x&\leqslant(|k\varepsilon|+\varepsilon)\int_{k\varepsilon}^{(k+1)\varepsilon}p(x)\mathrm{d}x\\&=(|k\varepsilon|+\varepsilon)P(k\varepsilon\leqslant X<(k+1)\varepsilon)\\&=|k\varepsilon|\,P(k\varepsilon\leqslant X<(k+1)\varepsilon)+\varepsilon P(k\varepsilon\leqslant X<(k+1)\varepsilon).\end{aligned}$$

由于级数 $\sum\limits_{k=-\infty}^{\infty}\int_{k\varepsilon}^{(k+1)\varepsilon}|x|\,p(x)\mathrm{d}x$ 发散，$\sum\limits_{k=-\infty}^{\infty}P(k\varepsilon\leqslant X<(k+1)\varepsilon)=1$，知

$$\sum_{k=-\infty}^{\infty}|k\varepsilon|P(k\varepsilon\leqslant X<(k+1)\varepsilon)$$

发散，于是 $\mathrm{E}(X^*)$ 不存在(X^* 由(6.2)式给出)，从而 $\mathrm{E}(X)$ 不存在.

现在，我们来计算一些常见的连续型随机变量的数学期望.

(1) 均匀分布.

设随机变量 X 有分布密度

$$p(x)=\begin{cases}\dfrac{1}{b-a}, & a\leqslant x\leqslant b,\\ 0, & \text{其他}\end{cases}\qquad(a<b).$$

从(6.4)式知

$$\mathrm{E}(X)=\int_a^b x\,\frac{1}{b-a}\mathrm{d}x=\frac{a+b}{2}.$$

E(X)恰好是区间[a,b]的中点,这与E(X)的直观意义相符.

(2) 指数分布.

设随机变量 X 有分布密度

$$p(x)=\begin{cases}\lambda\mathrm{e}^{-\lambda x}, & x>0,\\ 0, & x\leqslant 0\end{cases}\quad(\lambda>0),$$

从(6.4)式知

$$\mathrm{E}(X)=\lambda\int_0^{+\infty}x\mathrm{e}^{-\lambda x}\,\mathrm{d}x=\frac{1}{\lambda}.$$

(3) 正态分布.

设随机变量 $X\sim N(\mu,\sigma^2)$. 从(6.4)式知

$$\mathrm{E}(X)=\int_{-\infty}^{+\infty}x\,\frac{1}{\sqrt{2\pi}\sigma}\exp\left\{-\frac{1}{2\sigma^2}(x-\mu)^2\right\}\mathrm{d}x.$$

作变量替换 $\dfrac{x-\mu}{\sigma}=t$,则

$$\begin{aligned}\mathrm{E}(X)&=\int_{-\infty}^{+\infty}\frac{\mu+\sigma t}{\sqrt{2\pi}}\mathrm{e}^{-t^2/2}\mathrm{d}t\\&=\mu\int_{-\infty}^{+\infty}\frac{1}{\sqrt{2\pi}}\mathrm{e}^{-t^2/2}\mathrm{d}t+\sigma\int_{-\infty}^{+\infty}\frac{t}{\sqrt{2\pi}}\mathrm{e}^{-t^2/2}\mathrm{d}t.\end{aligned}$$

此式右端第一个积分的值是1,第二个积分的值是0(因被积函数是奇函数),故

$$\mathrm{E}(X)=\mu.$$

这表明正态分布的参数 μ 恰好是数学期望.

(4) 伽玛分布.

设随机变量 X 有分布密度为

$$p(x)=\begin{cases}\dfrac{\beta^\alpha}{\Gamma(\alpha)}x^{\alpha-1}\mathrm{e}^{-\beta x}, & x>0,\\ 0, & x\leqslant 0,\end{cases}$$

其中 $\alpha>0,\beta>0$. 从(6.4)式知

$$\mathrm{E}(X) = \frac{1}{\Gamma(\alpha)}\beta^{\alpha}\int_{0}^{+\infty} x^{\alpha}\mathrm{e}^{-\beta x}\,\mathrm{d}x.$$

作变量替换 $t=\beta x$,则

$$\mathrm{E}(X) = \frac{1}{\Gamma(\alpha)\beta}\int_{0}^{+\infty} t^{\alpha}\mathrm{e}^{-t}\mathrm{d}t = \frac{\Gamma(\alpha+1)}{\Gamma(\alpha)\beta} = \frac{\alpha}{\beta}.$$

3. 数学期望的性质

定理 6.2 设 X,Y 是随机变量.

(1) 若 $X\equiv a$(常数),则

$$\mathrm{E}(X) = a;$$

(2) 若 $X\geqslant 0$(即对一切 ω, $X(\omega)\geqslant 0$),且 $\mathrm{E}(X)$存在,则

$$\mathrm{E}(X) \geqslant 0;$$

(3) 若 X 与 Y 有相同的分布函数,且 $\mathrm{E}(X)$存在,则 $\mathrm{E}(Y)$也存在,且

$$\mathrm{E}(X)=\mathrm{E}(Y).$$

证明 从期望的定义 6.1 和定义 6.2 知本定理的结论(1)和(2)显然成立.对于(3),若 X 和 Y 有相同的分布函数,则不难推知

$$P(a\leqslant X<b) = P(a\leqslant Y<b) \quad (a<b).$$

于是,对任何 $\varepsilon>0$,有

$$P(k\varepsilon\leqslant X<(k+1)\varepsilon) = P(k\varepsilon\leqslant Y<(k+1)\varepsilon) \quad (\text{一切整数 } k).$$

设 X^* 由(6.2)式给出,则

$$\begin{aligned}\mathrm{E}(X^*) &= \sum_{k=-\infty}^{\infty} k\varepsilon P(k\varepsilon\leqslant X<(k+1)\varepsilon)\\ &= \sum_{k=-\infty}^{\infty} k\varepsilon P(k\varepsilon\leqslant Y<(k+1)\varepsilon).\end{aligned}$$

根据定义 6.2,知

$$\begin{aligned}\mathrm{E}(Y) &= \lim_{\varepsilon\to 0}\sum_{k=-\infty}^{\infty} k\varepsilon P(k\varepsilon\leqslant Y<(k+1)\varepsilon)\\ &= \lim_{\varepsilon\to 0}\mathrm{E}(X^*) = \mathrm{E}(X).\end{aligned}$$

推论 6.1 设 $P(X=Y)=1$,且 $\mathrm{E}(X)$存在,则 $\mathrm{E}(Y)$存在,且

$$\mathrm{E}(X) = \mathrm{E}(Y).$$

证明　因为 X 与 Y 有相同的分布函数，所以结论成立．□

定理 6.2 告诉我们，两个随机变量若有相同的概率分布，则有相同的数学期望．因此随机变量的期望也称为相应的概率分布的期望．

定理 6.3　设 $X=X(\omega)$ 的期望 $\mathrm{E}(X)$ 存在，$Y=Y(\omega)$ 的期望 $\mathrm{E}(Y)$ 也存在，则有下列结论：

(1) 对任何实数 a，$\xi=\xi(\omega)\triangleq aX(\omega)$ 的期望存在，且

$$\mathrm{E}(\xi)=a\mathrm{E}(X);$$

(2) $\eta=\eta(\omega)\triangleq X(\omega)+Y(\omega)$ 的期望存在，且

$$\mathrm{E}(\eta)=\mathrm{E}(X+Y)=\mathrm{E}(X)+E(Y);$$

(3) 若 $X\geqslant Y$（即对一切 ω，$X(\omega)\geqslant Y(\omega)$），则

$$\mathrm{E}(X)\geqslant \mathrm{E}(Y).$$

证明　首先就 X 和 Y 都是离散型随机变量情形论证所述结论成立，然后利用定义 6.2 对一般的随机变量论证结论成立．论证过程较长，只关心应用的读者不必掌握．本书的附录给出了详细证明，供关心数学推导的读者参考．□

推论 6.2　(1) 设 $X=X(\omega)$ 和 $Y=Y(\omega)$ 都是随机变量，$\mathrm{E}(X)$ 和 $\mathrm{E}(Y)$ 都存在，a 和 b 是实数，$\xi=\xi(\omega)\triangleq aX(\omega)+bY(\omega)$，则

$$\mathrm{E}(\xi)=a\mathrm{E}(X)+b\mathrm{E}(Y). \tag{6.5}$$

(2) 设 $X_i=X_i(\omega)\,(i=1,\cdots,n)$ 都是随机变量，$\mathrm{E}(X_i)\,(i=1,\cdots,n)$ 都存在，$\eta=\eta(\omega)\triangleq\sum\limits_{i=1}^{n}X_i(\omega)$，则

$$\mathrm{E}(\eta)=\sum_{i=1}^{n}\mathrm{E}(X_i). \tag{6.6}$$

证明　结论(1)直接从定理 6.3 推出．结论(2)可用数学归纳法和定理 6.3 推出．□

定理 6.4(马尔可夫(Markov)不等式)　设 $X=X(\omega)$ 是任何非负随机变量（即对一切 ω，$X(\omega)\geqslant 0$），且 $\mathrm{E}(X)$ 存在，则对任何 $C>0$，有

$$P(X\geqslant C)\leqslant\frac{1}{C}\mathrm{E}(X). \tag{6.7}$$

证明　令 $A=\{\omega:\,X(\omega)\geqslant C\}$．易知

$$CI_A(\omega)\leqslant X(\omega),$$

这里

$$I_A(\omega) = \begin{cases} 1, & \omega \in A, \\ 0, & \omega \overline{\in} A. \end{cases}$$

从定理 6.3 知 $\mathrm{E}(CI_A) \leqslant \mathrm{E}(X)$，故 $C\mathrm{E}(I_A) \leqslant \mathrm{E}(X)$. 由于 $\mathrm{E}(I_A) = P(A)$，所以(6.7)式成立. □

4. 随机变量函数的数学期望

设 X 是随机变量，$f(x)$ 是一般的实值函数，$Y = f(X)$，如何求 Y 的期望？一条途径是先求出 Y 的概率分布，然后按期望的定义进行计算；另一条途径是直接使用下面的均值公式：

定理 6.5(均值公式) (1) 设 X 是离散型随机变量，可能值是 $x_1, x_2, \cdots$(有限个或可列无穷个)，概率分布是

$$p_k = P(X = x_k) \quad (k = 1, 2, \cdots).$$

若 $f(x)$ 是任何函数，则

$$\mathrm{E}f(X) = \sum_k f(x_k) p_k \tag{6.8}$$

(当 $x_1, x_2, \cdots$ 是无穷序列时，要求级数绝对收敛).

(2) 设 X 是连续型随机变量，分布密度是 $p(x)$. 若函数 $f(x)$ 使得积分 $\int_{-\infty}^{+\infty} |f(x)|\, p(x)\mathrm{d}x$ 收敛，则

$$\mathrm{E}f(X) = \int_{-\infty}^{+\infty} f(x) p(x) \mathrm{d}x. \tag{6.9}$$

(6.8)式的证明较易，(6.9)式的证明较长，我们把详细证明写在附录里，供读者参考.

例 6.1 设随机变量 X 服从区间$[0, 2\pi]$上的均匀分布，求 $\mathrm{E}(\sin X)$.

解 利用公式(6.9)，知

$$\mathrm{E}(\sin X) = \int_{-\infty}^{+\infty} \sin x\, p(x) \mathrm{d}x,$$

这里

$$p(x) = \begin{cases} \dfrac{1}{2\pi}, & 0 \leqslant x \leqslant 2\pi, \\ 0, & \text{其他} \end{cases}$$

是 X 的分布密度. 所以

$$E(\sin X)=\frac{1}{2\pi}\int_0^{2\pi}\sin x\mathrm{d}x=0.$$

当然，也可以先求出 $Y=\sin X$ 的分布密度 $q(y)$，然后按公式 $E(Y)=\int_{-\infty}^{+\infty}yq(y)\mathrm{d}y$ 求出 $E(Y)$．但是后一做法麻烦多了．均值公式用处很大．

例 6.2　设随机变量 X 服从参数是 λ 的指数分布，又 $v_0>0$，

$$Y=\begin{cases}X, & X<v_0,\\ v_0, & X\geqslant v_0,\end{cases}$$

求 $E(Y)$．

解　设 $f(x)=\min\{x,v_0\}$，则 $Y=f(X)$．由于 X 的分布密度是

$$p(x)=\begin{cases}\lambda e^{-\lambda x}, & x>0,\\ 0, & x\leqslant 0,\end{cases}$$

从(6.9)式知

$$\begin{aligned}E(Y)&=\int_{-\infty}^{+\infty}f(x)p(x)\mathrm{d}x=\int_0^{+\infty}f(x)\lambda e^{-\lambda x}\mathrm{d}x\\&=\int_0^{v_0}x\lambda e^{-\lambda x}\mathrm{d}x+\int_{v_0}^{+\infty}v_0\lambda e^{-\lambda x}\mathrm{d}x\\&=\frac{1}{\lambda}(1-e^{-\lambda v_0}).\end{aligned}$$

本例的物理背景是：X 表示电路中的电压，Y 表示用伏特计测量电压的读数，v_0 是电压允许的最大读数，量出的平均电压就是 $E(Y)$．

§2.7　随机变量的方差及其他数字特征

随机变量的期望(均值)表示随机变量取值的平均大小，但只知道期望是不够的，还应知道取值如何变化，是否有时很大，有时很小，取值的分散程度如何．例如，产品的某些特性值(如直径、硬度)波动大表明生产不稳定，生物的某些特性值(如血压值、红细胞数目)波动大表示生物处于病态．对于随机变量，我们希望可以通过一个数字刻画其取值的分散程度或波动大小．这方面最重要的数字是“方差”．

定义 7.1　设 X 是随机变量，$E(X)$ 存在，且 $E(X-E(X))^2$ 也存

在,则称 $\mathrm{E}(X-\mathrm{E}(X))^2$ 为 X 的**方差**,记为 $\mathrm{var}(X)$(有时也用 $\mathrm{D}(X)$ 表示).

注意,$\mathrm{E}(X)$是一个数,$Y=(X-\mathrm{E}(X))^2$ 是随机变量的函数,它体现 X 取值偏离 $\mathrm{E}(X)$的程度,$\mathrm{E}(Y)$体现平均偏离程度.故用方差刻画 X 取值的分散程度是有道理的.当然,也可用 $|X-\mathrm{E}(X)|$ 刻画 X 值偏离 $\mathrm{E}(X)$的程度,用 $\mathrm{E}|X-\mathrm{E}(X)|$(平均绝对偏差)作为刻画 X 取值分散程度的指标.用 $\mathrm{E}|X-\mathrm{E}(X)|$ 似乎更合理,但是 $\mathrm{E}|X-\mathrm{E}(X)|$ 在数学上较难处理,人们仍大量使用方差这个刻画取值分散性的指标.我们在此首先证明一个有名的不等式,从中可以初步看到方差的重要性.在第三章和第四章将看到方差在研究"相互独立随机变量"时的重要作用.

定理 7.1(切比雪夫(Chebyshev)不等式) 设 X 是随机变量,其期望 $\mathrm{E}(X)$和方差 $\mathrm{var}(X)$都存在,则对任何 $\varepsilon>0$,有

$$P(|X-\mathrm{E}(X)|\geqslant \varepsilon)\leqslant \frac{1}{\varepsilon^2}\mathrm{var}(X). \tag{7.1}$$

证明 令 $\xi=(X-\mathrm{E}(X))^2$.利用定理 6.4(马尔可夫不等式),知

$$P(|X-\mathrm{E}(X)|\geqslant \varepsilon)=P(\xi\geqslant \varepsilon^2)\leqslant \frac{1}{\varepsilon^2}\mathrm{E}(\xi).$$

由此知(7.1)式成立. □

(7.1)式告诉我们,方差越小,则随机变量在其均值附近取值的概率越大.

推论 7.1 设随机变量 X 的方差为 0,则

$$P(X=\mathrm{E}(X))=1.$$

证明 从(7.1)式知

$$P\left(|X-\mathrm{E}(X)|\geqslant \frac{1}{n}\right)=0 \quad (n=1,2,\cdots),$$

于是

$$P(X\neq \mathrm{E}(X))=P\left(\bigcup_{n=1}^{\infty}\left\{|X-\mathrm{E}(X)|\geqslant \frac{1}{n}\right\}\right)$$

$$\leqslant \sum_{n=1}^{\infty}P\left(|X-\mathrm{E}(X)|\geqslant \frac{1}{n}\right)=0.$$

所以 $$P(X=\mathrm{E}(X))=1.$$ □

与方差有密切关系的是“标准差”.

定义 7.2　设 X 是随机变量,其方差 $\mathrm{var}(X)$ 存在,则称 $\sqrt{\mathrm{var}(X)}$ 为 X 的**标准差**.

怎样计算方差呢?

定理 7.2　(1) 设 X 是离散型随机变量,可能值是 $x_1, x_2, \cdots$(有限个或可列无穷个),概率分布是

$$p_k = P(X = x_k) \quad (k = 1, 2, \cdots),$$

则

$$\mathrm{var}(X) = \sum_k x_k^2 p_k - (\mathrm{E}(X))^2 \tag{7.2}$$

$\left(\text{当 } x_1, x_2, \cdots \text{是无穷序列时,要求级数 } \sum_{k=1}^{\infty} x_k^2 p_k \text{ 收敛}\right)$.

(2) 设 X 是连续型随机变量,分布密度是 $p(x)$,且积分

$$\int_{-\infty}^{+\infty} x^2 p(x) \mathrm{d}x$$

收敛,则

$$\mathrm{var}(X) = \int_{-\infty}^{+\infty} x^2 p(x) \mathrm{d}x - (\mathrm{E}(X))^2. \tag{7.3}$$

证明　令 $f(x) = (x - \mathrm{E}(X))^2$,则

$$f(x) = x^2 - 2x\mathrm{E}(X) + (\mathrm{E}(X))^2.$$

利用均值公式(定理 6.5)即知所述结论成立.　□

以下对常见的随机变量计算其方差.

(1) 两点分布.

设随机变量 X 服从两点分布,$P(X=1)=p=1-P(X=0)$. 易知 $\mathrm{E}(X)=p$. 从(7.2)式知

$$\begin{aligned}\mathrm{var}(X) &= 0^2 \cdot P(X = 0) + 1^2 \cdot P(X = 1) - (\mathrm{E}(X))^2 \\ &= p - p^2 = p(1 - p).\end{aligned}$$

(2) 二项分布.

设随机变量 X 服从二项分布 $B(n, p)$,即

$$P(X = k) = \mathrm{C}_n^k p^k (1 - p)^{n-k} \quad (k = 0, 1, \cdots, n),$$

则

$$\begin{aligned}\sum_{k=0}^{n}k^2P(X=k)&=\sum_{k=1}^{n}k^2\frac{n!}{k!(n-k)!}p^k(1-p)^{n-k}\\&=\sum_{k=1}^{n}(k-1+1)\frac{n!}{(k-1)!(n-k)!}p^k(1-p)^{n-k}\\&=\sum_{k=1}^{n}(k-1)\frac{n!}{(k-1)!(n-k)!}p^k(1-p)^{n-k}\\&\quad+\sum_{k=1}^{n}\frac{n!}{(k-1)!(n-k)!}p^k(1-p)^{n-k}\\&=\sum_{k=2}^{n}\frac{n!}{(k-2)!(n-k)!}p^k(1-p)^{n-k}+\sum_{k=1}^{n}k\mathrm{C}_n^kp^k(1-p)^{n-k}\\&=n(n-1)p^2\sum_{k=2}^{n}\frac{(n-2)!}{(k-2)!(n-k)!}p^{k-2}(1-p)^{n-k}+\mathrm{E}(X)\\&=n(n-1)p^2\sum_{l=0}^{n-2}\mathrm{C}_{n-2}^lp^l(1-p)^{n-2-l}+\mathrm{E}(X)\\&=n(n-1)p^2+\mathrm{E}(X).\end{aligned}$$

由于 $\mathrm{E}(X)=np$(见§2.6),从(7.2)式知

$$\mathrm{var}(X)=n(n-1)p^2+np-(np)^2=np(1-p).$$

(3) 泊松分布.

设随机变量 X 服从泊松分布,即

$$P(X=k)=\frac{\lambda^k}{k!}\mathrm{e}^{-\lambda}\quad(k=0,1,\cdots).$$

从§2.6知 $\mathrm{E}(X)=\lambda$. 易知

$$\begin{aligned}\sum_{k=0}^{\infty}k^2P(X=k)&=\sum_{k=1}^{\infty}k^2\frac{\lambda^k}{k!}\mathrm{e}^{-\lambda}=\sum_{k=1}^{\infty}(k-1+1)\frac{\lambda^k}{(k-1)!}\mathrm{e}^{-\lambda}\\&=\sum_{k=2}^{\infty}\frac{\lambda^2\cdot\lambda^{k-2}}{(k-2)!}\mathrm{e}^{-\lambda}+\sum_{k=1}^{\infty}\frac{\lambda^k}{(k-1)!}\mathrm{e}^{-\lambda}=\lambda^2+\lambda.\end{aligned}$$

从(7.2)式得

$$\mathrm{var}(X)=\lambda^2+\lambda-\lambda^2=\lambda.$$

(4) 均匀分布.

设随机变量 X 服从区间$[a,b]$上的均匀分布,即 X 有分布密度

$$p(x)=\begin{cases}\dfrac{1}{b-a}, & a\leqslant x\leqslant b,\\ 0, & \text{其他}.\end{cases}$$

从§2.6知 $\mathrm{E}(X)=\dfrac{1}{2}(a+b)$. 易知

$$\int_{-\infty}^{+\infty}x^2p(x)\mathrm{d}x=\frac{1}{b-a}\int_a^b x^2\mathrm{d}x=\frac{b^2+ab+a^2}{3}.$$

从(7.3)式得

$$\operatorname{var}(X)=\frac{b^2+ab+a^2}{3}-\left(\frac{a+b}{2}\right)^2=\frac{(b-a)^2}{12}.$$

(5) 指数分布.

设随机变量 X 服从指数分布,即 X 有分布密度

$$p(x)=\begin{cases}\lambda\mathrm{e}^{-\lambda x}, & x>0,\\ 0, & x\leqslant 0.\end{cases}$$

从§2.6知 $\mathrm{E}(X)=1/\lambda$. 易知

$$\int_{-\infty}^{+\infty}x^2p(x)\mathrm{d}x=\lambda\int_0^{+\infty}x^2\mathrm{e}^{-\lambda x}\mathrm{d}x=\frac{2}{\lambda^2}.$$

从(7.3)式得

$$\operatorname{var}(X)=\frac{2}{\lambda^2}-\left(\frac{1}{\lambda}\right)^2=\frac{1}{\lambda^2}.$$

(6) 正态分布.

设随机变量 $X\sim N(\mu,\sigma^2)$. 从§2.6知 $\mathrm{E}(X)=\mu$. 从(7.3)式知

$$\operatorname{var}(X)=\int_{-\infty}^{+\infty}x^2\frac{1}{\sqrt{2\pi}\sigma}\exp\left\{-\frac{1}{2\sigma^2}(x-\mu)^2\right\}\mathrm{d}x-\mu^2.$$

作变量替换 $\dfrac{x-\mu}{\sigma}=t$,则

$$\begin{aligned}\operatorname{var}(X)&=\int_{-\infty}^{+\infty}(\mu+\sigma t)^2\frac{1}{\sqrt{2\pi}}\mathrm{e}^{-t^2/2}\mathrm{d}t-\mu^2\\&=\int_{-\infty}^{+\infty}\mu^2\frac{1}{\sqrt{2\pi}}\mathrm{e}^{-t^2/2}\mathrm{d}t+2\mu\sigma\int_{-\infty}^{+\infty}\frac{t}{\sqrt{2\pi}}\mathrm{e}^{-t^2/2}\mathrm{d}t\\&\quad+\sigma^2\int_{-\infty}^{+\infty}t^2\frac{1}{\sqrt{2\pi}}\mathrm{e}^{-t^2/2}\mathrm{d}t-\mu^2.\end{aligned}$$

注意到

$$\int_{-\infty}^{+\infty}\frac{1}{\sqrt{2\pi}}e^{-t^2/2}dt=1,\quad \int_{-\infty}^{+\infty}te^{-t^2/2}dt=0,$$

$$\begin{aligned}\int_{-\infty}^{+\infty}t^2e^{-t^2/2}dt&=\int_{-\infty}^{+\infty}td(-e^{-t^2/2})\\&=(-te^{-t^2/2})\Big|_{-\infty}^{+\infty}+\int_{-\infty}^{+\infty}e^{-t^2/2}dt\\&=0+\sqrt{2\pi},\end{aligned}$$

所以

$$\mathrm{var}(X)=\sigma^2.$$

(7) 伽玛分布.

设随机变量 X 服从伽玛分布,即 X 有分布密度

$$p(x)=\begin{cases}\dfrac{\beta^\alpha}{\Gamma(\alpha)}x^{\alpha-1}e^{-\beta x}, & x>0,\\ 0, & x\leqslant 0\end{cases}\quad(\alpha>0,\beta>0).$$

从§2.6知 $E(X)=\alpha/\beta$. 根据(7.3)式,知

$$\begin{aligned}\mathrm{var}(X)&=\int_0^{+\infty}x^2\frac{\beta^\alpha}{\Gamma(\alpha)}x^{\alpha-1}e^{-\beta x}dx-\left(\frac{\alpha}{\beta}\right)^2\\&=\frac{\beta^\alpha}{\Gamma(\alpha)}\int_0^{+\infty}x^{\alpha+1}e^{-\beta x}dx-\left(\frac{\alpha}{\beta}\right)^2.\end{aligned}$$

作变量替换 $\beta x=t$,易知

$$\begin{aligned}\mathrm{var}(X)&=\frac{1}{\Gamma(\alpha)\beta^2}\int_0^{+\infty}t^{\alpha+1}e^{-t}dt-\left(\frac{\alpha}{\beta}\right)^2\\&=\frac{1}{\Gamma(\alpha)\beta^2}\Gamma(\alpha+2)-\left(\frac{\alpha}{\beta}\right)^2\\&=\frac{(\alpha+1)\alpha\Gamma(\alpha)}{\Gamma(\alpha)\beta^2}-\left(\frac{\alpha}{\beta}\right)^2=\frac{\alpha}{\beta^2}.\end{aligned}$$

(8) 帕累托分布.

设随机变量 X 服从帕累托分布,即 X 有分布密度

$$p(x)=\begin{cases}(\alpha-1)x_0^{\alpha-1}x^{-\alpha}, & x\geqslant x_0,\\ 0, & x<x_0,\end{cases}$$

其中 $\alpha>2,x_0>0$. 易知

$$\mathrm{E}(X)=\int_{x_0}^{+\infty}x(\alpha-1)x_0^{\alpha-1}x^{-\alpha}\mathrm{d}x=\frac{\alpha-1}{\alpha-2}x_0,$$

$$\mathrm{var}(X)=\int_{x_0}^{+\infty}x^2(\alpha-1)x_0^{\alpha-1}x^{-\alpha}\mathrm{d}x-(\mathrm{E}(X))^2$$

$$=\frac{(\alpha-1)x_0^2}{(\alpha-3)(\alpha-2)^2}\quad(\alpha>3).$$

对于超几何分布、威布尔分布、对数正态分布，也可分别求出其方差. 这里从略，读者可参看表 2.7.1.

对于随机变量，除了期望和方差这两个最重要的数字特征外，还有一些别的有意义的数字特征，叙述如下：

定义 7.3　设 X 是随机变量. 如果 $\mathrm{E}(X^k)$存在(k 是正整数). 常则称 $\mathrm{E}(X^k)$为 X 的 k **阶原点矩**. 常常把 $\mathrm{E}(X^k)$记为 ν_k.

定义 7.4　设 X 是随机变量. 如果 $\mathrm{E}(X)$存在，且 $\mathrm{E}(X-\mathrm{E}(X))^k$($k$ 是正整数)存在，则称 $\mathrm{E}(X-\mathrm{E}(X))^k$ 为 X 的 k **阶中心矩**. 常常把 $\mathrm{E}(X-\mathrm{E}(X))^k$ 记为 μ_k.

当然，$\mathrm{E}(X)=\nu_1$，$\mathrm{var}(X)=\mu_2$.

令 $\sigma=\sqrt{\mathrm{var}(X)}$，$\alpha=\dfrac{\mu_3}{\sigma^3}$，$\gamma=\dfrac{\mu_4}{\sigma^4}$. 通常称 α 为 X 的**偏度系数**，γ 为 X 的**峰度系数**. α 可用来刻画随机变量取值关于均值的对称程度(当 X 取值关于 $\mathrm{E}(X)$对称时 $\alpha=0$)；若 X 有分布密度，则 γ 可用来刻画分布密度曲线的陡峭程度. 若 $X\sim N(\mu,\sigma^2)$，则 $\alpha=0$，$\gamma=3$.

定义 7.5　设 X 是随机变量，$0<p<1$，称 a 是 X 的 p **分位数**(也称 p **分位点**)，若成立

$$P(X\leqslant a)\geqslant p\geqslant P(X<a).\tag{7.4}$$

表 2.7.1　常用分布表

名称	概率分布	均值	方差	参数的范围
二点分布	$P(X=x)=p^xq^{1-x}$ $(x=0,1)$	p	pq	$0<p<1$ $q=1-p$
二项分布	$P(X=x)=\mathrm{C}_n^xp^xq^{n-x}$ $(x=0,1,\cdots,n)$	np	npq	$0<p<1$ $q=1-p$ n 为正整数

（续表）

名称	概率分布	均值	方差	参数的范围
泊松分布	$P(X=x)=\frac{\lambda^x}{x!}e^{-\lambda}$ $(x=0,1,2,\cdots)$	λ	λ	$\lambda>0$
超几何分布	$P(X=x)=\frac{C_{N-M}^{n-x}C_M^x}{C_N^n}$① $(x=0,1,\cdots,\min\{M,n\})$	$\frac{nM}{N}$	$\frac{n(N-n)(N-M)M}{N^2(N-1)}$	n,M,N 为正整数 $n\leqslant N$ $M\leqslant N$
负二项分布	$P(X=x)=C_{r+x-1}^{r-1}p^rq^x$ $(x=0,1,2,\cdots)$	$\frac{rq}{p}$	$\frac{rq}{p^2}$	$0<p<1$ $q=1-p$ r 为正整数
均匀分布	$p(x)=\frac{1}{b-a}\ (a\leqslant x\leqslant b)$	$\frac{a+b}{2}$	$\frac{(b-a)^2}{12}$	$b>a$
指数分布	$p(x)=\lambda e^{-\lambda x}(\lambda>0,x>0)$	$\frac{1}{\lambda}$	$\frac{1}{\lambda^2}$	$\lambda>0$
正态分布	$p(x)=\frac{1}{\sqrt{2\pi}\sigma}e^{-\frac{(x-\mu)^2}{2\sigma^2}}$	μ	σ^2	μ 任意 $\sigma>0$
伽玛分布	$p(x)=\frac{\beta^\alpha}{\Gamma(\alpha)}x^{\alpha-1}e^{-\beta x}$ $(x>0)$	$\frac{\alpha}{\beta}$	$\frac{\alpha}{\beta^2}$	$\alpha>0$ $\beta>0$
贝塔分布	$p(x)=\frac{\Gamma(\alpha+\beta)}{\Gamma(\alpha)\Gamma(\beta)}x^{\alpha-1}$ $\cdot(1-x)^{\beta-1}$ $(0<x<1)$	$\frac{\alpha}{\alpha+\beta}$	$\frac{\alpha\beta}{(\alpha+\beta+1)(\alpha+\beta)^2}$	$\alpha>0$ $\beta>0$
对数正态分布	$p(x)=\frac{1}{\sqrt{2\pi}\sigma x}e^{-(\lg x-\mu)^2/(2\sigma^2)}$ $(x>0)$	$e^{\mu+\frac{1}{2}\sigma^2}$	$e^{2\mu+\sigma^2}(e^{\sigma^2}-1)$	μ 任意 $\sigma>0$
威布尔分布	$p(x)=\frac{mx^{m-1}}{\eta^m}e^{-(x/\eta)^m}$ $(x>0)$	$\eta\Gamma\left(1+\frac{1}{m}\right)$	$\eta^2\left[\Gamma\left(1+\frac{2}{m}\right)-\Gamma^2\left(1+\frac{1}{m}\right)\right]$	$m>0$ $\eta>0$

① 当 $i>k$ 时，规定 $C_k^i=0$.

常常用a_p表示p分位数. 0.5分位数又叫**中位数**,用记号$\mathrm{med}(X)$表示. 不难看出,若随机变量X有分布密度$p(x)$,则在Oxy平面上曲线$y=p(x)$与x轴及直线$x=a_p$所围成的图形(图2.7.1的阴影部分)的面积等于p.

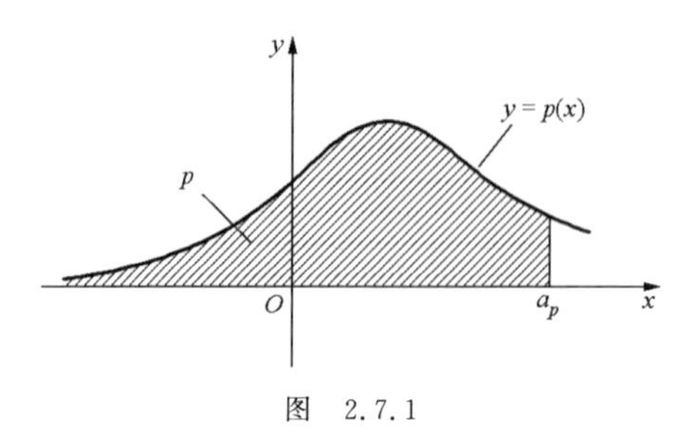

图　2.7.1

对任何随机变量X,可以证明,对任何$0<p<1$,p分位数一定存在,但可能不唯一. 实际上,设$F(x)$是X的分布函数,则$F^{-1}(p)$(见(5.3)式)就是一个p分位数. 理由如下:因为$F\left(F^{-1}(p)-\frac{1}{n}\right)<p$,故$P\left(X\leqslant F^{-1}(p)-\frac{1}{n}\right)<p$. 令$n\to\infty$知$P(X<F^{-1}(p))\leqslant p$. 另一方面,$P(X\leqslant F^{-1}(p))=F(F^{-1}(p))\geqslant p$. 故(7.4)式在$a=F^{-1}(p)$时成立.

最重要的p分位数是0.25分位数,0.75分位数和中位数.

例 7.1　设随机变量X的可能值是1,2,3并且

$$P(X=1)=1/3,\quad P(X=2)=1/6,\quad P(X=3)=1/2.$$

易知$\mathrm{E}(X)=13/6$. 中位数有无穷多个,区间[2,3]中的每个数都是X的中位数.

例 7.2　设随机变量X有分布密度

$$p(x)=\begin{cases}1/2, & 0\leqslant x\leqslant 1,\\ 1, & 5/2\leqslant x\leqslant 3,\\ 0, & \text{其他}.\end{cases}$$

易知$\mathrm{E}(X)=1.625$. 区间[1,2.5]中的每个数都是中位数.

什么条件下p分位数只有一个呢?

***定理 7.3**　设$F(x)$是随机变量X的分布函数,给定$p\in(0,1)$,则p分位数唯一的充分必要条件是方程

$$F(x) = p \tag{7.5}$$

至多有一个根.

证明 *必要性* 设 $x_1<x_2$ 都是方程(7.5)的根,则 $F(x_1)=F(x_2)=p$. 于是

$$P(X < x_1) \leqslant P(X \leqslant x_1) = F(x_1) = p,$$

故 x_1 是一个 p 分位数. 同理,x_2 也是一个 p 分位数. 这与 p 分位数唯一矛盾.

充分性 用反证法. 设 $x_1<x_2$ 都是 p 分位数,则从(7.4)式知

$$P(X < x_1) \leqslant p \leqslant P(X \leqslant x_1), \quad P(X < x_2) \leqslant p \leqslant P(X \leqslant x_2).$$

对任何 $C\in[x_1. x_2)$,易知 $p\leqslant P(X\leqslant x_1)\leqslant P(X\leqslant C)\leqslant P(X<x_2)\leqslant p$,故

$$F(C) = P(X \leqslant C) = p.$$

这表明方程(7.5)有无穷多个根. 这与方程(7.5)至多有一个根的条件相矛盾. □

均值(即期望)和中位数都是用来刻画随机变量取值的"平均水平"的,二者在应用上有何差异? 对任何随机变量 X,有时 $\mathrm{E}(X)$不存在(例如服从柯西(Cauchy)分布的情形,参看后面的§2.8),而中位数 $\mathrm{med}(X)$永远存在. 均值可能受 X 所取的某些极端值的影响,而中位数则不受这种极端值的影响. 例如,用 X 表示某一地区任何一个家庭的年收入,$\mathrm{E}(X)=20000$ 元,但可能有少数家庭收入非常高,而大多数家庭的收入比 20000 元低得多. 此时 $\mathrm{med}(X)$比 20000 小得多,它不受极少数家庭收入特高或特低情况的影响. 所以,从"和谐社会"的角度来看,家庭收入的中位数 $\mathrm{med}(X)$相当重要. 研究 $\mathrm{E}(X)$和 $\mathrm{med}(X)$的差异对于税务工作十分重要,当 $\mathrm{E}(X)$比 $\mathrm{med}(X)$大得多时,应有合适的税收法律向收入非常高的人们征收重税.

刻画随机变量取值分散程度的数字,除了方差和标准差外还有变异系数、基尼(Gini)系数,将在§2.8 中予以介绍.

作为本节末尾,我们还要介绍一个特征数: 众数(mode).

定义 7.6 (1) 设 X 是离散型随机变量,可能值是 $x_1, x_2, \cdots$(有限个或可列无穷个),称 x_k 是 X 的**众数**,若

$$P(X = x_k) \geqslant P(X = x_i) \quad (i = 1,2,\cdots).$$

(2) 设 X 是连续型随机变量,分布密度函数是 $p(x)$,称 $p(x)$的最大值点 x_0 为 X 的**众数**.

注意,对一个随机变量来说,众数不一定存在,当它存在时,可能不止一个. 众数的直观意义是: 随机变量在该数或其附近取值的概率最大. 设 $X\sim N(\mu,\sigma^2)$,则 X 的众数是 μ. 此时均值、中位数、众数三者相

等. 设 $X \sim B(n,p)$，则当 $(n+1)p$ 不是整数时，$[(n+1)p]$ 是唯一的众数；当 $(n+1)p$ 是整数时，$(n+1)p-1$ 和 $(n+1)p$ 都是众数.

我们知道，期望有很重要的性质：可加性，即 $\mathrm{E}(X+Y)=\mathrm{E}(X)+\mathrm{E}(Y)$（当 $\mathrm{E}(X)$ 和 $\mathrm{E}(Y)$ 存在时）. 应指出的是：对于中位数和众数，一般没有这种可加性. 换句话说，存在 X 与 Y，使得

$$\mathrm{med}(X+Y) \neq \mathrm{med}(X)+\mathrm{med}(Y);$$

也存在 X 与 Y，使得

$$\mathrm{mode}(X+Y) \neq \mathrm{mode}(X)+\mathrm{mode}(Y)$$

（参看第三章习题三的第 52，53 题）.

中位数的使用有时不可少，但使用不如"均值"广泛，众数的重要性比起均值和中位数来要低得多.

*§2.8　补充知识

本节讲述三个方面的知识：变异系数和基尼系数；关于 6σ 以及关于数学期望和矩的存在性. 分述如下：

1. 变异系数和基尼系数

刻画随机变量取值分散程度（或波动大小）的指标，除了方差（或标准差）外，还有变异系数和基尼系数，二者都是关于非负随机变量的. 变异系数多用于工业部门和生物医学领域的实际工作，而基尼系数则多用于经济学等一些社会科学领域.

定义 8.1　设 X 是非负随机变量，$\mathrm{E}(X)>0$，且方差 $\mathrm{var}(X)$ 存在，则称

$$v \triangleq \sqrt{\mathrm{var}(X)}/\mathrm{E}(X)$$

为 X 的**变异系数**.

变异系数的好处在于，它与 X 的单位无关，它是刻画 X 取值分散程度的相对度量. 这与方差（标准差）不同. 由于 $\mathrm{var}(aX)=a^2\mathrm{var}(X)$，方差（标准差）的数值随着度量单位的变化而变化.

基尼系数的定义比较复杂，它是经济学家为了刻画个人（或家庭）收入的不均等程度而首先引入的. 为了给出基尼系数的准确定义，我们首先定义洛伦茨曲线. 洛伦茨（G. Lorenz）是意大利统计学家.

设 X 是非负随机变量（例如 X 表示某国家或地区个人（或家庭）的年收入），

其分布函数是 $F(x)$. 我们恒假定 $\mu \triangleq \mathrm{E}(X)>0$,令

$$F^{-1}(p)=\min\{x: F(x)\geqslant p\} \quad (0<p<1).$$

这是以前定义过的 $F(x)$的广义反函数,$F^{-1}(p)$是一个 p 分位数.

定义 8.2 称

$$L(u)=\frac{1}{\mu}\int_0^u F^{-1}(p)\mathrm{d}p \quad (0\leqslant u\leqslant 1) \tag{8.1}$$

为**洛伦茨函数**,其图像叫作随机变量 X(或其分布函数 $F(x)$)的**洛伦茨曲线**.

$L(u)$的直观意义如下:设 X 表示某国家或地区个人(或家庭)的年收入,给定 $u\in(0,1)$. 设 $F(z)=u$,则 $L(u)$表示该国家或地区所有个人收入不超过 z 的个人收入的总和占全部个人收入总和的比例. 实际上,设调查了 n 个人的收入,得到数据

$$x_1,\cdots,x_n, \tag{8.2}$$

令

$$I_n(z)=\sum_{i:\,x_i\leqslant z}x_i\Big/\sum_{i=1}^n x_i,$$

易知

$$I_n(z)=\frac{\dfrac{1}{n}\displaystyle\sum_{i=1}^n x_i I_{(-\infty,z]}(x_i)}{\dfrac{1}{n}\displaystyle\sum_{i=1}^n x_i},$$

这里 $I_{(-\infty,z]}(x)$是示性函数:

$$I_{(-\infty,z]}(x)=\begin{cases}1, & x\leqslant z,\\ 0, & x>z.\end{cases}$$

数学上可以证明(见第四章的"强大数律"),当 n 很大时,有

$$\frac{1}{n}\sum_{i=1}^n x_i\approx \mathrm{E}(X)=\mu, \quad \frac{1}{n}\sum_{i=1}^n x_i I_{(-\infty,z]}(x_i)\approx \mathrm{E}(XI_{(-\infty,z]}(X)).$$

于是,当 n 很大时,有

$$I_n(z)\approx\frac{1}{\mu}\mathrm{E}(XI_{(-\infty,z]}(X)).$$

由于 $F(z)=u$,可以证明(从略)

$$\mathrm{E}(XI_{(-\infty,z]}(X))=\int_0^u F^{-1}(p)\mathrm{d}p, \tag{8.3}$$

于是

$$I_n(z)\approx\frac{1}{\mu}\mathrm{E}(XI_{(-\infty,z]}(X))=L(u).$$

这就体现了 $L(u)$的实际意义.

从(8.1)式知 $L(0)=0$,$L(1)=1$,$L(u)\leqslant u$,且$L(u)$是 u 的增函数(可以进一步

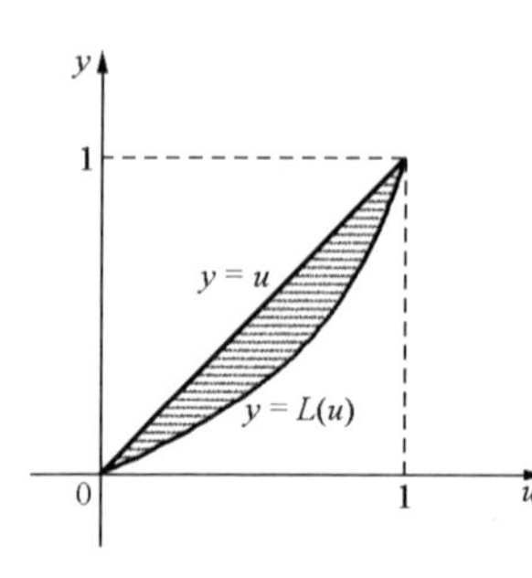

图 2.8.1　洛伦茨曲线

证明$L(u)$是下凸的函数). 设洛伦茨曲线 $y=L(u)$ 与直线 $y=u$ 所包围的区域(图 2.8.1 中的阴影部分)的面积为 A,直线 $y=u$ 与 u 轴及直线 $u=1$ 所围成的三角形的面积为 Δ,通常用 $G=A/\Delta$ 表示随机变量 X 取值分散程度的度量.

易知

$$\Delta=\frac{1}{2},\quad A=\Delta-\int_0^1 L(u)\mathrm{d}u,$$

于是

$$G=\frac{A}{\Delta}=1-2\int_0^1 L(u)\mathrm{d}u.$$

定义 8.3　设 $L(u)(0\leqslant u\leqslant 1)$是随机变量 X 的洛伦茨函数,则称

$$G=1-2\int_0^1 L(u)\mathrm{d}u \tag{8.4}$$

为 X(或其分布函数)的**基尼系数**.

基尼(C. Gini)是意大利经济学家,他在 1912 年首先对一组数据 $x_1,\cdots,x_n$(见(8.2)式)用相对平均差的一半,即

$$G_n=\frac{1}{2n^2\bar{x}}\sum_{i=1}^n\sum_{j=1}^n|x_i-x_j|\quad\left(\bar{x}=\frac{1}{n}\sum_{i=1}^n x_i\right)$$

来度量其差异程度. 后来人们把 G_n 叫作数据组的基尼系数. 经过现代研究,可以证明①

$$P(\lim_{n\to\infty}G_n=G)=1.$$

换句话说,只要 n 很大,G_n 就是 G 的近似值. G_n 可作为 G 的估计量.

例 8.1　设随机变量 X 服从帕累托分布,即 X 有分布密度

$$p(x)=\begin{cases}(\alpha-1)x_0^{\alpha-1}x^{-\alpha}, & x\geqslant x_0,\\ 0, & x<x_0,\end{cases}$$

其中 $x_0>0,\alpha>2$,试求 X 的基尼系数 G.

解　易知

$$\mu=\mathrm{E}(X)=\frac{(\alpha-1)x_0}{\alpha-2},$$

$$L(u)=\frac{x_0}{\mu}\int_0^u(1-p)^{\frac{1}{1-\alpha}}\mathrm{d}p=1-(1-u)^{\frac{\alpha-2}{\alpha-1}}\quad(0\leqslant u\leqslant 1),$$

$$G=1-2\int_0^1 L(u)\mathrm{d}u=\frac{1}{2\alpha-3}.$$

---

① 参看文献：陈奇志,陈家鼎. 关于洛伦茨曲线和基尼系数的一点注记. 北京大学学报(自然科学版),2006,42(5)：613-618.

例 8.2 设随机变量 X 的可能值是 1,2,3,且

$$P(X=1)=1/3,\quad P(X=2)=1/6,\quad P(X=3)=1/2,$$

试求 X 的基尼系数 G.

解 易知

$$\mu=\mathrm{E}(X)=13/6,$$

$$L(u)=\begin{cases}6u/13, & 0\leqslant u<1/3,\\ (12u-2)/13, & 1/3\leqslant u<1/2,\\ (18u-5)/13, & 1/2\leqslant u\leqslant 1,\end{cases}$$

$$G=1-2\int_0^1 L(u)\,\mathrm{d}u=\frac{17}{78}\approx 0.218.$$

2. 关于 6σ

本小节讨论产品质量管理(质量控制)中的质量水平.用 X 表示某工厂生产的某种产品的质量指标值(如长度).目标值是 M,容许范围是 $[M-L,M+L]$(L 是正数,表示容差).$M-L$ 是下限值,$M+L$ 是上限值,当 X 的值属于 $[M-L,M+L]$ 时,表示产品合格;否则,表示产品不合格.我们把 X 看作随机变量,则

$$d=P(|X-M|>L)$$

就是所谓不合格品率.

假定随机变量 $X\sim N(\mu,\sigma^2)$(大多数质量指标值属于这种情形),但 μ 与目标值 M 可能有差异,即有“漂移”.设 $M-\mu=\lambda\sigma$, $L=k\sigma(k>0)$.易知

$$\begin{aligned}d&=P(X<M-L)+P(X>M+L)\\&=P\left(\frac{X-\mu}{\sigma}<\frac{M-\mu-L}{\sigma}\right)+P\left(\frac{X-\mu}{\sigma}>\frac{M-\mu+L}{\sigma}\right)\\&=P\left(\frac{X-\mu}{\sigma}<\lambda-k\right)+P\left(\frac{X-\mu}{\sigma}>\lambda+k\right).\end{aligned}$$

由于随机变量 $Y=\dfrac{X-\mu}{\sigma}$ 服从标准正态分布,得到

$$d=\Phi(\lambda-k)+1-\Phi(\lambda+k),\tag{8.5}$$

其中

$$\Phi(x)=\int_{-\infty}^{x}\frac{1}{\sqrt{2\pi}}\mathrm{e}^{-u^2/2}\,\mathrm{d}u.$$

记等式(8.5)右端为 $g(\lambda)$.易知

$$g'(\lambda)=\frac{1}{\sqrt{2\pi}}\mathrm{e}^{-(\lambda-k)^2/2}(1-\mathrm{e}^{-2k\lambda}),$$

故 $g'(0)=0$.当 $\lambda>0$ 时,$g'(\lambda)>0$;当 $\lambda<0$ 时,$g'(\lambda)<0$.所以,$g(\lambda)$ 在 $\lambda<0$ 时是 λ

的严格减函数，在 $\lambda>0$ 时是 λ 的严格增函数.

通常假定漂移 $|M-\mu|\leqslant 1.5\sigma$，于是最大不合格率为

$$d^* = \max_{|\lambda|\leqslant 1.5}\{d\} = \max\{g(1.5), g(-1.5)\}$$
$$= g(1.5) = \Phi(1.5-k) + 1 - \Phi(1.5+k).$$

对不同的 k，计算结果见表 2.8.1.

表 2.8.1 容差 $L=k\sigma$ 时的不合格率 d^*

k	$d^*=g(1.5)$
1	697672×10^{-6}
2	308770×10^{-6}
3	66811×10^{-6}
4	6210×10^{-6}
5	233×10^{-6}
6	3.4×10^{-6}

从表 2.8.1 知，$L=6\sigma$ 时最大不合格率 d^* 是 3.4×10^{-6}. 换句话说，当 σ 如此之小使得容差 L 是 6σ 时，百万件产品中不合格的不多于 4 个. 质量达到这个水平时叫作质量达到 6σ. 达到这种质量水平的管理叫作 6σ 管理.

6σ 的观念是 Motorola 公司在 1988 年前后提出来的，被认为是工业界加强质量管理提高质量水平的一件大事. 我们在上面从数学上给予推导，用到了正态分布的假定并使用了很多人采用的漂移量 1.5σ. 采用 1.5σ 这个漂移量有何依据？据说是根据实际工作经验提出来的，但并未研究清楚. 现在，6σ 作为质量水平的含义已经泛化，不管质量指标能否用正态分布刻画，只要产品的不合格率不超过 3.4×10^{-6}，人们就说质量达到了 6σ 水平.

笔者认为，6σ 水平的要求是很高的，所说的产品主要是指元、器件，对于整机或复杂的设备不能要求这么高.

3. 关于数学期望和矩的存在性

我们已在 §2.7 中对原点矩和中心矩下了定义，现在对其存在性进行讨论，还要介绍一些值得注意的随机变量.

定义 8.4 设随机变量 X 有分布密度

$$p_n(x) = \frac{\Gamma\left(\frac{n+1}{2}\right)}{\sqrt{n\pi}\,\Gamma\left(\frac{n}{2}\right)}\left(1+\frac{x^2}{n}\right)^{-\frac{n+1}{2}}, \tag{8.6}$$

则称 X 服从 n 个自由度的 t **分布**（n 是正整数），这里 $\Gamma(\alpha)$ 是 Γ 函数，即

$$\Gamma(\alpha)=\int_0^{+\infty}x^{\alpha-1}\mathrm{e}^{-x}\mathrm{d}x \quad (\alpha>0).$$

t 分布在统计学里有重要的应用价值.这在本书后面将会论述到.$n=1$ 时的 t 分布就是所谓的标准柯西分布,其分布密度是

$$p_1(x)=\frac{1}{\pi}\cdot\frac{1}{1+x^2}, \tag{8.7}$$

此时数学期望不存在,因为积分

$$\int_{-\infty}^{+\infty}|x|\ p_1(x)\mathrm{d}x$$

发散.

更一般的**柯西分布**是指这样的概率分布,其分布密度为

$$p(x)=\frac{d}{\pi}\left(\frac{1}{d^2+(x-\mu)^2}\right), \tag{8.8}$$

其中 $d>0,\mu\in(-\infty,+\infty)$.当 $\mu=0,d=1$ 时,这个分布密度就是上面的 $p_1(x)$(见(8.7)式).

柯西分布的直观意义如下:设在平面上点 M 处有一束光射向一条直线,与直线的交点为 P(图 2.8.2),点 M 到该直线的垂足为 M_0.射线与垂线的夹角为 θ(当点 P 在点 M_0 之右时,规定 $\theta>0$;当点 P 在点 M_0 之左时,规定 $\theta<0$),$\overline{MM_0}$ 之长为 d,设该直线为数轴,原点在点 O 处,点 M_0 的坐标是 μ,点 P 的坐标是 X,则

$$X=d\tan\theta+\mu.$$

若 θ 服从区间$[-\pi/2,\pi/2]$上的均匀分布,易知 X 的分布密度正好由(8.8)式给出.

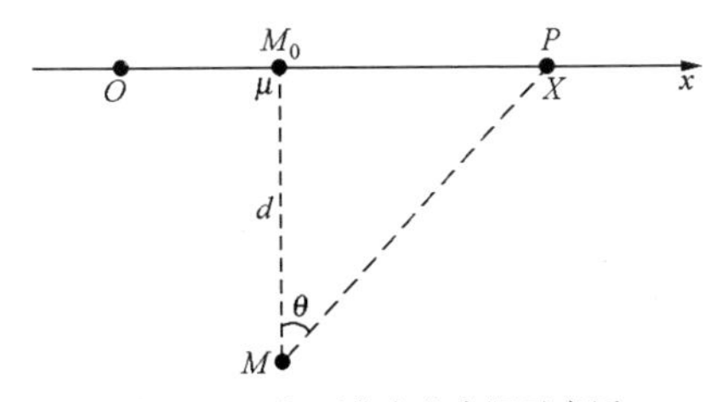

图 2.8.2 柯西分布的来源示意图

定理 8.1 设随机变量 X 服从 $n(n\geqslant 2)$个自由度的 t 分布,则对一切 $k=1,\cdots,n-1$,$\mathrm{E}(X^k)$存在;对一切 $k\geqslant n$,$\mathrm{E}(X^k)$不存在.

证明 研究积分

$$J_k\triangleq\int_{-\infty}^{+\infty}|x|^k p_n(x)\mathrm{d}x \quad (p_n(x)\text{ 的表达式见(8.6)式}).$$

显然

$$J_k=\frac{\Gamma\left(\frac{n+1}{2}\right)}{\sqrt{n\pi}\Gamma\left(\frac{n}{2}\right)}\int_{-\infty}^{+\infty}|x|^k\left(1+\frac{x^2}{n}\right)^{-\frac{n+1}{2}}\mathrm{d}x.$$

易知，当$|x|$很大时，有

$$|x|^k\left(1+\frac{x^2}{n}\right)^{-\frac{n+1}{2}}\sim\left(\frac{1}{n}\right)^{-\frac{n+1}{2}}|x|^{-(n+1)+k},$$

这里$f(x)\sim g(x)$的含义是$\lim\limits_{|x|\to\infty}\frac{f(x)}{g(x)}=1$. 于是不难看出：当$k<n$时，$\mathrm{E}(X^k)$存在；当$k\geqslant n$时，$\mathrm{E}(X^k)$不存在. □

例 8.3　设随机变量$X\sim N(0,1)$，则对一切正整数k，

$$\mathrm{E}(X^{2k-1})=0,\quad \mathrm{E}(X^{2k})=(2k-1)(2k-3)\cdot\cdots\cdot3\cdot1.$$

实际上，对任何$m\geqslant1$，积分$\int_{-\infty}^{+\infty}|x|^m\mathrm{e}^{-x^2/2}\mathrm{d}x$收敛，故$\mathrm{E}(X^m)$存在. 由于

$$x^{2k-1}\frac{1}{\sqrt{2\pi}}\mathrm{e}^{-x^2/2}$$

是x的奇函数，故

$$\mathrm{E}(X^{2k-1})=\int_{-\infty}^{+\infty}x^{2k-1}\frac{1}{\sqrt{2\pi}}\mathrm{e}^{-x^2/2}\mathrm{d}x=0.$$

$$\begin{aligned}\mathrm{E}(X^{2k})&=\int_{-\infty}^{+\infty}x^{2k}\frac{1}{\sqrt{2\pi}}\mathrm{e}^{-x^2/2}\mathrm{d}x\\&=\int_{-\infty}^{+\infty}\frac{1}{\sqrt{2\pi}}x^{2k-1}\mathrm{d}(-\mathrm{e}^{-x^2/2})\\&=(2k-1)\int_{-\infty}^{+\infty}x^{2k-2}\frac{1}{\sqrt{2\pi}}\mathrm{e}^{-x^2/2}\mathrm{d}x\\&=(2k-1)\mathrm{E}(X^{2k-2}).\end{aligned}$$

这是递推公式. 故

$$\mathrm{E}(X^{2k})=(2k-1)(2k-3)\cdot\cdots\cdot3\cdot1.$$

现在对数学期望的存在性进行一般性讨论，给出期望存在的充分必要条件.

定理 8.2　设$X=X(\omega)$是随机变量，则$\mathrm{E}(X)$存在的充分必要条件是级数$\sum\limits_{k=1}^{\infty}P(|X|\geqslant k)$收敛.

这个定理的证明较复杂，从略. 读者如有兴趣，请参看本书附录.

定理 8.3　设随机变量$X=X(\omega)$和$Y=Y(\omega)$满足

$$|X(\omega)|\leqslant Y(\omega)\ (\text{一切}\ \omega),\quad 且\quad \mathrm{E}(Y)\ 存在,$$

则$\mathrm{E}(X)$存在且$|\mathrm{E}(X)|\leqslant\mathrm{E}(Y)$.

证明 从定理 8.2 知级数 $\sum_{k=1}^{\infty} P(Y \geqslant k)$ 收敛. 由于 $P(|X| \geqslant k) \leqslant P(Y \geqslant k)$，故级数 $\sum_{k=1}^{\infty} P(|X| \geqslant k)$ 收敛. 再利用定理 8.2，知 $\mathrm{E}(X)$存在. 由于$-|X| \leqslant X \leqslant |X|$，从定理 6.3 知$|\mathrm{E}(X)| \leqslant \mathrm{E}(|X|) \leqslant \mathrm{E}(Y)$. □

定理 8.4 设 $X = X(\omega)$是随机变量，对某个 $\alpha \geqslant 1$，$\mathrm{E}(|X|^{\alpha})$存在，则 $\mathrm{E}(X)$存在，且

$$\mathrm{E}(|X|) \leqslant (\mathrm{E}(|X|^{\alpha}))^{1/\alpha}. \tag{8.9}$$

证明 首先指出，对一切 $x \geqslant 0, a \geqslant 0$，如下不等式成立：

$$x^{\alpha} \geqslant a^{\alpha} + \alpha a^{\alpha-1}(x-a). \tag{8.10}$$

实际上，令 $f(x) = x^{\alpha} - a^{\alpha} - \alpha a^{\alpha-1}(x-a)$，则 $f'(x) = \alpha(x^{\alpha-1} - a^{\alpha-1})$. 于是，当 $x \geqslant a$ 时，$f'(x) \geqslant 0$；当 $0 \leqslant x \leqslant a$ 时，$f'(x) \leqslant 0$. 由此知 $f(x)$在$[a, +\infty)$上是增函数，在$[0, a]$上是减函数，从而 $f(x)$在 $x = a$ 处达到最小值. 由于 $f(a) = 0$，因此不等式(8.10)成立.

由于$|X(\omega)| \leqslant |X(\omega)|^{\alpha} + 1$（当$|X(\omega)| \leqslant 1$ 时，显然成立；当$|X(\omega)| > 1$ 时，$|X(\omega)| \leqslant |X(\omega)|^{\alpha}$），从定理 8.3 知 $\mathrm{E}(|X|)$存在. 令 $a = \mathrm{E}(|X|)$，从(8.10)式知

$$|X(\omega)|^{\alpha} \geqslant (\mathrm{E}(|X|))^{\alpha} + \alpha(\mathrm{E}(|X|))^{\alpha-1}(|X(\omega)| - \mathrm{E}(|X|)).$$

两边取数学期望，得 $\mathrm{E}(|X|^{\alpha}) \geqslant (\mathrm{E}(|X|))^{\alpha}$. 这表明(8.9)式成立. □

作为本节的结束，我们特别强调一下：本书中所谓的"数学期望存在"是指数学期望是一个实数. 我们不考虑数学期望可为无穷（$+\infty$ 或 $-\infty$）的情形.

习 题 二

1. 从一副扑克牌（共 52 张）中发出 5 张，求其中黑桃张数的概率分布.

2. 设随机变量 X 服从泊松分布，$P(X=1) = P(X=2)$，求 $P(X=4)$的值.

3. 对圆的直径作近似测量，设其值在区间$[a, b]$上均匀分布，试求圆面积的概率分布及均值、方差.

4. 设 $p(x)$是随机变量 X 的分布密度，其中含有待定常数 c，试在下列情况下求出 c 的值：

(1) $p(x) = \begin{cases} 0, & x < 0, \\ c\mathrm{e}^{-x}, & x \geqslant 0; \end{cases}$

(2) $p(x) = \begin{cases} 0, & x < 0, \\ cx^{\alpha}\mathrm{e}^{-\beta x}, & x \geqslant 0 \ (\alpha > 0, \beta > 0); \end{cases}$

(3) $p(x) = \dfrac{c}{1+x^2}$.

5. 设随机变量 X 的分布函数是 $F(x)$，试证明：对任何 $a<b$，有

$$P(X=a)=F(a)-F(a-0),\quad P(a<X<b)=F(b-0)-F(a),$$

这里 $F(y-0)\triangleq\lim\limits_{x\to y-}F(x)$.

6. 已知随机变量 $X\sim N(\mu,\sigma^2)$，$Y=e^X$，试计算 Y 的期望和方差.

7. 设轮船横向摇摆的随机振幅 X 的分布密度为

$$p(x)=\begin{cases}Axe^{-x^2/(2\sigma^2)}, & x>0,\\ 0, & x\leqslant 0,\end{cases}$$

求 A，$E(X)$，$\operatorname{var}(X)$，并问：X 取值大于 $E(X)$ 的概率是多少？

8. 设随机变量 X 的分布函数 $F(x)$ 不是连续函数，试证明：$Y=F(X)$ 一定不服从区间 $[0,1]$ 上的均匀分布.

9. 由统计物理学知道，分子运动的速率 X 服从麦克斯韦(Maxwell)分布，即其分布密度是

$$p(x)=\begin{cases}\dfrac{4x^2}{\alpha^3\sqrt{\pi}}e^{-x^2/\alpha^2}, & x>0,\\ 0, & x\leqslant 0,\end{cases}$$

其中参数 $\alpha>0$. 试求分子的动能 $Y=\dfrac{1}{2}mX^2$ 的分布密度.

10. 设点随机地落在中心在原点，半径为 R 的圆周上，落入任何一段弧内的概率与该段弧的长度成正比，求落点的横坐标的概率分布和期望.

11. 设随机变量 X 的分布密度为

$$p(x)=\begin{cases}x, & 0\leqslant x<1,\\ 2-x & 1\leqslant x\leqslant 2,\\ 0, & \text{其他},\end{cases}$$

试求 X 的分布函数，并作出 $p(x)$ 和 $F(x)$ 的图形.

12. 设某产品的质量指标 $X\sim N(160,\sigma^2)$. 若要求 $P(120\leqslant X\leqslant 200)\geqslant 0.80$，问：允许 σ 最多为多少？

13. 设随机变量 X 的分布密度为 $p(x)=\dfrac{1}{2}e^{-|x|}$，求 $E(X)$.

14. 设 X 的分布密度 $p(x)$ 满足

$$p(c+x)=p(c-x)\quad (x>0),$$

其中 c 为一常数，又 $\int_{-\infty}^{+\infty}|x|\,p(x)\mathrm{d}x$ 收敛，试证：$E(X)=c$.

*15. 设随机变量 X 服从超几何分布，即

$$P(X=k)=\frac{C_D^k C_{N-D}^{n-k}}{C_N^n}\quad (k=0,1,\cdots,l),$$

其中 $1\leqslant n\leqslant N, 0\leqslant D\leqslant N, l=\min\{n,D\}$，试证：

$$\operatorname{var}(X)=\begin{cases}0, & N=1,\\ \dfrac{n(N-n)D(N-D)}{N^2(N-1)}, & N>1.\end{cases}$$

16. 设随机变量 X 的分布函数为

$$F(x)=\begin{cases}\mathrm{e}^x/2, & x<0,\\ 1/2, & 0\leqslant x<1,\\ 1-\dfrac{1}{2}\mathrm{e}^{-(x-1)/2}, & x\geqslant 1,\end{cases}$$

试求 $\mathrm{E}(X)$.

17. 设某工程队完成某项工程的时间 X(单位：月)是一个随机变量，它的概率分布表是

X	10	11	12	13
p	0.4	0.3	0.2	0.1

(1) 试求该工程队完成此项工程的平均月数；

(2) 设该工程队所获利润为 $Y=50(13-X)$(单位：万元)，试求工程队的平均利润；

(3) 若该工程队调整工作安排，完成该项工程的时间 X(单位：月)的概率分布表为

X	10	11	12
p	0.5	0.4	0.1

则其平均利润可增加多少？

18. 设 X 是只取非负整数值的随机变量. 若 $\mathrm{E}(X)$存在，试证：

$$\mathrm{E}(X)=\sum_{k=1}^{\infty}P(X\geqslant k).$$

19. 设 X 是非负随机变量，$g(x)$是 x 的增函数，$g(x)\geqslant 0$，且 $\mathrm{E}g(X)$存在，试证明：对任何 $\varepsilon>0$，只要 $g(\varepsilon)>0$，就有

$$P(X\geqslant\varepsilon)\leqslant\frac{1}{g(\varepsilon)}\mathrm{E}g(X).$$

20. 设随机变量 X 的分布密度是

$$p(x)=\begin{cases}2x/\pi^2, & 0<x<\pi,\\ 0, & \text{其他},\end{cases}$$

试求 $Y=\sin X$ 的概率分布.

21. 设随机变量 X 服从区间[0,5]上的均匀分布，

$$Y=\begin{cases}X, & 1<X<3, \\ 0, & X\leqslant 1, \\ 5, & X\geqslant 3,\end{cases}$$

试求 Y 的分布函数.

22. 设随机变量 X 的分布函数为

$$F(x)=\begin{cases}0, & x\leqslant 0, \\ x^2/9, & 0<x\leqslant 3, \\ 1, & x>3,\end{cases}$$

试求出 X 的分布密度、数学期望和 $p(0<p<1)$分位数.

23. 设随机变量 X 服从威布尔分布，即有分布函数

$$F(x)=\begin{cases}1-\exp\left\{-\left(\dfrac{x}{\eta}\right)^{\alpha}\right\}, & x>0, \\ 0, & x\leqslant 0\end{cases}\quad (\alpha>0,\eta>0),$$

$Y=\ln X$，试求 Y 的分布密度.

24. 甲、乙两人一局一局博弈下去，设每局甲胜的概率是 $p(0<p<1)$，乙胜的概率是 $q(p+q=1)$，没有和局. 甲胜则甲得 1 分，乙胜则乙得 1 分(输者得 0 分)，一旦一方比另一方多 2 分就停止博弈. 问：平均多少局后停止博弈?

25. 设随机变量 X 有分布密度 $p(x)$，$Y=aX+b$(a,b 是常数，$a\neq 0$)，试证：Y 有分布密度

$$q(y)=\frac{1}{|a|}p\left(\frac{y-b}{a}\right).$$

26. 设随机变量 X 的可能取值是 1,2,3,4,5,6，且概率分布是

$$P(X=x)=cx\quad (x=1,\cdots,6),$$

其中 c 是一个正数，试求 X 的期望和中位数.

27. 设随机变量 $X\sim N(10,4)$，求下列概率：

(1) $P(6<X<9)$；

(2) $P(13\leqslant X\leqslant 15)$.

28. 某商店某种商品每月销售量服从泊松分布(参数是 6)，问：在月初该种商品应进货多少才能保证当月不脱销的概率大于 0.99?

29. 设随机变量 X 有分布密度 $p(x)=\dfrac{1}{2}\mathrm{e}^{-|x|}$，试求出 X 的 $p(0<p<1)$分位数.

30. 一个粒子以初速度 v 并与水平夹角为 θ 从原点射出，如下图所示. 在重力的作用下粒子的落点与原点的距离为

$$d = \frac{v^2}{g}\sin 2\theta \quad (g\text{ 是重力加速度}).$$

若 θ 服从区间$[\pi/6,\pi/3]$上的均匀分布,试求距离 d 的期望和方差.

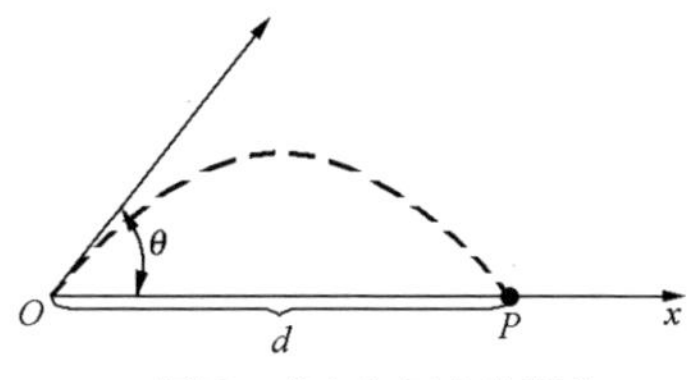

30 题图　落点与原点的距离

31. 设一电阻两端的电压为 $E=120$ V,电阻值 r 是一个随机变量,在 900～1100 Ω 间均分分布,试计算电流 $i=E/r$ 的期望和方差.

*32. 设随机变量 X 的分布密度为

$$p(x)=\begin{cases}\dfrac{1}{m!}x^m \mathrm{e}^{-x}, & x>0,\\ 0, & x\leqslant 0\end{cases}\quad (m\text{ 是正整数}),$$

试证:

$$P(0<X<2(m+1))\geqslant \frac{m}{m+1}.$$

33. 设随机变量 X 取值于区间$[a,b]$内$(-\infty<a<b<+\infty)$,试证下列不等式成立:

$$a\leqslant \mathrm{E}(X)\leqslant b,\quad \mathrm{var}(X)\leqslant \frac{(b-a)^2}{4}.$$

第三章　随 机 向 量

§3.1　随机向量的概念

很多随机现象往往涉及多个随机变量,而且要把这些随机变量当作一个整体来对待.

例 1.1　打靶时,用(X,Y)表示弹着点,其中 X 是该点的横坐标,Y 是该点的纵坐标.由于射击的随机性,X,Y 都是随机变量.对弹着点的研究就是要对向量(X,Y)进行研究.

例 1.2　用导弹向远处的平面目标(如敌方的飞机场、军舰、发电厂)进行攻击.若用的导弹是含有 m 个子弹的子母弹,则 m 个子弹的落点是$(X_1,Y_1),\cdots,(X_m,Y_m)$(每个落点均用平面坐标系中的坐标表示).这就涉及 $2m$ 个随机变量 $X_1,Y_1,\cdots,X_m,Y_m$.

例 1.3　若对炼钢厂炼出的每炉钢的硬度、含碳量和含硫量进行考查,则涉及 3 个随机变量:X(硬度),Y(含碳量),Z(含硫量).

例 1.4(马尾松毛虫的虫情分析)　马尾松毛虫对森林有很大危害,有时使整片森林死光.利用上月的种种情况预测本月的虫情对于防治工作有重要意义.要预测的指标是:

X_1——本月上旬有虫株率 (单位:%);

X_2——本月上旬虫口密度 (单位:虫数/株);

X_3——本月下旬有虫株率 (单位:%);

X_4——本月下旬虫口密度 (单位:虫数/株).

这就涉及 4 个随机变量:X_1,X_2,X_3,X_4.

例 1.5　某公司声称其生产的某种产品质量高.质量检验部门对这种产品进行质量检查.设这种产品的质量可以划分为 5 个等级.随机抽查了 50 件(包)(如茶叶),统计出各等级的件(包)数:$X_1,\cdots,X_5$(X_i 是质量属于 i 级的件(包)数,$i=1,\cdots,5$).这就涉及 5 个随机变量.

这样的例子很多,应强调的是,这些随机变量之间一般说来又有某种联系,因而需要把这些随机变量作为一个整体(向量)来进行研究.

定义 1.1 称 n 个随机变量 $X_1,\cdots,X_n$ 的整体 $\boldsymbol{\xi}=(X_1,\cdots,X_n)$ 为 n **维随机向量**(或 n **维随机变量**). 一维随机向(变)量简称随机变量.

定义 1.1′(数学上的精确定义) 设 $X_1=X_1(\omega),\cdots,X_n=X_n(\omega)$ 都是概率空间$(\Omega,\mathscr{F},P)$上的随机变量,则称

$$\boldsymbol{\xi}=\boldsymbol{\xi}(\omega)\triangleq(X_1(\omega),\cdots,X_n(\omega))$$

为概率空间$(\Omega,\mathscr{F},P)$上的 n **维随机向(变)量**.

例如,炮弹的落点(X,Y)就是一个二维随机向量,每炉钢的基本指标(X,Y,Z)(硬度、含碳量、含硫量)是一个三维随机向量."维数"的概念表示共有几个分量. 从几何图像来看,二维随机向量可以看成平面上的"随机点",三维随机向量可以看成空间(三维空间)中的"随机点". 当 $n\geqslant 4$ 时,n 维随机向量可以想象为 n 维空间中的"随机点". 当然,这只是一种想象,无法用现实的几何图形来表示. 但这种想象是一种有意义的"类比推理",从二维、三维的情况推测高维情形如何.(当然,对 n 维情形提出的一般性结论(定理)还须用数学归纳法或其他方法给予证明后才能承认.)

本章要研究 n 维随机向量及其函数的概率分布与数字特征.

定义 1.2 设 $X_1=X_1(\omega),\cdots,X_n=X_n(\omega)$是 n 个随机变量,$f(x_1,\cdots,x_n)$是 n 元实值函数,则称随机变量 $Y\triangleq f(X_1,\cdots,X_n)$为随机变量 $X_1,\cdots,X_n$ 的函数(即随机向量$(X_1,\cdots,X_n)$的函数).

Y 的直观意义是:当 X_1 取值 x_1,…… X_n 取值 x_n 时,Y 取值 $f(x_1,\cdots,x_n)$. 从数学上看,Y 是复合函数 $f(X_1(\omega),\cdots,X_n(\omega))$.

例 1.6 设 X_1,X_2,X_3 是三个随机变量,

$$f(x_1,x_2,x_3)=\sqrt{x_1^2+x_2^2+x_3^2},$$

$$Y\triangleq f(X_1,X_2,X_3),$$

则(X_1,X_2,X_3)可看成三维空间的随机点,Y 乃是这个随机点与原点$(0,0,0)$的距离.

怎样研究 $n(n\geqslant 2)$ 维随机向量呢？和随机变量一样，n 维随机向量可分为三类：离散型、连续型、其他型. 我们先对离散型和连续型这两种情形分别论述，然后进行一般性论述. 我们重点讨论二维随机向量，然后将二维情形的结论推广到 n 维情形.

§3.2　二维随机向量的联合分布与边缘分布

1. 离散型情形

定义 2.1　称二维随机向量 $\boldsymbol{\xi}=(X,Y)$ 是**离散型**的，若它只取至多可列个不同的值(注意，每个值是一个二维向量). 换句话说，若 $\boldsymbol{\xi}$ 可能取的值可以排成一个(有限或无穷)序列[①].

定义 2.2　设 $\boldsymbol{\xi}=(X,Y)$ 是二维离散型随机向量，其可能值是 $\boldsymbol{a}_1$，$\boldsymbol{a}_2$，…(有限个或可列无穷个)，$p_i\triangleq P(\boldsymbol{\xi}=\boldsymbol{a}_i)\ (i=1,2,\cdots)$，则称

$$\{p_i:\ i=1,2,\cdots\}$$

为 $\boldsymbol{\xi}$ 的**概率分布**，也称之为 $\boldsymbol{\xi}$ 的**概率函数**或**概率分布律**. $\boldsymbol{\xi}=(X,Y)$ 的概率分布也叫作 (X,Y) 的联合概率分布(简称**联合分布**).

从定义 2.2 知

$$\sum_i p_i = 1.$$

我们来研究二维随机向量 $\boldsymbol{\xi}=(X,Y)$，其中 X 的可能值是 x_1，x_2，…(有限个或可列无穷个)，Y 的可能值是 y_1,y_2，…(有限个或可列无穷个). 令

$$E=\{(x_i,y_j):\ i,j=1,2,\cdots\}.$$

显然，$\boldsymbol{\xi}=(X,Y)$ 能取的值都在 E 中. 我们可把 E 看作 $\boldsymbol{\xi}$ 的取值范围. 当然，对某些 i,j，$\{\boldsymbol{\xi}=(x_i,y_j)\}$ 可能是“不可能事件”. 令

$$p_{ij}=P(X=x_i,Y=y_j)\quad (i,j=1,2,\cdots),\tag{2.1}$$

$\{p_{ij}\}$ 就是 $\boldsymbol{\xi}=(X,Y)$ 的概率分布，它可用表 3.2.1 来表示. 表 3.2.1 也称为 $\boldsymbol{\xi}=(X,Y)$ 的**概率分布表**.

---

① 数学上更确切的定义是：若存在有限个或可列个二维向量组成的集合 E，使得“$\boldsymbol{\xi}$ 取值属于 E”为必然事件，则称 $\boldsymbol{\xi}$ 是二维离散型随机向量.

表 3.2.1　(X,Y)的概率分布表

$X \backslash Y$	y_1	y_2	$\cdots$	y_j	$\cdots$
x_1	p_{11}	p_{12}	$\cdots$	p_{1j}	$\cdots$
x_2	p_{21}	p_{22}	$\cdots$	p_{2j}	$\cdots$
$\vdots$	$\vdots$	$\vdots$	$\vdots$	$\vdots$	$\vdots$
x_i	p_{i1}	p_{i2}	$\cdots$	p_{ij}	$\cdots$
$\vdots$	$\vdots$	$\vdots$	$\vdots$	$\vdots$	$\vdots$

这些 p_{ij} 具有下列性质：

(1) $p_{ij} \geqslant 0\ (i,j=1,2,\cdots)$；

(2) $$\sum_i \sum_j p_{ij} = 1. \tag{2.2}$$

例 2.1　设二维随机向量 $\xi=(X,Y)$仅取(1,1),(1.2,1),(1.4,1.5),(1,1.3),(0.9,1.2)这 5 个点，且取各个点的概率相等，则 ξ 的概率分布为

$$P((X,Y)=(1,1))=1/5,\qquad P((X,Y)=(1.2,1))=1/5,$$
$$P((X,Y)=(1.4,1.5))=1/5,\quad P((X,Y)=(1,1.3))=1/5,$$
$$P((X,Y)=(0.9,1.2))=1/5.$$

所以 ξ 的概率分布表如表 3.2.2 所示.

表 3.2.2　(X,Y)的概率分布表

$X \backslash Y$	1	1.5	1.3	1.2
1	1/5	0	1/5	0
1.2	1/5	0	0	0
1.4	0	1/5	0	0
0.9	0	0	0	1/5

例 2.2(三项分布[4])　设二维随机向量 $\xi=(X,Y)$取值于集合

$$E=\{(k_1,k_2):\ k_1 \text{ 和 } k_2 \text{ 都是非负整数且 } k_1+k_2 \leqslant n\},$$

ξ 的概率分布是

$$P((X,Y)=(k_1,k_2))$$
$$=\frac{n!}{k_1!k_2!(n-k_1-k_2)!}p_1^{k_1}p_2^{k_2}(1-p_1-p_2)^{n-k_1-k_2},$$

其中 $n\geqslant 1, 0<p_1, 0<p_2, p_1+p_2<1, (k_1,k_2)\in E$. 这时称 ξ 服从**三项分布**.

为了解释例 2.2 的实际意义,我们考虑下面例 2.3.

例 2.3　今有一大批量粉笔,其中 60%是白的,25%是黄的,15%是红的.现从中随机地依次取出 6 支,问:这 6 支中恰有 3 支白色,1 支黄色,2 支红色的概率是多少?

解　用{白白黄白红红}表示"第 1 支是白的,第 2 支是白的,第 3 支是黄的,第 4 支是白的,第 5 支是红的,第 6 支是红的".由于是大批量,我们可以认为各次抽取是独立的且抽取到黄、红、白粉笔的概率不变,有

$$\begin{aligned} P(\text{白白黄白红红}) &= P(\text{白})P(\text{白})P(\text{黄})P(\text{白})P(\text{红})P(\text{红}) \\ &= 0.6^2\times 0.25\times 0.6\times 0.15^2. \end{aligned}$$

于是

$$\begin{aligned} &P(6\text{ 支中恰有 3 支白色,1 支黄色,2 支红色}) \\ &= m\times 0.6^3\times 0.25\times 0.15^2, \end{aligned}$$

其中 m 是由三白、一黄、二红组成的六维向量的个数.根据排列组合知识,得 $m=\dfrac{6!}{3!1!2!}=60$.因此所求的概率为

$$60\times 0.6^3\times 0.25\times 0.15^2=0.0729.$$

用随机向量的语言来说,若令

$$X=\text{"6 支中白粉笔的支数"},$$
$$Y=\text{"6 支中黄粉笔的支数"},$$

则事件"6 支中恰有 3 支白色,1 支黄色,2 支红色"就是事件

$$\{X=3,Y=1\},\quad \text{即}\quad \{(X,Y)=(3,1)\}.$$

上面的结果可表示为

$$P((X,Y)=(3,1))=\frac{6!}{3!1!2!}0.6^3\times 0.25\times 0.15^2.$$

一般地,对于满足 $k_1\geqslant 0, k_2\geqslant 0$ 及 $k_1+k_2\leqslant 6$ 的 k_1,k_2,有

$$\begin{aligned} &P((X,Y)=(k_1,k_2)) \\ &= P(6\text{ 支中恰有 }k_1\text{ 支白色},k_2\text{ 支黄色},(6-k_1-k_2)\text{ 支红色}) \\ &= \frac{6!}{k_1!k_2!(6-k_1-k_2)!}0.6^{k_1}\times 0.25^{k_2}\times 0.15^{6-k_1-k_2}. \end{aligned}$$

这相当于例 2.2 中的 $n=6, p_1=0.6, p_2=0.25$.

定义 2.3 对于二维随机向量 $\xi=(X,Y)$，分量 X 的概率分布称为 ξ 关于 X 的**边缘分布**，分量 Y 的概率分布称为 ξ 关于 Y 的**边缘分布**.

我们指出，二维随机向量 $\xi=(X,Y)$ 的两个边缘分布均由 ξ 的概率分布（联合分布）完全确定.

实际上，若已知

$$P((X,Y)=(x_i,y_j))=p_{ij} \quad (i,j=1,2,\cdots),$$

则

$$P(X=x_i)=\sum_j P((X,Y)=(x_i,y_j))=\sum_j p_{ij},$$
$$P(Y=y_j)=\sum_i P((X,Y)=(x_i,y_j))=\sum_i p_{ij}.$$

这表明，X 的概率分布和 Y 的概率分布都由 (X,Y) 的联合分布 $\{p_{ij}\}$ 完全确定.

例 2.4 设二维随机向量 $\xi=(X,Y)$ 的概率分布由例 2.1 中的表 3.2.2 所确定，则不难看出

$$P(X=1)=1/5+1/5=2/5,$$
$$P(X=1.2)=P(X=1.4)=P(X=0.9)=1/5.$$

这就是 X 的概率分布；类似地，

$$P(Y=1)=1/5+1/5=2/5,$$
$$P(Y=1.5)=P(Y=1.3)=P(Y=1.2)=1/5.$$

这就是 Y 的概率分布.

我们指出，知道了 X 的概率分布和 Y 的概率分布并不能确定 (X,Y) 的联合分布. 换句话说，(X,Y) 的联合分布不能由边缘分布唯一确定.

例 2.5 设随机变量 X 取值 0 或 1，随机变量 Y 也取值 0 或 1，且二维随机向量 (X,Y) 的概率分布是

$$P((X,Y)=(0,0))=1/4+\varepsilon,$$
$$P((X,Y)=(0,1))=1/4-\varepsilon,$$
$$P((X,Y)=(1,0))=1/4-\varepsilon,$$
$$P((X,Y)=(1,1))=1/4+\varepsilon,$$

其中 $0\leqslant\varepsilon\leqslant1/4$.

易知,不同的 ε 对应不同的联合分布.但是,不难看出

$$P(X=0)=P((X,Y)=(0,0))+P((X,Y)=(0,1))=1/2,$$

$$P(X=1)=P((X,Y)=(1,0))+P((X,Y)=(1,1))=1/2.$$

同理,有

$$P(Y=0)=P(Y=1)=1/2.$$

由此可见,两个边缘分布均与 ε 无关.这表明,有无穷多个不同的联合分布具有相同的边缘分布.

2. 连续型情形

定义 2.4　设 $\boldsymbol{\xi}=(X,Y)$ 是二维随机向量.如果存在非负函数 $p(x,y)$(x,y 是任意实数),使得对于任何矩形

$$D=\{(x,y):a<x<b,c<y<d\}\quad(a<b,c<d),$$

下式均成立:

$$P((X,Y)\in D)=\iint_D p(x,y)\mathrm{d}x\mathrm{d}y, \tag{2.3}$$

则称 $\boldsymbol{\xi}$ 是**连续型**的,并称 $p(x,y)$ 为 $\boldsymbol{\xi}$ 的**概率分布密度函数**(简称**分布密度**或**密度函数**),也称 $p(x,y)$ 为 (X,Y) 的**联合分布密度**(简称**联合密度**).

对于二维连续型随机向量 $\boldsymbol{\xi}=(X,Y)$,可以证明对于平面上相当任意的集合 A,下式均成立①:

$$P((X,Y)\in A)=\iint_A p(x,y)\mathrm{d}x\mathrm{d}y, \tag{2.4}$$

其中 $p(x,y)$ 是 (X,Y) 的联合密度.$\left(\text{对一般的 } A,\ \iint_A p(x,y)\mathrm{d}x\mathrm{d}y\triangleq\int_{-\infty}^{+\infty}\int_{-\infty}^{+\infty}I_A(x,y)p(x,y)\mathrm{d}x\mathrm{d}y,\text{ 这里 } I_A(x,y) \text{ 是集合 } A \text{ 的示性函数.}\right)$

---

① 公式(2.4)中"相当任意"的集合 A 是指:A 为平面上的 Borel 集.根据概率的性质,(2.4)式左端是 A 的概率测度;根据积分的性质,(2.4)式右端也是 A 的概率测度.这两个测度在所有矩形上有相等的值,利用测度论中的一个定理可以推出这两个测度在所有 Borel 集 A 上均相等.

公式(2.4)是本章的基本公式之一.它的证明要用到较深的数学知识,超出了本书的范围,我们不证明了.读者要理解这个公式的意义和用法.

对于联合密度 $p(x,y)$,有下列几点说明:

(1) 若函数 $p(x,y)$ 在点 (x_0,y_0) 处连续,易知

$$\lim_{\substack{\Delta x\to 0+\\ \Delta y\to 0+}}\frac{1}{\Delta x\Delta y}P\left(x_0-\frac{\Delta x}{2}<X<x_0+\frac{\Delta x}{2},y_0-\frac{\Delta y}{2}<Y<y_0+\frac{\Delta y}{2}\right)$$

$$=\lim_{\substack{\Delta x\to 0+\\ \Delta y\to 0+}}\frac{1}{\Delta x\Delta y}\int_{x_0-\Delta x/2}^{x_0+\Delta x/2}\int_{y_0-\Delta y/2}^{y_0+\Delta y/2}p(x,y)\mathrm{d}x\mathrm{d}y=p(x_0,y_0).$$

由此知道,若 $p(x_0,y_0)$ 比较大,则 (X,Y) 在点 (x_0,y_0) 附近取值的概率比较大.分布密度与物理学中质量的面密度有相似之处.还不难看出,若 $p(x,y)$ 和 $q(x,y)$ 都是 $\boldsymbol{\xi}=(X,Y)$ 的联合密度且都是连续函数,则

$$p(x,y)\equiv q(x,y).$$

(2) 若 $p(x,y)$ 是 $\boldsymbol{\xi}=(X,Y)$ 的联合密度,则

$$\int_{-\infty}^{+\infty}\int_{-\infty}^{+\infty}p(x,y)\mathrm{d}x\mathrm{d}y=1. \tag{2.5}$$

实际上,令 $A_n=\{(x,y):-n<x<n,-n<y<n\}(n=1,2,\cdots)$,则从(2.3)式知

$$P((X,Y)\in A_n)=\int_{-n}^{n}\int_{-n}^{n}p(x,y)\mathrm{d}x\mathrm{d}y.$$

令 $n\to\infty$,注意到 $\bigcup\limits_{n=1}^{\infty}A_n=\mathbf{R}^2$(全平面),故(2.5)式成立.当然,在(2.4)式中令 $A=\mathbf{R}^2$ 即得(2.5)式.

(3) 设随机向量 $\boldsymbol{\xi}=(X,Y)$ 的联合密度是 $p(x,y)$,若函数 $q(x,y)$ 非负且与 $p(x,y)$ 只在一些个别点上有不同的值,则 $q(x,y)$ 也是 $\boldsymbol{\xi}=(X,Y)$ 的联合密度.这是因为定积分(包括重积分)的值不因被积函数在一些个别点上的值改变而改变.

从公式(2.4)知道,二维随机向量 $\boldsymbol{\xi}=(X,Y)$ 的取值落入平面上任一区域 A 的概率等于联合密度 $p(x,y)$ 在 A 上的积分.这就把概率的计算化为二重积分的计算.由此看出,事件 $\{(X,Y)\in A\}$ 的概率等于以曲面 $z=p(x,y)$ 为顶,以平面区域 A 为底的曲顶柱体的体积.这就给出了 $p(x,y)$ 的几何意义.

例 2.6　设二维随机向量$\boldsymbol{\xi}=(X,Y)$的联合密度为

$$p(x,y)=\begin{cases}ce^{-(x+y)}, & x\geqslant 0 \text{ 且 } y\geqslant 0,\\ 0, & \text{其他},\end{cases}$$

其中c是一个常数,求:

(1) c的值;　　　(2) $P(0<X<1,0<Y<1)$.

解　(1) 从(2.5)式知

$$1=\int_0^{+\infty}\int_0^{+\infty}ce^{-(x+y)}\,\mathrm{d}x\mathrm{d}y=c\int_0^{+\infty}\mathrm{e}^{-x}\,\mathrm{d}x\cdot\int_0^{+\infty}\mathrm{e}^{-y}\,\mathrm{d}y,$$

于是$c=1$.

(2) 取$D=\{(x,y):0<x<1,0<y<1\}$,从(2.3)式知

$$\begin{aligned}P(0<X<1,0<Y<1)&=P((X,Y)\in D)\\&=\int_0^1\int_0^1\mathrm{e}^{-(x+y)}\,\mathrm{d}x\mathrm{d}y=\int_0^1\mathrm{e}^{-x}\,\mathrm{d}x\cdot\int_0^1\mathrm{e}^{-y}\,\mathrm{d}y=(1-\mathrm{e}^{-1})^2.\end{aligned}$$

定义 2.5　设G是平面上面积为$a\,(0<a<+\infty)$的区域,称二维随机向量$\boldsymbol{\xi}=(X,Y)$服从G上的**均匀分布**,若$P((X,Y)\in G)=1$,且(X,Y)取值属于G的任何部分A(A是G的子区域)的概率与A的面积成正比.

此时,容易推知二维随机向量$\boldsymbol{\xi}=(X,Y)$有联合密度为

$$p(x,y)=\begin{cases}1/a, & (x,y)\in G,\\ 0, & \text{其他}.\end{cases}\tag{2.6}$$

最重要的二维随机向量是二维正态随机向量.

定义 2.6　称二维随机向量$\boldsymbol{\xi}=(X,Y)$服从**二维正态分布**,若它有联合密度

$$\begin{aligned}p(x,y)=&\frac{1}{2\pi\sigma_1\sigma_2\sqrt{1-\rho^2}}\exp\left\{-\frac{1}{2(1-\rho^2)}\left[\left(\frac{x-\mu_1}{\sigma_1}\right)^2\right.\right.\\&\left.\left.-\frac{2\rho(x-\mu_1)(y-\mu_2)}{\sigma_1\sigma_2}+\left(\frac{y-\mu_2}{\sigma_2}\right)^2\right]\right\},\end{aligned}\tag{2.7}$$

其中有5个参数:$\mu_1,\mu_2,\sigma_1,\sigma_2,\rho\,(\sigma_1>0,\sigma_2>0,|\rho|<1)$.服从二维正态分布的随机向量叫作**二维正态随机向量**.二维正态分布也称**二元正态分布**.

表达式(2.7)比较复杂,函数$z=p(x,y)$的图像见图3.2.1.以后

知道,其中的 5 个参数均有明确的几何意义和物理意义.

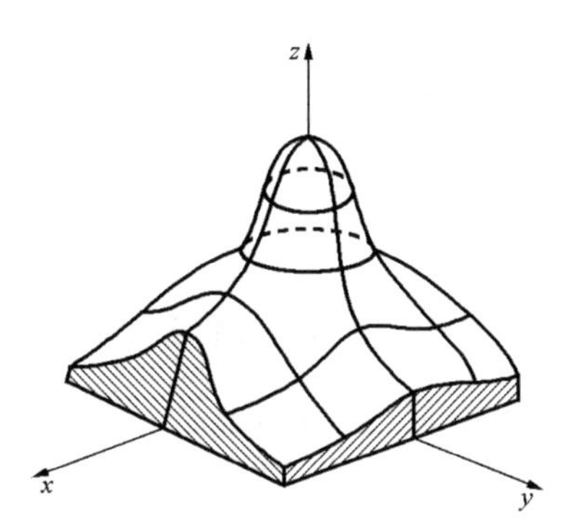

图 3.2.1 二维正态分布密度函数的图像

与离散型情形一样,也可讨论连续型随机向量的边缘分布(见定义 2.3).

定理 2.1 设 $p(x,y)$是二维随机向量 $\boldsymbol{\xi}=(X,Y)$的联合密度,则

$$p_X(x) \triangleq \int_{-\infty}^{+\infty} p(x,y)\mathrm{d}y, \quad p_Y(y) \triangleq \int_{-\infty}^{+\infty} p(x,y)\mathrm{d}x$$

分别是 X,Y 的分布密度.

证明 对任何 $a<b$,令

$$A_n=\{(x,y): a<x<b, -n<y<n\} \quad (n=1,2,\cdots).$$

从(2.3)式知

$$P((X,Y)\in A_n)=\int_a^b\int_{-n}^n p(x,y)\mathrm{d}x\mathrm{d}y.$$

令 $n\to\infty$,注意 $\bigcup_{n=1}^{\infty} A_n=(a,b)\times(-\infty,+\infty)$,易知

$$P(a<X<b)=\int_a^b\int_{-\infty}^{+\infty} p(x,y)\mathrm{d}x\mathrm{d}y$$

$$=\int_a^b\left(\int_{-\infty}^{+\infty} p(x,y)\mathrm{d}y\right)\mathrm{d}x=\int_a^b p_X(x)\mathrm{d}x.$$

这表明 $p_X(x)$是 X 的分布密度.这个结论也可从(2.4)式直接得到(令 $A=\{(x,y): a<x<b, -\infty<y<+\infty\}$即得).

同理知 $p_Y(y)$是 Y 的分布密度. □

例 2.7 设 G 是由抛物线 $y=x^2$ 和直线 $y=x$ 所围成的区域

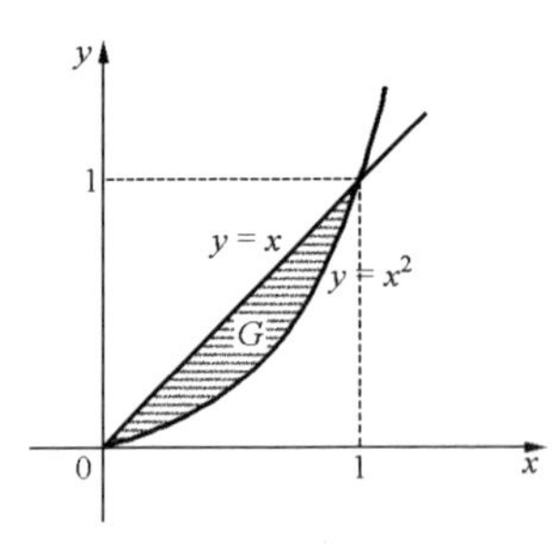

图 3.2.2　区域 G 的示意图

(图 3.2.2). 若二维随机向量 $\xi=(X,Y)$ 服从 G 上的均匀分布,试求 ξ 的联合密度和两个边缘分布密度.

解　由于 G 的面积为

$$\int_0^1 (x-x^2)\,\mathrm{d}x = \frac{1}{6},$$

从(2.6)式知联合密度为

$$p(x,y)=\begin{cases}6, & (x,y)\in G,\\ 0, & \text{其他}.\end{cases}$$

利用定理 2.1,得 X 的分布密度 $p_X(x)$ 和 Y 的分布密度 $p_Y(y)$ 分别如下:

$$\begin{aligned} p_X(x) &= \int_{-\infty}^{+\infty} p(x,y)\,\mathrm{d}y \\ &= \int_{x^2}^{x} 6\,\mathrm{d}y = 6(x-x^2) \quad (0\leqslant x\leqslant 1), \\ p_X(x) &= 0 \quad (x \overline{\in} [0,1]), \\ p_Y(y) &= \int_{-\infty}^{+\infty} p(x,y)\,\mathrm{d}x = \int_y^{\sqrt{y}} 6\,\mathrm{d}x \\ &= 6(\sqrt{y}-y) \quad (0\leqslant y\leqslant 1), \\ p_Y(y) &= 0 \quad (y \overline{\in} [0,1]). \end{aligned}$$

例 2.8　设二维随机向量 $\xi=(X,Y)$ 服从二维正态分布,其联合密度见(2.7)式,试求出 X 的分布密度和 Y 的分布密度.

解　设 X 的分布密度是 $p_X(x)$. 从定理 2.1 知

$$\begin{aligned} p_X(x) &= \int_{-\infty}^{+\infty} p(x,y)\,\mathrm{d}y \\ &= \frac{1}{2\pi\sigma_1\sigma_2\sqrt{1-\rho^2}} \exp\left\{-\frac{1}{2(1-\rho^2)}\left(\frac{x-\mu_1}{\sigma_1}\right)^2\right\} \\ &\quad \cdot \int_{-\infty}^{+\infty} \exp\left\{-\frac{1}{2(1-\rho^2)}\left[\left(\frac{y-\mu_2}{\sigma_2}\right)^2\right.\right. \\ &\quad \left.\left. -2\rho\,\frac{(x-\mu_1)(y-\mu_2)}{\sigma_1\sigma_2}\right]\right\}\mathrm{d}y. \end{aligned}$$

作变量替换 $t=\dfrac{y-\mu_2}{\sigma_2}$,得

$$p_X(x)=\frac{1}{2\pi\sigma_1\sqrt{1-\rho^2}}\exp\left\{-\frac{1}{2(1-\rho^2)}\left(\frac{x-\mu_1}{\sigma_1}\right)^2\right\}\cdot A,$$

其中

$$\begin{aligned}A&=\int_{-\infty}^{+\infty}\exp\left\{-\frac{1}{2(1-\rho^2)}\left[t^2-2\rho\left(\frac{x-\mu_1}{\sigma_1}\right)t\right]\right\}\mathrm{d}t\\&=\int_{-\infty}^{+\infty}\exp\left\{-\frac{1}{2(1-\rho^2)}\left[\left(t-\rho\frac{x-\mu_1}{\sigma_1}\right)^2-\rho^2\left(\frac{x-\mu_1}{\sigma_1}\right)^2\right]\right\}\mathrm{d}t\\&=\exp\left\{\frac{\rho^2}{2(1-\rho^2)}\left(\frac{x-\mu_1}{\sigma_1}\right)^2\right\}\\&\quad\cdot\int_{-\infty}^{+\infty}\exp\left\{-\frac{1}{2(1-\rho^2)}\left(t-\rho\frac{x-\mu_1}{\sigma_1}\right)^2\right\}\mathrm{d}t\\&=\exp\left\{\frac{\rho^2}{2(1-\rho^2)}\left(\frac{x-\mu_1}{\sigma_1}\right)^2\right\}\sqrt{2\pi(1-\rho^2)}.\end{aligned}$$

于是

$$p_X(x)=\frac{1}{\sqrt{2\pi}\sigma_1}\exp\left\{-\frac{(x-\mu_1)^2}{2\sigma_1^2}\right\}.\tag{2.8}$$

同理知

$$p_Y(y)=\frac{1}{\sqrt{2\pi}\sigma_2}\exp\left\{-\frac{(y-\mu_2)^2}{2\sigma_2^2}\right\}.$$

这表明 $X\sim N(\mu_1,\sigma_1^2)$,$Y\sim N(\mu_2,\sigma_2^2)$.

由例 2.8 的结果,μ_1,σ_1,μ_2,σ_2 这 4 个参数的意义昭然若揭:分别是两个边缘分布的期望与方差.至于参数 ρ,以后会知道它是 X 与 Y 之间相关关系的一种度量.从(2.8)式还知道

$$\int_{-\infty}^{+\infty}\int_{-\infty}^{+\infty}p(x,y)\mathrm{d}x\mathrm{d}y=\int_{-\infty}^{+\infty}p_X(x)\mathrm{d}x=1.$$

这表明,由(2.7)式定义的函数 $p(x,y)$确实是一个分布密度.(见注)

注 数学上可以证明,若二元函数 $p(x,y)$非负且满足

$$\int_{-\infty}^{+\infty}\int_{-\infty}^{+\infty}p(x,y)\mathrm{d}x\mathrm{d}y=1,$$

则有二维随机向量 $\boldsymbol{\xi}=(X,Y)$以 $p(x,y)$为联合密度.

实际上,令 $\Omega=\mathbf{R}^2$,$\mathscr{F}$ 由 Ω 中全体 Borel 集组成,

$$P(A)\triangleq\iint\limits_A p(x,y)\mathrm{d}x\mathrm{d}y\quad(A\in\mathscr{F}).$$

当 $\omega=(x,y)\in\Omega$ 时,定义 $X(\omega)=x,Y(\omega)=y$,则 $\boldsymbol{\xi}=(X(\omega),Y(\omega))$是二维随机向量,且

$$P(a<X(\omega)<b,c<Y(\omega)<d)=\int_a^b\int_c^d p(x,y)\mathrm{d}x\mathrm{d}y,$$

即 $p(x,y)$是 $\boldsymbol{\xi}$ 的联合密度.

定理 2.1 告诉我们,边缘分布密度由联合密度确定.但应注意的是,不同的联合密度可能有相同的边缘分布密度.换句话说,联合密度不能由两个边缘分布密度完全确定.

例 2.9 设二维随机向量 $\boldsymbol{\xi}=(X,Y)$有联合密度

$$p_1(x,y)=\frac{1}{2\pi}\exp\left\{-\frac{1}{2}(x^2+y^2)\right\},$$

二维随机向量 $\boldsymbol{\eta}=(U,V)$有联合密度

$$p_2(x,y)=\begin{cases}2p_1(x,y), & xy\geqslant 0,\\ 0, & \text{其他}.\end{cases}$$

我们指出,X 与 U 有相同的分布密度,Y 与 V 有相同的分布密度.

实际上,一方面,当 $x\leqslant 0$ 时,

$$\begin{aligned}\int_{-\infty}^{+\infty}p_2(x,y)\mathrm{d}y&=\int_{-\infty}^{0}2p_1(x,y)\mathrm{d}y\\&=\frac{1}{\pi}\int_{-\infty}^{0}\mathrm{e}^{-(x^2+y^2)/2}\mathrm{d}y=\frac{1}{\pi}\mathrm{e}^{-x^2/2}\int_{-\infty}^{0}\mathrm{e}^{-y^2/2}\mathrm{d}y\\&=\frac{1}{\pi}\mathrm{e}^{-x^2/2}\ \frac{1}{2}\int_{-\infty}^{+\infty}\mathrm{e}^{-y^2/2}\mathrm{d}y=\frac{1}{\sqrt{2\pi}}\mathrm{e}^{-x^2/2}.\end{aligned}$$

类似地,当 $x>0$ 时,

$$\begin{aligned}\int_{-\infty}^{+\infty}p_2(x,y)\mathrm{d}y&=\int_{0}^{+\infty}2p_1(x,y)\mathrm{d}y\\&=\frac{1}{\pi}\int_{0}^{+\infty}\mathrm{e}^{-(x^2+y^2)/2}\mathrm{d}y=\frac{1}{\sqrt{2\pi}}\mathrm{e}^{-x^2/2}.\end{aligned}$$

总之,

$$\int_{-\infty}^{+\infty}p_2(x,y)\mathrm{d}y=\frac{1}{\sqrt{2\pi}}\mathrm{e}^{-x^2/2}\quad(\text{一切 }x).$$

同理知

$$\int_{-\infty}^{+\infty} p_2(x,y)\mathrm{d}x = \frac{1}{\sqrt{2\pi}}\mathrm{e}^{-y^2/2} \quad (一切\ y).$$

另一方面,易知

$$\int_{-\infty}^{+\infty} p_1(x,y)\mathrm{d}y = \frac{1}{\sqrt{2\pi}}\mathrm{e}^{-x^2/2} \quad (一切\ x),$$

$$\int_{-\infty}^{+\infty} p_1(x,y)\mathrm{d}x = \frac{1}{\sqrt{2\pi}}\mathrm{e}^{-y^2/2} \quad (一切\ y).$$

故

$$\int_{-\infty}^{+\infty} p_1(x,y)\mathrm{d}y \equiv \int_{-\infty}^{+\infty} p_2(x,y)\mathrm{d}y,$$

$$\int_{-\infty}^{+\infty} p_1(x,y)\mathrm{d}x \equiv \int_{-\infty}^{+\infty} p_2(x,y)\mathrm{d}x.$$

这表示 X 与 U 有相同的分布密度,Y 与 V 有相同的分布密度.

3. 一般情形

对于任何二维随机向量 $\boldsymbol{\xi}=(X,Y)$(它不一定是离散型或连续型的),总可用下列分布函数来刻画其概率特性.

定义 2.7　设 $\boldsymbol{\xi}=(X,Y)$是二维随机向量,则称

$$F(x,y) = P(X \leqslant x, Y \leqslant y) \quad (x,y\in\mathbf{R})$$

为 $\boldsymbol{\xi}$ 的**分布函数**,也称为(X,Y)的**联合分布函数**.

分布函数 $F(x,y)$有下列性质:

(1) $0\leqslant F(x,y)\leqslant 1$;

(2) $F(x,y)$是 x 的右连续增函数,也是 y 的右连续增函数;

(3) $\lim\limits_{x\to-\infty} F(x,y)=0$, $\lim\limits_{y\to-\infty} F(x,y)=0$;

(4) $\lim\limits_{x\to+\infty} F(x,y)=P(Y\leqslant y)$, $\lim\limits_{y\to+\infty} F(x,y)=P(X\leqslant x)$;

(5) 对任何 $x_1\leqslant x_2, y_1\leqslant y_2$,有

$$F(x_2,y_2) - F(x_1,y_2) - F(x_2,y_1) + F(x_1,y_1) \geqslant 0. \tag{2.9}$$

上述性质(1)至(4)的证明甚易,完全仿效一维随机变量情形的证明即可(参看第二章的定理 4.2).

现在来证明性质(5). 我们指出,对一切 $x_1\leqslant x_2, y_1\leqslant y_2$,有

$$P(x_1 < X \leqslant x_2, y_1 < Y \leqslant y_2)$$
$$= F(x_2, y_2) - F(x_1, y_2) - F(x_2, y_1) + F(x_1, y_1). \quad (2.10)$$

实际上,

$$\begin{aligned} &P(x_1 < X \leqslant x_2, y_1 < Y \leqslant y_2) \\ &= P(x_1 < X \leqslant x_2, Y \leqslant y_2) - P(x_1 < X \leqslant x_2, Y \leqslant y_1) \\ &= P(X \leqslant x_2, Y \leqslant y_2) - P(X \leqslant x_1, Y \leqslant y_2) \\ &\quad - [P(X \leqslant x_2, Y \leqslant y_1) - P(X \leqslant x_1, Y \leqslant y_1)] \\ &= F(x_2, y_2) - F(x_1, y_2) - [F(x_2, y_1) - F(x_1, y_1)]. \end{aligned}$$

由此可见(2.10)式成立,从而(2.9)式成立. □

若二维随机向量$\boldsymbol{\xi}=(X,Y)$有联合密度$p(x,y)$,则$\boldsymbol{\xi}$的联合分布函数$F(x,y)$与联合密度$p(x,y)$有关系式

$$F(x,y) = \int_{-\infty}^{x}\int_{-\infty}^{y} p(u,v)\mathrm{d}u\mathrm{d}v. \quad (2.11)$$

实际上,任给定x,y及正整数m,令

$$D_n = \left\{(u,v):\ x-n<u<x+\frac{1}{m}, y-n<v<y+\frac{1}{m}\right\} \quad (n\geqslant 1),$$

则$D_n \subset D_{n+1}$,且$\bigcup\limits_{n=1}^{\infty} D_n = \left\{(u,v):\ u<x+\frac{1}{m}, v<y+\frac{1}{m}\right\}$. 于是(根据(2.3)式)

$$P((X,Y)\in D_n) = \int_{-n+x}^{x+\frac{1}{m}}\int_{-n+y}^{y+\frac{1}{m}} p(u,v)\mathrm{d}u\mathrm{d}v.$$

令$n\to\infty$,知

$$P\left(X < x+\frac{1}{m}, Y < y+\frac{1}{m}\right) = \int_{-\infty}^{x+\frac{1}{m}}\int_{-\infty}^{y+\frac{1}{m}} p(u,v)\mathrm{d}u\mathrm{d}v.$$

令

$$E_m = \left\{X < x+\frac{1}{m}, Y < y+\frac{1}{m}\right\} \quad (m \geqslant 1),$$

则

$$E_m \supset E_{m+1}, \quad 且 \quad \bigcap_{m=1}^{\infty} E_m = \{X \leqslant x, Y \leqslant y\}.$$

令$m\to\infty$,知

$$P(X \leqslant x, Y \leqslant y) = \int_{-\infty}^{x}\int_{-\infty}^{y} p(u,v)\mathrm{d}u\mathrm{d}v.$$

故(2.11)式成立(当然,(2.11)式也可以直接从(2.4)式推出).

利用微积分知识推知,若二维随机向量 $\boldsymbol{\xi}=(X,Y)$ 的联合分布函数 $F(x,y)$ 有二阶连续偏导数 $\dfrac{\partial^2 F}{\partial x\partial y}$,则对任何 b,d,有

$$F(b,d)=\int_{-\infty}^{b}\int_{-\infty}^{d}\frac{\partial^2 F}{\partial x\partial y}\mathrm{d}x\mathrm{d}y. \tag{2.12}$$

换句话说,$\dfrac{\partial^2 F}{\partial x\partial y}$ 就是 $\boldsymbol{\xi}$ 的分布密度.实际上,从(2.10)式知

$$\begin{aligned}
&P(a<X\leqslant b,c<Y\leqslant d)\\
&=\int_a^b\frac{\partial F(x,d)}{\partial x}\mathrm{d}x-\int_a^b\frac{\partial F(x,c)}{\partial x}\mathrm{d}x\\
&=\int_a^b\left[\frac{\partial F(x,d)}{\partial x}-\frac{\partial F(x,c)}{\partial x}\right]\mathrm{d}x\\
&=\int_a^b\left[\int_c^d\frac{\partial^2 F(x,y)}{\partial x\partial y}\mathrm{d}y\right]\mathrm{d}x\\
&=\int_a^b\int_c^d\frac{\partial^2 F}{\partial x\partial y}\mathrm{d}x\mathrm{d}y.
\end{aligned}$$

令 $a\to-\infty,c\to-\infty$,即知(2.12)式成立.

作为本节的末尾,我们指出,随机向量的分布函数在理论上比较重要,但在实际应用上较少用到.对于离散型随机向量,常用概率分布列来刻画概率分布的特性;而对于连续型随机向量,则常用分布密度,不大使用分布函数.

§3.3 随机变量的独立性

设 X 与 Y 是两个随机变量,实际工作中常常要考查 X 的取值是否影响 Y 的取值.例如,用 X 和 Y 分别表示某地区一个人的身高和体重,则 X 取值较大时 Y 的值也可能比较大(显然,不能由 X 的取值确定 Y 的值),因为身高者大都体也重.有时 X 取值谈不上对 Y 取值有什么影响,例如 X 和 Y 分别表示一个人的身高和智商.为了研究两个变量间是否有关联,引入下面的定义:

定义 3.1 设 X 和 Y 都是随机变量.如果对任何 $a<b,c<d$,事件

$\{a<X<b\}$与$\{c<Y<d\}$相互独立，则称 X 与 Y **相互独立**(简称**独立**).

从定义 3.1 推知，若随机变量 X 与 Y 相互独立，则对任何 $a<b$，$c<d$，有$\{a<X\leqslant b\}$与$\{c<Y\leqslant d\}$相互独立，$\{a\leqslant X<b\}$与$\{c<Y<d\}$相互独立，$\{a\leqslant X\leqslant b\}$与$\{c\leqslant Y\leqslant d\}$相互独立.[①]

实际上，对任何 $n\geqslant 1$，由于$\left\{a<X<b+\frac{1}{n}\right\}$与$\left\{c<Y<d+\frac{1}{n}\right\}$相互独立，知

$$P\left(a<X<b+\frac{1}{n},c<Y<d+\frac{1}{n}\right)=P\left(a<X<b+\frac{1}{n}\right)P\left(c<Y<d+\frac{1}{n}\right).$$

令 $n\to\infty$，得

$$P(a<X\leqslant b,c<Y\leqslant d)=P(a<X\leqslant b)P(c<Y\leqslant d).$$

这表明$\{a<X\leqslant b\}$与$\{c<Y\leqslant d\}$相互独立. 其他情形可类似地证明.

我们指出，随机变量 X 与 Y 是否相互独立乃是二维随机向量 (X,Y)的联合分布的性质且可由联合分布判断出.

定理 3.1 设随机变量 X 的可能值是 $x_1,x_2,\cdots$(有限个或可列无穷个)，随机变量 Y 的可能值是 $y_1,y_2,\cdots$(有限个或可列无穷个)，则 X 与 Y 相互独立的充分必要条件是，对一切 i,j，下式成立：

$$P(X=x_i,Y=y_j)=P(X=x_i)P(Y=y_j). \tag{3.1}$$

证明 充分性 设(3.1)式成立. 任给定 $a<b,c<d$，令

$$A=\{x_i: a<x_i<b\},\quad B=\{y_j: c<y_j<d\},$$

则

$$\begin{aligned}P(a<X<b,c<Y<d)&=P\Big(\bigcup_{\substack{a<x_i<b\\ c<y_j<d}}\{X=x_i,Y=y_j\}\Big)\\&=\sum_{x_i\in A}\sum_{y_j\in B}P(X=x_i,Y=y_j)\\&=\sum_{x_i\in A}\sum_{y_j\in B}P(X=x_i)P(Y=y_j)\\&=\sum_{x_i\in A}P(X=x_i)\cdot\sum_{y_j\in B}P(Y=y_j)\end{aligned}$$

---

① 利用测度论知识可以进一步证明：若随机变量 X 与 Y 相互独立，则对于任何 Borel 集 A 和 B，事件$\{X\in A\}$与$\{Y\in B\}$相互独立.

$$= P(a < X < b)P(c < Y < d).$$

故 X 与 Y 相互独立.

必要性 设 X 与 Y 相互独立.任给定 i,j,令

$$A_n = \left\{x_i - \frac{1}{n} < X < x_i + \frac{1}{n}\right\},$$

$$B_n = \left\{y_j - \frac{1}{n} < Y < y_j + \frac{1}{n}\right\},$$

则

$$P(A_n \cap B_n) = P(A_n)P(B_n). \tag{3.2}$$

注意 $A_n \supset A_{n+1}, B_n \supset B_{n+1}, A_nB_n \supset A_{n+1}B_{n+1}, \bigcap_{n=1}^{\infty} A_n = \{X = x_i\}, \bigcap_{n=1}^{\infty} B_n = \{Y = y_j\}, \bigcap_{n=1}^{\infty}(A_nB_n) = \{X = x_i, Y = y_j\}$.在(3.2)式中,令 $n \to \infty$,得

$$P(X = x_i, Y = y_j) = P(X = x_i)P(Y = y_j).$$

这表明(3.1)式成立. □

定理 3.2 设随机变量 X,Y 分别有分布密度 $p_X(x), p_Y(y)$,则 X 与 Y 相互独立的充分必要条件是二元函数 $p(x,y) = p_X(x)p_Y(y)$ 是二维随机向量 (X,Y) 的联合密度.

证明 充分性 设 $p_X(x)p_Y(y)$ 是 (X,Y) 的联合密度,则对任何 $a<b, c<d$,有

$$P(a < X < b, c < Y < d) = \int_a^b \int_c^d p_X(x)p_Y(y)\mathrm{d}x\mathrm{d}y$$

$$= \int_a^b p_X(x)\mathrm{d}x \cdot \int_c^d p_Y(y)\mathrm{d}y = P(a < X < b)P(c < Y < d).$$

这表明 X 与 Y 相互独立.

必要性 设 X 与 Y 相互独立,则对任何 $a<b, c<d$,有

$$P(a < X < b, c < Y < d) = P(a < X < b)P(c < Y < d)$$

$$= \int_a^b p_X(x)\mathrm{d}x \cdot \int_c^d p_Y(y)\mathrm{d}y = \int_a^b \int_c^d p_X(x)p_Y(y)\mathrm{d}x\mathrm{d}y.$$

这表明 $p_X(x)p_Y(y)$ 是 (X,Y) 的联合密度. □

推论 3.1 设二维随机向量 (X,Y) 的联合密度 $p(x,y)$ 可表成下列形式:

$$p(x,y)=f(x)g(y), \tag{3.3}$$

其中 $f(x)\geqslant 0, g(y)\geqslant 0$，且 $\int_{-\infty}^{+\infty}f(x)\mathrm{d}x$ 收敛，则 X 与 Y 相互独立.

证明　由于 $\int_{-\infty}^{+\infty}\int_{-\infty}^{+\infty}p(x,y)\mathrm{d}x\mathrm{d}y=1$，知 $c\triangleq\int_{-\infty}^{+\infty}f(x)\mathrm{d}x>0$. 不难推知 X 的分布密度是 $p_X(x)=\frac{1}{c}f(x)$，Y 的分布密度是 $p_Y(y)=cg(y)$. 从(3.3)式知 $p(x,y)=p_X(x)p_Y(y)$. 利用定理 3.2，知 X 与 Y 相互独立. □

例 3.1　设二维随机向量(X,Y)服从二维正态分布，其联合密度 $p(x,y)$由(2.7)式给出，$\mu_1,\mu_2,\sigma_1,\sigma_2,\rho$ 是 5 个参数，则 X 与 Y 相互独立的充分必要条件是 $\rho=0$.

实际上，在§3.2 中已求出 X 的分布密度 $p_X(x)$和 Y 的分布密度 $p_Y(y)$如下：

$$p_X(x)=\frac{1}{\sqrt{2\pi}\sigma_1}\exp\left\{-\frac{1}{2\sigma_1^2}(x-\mu_1)^2\right\},$$

$$p_Y(y)=\frac{1}{\sqrt{2\pi}\sigma_2}\exp\left\{-\frac{1}{2\sigma_2^2}(y-\mu_2)^2\right\},$$

于是

$$p_X(x)p_Y(y)=\frac{1}{2\pi\sigma_1\sigma_2}\exp\left\{-\frac{1}{2}\left[\left(\frac{x-\mu_1}{\sigma_1}\right)^2+\left(\frac{y-\mu_2}{\sigma_2}\right)^2\right]\right\}.$$

由此看出，当 $\rho=0$ 时，

$$p(x,y)=p_X(x)p_Y(y).$$

故从定理 3.2 知 X 与 Y 相互独立.

反之，若 X 与 Y 相互独立，则 $p_X(x)p_Y(y)$是(X,Y)的联合密度. 既然 $p(x,y)$和 $p_X(x)p_Y(y)$都是连续函数，故

$$p(x,y)\equiv p_X(x)p_Y(y).$$

特别知 $p(\mu_1,\mu_2)=p_X(\mu_1)p_Y(\mu_2)$，于是

$$\frac{1}{2\pi\sigma_1\sigma_2\sqrt{1-\rho^2}}=\frac{1}{2\pi\sigma_1\sigma_2},$$

从而 $\rho=0$.

对于二维正态分布来讲,参数 ρ 可在区间$(-1,1)$中任意取值,不同的 ρ 对应的概率分布是不同的. 但两个边缘分布均与 ρ 无关. 这表明,有无穷多个概率分布不同的正态随机向量,其两个边缘分布分别是给定的正态分布 $N(\mu_1,\sigma_1^2)$ 与 $N(\mu_2,\sigma_2^2)$. 即使是正态随机向量,边缘分布也不能完全确定联合分布.

定理 3.3 设 $\boldsymbol{\xi}=(X,Y)$是二维随机向量,X 的分布函数是 $F_X(x)$,Y 的分布函数是 $F_Y(y)$,则 X 与 Y 相互独立的充分必要条件是 $\boldsymbol{\xi}$ 的分布函数 $F(x,y)$等于 $F_X(x)$与 $F_Y(y)$之积,即

$$F(x,y)=F_X(x)F_Y(y) \quad (\text{一切 } x,y). \tag{3.4}$$

证明 必要性 设 X 与 Y 相互独立,则对任何 $n\geqslant 1$,事件$\{-n<X\leqslant x\}$与$\{-n<Y\leqslant y\}$相互独立. 于是

$$P(-n<X\leqslant x,-n<Y\leqslant y)=P(-n<X\leqslant x)P(-n<Y\leqslant y).$$

令 $n\to\infty$,即知(3.4)式成立.

充分性 设(3.4)式成立. 对任何 $a<b,c<d$,从(2.10)式和(3.4)式知

$$\begin{aligned}
&P(a<X\leqslant b,c<Y\leqslant d)\\
&\quad=F(b,d)-F(a,d)-F(b,c)+F(a,c)\\
&\quad=F_X(b)F_Y(d)-F_X(a)F_Y(d)-F_X(b)F_Y(c)+F_X(a)F_Y(c)\\
&\quad=(F_X(b)-F_X(a))(F_Y(d)-F_Y(c))\\
&\quad=P(a<X\leqslant b)P(c<Y\leqslant d).
\end{aligned}$$

由此不难推知 X 与 Y 相互独立. □

§3.4 两个随机变量的函数

设 X 和 Y 都是随机变量,$f(x,y)$是二元实值函数,$Z\triangleq f(X,Y)$是这样的随机变量: 当 X 取值 x,Y 取值 y 时,Z 取值 $f(x,y)$. 从数学上看,$X=X(\omega)$,$Y=Y(\omega)$,Z 是复合函数 $f(X(\omega),Y(\omega))$(见定义 1.2).

1. 随机向量函数的概率分布

我们的第一个问题是: 若知道了二维随机向量(X,Y)的联合分

布，如何求出随机变量 $Z=f(X,Y)$ 的概率分布？若已知二维随机向量 (X,Y) 的联合分布，又设 $f(x,y)$，$g(x,y)$ 都是二元函数，$U=f(X,Y)$，$V=g(X,Y)$，如何求出二维随机向量 (U,V) 的联合分布？

我们指出，这两个问题的解决方法原则上是简单的，但具体实施起来有时要克服技术上的困难.

为了确定起见，我们假设二维随机向量 (X,Y) 有联合密度 $p(x,y)$（对于离散型情形，可进行类似的讨论，从略），随机变量 $Z=f(X,Y)$. 对于任何实数 z，令 $A=\{(x,y): f(x,y)\leqslant z\}$，从(2.4)式知

$$P(Z\leqslant z)=P(Z\in A)=\iint_A p(x,y)\mathrm{d}x\mathrm{d}y. \tag{4.1}$$

这就是 Z 的分布函数的计算公式. 可见，要得到 Z 的分布函数就需要计算二重积分. 计算的难度依赖函数 $p(x,y)$ 和 $f(x,y)$ 的复杂程度.

我们首先考虑简单而重要的情形：$f(x,y)=x+y$.

定理 4.1　设二维随机向量 (X,Y) 有联合密度 $p(x,y)$，随机变量 $Z=X+Y$，则 Z 的分布密度为

$$p_Z(z)=\int_{-\infty}^{+\infty}p(x,z-x)\mathrm{d}x. \tag{4.2}$$

证明　先求出 Z 的分布函数. 令

$$A=\{(x,y): x+y\leqslant z\},$$

这是平面上的区域（见图 3.4.1 中的阴影部分）. 从(4.1)式知

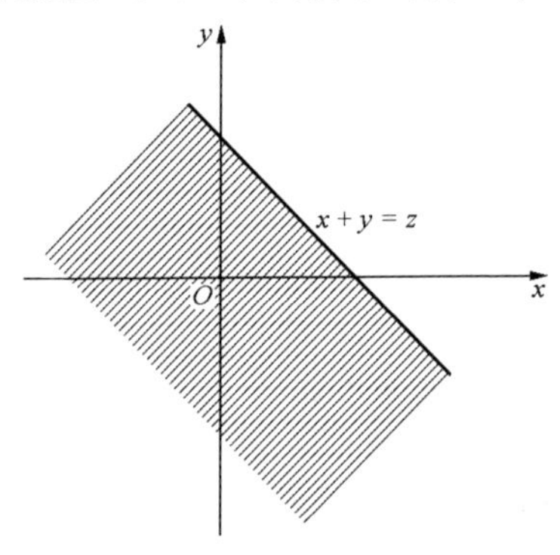

图 3.4.1　区域 A 的示意图

$$P(Z \leqslant z) = P((X,Y) \in A) = \iint\limits_{\{x+y \leqslant z\}} p(x,y)\mathrm{d}x\mathrm{d}y.$$

利用二重积分和累次积分的关系,有

$$\begin{aligned}
\iint\limits_{\{x+y \leqslant z\}} p(x,y)\mathrm{d}x\mathrm{d}y &= \int_{-\infty}^{+\infty}\left(\int_{-\infty}^{z-x} p(x,y)\mathrm{d}y\right)\mathrm{d}x \\
&= \int_{-\infty}^{+\infty}\left(\int_{-\infty}^{z} p(x,u-x)\mathrm{d}u\right)\mathrm{d}x \quad （利用变量替换\ u = y + x） \\
&= \int_{-\infty}^{z}\left(\int_{-\infty}^{+\infty} p(x,u-x)\mathrm{d}x\right)\mathrm{d}u.
\end{aligned}$$

因此

$$P(Z \leqslant z) = \int_{-\infty}^{z}\left(\int_{-\infty}^{+\infty} p(x,u-x)\mathrm{d}x\right)\mathrm{d}u.$$

这表明 Z 的分布密度由(4.2)式给出. □

系 4.1 设随机变量 X 和 Y 分别有分布密度 $p_X(x)$和 $p_Y(y)$,且 X 与 Y 相互独立,则随机变量 $Z=X+Y$ 有分布密度

$$p_Z(z) = \int_{-\infty}^{+\infty} p_X(x) p_Y(z-x)\mathrm{d}x. \tag{4.3}$$

证明 从(4.2)式直接推出. □

例 4.1 设二维随机向量(X,Y)服从二维正态分布,其联合密度 $p(x,y)$由(2.7)式给出,试求出随机变量 $Z=X+Y$ 的分布密度.

解 从(4.2)式知 Z 的分布密度为

$$p_Z(z) = \int_{-\infty}^{+\infty} p(x,z-x)\mathrm{d}x,$$

其中

$$\begin{aligned}
p(x,z-x) = \frac{1}{2\pi\sigma_1\sigma_2\sqrt{1-\rho^2}}\exp\Bigg\{-\frac{1}{2(1-\rho^2)}\Bigg[\left(\frac{x-\mu_1}{\sigma_1}\right)^2 \\
-2\rho\frac{(x-\mu_1)(z-x-\mu_2)}{\sigma_1\sigma_2} + \left(\frac{z-x-\mu_2}{\sigma_2}\right)^2\Bigg]\Bigg\}.
\end{aligned}$$

令 $\dfrac{x-\mu_1}{\sigma_1}=u$,则

$$\left(\frac{x-\mu_1}{\sigma_1}\right)^2 - 2\rho\frac{(x-\mu_1)(z-x-\mu_2)}{\sigma_1\sigma_2} + \left(\frac{z-x-\mu_2}{\sigma_2}\right)^2$$

$$= u^2 - 2\rho u \frac{z - \sigma_1 u - \mu_1 - \mu_2}{\sigma_2} + \left(\frac{z - \sigma_1 u - \mu_1 - \mu_2}{\sigma_2}\right)^2$$

$$= \left[1 + 2\rho \frac{\sigma_1}{\sigma_2} + \left(\frac{\sigma_1}{\sigma_2}\right)^2\right] u^2 - 2u\left(\frac{z - \mu_1 - \mu_2}{\sigma_2}\right)\left(\rho + \frac{\sigma_1}{\sigma_2}\right)$$

$$+ \left(\frac{z - \mu_1 - \mu_2}{\sigma_2}\right)^2$$

$$\xlongequal{\text{记为}} Au^2 - 2Bu + C^2,$$

其中

$$A = 1 + 2\rho \frac{\sigma_1}{\sigma_2} + \left(\frac{\sigma_1}{\sigma_2}\right)^2, \quad B = \left(\rho + \frac{\sigma_1}{\sigma_2}\right) C, \quad C = \frac{z - \mu_1 - \mu_2}{\sigma_2}.$$

于是

$$p_Z(z) = \frac{\sigma_1}{2\pi\sigma_1\sigma_2\sqrt{1-\rho^2}} \cdot \int_{-\infty}^{+\infty} \exp\left\{-\frac{1}{2(1-\rho^2)}(Au^2 - 2Bu + C^2)\right\} \mathrm{d}u$$

$$= \frac{1}{2\pi\sigma_2\sqrt{1-\rho^2}} \int_{-\infty}^{+\infty} \exp\left\{-\frac{A}{2(1-\rho^2)}\left(u - \frac{B}{A}\right)^2 + \frac{1}{2(1-\rho^2)}\left(\frac{B^2}{A} - C^2\right)\right\} \mathrm{d}u$$

$$= \frac{1}{2\pi\sigma_2\sqrt{1-\rho^2}} \mathrm{e}^{\frac{1}{2(1-\rho^2)}\left(\frac{B^2}{A} - C^2\right)} \int_{-\infty}^{+\infty} \mathrm{e}^{-\frac{A}{2(1-\rho^2)}u^2} \mathrm{d}u$$

$$= \frac{1}{2\pi\sigma_2\sqrt{1-\rho^2}} \mathrm{e}^{\frac{1}{2(1-\rho^2)}\left(\frac{B^2}{A} - C^2\right)} \sqrt{\frac{2\pi}{A/(1-\rho^2)}}.$$

由于

$$B^2 - AC^2 = \left[\left(\rho + \frac{\sigma_1}{\sigma_2}\right)^2 - A\right] C^2 = (\rho^2 - 1) C^2$$

$$= (\rho^2 - 1)\left(\frac{z - \mu_1 - \mu_2}{\sigma_2}\right)^2,$$

所以

$$p_Z(z)=\frac{1}{\sqrt{2\pi(\sigma_1^2+2\rho\sigma_1\sigma_2+\sigma_2^2)}}\exp\left\{-\frac{(z-\mu_1-\mu_2)^2}{2(\sigma_1^2+2\rho\sigma_1\sigma_2+\sigma_2^2)}\right\}.$$

这表明 $Z\sim N(\mu_1+\mu_2,\sigma^2)$，其中 $\sigma^2=\sigma_1^2+2\rho\sigma_1\sigma_2+\sigma_2^2$.

例 4.2 设随机变量 X 与 Y 相互独立，且 X,Y 服从相同的分布 $N(\mu,\sigma^2)$. 试求随机变量 $X+Y$ 的概率分布.

解 此时(X,Y)的联合密度是

$$p(x,y)=\frac{1}{2\pi\sigma^2}\exp\left\{-\frac{1}{2\sigma^2}[(x-\mu)^2+(y-\mu)^2]\right\}.$$

这相当于例 4.1 中 $\mu_1=\mu_2=\mu,\sigma_1=\sigma_2=\sigma,\rho=0$ 的情形. 根据例 4.1 的结论，知

$$X+Y\sim N(2\mu,2\sigma^2).$$

例 4.3 设随机变量 X 与 Y 相互独立，且 X,Y 分别有分布密度：

$$p_X(x)=\begin{cases}\lambda e^{-\lambda x}, & x>0,\\ 0, & x\leqslant 0\end{cases}\quad(\lambda>0),$$

$$p_Y(y)=\begin{cases}\mu e^{-\mu y}, & y>0,\\ 0, & y\leqslant 0\end{cases}\quad(\mu>0),$$

试求随机变量 $X+Y$ 的分布密度.

解 从(4.3)式知 $X+Y$ 的分布密度是

$$p(z)=\int_{-\infty}^{+\infty}p_X(x)p_Y(z-x)\mathrm{d}x.$$

易知，当 $z\leqslant 0$ 时，$p(z)=0$. 设 $z>0$，则

$$p(z)=\int_0^z\lambda e^{-\lambda x}\mu e^{-\mu(z-x)}\mathrm{d}x=\lambda\mu e^{-\mu z}\int_0^z e^{-(\lambda-\mu)x}\mathrm{d}x$$

$$=\begin{cases}\lambda^2 e^{-\lambda z}z, & \lambda=\mu,\\ \dfrac{\lambda\mu}{\lambda-\mu}(e^{-\mu z}-e^{-\lambda z}), & \lambda\neq\mu.\end{cases}$$

定理 4.2 设二维随机向量(X,Y)有联合密度 $p(x,y)$，随机变量 $Z=X/Y$，则 Z 有分布密度

$$p_Z(z)=\int_{-\infty}^{+\infty}|y|p(zy,y)\mathrm{d}y \tag{4.4}$$

(注意，$P(Y=y)=0$. 当 $Y=0$ 时，规定 $Z=0$).

证明 先求出 Z 的分布函数. 给定 z,令

$$A=\{(x,y):\ y\neq 0,\text{且 } x/y\leqslant z\},$$

则

$$\begin{aligned}
P(Z\leqslant z)&=P((X,Y)\in A)=\iint\limits_{A} p(x,y)\,\mathrm{d}x\mathrm{d}y\\
&=\iint\limits_{\left\{\substack{y>0\\ x\leqslant yz}\right\}} p(x,y)\,\mathrm{d}x\mathrm{d}y+\iint\limits_{\left\{\substack{y<0\\ x\geqslant yz}\right\}} p(x,y)\,\mathrm{d}x\mathrm{d}y\\
&=\int_0^{+\infty}\left(\int_{-\infty}^{yz} p(x,y)\,\mathrm{d}x\right)\mathrm{d}y+\int_{-\infty}^{0}\left(\int_{yz}^{+\infty} p(x,y)\,\mathrm{d}x\right)\mathrm{d}y.
\end{aligned}$$

对固定的 $y\neq 0$,作变量替换 $t=\dfrac{x}{y}$,知

$$\begin{aligned}
P(Z\leqslant z)&=\int_0^{+\infty}\left(\int_{-\infty}^{z} yp(ty,y)\,\mathrm{d}t\right)\mathrm{d}y\\
&\quad+\int_{-\infty}^{0}\left(\int_{-\infty}^{z} p(ty,y)|y|\,\mathrm{d}t\right)\mathrm{d}y\\
&=\int_{-\infty}^{z}\left(\int_{-\infty}^{+\infty}|y|\ p(ty,y)\,\mathrm{d}y\right)\mathrm{d}t.
\end{aligned}$$

可见,Z 的分布密度由(4.4)式给出. □

类似地,可求出随机变量 $Z=XY$ 的分布密度为

$$p_Z(z)=\int_{-\infty}^{+\infty}|y|^{-1}p(y^{-1}z,y)\,\mathrm{d}y.$$

例 4.4 设随机变量 X 与 Y 相互独立且同分布(简称独立同分布),共同分布是 $N(0,1)$,试求随机变量 $Z=X/Y$ 的概率分布.

解 对任何实数 z,从(4.4)式知 Z 的分布密度为

$$\begin{aligned}
p_Z(z)&=\int_{-\infty}^{+\infty}|y|\ \frac{1}{2\pi}\mathrm{e}^{-\frac{1}{2}(z^2y^2+y^2)}\,\mathrm{d}y\\
&=2\int_0^{+\infty} y\,\frac{1}{2\pi}\mathrm{e}^{-\frac{1}{2}(1+z^2)y^2}\,\mathrm{d}y\\
&=\frac{1}{2\pi}\int_0^{+\infty}\mathrm{e}^{-\frac{1}{2}(1+z^2)u}\,\mathrm{d}u=\frac{1}{\pi(1+z^2)}.
\end{aligned}$$

例 4.5 设随机变量 X 与 Y 独立同分布,共同分布是 $N(0,1)$,试求随机变量 $Z=\sqrt{X^2+Y^2}$ 的概率分布.

解 对任何 $z\leqslant 0$，易知 $P(Z\leqslant z)=0$. 设 $z>0$，从公式(4.1)知

$$P(Z\leqslant z)=\iint\limits_{\{x^2+y^2\leqslant z^2\}}\frac{1}{2\pi}\mathrm{e}^{-\frac{1}{2}(x^2+y^2)}\mathrm{d}x\mathrm{d}y.$$

作极坐标变换 $x=r\cos\theta, y=r\sin\theta$ $(0\leqslant\theta<2\pi, r\geqslant 0)$，于是

$$P(Z\leqslant z)=\int_0^{2\pi}\left(\int_0^z\frac{1}{2\pi}\mathrm{e}^{-r^2/2}r\mathrm{d}r\right)\mathrm{d}\theta=\int_0^z r\mathrm{e}^{-r^2/2}\mathrm{d}r.$$

可见，$Z=\sqrt{X^2+Y^2}$ 有分布密度

$$p(z)=\begin{cases}0, & z\leqslant 0,\\ z\mathrm{e}^{-z^2/2}, & z>0.\end{cases}$$

这样的概率分布就是所谓的**瑞利(Rayleigh)分布**.

例 4.6 设随机变量 X 与 Y 相互独立，且有相同的分布函数 $F(x)$ 和分布密度 $p(x)$，试求随机变量 $Z=\max\{X,Y\}$ 的分布函数和分布密度.

解 对任何 z，有

$$\begin{aligned}P(Z\leqslant z)&=P(X\leqslant z \text{ 且 } Y\leqslant z)\\&=P(X\leqslant z)P(Y\leqslant z)=(F(z))^2.\end{aligned}$$

这就是 Z 的分布函数.

注意 $F(z)=\int_{-\infty}^z p(x)\mathrm{d}x$. 利用变量替换 $u=F(z)$，易知

$$\int_{-\infty}^z 2F(x)p(x)\mathrm{d}x=(F(z))^2.$$

故 Z 的分布密度是 $2F(x)p(x)$.

现在来研究二维随机向量的两个函数的联合分布. 设二维随机向量 (X,Y) 的联合密度是 $p(x,y)$，$f(x,y)$ 和 $g(x,y)$ 是两个二元函数，随机变量 $U=f(X,Y)$，$V=g(X,Y)$，如何求出二维随机向量 (U,V) 的联合分布？我们可证明下面的重要结论：

定理 4.3 设二维随机向量 (X,Y) 有联合密度，且区域 A(可以是全平面)满足 $P((X,Y)\in A)=1$，函数 $f(x,y)$，$g(x,y)$ 满足下列三个条件：

(1) 对任何实数 u,v，方程组

$$f(x,y)=u,\quad g(x,y)=v \tag{4.5}$$

在 A 中至多有一个解：$x=x(u,v),y=y(u,v)$；

(2) $f(x,y),g(x,y)$在 A 中有连续偏导数；

(3) 雅可比行列式 $\dfrac{\partial(f,g)}{\partial(x,y)}$ 在 A 中处处不等于 0.

又设随机变量 $U=f(X,Y),V=g(X,Y)$及

$$G=\{(u,v)\text{：方程组(4.5) 在 } A \text{ 有解}\},$$

$$q(u,v)=\begin{cases}p(x(u,v),y(u,v))\left|\dfrac{\partial(x,y)}{\partial(u,v)}\right|, & (u,v)\in G,\\ 0, & (u,v)\overline{\in}G,\end{cases}$$

这里 $\left|\dfrac{\partial(x,y)}{\partial(u,v)}\right|$ 是函数 $x(u,v),y(u,v)$的雅可比行列式的绝对值，则 $q(u,v)$是二维随机向量(U,V)的联合密度.

***证明** 给定 $a<b,c<d$. 设 $D=\{(u,v):a<u<b,c<v<d\}$，$D^*=\{(x,y):(f(x,y),g(x,y))\in D\}$. 易知，$(f(x,y),g(x,y))$是 $D^*\cap A$ 到 $D\cap G$ 上的一一映射，其逆映射是$(x(u,v),y(u,v))$. 根据重积分的变量替换公式，知

$$\iint\limits_{D^*\cap A}p(x,y)\mathrm{d}x\mathrm{d}y=\iint\limits_{D\cap G}p(x(u,v),y(u,v))\left|\frac{\partial(x,y)}{\partial(u,v)}\right|\mathrm{d}u\mathrm{d}v.$$

于是

$$\begin{aligned}P((U,V)\in D)&=P((f(X,Y),g(X,Y))\in D)\\&=P((X,Y)\in D^*)=P((X,Y)\in D^*\cap A)\\&=\iint\limits_{D^*\cap A}p(x,y)\mathrm{d}x\mathrm{d}y\\&=\iint\limits_{D\cap G}p(x(u,v),y(u,v))\left|\frac{\partial(x,y)}{\partial(u,v)}\right|\mathrm{d}u\mathrm{d}v\\&=\iint\limits_{D}q(u,v)\mathrm{d}u\mathrm{d}v.\end{aligned}$$

这就证明了 $q(u,v)$是(U,V)的联合密度. □

***例 4.7** 设随机变量 X 与 Y 相互独立，都服从区间[0,1]上的均匀分布，随机变量

$$U=\sqrt{-2\ln X}\cos 2\pi Y,\quad V=\sqrt{-2\ln X}\sin 2\pi Y,$$

试求二维随机向量(U,V)的联合密度.

解 在定理 4.3 中，令

$$f(x,y)=\sqrt{-2\ln x}\cos 2\pi y,\quad g(x,y)=\sqrt{-2\ln x}\sin 2\pi y,$$

$$A=\left\{(x,y):0<x<1,0<y<1,y\neq\frac{1}{4},\frac{1}{2},\frac{3}{4}\right\}.$$

易知相应的 $G=\{(u,v):u\neq 0,v\neq 0\}$，$x=x(u,v)=\mathrm{e}^{-\frac{1}{2}(u^2+v^2)}$，而 $y=y(u,v)$ 的表达式较复杂：

$$y(u,v)=\begin{cases}\dfrac{1}{2\pi}\arctan\dfrac{v}{u}, & u>0 \text{ 且 } v>0,\\[2mm] 1+\dfrac{1}{2\pi}\arctan\dfrac{v}{u}, & u>0 \text{ 且 } v<0,\\[2mm] \dfrac{1}{2}+\dfrac{1}{2\pi}\arctan\dfrac{v}{u}, & u<0\end{cases}$$

$\left(\text{注意，}\arctan z \text{ 的值永远在} -\dfrac{\pi}{2} \text{ 与 } \dfrac{\pi}{2} \text{ 之间}\right)$. 经过计算，知

$$\left|\frac{\partial(x,y)}{\partial(u,v)}\right|=\frac{1}{2\pi}\mathrm{e}^{-\frac{1}{2}(u^2+v^2)}.$$

而 (X,Y) 的联合密度是

$$p(x,y)=\begin{cases}1, & 0\leqslant x\leqslant 1 \text{ 且 } 0\leqslant y\leqslant 1,\\ 0, & \text{其他},\end{cases}$$

故 (U,V) 的联合密度为

$$q(u,v)=\begin{cases}\dfrac{1}{2\pi}\exp\left\{-\dfrac{1}{2}(u^2+v^2)\right\}, & u\neq 0 \text{ 且 } v\neq 0,\\ 0, & \text{其他}.\end{cases}$$

由此知函数 $h(u,v)=\dfrac{1}{2\pi}\exp\left\{-\dfrac{1}{2}(u^2+v^2)\right\}$ 也是 (U,V) 的联合密度. 由于

$$h(u,v)=\frac{1}{\sqrt{2\pi}}\mathrm{e}^{-u^2/2}\cdot\frac{1}{\sqrt{2\pi}}\mathrm{e}^{-v^2/2},$$

知 U 与 V 相互独立，且都服从 $N(0,1)$.

例 4.8 设随机变量 X 与 Y 相互独立，且有相同的分布密度

$$p(x)=\begin{cases}\lambda\mathrm{e}^{-\lambda x}, & x>0,\\ 0, & x\leqslant 0\end{cases}\quad(\lambda>0),$$

随机变量 $U=\max\{X,Y\}$，$V=\min\{X,Y\}$，试求二维随机向量 (U,V) 的联合分布.

解 易知 (X,Y) 的联合密度为

$$p(x,y)=\begin{cases}\lambda^2\mathrm{e}^{-\lambda(x+y)}, & x>0 \text{ 且 } y>0,\\ 0, & \text{其他}.\end{cases}$$

设 $F(z_1,z_2)=P(U\leqslant z_1,V\leqslant z_2)$. 由于 $P(X=Y)=0$，知

$$F(z_1,z_2)=P(X>Y,X\leqslant z_1,Y\leqslant z_2)+P(X<Y,Y\leqslant z_1,X\leqslant z_2)$$
$$=2P(X>Y,X\leqslant z_1,Y\leqslant z_2).$$

设 $z_1>z_2>0$,则

$$F(z_1,z_2)=2\iint\limits_{\left\{\substack{x>y\\x\leqslant z_1\\y\leqslant z_2}\right\}}p(x,y)\mathrm{d}x\mathrm{d}y=2\iint\limits_{\left\{\substack{z_1\geqslant x>y>0\\y\leqslant z_2}\right\}}\lambda^2\mathrm{e}^{-\lambda(x+y)}\mathrm{d}x\mathrm{d}y$$

$$=2\int_0^{z_2}\left[\int_y^{z_1}\lambda^2\mathrm{e}^{-\lambda(x+y)}\mathrm{d}x\right]\mathrm{d}y=2\int_0^{z_2}\lambda\mathrm{e}^{-\lambda y}(\mathrm{e}^{-\lambda y}-\mathrm{e}^{-\lambda z_1})\mathrm{d}y$$

$$=1-\mathrm{e}^{-2\lambda z_2}-2\mathrm{e}^{-\lambda z_1}+2\mathrm{e}^{-\lambda(z_1+z_2)}.$$

设 $z_2>z_1>0$,则 $F(z_1,z_2)=P(U\leqslant z_1)=(1-\mathrm{e}^{-\lambda z_1})^2$;设 $z_1\leqslant 0$ 或 $z_2\leqslant 0$,则 $F(z_1,z_2)=0$.

总之,对一切 z_1,z_2,分布函数 $F(z_1,z_2)$的值均可求出.研究二阶偏导数 $\dfrac{\partial^2F(z_1,z_2)}{\partial z_1\partial z_2}$,可知$(U,V)$的联合密度为

$$q(z_1,z_2)=\begin{cases}2\lambda^2\mathrm{e}^{-\lambda(z_1+z_2)}, & z_1>z_2>0,\\ 0, & \text{其他}.\end{cases}$$

2. 两个随机变量的函数的数学期望

设(X,Y)是二维随机向量,$f(x,y)$是二元函数,随机变量 $Z=f(X,Y)$,如何计算 $\mathrm{E}(Z)$(当它存在时)? 如果 Z 的概率分布容易求出,则先求出 Z 的概率分布,然后按照数学期望的定义求 $\mathrm{E}(Z)$. 我们也可不找出 Z 的概率分布而直接计算 $\mathrm{E}(Z)$.

我们先研究一个特殊情形: $f(x,y)=xy$.

定理 4.4　设随机变量 X 与 Y 相互独立,且 $\mathrm{E}(X)$和 $\mathrm{E}(Y)$都存在,则

$$\mathrm{E}(XY)=\mathrm{E}(X)\mathrm{E}(Y). \tag{4.6}$$

本定理的证明较复杂,这里从略,详细证明在附录里给出.

利用定理 4.4 可以证明方差的一条重要性质:

定理 4.5　设随机变量 X 与 Y 相互独立,X,Y 的期望和方差均存在,则

$$\mathrm{var}(X+Y)=\mathrm{var}(X)+\mathrm{var}(Y). \tag{4.7}$$

证明　由于 $\mathrm{E}(X+Y)=\mathrm{E}(X)+\mathrm{E}(Y)$,知

$$\begin{aligned}(X+Y-\mathrm{E}(X+Y))^2&=[(X-\mathrm{E}(X))+(Y-\mathrm{E}(Y))]^2\\&=(X-\mathrm{E}(X))^2+(Y-\mathrm{E}(Y))^2\\&\quad+2(X-\mathrm{E}(X))(Y-\mathrm{E}(Y)).\end{aligned}\tag{4.8}$$

由于 X 与 Y 相互独立,知 $X-\mathrm{E}(X)$ 与 $Y-\mathrm{E}(Y)$ 相互独立,利用定理 4.4 知

$$\mathrm{E}((X-\mathrm{E}(X))(Y-\mathrm{E}(Y)))=\mathrm{E}(X-\mathrm{E}(X))\mathrm{E}(Y-\mathrm{E}(Y))=0,$$

再利用(4.8)式,即知(4.7)式成立. □

现在我们来研究一般情形:当 (X,Y) 是二维随机向量,$f(x,y)$ 是二元函数时,如何直接计算 $Z=f(X,Y)$ 的期望?

定理 4.6(均值公式)　(1) 设二维随机向量 (X,Y) 的可能值是 $\boldsymbol{a}_1,\boldsymbol{a}_2,\cdots$(有限个或可列无穷个),$f(x,y)$ 是任何二元函数,则

$$\mathrm{E}f(X,Y)=\sum_i f(\boldsymbol{a}_i)P((X,Y)=\boldsymbol{a}_i)\tag{4.9}$$

(当这些 $\boldsymbol{a}_i$ 有无穷个时,要求这个级数绝对收敛).

(2) 设二维随机向量 (X,Y) 有联合分布密度 $p(x,y)$,二元函数 $f(x,y)$ 满足积分

$$\int_{-\infty}^{+\infty}\int_{-\infty}^{+\infty}|f(x,y)|p(x,y)\mathrm{d}x\mathrm{d}y$$

收敛,则

$$\mathrm{E}f(X,Y)=\int_{-\infty}^{+\infty}\int_{-\infty}^{+\infty}f(x,y)p(x,y)\mathrm{d}x\mathrm{d}y.\tag{4.10}$$

(4.9)式的证明很容易,(4.10)式的证明稍长,要用到积分的性质.我们把详细证明写在附录里,这里从略.

§3.5　二维随机向量的数字特征

设 $\boldsymbol{\xi}=(X,Y)$ 是二维随机向量,怎样用几个数字来概括 $\boldsymbol{\xi}$ 取值的概率分布情况呢?可用 5 个数字.X 和 Y 都是 $\boldsymbol{\xi}$ 的分量,作为一维的随机变量,有特征数 $\mathrm{E}(X)$,$\mathrm{var}(X)$,$\mathrm{E}(Y)$,$\mathrm{var}(Y)$(当它们存在时).除这 4 个数字外,还有一个数字是用来刻画 X 与 Y 之间的"相关程度"的.

定义 5.1　设 X 和 Y 是两个随机变量,分别都有期望和方差,则称

$$\mathrm{E}((X-\mathrm{E}(X))(Y-\mathrm{E}(Y))) \tag{5.1}$$

为 X 与 Y 的**协方差**,并用符号 $\mathrm{cov}(X,Y)$ 或 σ_{XY} 表示(cov 乃是 covariance(协方差)的缩写). 当 $\sigma_{XY}=0$ 时,称 X 与 Y **不相关**.

定理 5.1　设随机变量 X 和 Y 的方差都存在,则

$$(\mathrm{cov}(X,Y))^2 \leqslant \mathrm{var}(X)\mathrm{var}(Y). \tag{5.2}$$

证明　当 $\mathrm{var}(X)=0$ 时,由第二章的推论 7.1 知,有唯一的 c,满足 $P(X=c)=1$. 由此知

$$P((X-\mathrm{E}(X))(Y-\mathrm{E}(Y))=0)=1,$$

于是 $\mathrm{cov}(X,Y)=0$,从而(5.2)式成立.

以下设 $\mathrm{var}(X)>0$. 令

$$g(t)=\mathrm{E}[t(X-\mathrm{E}(X))+(Y-\mathrm{E}(Y))]^2.$$

易知

$$g(t)=t^2\mathrm{var}(X)+2t\mathrm{cov}(X,Y)+\mathrm{var}(Y), \tag{5.3}$$

这对一切实数 t 均非负,故这个二次三项式的判别式非正,即有

$$(\mathrm{cov}(X,Y))^2 \leqslant \mathrm{var}(X)\mathrm{var}(Y). \qquad \square$$

定义 5.2　设随机变量 X 和 Y 的方差都是正数,则称

$$\rho \triangleq \frac{\mathrm{cov}(X,Y)}{\sqrt{\mathrm{var}(X)}\cdot\sqrt{\mathrm{var}(Y)}}$$

为 X 与 Y 的**相关系数**,有时记为 ρ_{XY}.

定理 5.2　设 ρ 是随机变量 X 与 Y 的相关系数,则有下列结论:

(1) $|\rho|\leqslant 1$;

(2) 若 X 与 Y 相互独立,则 $\rho=0$;

(3) $|\rho|=1$ 的充分必要条件是,存在常数 a,b,使得

$$P(Y=a+bX)=1.$$

证明　从定理 5.1 直接推知结论(1)成立. 若 X 与 Y 相互独立,则 $X-\mathrm{E}(X)$ 与 $Y-\mathrm{E}(Y)$ 也相互独立. 故

$$\mathrm{E}((X-\mathrm{E}(X))(Y-\mathrm{E}(Y)))=\mathrm{E}(X-\mathrm{E}(X))\mathrm{E}(Y-\mathrm{E}(Y))=0,$$

从而 $\rho=0$.

注意 $|\rho|=1$ 的充分必要条件是 $(\mathrm{cov}(X,Y))^2=\mathrm{var}(X)\mathrm{var}(Y)$,即

二次三项式 $g(t)$（见(5.3)式）的判别式等于 0. 于是，$|\rho|=1$ 当且仅当 $g(t)=0$ 有实的重根，即有实数 t_0，使得 $g(t_0)=0$. 这表明

$$\mathrm{E}[t_0(X-\mathrm{E}(X))+(Y-\mathrm{E}(Y))]^2=0,$$

即有 $\mathrm{var}(t_0X+Y)=0$. 这等价于：存在 a，使得 $P(t_0X+Y=a)=1$. 取 $b=-t_0$，知 $P(Y=a+bX)=1$. 这就证明了上述结论(3). □

我们指出，相关系数只是刻画随机变量 X 与 Y 之间的线性相关程度(参看下列定理 5.3)，相关系数的绝对值很小甚至等于 0 时，两个随机变量也可能有紧密的(曲线)相关关系. 例如，$X\sim N(0,1)$，$Y=X^2$，二者有极密切的相关关系(Y 的值完全由 X 的值来确定)，但是 X 与 Y 的相关系数 $\rho=0$. 因此，严格说来，定义 5.2 所说的相关系数应称为"线性相关系数".

***定理 5.3** 设随机变量 X 和 Y 的方差都是正数，二者的相关系数是 ρ，则

$$\min_{a,b}\{\mathrm{E}(Y-(a+bX))^2\}=\mathrm{var}(Y)(1-\rho^2).$$

换句话说，相关系数 ρ 的绝对值越大，则用 X 的最好线性函数近似 Y 时的均方偏差越小.

证明 令 $Q(a,b)=\mathrm{E}(Y-(a+bX))^2$，则

$$\begin{aligned}Q(a,b)&=\mathrm{E}(Y-\mathrm{E}(Y)-b(X-\mathrm{E}(X))+(\mathrm{E}(Y)-b\mathrm{E}(X))-a)^2\\&=\mathrm{E}(Y-\mathrm{E}(Y))^2+b^2\mathrm{E}(X-\mathrm{E}(X))^2-2b\mathrm{cov}(X,Y)\\&\quad+(\mathrm{E}(Y)-b\mathrm{E}(X)-a)^2\\&=\mathrm{var}(X)\left(b-\frac{\sigma_{XY}}{\mathrm{var}(X)}\right)^2+\mathrm{var}(Y)-\frac{(\sigma_{XY})^2}{\mathrm{var}(X)}\\&\quad+(\mathrm{E}(Y)-b\mathrm{E}(X)-a)^2.\end{aligned}$$

若取 $b=b^*\triangleq\sigma_{XY}/\mathrm{var}(X)$，$a=a^*\triangleq\mathrm{E}(Y)-b^*\mathrm{E}(X)$，则 Q 达到最小值，即

$$Q_{\min}=\mathrm{var}(Y)-\frac{(\sigma_{XY})^2}{\mathrm{var}(X)}=\mathrm{var}(Y)(1-\rho^2).$$ □

如何找出一个或几个数字来刻画随机变量之间的一般相关程度呢？这个问题迄今未很好解决.

例 5.1 设随机变量 X 取值 0 或 1，随机变量 Y 也取值 0 或 1，且二维随机向量(X,Y)的概率分布是

$$P((X,Y)=(0,0))=P((X,Y)=(1,1))=1/4+\varepsilon,$$

$$P((X,Y)=(0,1))=P((X,Y)=(1,0))=1/4-\varepsilon$$

$(0\leqslant\varepsilon\leqslant1/4)$，求 ρ_{XY}.

解　易知 $\mathrm{E}(X)=\frac{1}{2},\mathrm{E}(Y)=\frac{1}{2},\mathrm{var}(X)=\frac{1}{4},\mathrm{var}(Y)=\frac{1}{4}$. 从定理 4.6 知

$$\begin{aligned}\mathrm{cov}(X,Y)&=\mathrm{E}(X-\mathrm{E}(X))(Y-\mathrm{E}(Y))=\mathrm{E}\left(X-\frac{1}{2}\right)\left(Y-\frac{1}{2}\right)\\&=\left(0-\frac{1}{2}\right)\left(0-\frac{1}{2}\right)P((X,Y)=(0,0))\\&\quad+\left(0-\frac{1}{2}\right)\left(1-\frac{1}{2}\right)P((X,Y)=(0,1))\\&\quad+\left(1-\frac{1}{2}\right)\left(0-\frac{1}{2}\right)P((X,Y)=(1,0))\\&\quad+\left(1-\frac{1}{2}\right)\left(1-\frac{1}{2}\right)P((X,Y)=(1,1))\\&=\frac{1}{4}\left(\frac{1}{4}+\varepsilon\right)-\frac{1}{4}\left(\frac{1}{4}-\varepsilon\right)-\frac{1}{4}\left(\frac{1}{4}-\varepsilon\right)+\frac{1}{4}\left(\frac{1}{4}+\varepsilon\right)\\&=\varepsilon,\end{aligned}$$

故 X 与 Y 的相关系数为 $\rho_{XY}=4\varepsilon$.

例 5.2　设二维随机向量 $\boldsymbol{\xi}=(X,Y)$ 服从二维正态分布，联合密度见本章的(2.7)式，求 ρ_{XY}.

前面已经指出 $X\sim N(\mu_1,\sigma_1^2),Y\sim N(\mu_2,\sigma_2^2)$，故

$$\mathrm{E}(X)=\mu_1,\quad \mathrm{var}(X)=\sigma_1^2,\quad \mathrm{E}(Y)=\mu_2,\quad \mathrm{var}(Y)=\sigma_2^2.$$

我们现在指出，(2.7)式中的参数 ρ 正是 X 与 Y 的相关系数 ρ_{XY}.

实际上，从定理 4.6 知

$$\begin{aligned}\mathrm{cov}(X,Y)&=\mathrm{E}((X-\mu_1)(Y-\mu_2))\\&=\int_{-\infty}^{+\infty}\int_{-\infty}^{+\infty}(x-\mu_1)(y-\mu_2)p(x,y)\mathrm{d}x\mathrm{d}y\\&=\int_{-\infty}^{+\infty}\int_{-\infty}^{+\infty}(x-\mu_1)(y-\mu_2)\frac{1}{2\pi\sigma_1\sigma_2\sqrt{1-\rho^2}}\\&\quad\cdot\exp\left\{-\frac{1}{2(1-\rho^2)}\left[\left(\frac{x-\mu_1}{\sigma_1}\right)^2\right.\right.\\&\quad\left.\left.-2\rho\left(\frac{x-\mu_1}{\sigma_1}\right)\left(\frac{y-\mu_2}{\sigma_2}\right)+\left(\frac{y-\mu_2}{\sigma_2}\right)^2\right]\right\}\mathrm{d}x\mathrm{d}y.\end{aligned}$$

作变量替换$(x-\mu_1)/\sigma_1=u$,$(y-\mu_2)/\sigma_2=v$,于是

$$\begin{aligned}\operatorname{cov}(X,Y)&=\int_{-\infty}^{+\infty}\int_{-\infty}^{+\infty}\frac{\sigma_1\sigma_2uv}{2\pi\sqrt{1-\rho^2}}\\&\quad\cdot\exp\left\{-\frac{1}{2(1-\rho^2)}(u^2-2\rho uv+v^2)\right\}\mathrm{d}u\mathrm{d}v\\&=\int_{-\infty}^{+\infty}v\frac{\sigma_1\sigma_2}{2\pi\sqrt{1-\rho^2}}\\&\quad\cdot\left[\int_{-\infty}^{+\infty}u\exp\left\{-\frac{1}{2(1-\rho^2)}(u-\rho v)^2\right\}\mathrm{d}u\right]\mathrm{e}^{-v^2/2}\mathrm{d}v\\&=\int_{-\infty}^{+\infty}\frac{\sigma_1\sigma_2}{\sqrt{2\pi}}\rho v^2\mathrm{e}^{-v^2/2}\mathrm{d}v=\rho\sigma_1\sigma_2.\end{aligned}$$

故 X 与 Y 的相关系数为$\rho_{XY}=\rho$.

例 5.3 设二维随机向量(X,Y)的联合密度是

$$p(x,y)=\begin{cases}\dfrac{2}{2\pi}\exp\left\{-\dfrac{1}{2}(x^2+y^2)\right\}, & xy>0,\\0, & \text{其他}\end{cases}$$

(参看本章例 2.9),求ρ_{XY}.

前面已指出 $X\sim N(0,1)$,$Y\sim N(0,1)$,故

$$\mathrm{E}(X)=\mathrm{E}(Y)=0,\quad \operatorname{var}(X)=\operatorname{var}(Y)=1.$$

从定理 4.6 知

$$\begin{aligned}\operatorname{cov}(X,Y)=\mathrm{E}(XY)&=\int_{-\infty}^{+\infty}\int_{-\infty}^{+\infty}xyp(x,y)\mathrm{d}x\mathrm{d}y\\&=\iint\limits_{\{(x,y):\,xy>0\}}xy\frac{2}{2\pi}\exp\left\{-\frac{1}{2}(x^2+y^2)\right\}\mathrm{d}x\mathrm{d}y\\&=\int_0^{+\infty}y\mathrm{e}^{-y^2/2}\left(\int_0^{+\infty}\frac{2}{2\pi}x\mathrm{e}^{-x^2/2}\mathrm{d}x\right)\mathrm{d}y\\&\quad+\int_{-\infty}^{0}y\mathrm{e}^{-y^2/2}\left(\int_{-\infty}^{0}\frac{2}{2\pi}x\mathrm{e}^{-x^2/2}\mathrm{d}x\right)\mathrm{d}y\\&=\int_0^{+\infty}\frac{2}{2\pi}y\mathrm{e}^{-y^2/2}\mathrm{d}y-\int_{-\infty}^{0}\frac{2}{2\pi}y\mathrm{e}^{-y^2/2}\mathrm{d}y\\&=\frac{2}{\pi}\int_0^{+\infty}y\mathrm{e}^{-y^2/2}\mathrm{d}y=\frac{2}{\pi},\end{aligned}$$

故相关系数为 $\rho_{XY}=\frac{2}{\pi}$.

§3.6　n 维随机向量

1. n 维随机向量

我们可以把前面介绍的有关二维随机向量的概念和定理推广到 n 维随机向量的情形.

定义 6.1　设 $\boldsymbol{\xi}=(X_1,\cdots,X_n)$ $(n\geqslant 1)$ 是 n 维随机向量,称 n 元函数

$$F(x_1,\cdots,x_n)=P(X_1\leqslant x_1,\cdots,X_n\leqslant x_n) \tag{6.1}$$

为 $\boldsymbol{\xi}$ 的**联合分布函数**(简称**分布函数**).

定义 6.2　称 n 维随机向量 $\boldsymbol{\xi}=(X_1,\cdots,X_n)$ 是**离散型**的,若 $\boldsymbol{\xi}$ 只能取有限个或可列无穷个值(注意,每个值是一个 n 维向量).

定义 6.3　称 n 维随机向量 $\boldsymbol{\xi}=(X_1,\cdots,X_n)$ 是**连续型**的,若存在非负可积函数 $p(x_1,\cdots,x_n)$,满足:对任何 $a_1<b_1,a_2<b_2,\cdots,a_n<b_n$,有

$$\begin{aligned}&P(a_1<X_1<b_1,\cdots,a_n<X_n<b_n)\\&=\int_{a_1}^{b_1}\cdots\int_{a_n}^{b_n}p(x_1,\cdots,x_n)\mathrm{d}x_1\cdots\mathrm{d}x_n.\end{aligned} \tag{6.2}$$

这个 $p(x_1,\cdots,x_n)$ 叫作 $\boldsymbol{\xi}$ 的**联合分布密度函数**(简称**联合密度**或**密度函数**).

设 $a_i<b_i(i=1,\cdots,n)$. 令

$$D=\{(x_1,\cdots,x_n): a_i<x_i<b_i,i=1,\cdots,n\}.$$

这个 D 乃是 n 维空间 $\mathbf{R}^n$ 中的"矩形",它是 $\mathbf{R}^n$ 中最简单的集合. (6.2)式也可写为

$$P((X_1,\cdots,X_n)\in D)=\int\cdots\int_D p(x_1,\cdots,x_n)\mathrm{d}x_1\cdots\mathrm{d}x_n. \tag{6.3}$$

从(6.3)式出发,数学上可以证明,对于 $\mathbf{R}^n$ 中相当任意的集合 A

均成立①：

$$P((X_1,\cdots,X_n)\in A)=\int\cdots\int_A p(x_1,\cdots,x_n)\mathrm{d}x_1\cdots\mathrm{d}x_n. \qquad (6.4)$$

从(6.2)式不难看出，对任何固定的向量 $\boldsymbol{a}=(a_1,\cdots,a_n)$，有

$$P((X_1,\cdots,X_n)=\boldsymbol{a})=0.$$

在(6.2)式中令 $a_i\to-\infty\ (i=1,\cdots,n)$，不难看出

$$F(b_1,\cdots,b_n)=\int_{-\infty}^{b_1}\cdots\int_{-\infty}^{b_n}p(x_1,\cdots,x_n)\mathrm{d}x_1\cdots\mathrm{d}x_n.$$

此式表达了分布函数 $F(x_1,\cdots,x_n)$ 与分布密度 $p(x_1,\cdots,x_n)$ 之间的紧密关系.

定义 6.4 设 $\boldsymbol{\xi}=(X_1,\cdots,X_n)$ 是 n 维随机向量. 若 $1\leqslant i_1<\cdots<i_k\leqslant n(1\leqslant k<n)$，这些 i_j 都是整数，则称随机向量 $(X_{i_1},\cdots,X_{i_k})$ 的概率分布为 $\boldsymbol{\xi}$ 的**边缘分布**.

从定义 6.4 知，当 $n\geqslant 2$ 时，n 维随机向量 $(X_1,\cdots,X_n)$ 的边缘分布有好多个. 每个分量 X_i 的概率分布都是边缘分布.

定义 6.5 称 n 个随机变量 $X_1,\cdots,X_n(n\geqslant 2)$ 是相互独立的，若对任何 $a_i<b_i(i=1,\cdots,n)$，下式均成立：

$$\begin{aligned}&P(a_1<X_1<b_1,\cdots,a_n<X_n<b_n)\\&=P(a_1<X_1<b_1)\cdots P(a_n<X_n<b_n).\end{aligned} \qquad (6.5)$$

注意，(6.5)式中的 a_i,b_i 都是任意的. 利用这一点数学上可以证明(涉及较深的数学，从略)，对任何一维 Borel 集 $B_1,\cdots,B_n$，下式均成立：

$$P(X_1\in B_1,\cdots,X_n\in B_n)=\prod_{i=1}^{n}P(X_i\in B_i).$$

此外，不难看出，若 $X_1,\cdots,X_n$ 相互独立，则其一部分 $X_{i_1},\cdots,X_{i_k}$ 也相互独立($1\leqslant i_1<\cdots<i_k\leqslant n,k\geqslant 2$).

我们要注意的是，一些随机变量两两独立并不能保证相互独立(见例 6.2).

例 6.1(多项分布) 设 $U_i(i=1,\cdots,n)$ 是取值 $1,\cdots,t(t\geqslant 2)$ 的随

---

① 这里"相当任意的集合"是指 Borel 集，而

$$\int\cdots\int_A p(x_1,\cdots,x_n)\mathrm{d}x_1\cdots\mathrm{d}x_n\triangleq\int_{-\infty}^{+\infty}\cdots\int_{-\infty}^{+\infty}I_A(x_1,\cdots,x_n)p(x_1,\cdots,x_n)\mathrm{d}x_1\cdots\mathrm{d}x_n.$$

机变量，且 $P(U_i=k)=p_k(k=1,\cdots,t)$. 又 $U_1,\cdots,U_n(n\geqslant 2)$ 相互独立，X_k 是 $U_1,\cdots,U_n$ 中取值等于 k 的个数，即

$$X_k=\sum_{i=1}^{n} I_{(U_i=k)} \quad (k=1,\cdots,t),$$

这里 I_A 是 A 的示性函数. 令

$$\boldsymbol{\xi}=(X_1,\cdots,X_t),$$

则 $\boldsymbol{\xi}$ 是离散型随机向量，其可能值组成集合

$$E=\left\{(i_1,\cdots,i_t)\text{: 所有 } i_k \text{ 是非负整数，且} \sum_{k=1}^{t} i_k=n\right\},$$

且

$$P((X_1,\cdots,X_t)=(i_1,\cdots,i_t))=\frac{n!}{i_1!\cdots i_t!}p_1^{i_1}\cdots p_t^{i_t}$$

$$(\text{一切}(i_1,\cdots,i_t)\in E).$$

t 维随机向量 $(X_1,\cdots,X_t)$ 的概率分布就是所谓的**多项分布**. 由于 $X_t=n-\left(\sum_{k=1}^{t-1}X_k\right)$，$p_t=1-\sum_{k=1}^{t-1}p_k$，一般只需研究 $t-1$ 维随机向量 $(X_1,X_2,\cdots,X_{t-1})$.

例 6.2（参看第一章的例 5.11）　一个正四面体，其三个面分别涂上红、黄、蓝色，剩下一面涂红、黄、蓝三色各一部分. 在桌面上方将这个四面体任意抛掷一次，考查和桌面接触的那一面上出现的颜色. 令

$$X=\begin{cases}1, & \text{有红色出现},\\ 0, & \text{没有红色出现},\end{cases} \qquad Y=\begin{cases}1, & \text{有黄色出现},\\ 0, & \text{没有黄色出现},\end{cases}$$

$$Z=\begin{cases}1, & \text{有蓝色出现},\\ 0, & \text{没有蓝色出现}.\end{cases}$$

易知

$P(X=1)=P(Y=1)=P(Z=1)=1/2,$

$P(X=1,Y=1)=P(X=1,Z=1)=P(Y=1,Z=1)=1/4,$

$P(X=1,Y=1,Z=1)=1/4.$

容易看出，X,Y,Z 不相互独立，但是两两独立.

定理 6.1　设 $X_1,\cdots,X_n(n\geqslant 2)$ 都是随机变量，分别有分布密度 $p_1(x),\cdots,p_n(x)$，则 $X_1,\cdots,X_n$ 相互独立的充分必要条件是 n 元函数

$$p(x_1,\cdots,x_n)=p_1(x_1)\cdots p_n(x_n)$$

为 n 维随机向量$(X_1,\cdots,X_n)$的联合密度.

证明很容易,与本章定理 3.2 的证明是类似的,从略. 对于 n 个离散型的随机变量,有与定理 6.1 类似的结论,也从略.

2. n 维随机向量的数字特征

设 $\boldsymbol{\xi}=(X_1,\cdots,X_n)$是 $n(n\geqslant 2)$维随机向量,每个 X_i 都有期望 $\mathrm{E}(X_i)$和方差 $\mathrm{var}(X_i)$. 易知协方差

$$\sigma_{X_iX_j}=\mathrm{E}((X_i-\mathrm{E}((X_i))(X_j-\mathrm{E}(X_j)))\quad(i\neq j)$$

必存在.

定义 6.6 称 $\mathbf{E}(\boldsymbol{\xi})\triangleq(\mathrm{E}(X_1),\cdots,\mathrm{E}(X_n))$为 n 维随机向量 $\boldsymbol{\xi}=(X_1,\cdots,X_n)$的**数学期望**(简称**期望**)或**均值**.

定义 6.7 设 n 维随机向量 $\boldsymbol{\xi}=(X_1,\cdots,X_n)$,并记

$$\sigma_{ij}=\mathrm{cov}(X_i,X_j),\quad \rho_{ij}=\sigma_{ij}/\sqrt{\sigma_{ii}\sigma_{jj}},$$
$$\boldsymbol{\Sigma}=(\sigma_{ij})_{n\times n},\quad \boldsymbol{R}=(\rho_{ij})_{n\times n},$$

则称 $\boldsymbol{\Sigma}$ 为 ξ 的**协方差阵**,$\boldsymbol{R}$ 为 ξ 的**相关阵**.

随机向量的协方差阵和相关阵都是用来刻画任何两个分量的线性相关程度的.

最重要的 n 维连续型随机向量是所谓的 n 维正态随机向量.

定义 6.8 称 n 维随机向量 $\boldsymbol{\xi}=(X_1,\cdots,X_n)$服从 **$n$ 维正态分布**,若 $\boldsymbol{\xi}$ 有如下的联合密度:

$$p(\boldsymbol{x})=\frac{1}{(2\pi)^{n/2}\ |\boldsymbol{\Sigma}|^{1/2}}\exp\left\{-\frac{1}{2}(\boldsymbol{x}-\boldsymbol{\mu})\boldsymbol{\Sigma}^{-1}(\boldsymbol{x}-\boldsymbol{\mu})^{\mathrm{T}}\right\},\quad(6.6)$$

其中 $\boldsymbol{x}=(x_1,\cdots,x_n)$,$\boldsymbol{\mu}=(\mu_1,\cdots,\mu_n)$是一固定向量,$\boldsymbol{\Sigma}=(\sigma_{ij})_{n\times n}$是 n 阶正定矩阵①,$|\boldsymbol{\Sigma}|$是 $\boldsymbol{\Sigma}$ 的行列式,$\boldsymbol{\Sigma}^{-1}$是 $\boldsymbol{\Sigma}$ 的逆矩阵,$\boldsymbol{a}^{\mathrm{T}}$ 表示 $\boldsymbol{a}$ 的转置. 称服从 n 维正态分布的随机向量 $\boldsymbol{\xi}$ 为 **n 维正态随机向量**. 当 $\boldsymbol{\xi}$ 的联合密度由(6.6)式给出时,简记为 $\boldsymbol{\xi}\sim N(\boldsymbol{\mu},\boldsymbol{\Sigma})$.

不难看出,当 $\boldsymbol{\mu}=(\mu_1,\mu_2)$,$\boldsymbol{\Sigma}=\begin{bmatrix}\sigma_1^2 & \rho\sigma_1\sigma_2\\ \rho\sigma_1\sigma_2 & \sigma_2^2\end{bmatrix}$$(\sigma_1>0,\sigma_2>0,$

---

① 称 n 阶对称矩阵 $\mathbf{A}=(a_{ij})_{n\times n}$是正定的,若所有元素 a_{ij} 是实数且对所有不全为 0 的实数 $x_1,x_2,\cdots,x_n$,均有 $\sum\limits_{i=1}^{n}\sum\limits_{j=1}^{n}a_{ij}x_ix_j>0$.

$|\rho|<1$)时,(6.6)式化为(2.7)式.

以后将证明:当 $\boldsymbol{\xi}$ 的联合密度用(6.6)式给出时,则参数 $\boldsymbol{\mu}$ 恰好是 $\boldsymbol{\xi}$ 的期望,矩阵 $\boldsymbol{\Sigma}$ 恰好是 $\boldsymbol{\xi}$ 的协方差阵,而且 $\boldsymbol{\xi}$ 的各分量相互独立的充分必要条件是两两不相关.

3. n 个随机变量的函数

设 $X_1,\cdots,X_n$ 是 n 个随机变量,$f(x_1,\cdots,x_n)$ 是 n 元函数,$Y=f(X_1,\cdots,X_n)$. 我们要求出 Y 的概率分布或数字特征.

定理 6.2　设 $Y=f(X_1,\cdots,X_n)$ 的分布函数是 $F(y)$,令

$A(y)=\{(x_1,\cdots,x_n):f(x_1,\cdots,x_n)\leqslant y\}$　(y 是任何实数),

则

$$F(y)=P((X_1,\cdots,X_n)\in A(y)). \tag{6.7}$$

进一步,若 $(X_1,\cdots,X_n)$ 有联合密度 $p(x_1,\cdots,x_n)$,则

$$F(y)=\int\cdots\int_{A(y)} p(x_1,\cdots,x_n)\mathrm{d}x_1\cdots\mathrm{d}x_n. \tag{6.8}$$

证明　从分布函数的定义直接得知(6.7)式成立. 从(6.7)式和(6.4)式推知(6.8)式成立. □

定理 6.3(均值公式)　设随机变量 $Y=f(X_1,\cdots,X_n)$,n 维随机向量 $(X_1,\cdots,X_n)$ 有联合密度 $p(x_1,\cdots,x_n)$,则

$$\mathrm{E}(Y)=\int_{-\infty}^{+\infty}\cdots\int_{-\infty}^{+\infty} f(x_1,\cdots,x_n)p(x_1,\cdots,x_n)\mathrm{d}x_1\cdots\mathrm{d}x_n \tag{6.9}$$

(当此式右端的积分绝对收敛时).

当 $(X_1,\cdots,X_n)$ 是 n 维离散型随机向量时,有类似的公式(积分改为求和),从略.

***证明**　任给定 $\varepsilon>0$,令

$Y^*\triangleq\left[\frac{1}{\varepsilon}Y\right]\varepsilon$　($[x]$表示不超过 x 的最大整数),

$B_k\triangleq\{(x_1,\cdots,x_n):k\varepsilon\leqslant f(x_1,\cdots,x_n)<(k+1)\varepsilon\}$　($k=\cdots,-1,0,1,\cdots$),

则

$$\mathrm{E}(Y^*)=\sum_{k=-\infty}^{\infty}k\varepsilon P(Y^*=k\varepsilon)=\sum_{k=-\infty}^{\infty}k\varepsilon P(k\varepsilon\leqslant Y<(k+1)\varepsilon)$$

$$= \sum_{k=-\infty}^{\infty} k\varepsilon P((X_1,\cdots,X_n)\in B_k)$$

$$= \sum_{k=-\infty}^{\infty} k\varepsilon \underset{B_k}{\int\cdots\int} p(x_1,\cdots,x_n)\mathrm{d}x_1\cdots\mathrm{d}x_n.$$

另一方面，

$$J \triangleq \int_{-\infty}^{+\infty}\cdots\int_{-\infty}^{+\infty} f(x_1,\cdots,x_n)p(x_1,\cdots,x_n)\mathrm{d}x_1\cdots\mathrm{d}x_n$$

$$= \sum_{k=-\infty}^{\infty} \underset{B_k}{\int\cdots\int} f(x_1,\cdots,x_n)p(x_1,\cdots,x_n)\mathrm{d}x_1\cdots\mathrm{d}x_n,$$

于是

$$|\mathrm{E}(Y^*)-J| \leqslant \sum_{k=-\infty}^{\infty} \underset{B_k}{\int\cdots\int} |f(x_1,\cdots,x_n)-k\varepsilon|p(x_1,\cdots,x_n)\mathrm{d}x_1\cdots\mathrm{d}x_n$$

$$\leqslant \varepsilon \sum_{k=-\infty}^{\infty} \underset{B_k}{\int\cdots\int} p(x_1,\cdots,x_n)\mathrm{d}x_1\cdots\mathrm{d}x_n$$

$$= \varepsilon \int_{-\infty}^{+\infty}\cdots\int_{-\infty}^{+\infty} p(x_1,\cdots,x_n)\mathrm{d}x_1\cdots\mathrm{d}x_n = \varepsilon.$$

故 $\lim\limits_{\varepsilon\to 0}\mathrm{E}(Y^*)=J$. 这表明(6.9)式成立.

例 6.3(χ^2 分布)　设随机变量 $X_1,\cdots,X_n$ 独立同分布，共同分布是 $N(0,1)$，则

$$Y \triangleq \sum_{i=1}^{n} X_i^2 \quad (n\geqslant 1)$$

的分布密度是

$$p_n(x) = \begin{cases} \dfrac{1}{2^{n/2}\Gamma\left(\dfrac{n}{2}\right)} x^{n/2-1}\mathrm{e}^{-x/2}, & x>0, \\ 0, & x\leqslant 0, \end{cases} \tag{6.10}$$

其中
$$\Gamma(\alpha) = \int_0^{+\infty} x^{\alpha-1}\mathrm{e}^{-x}\mathrm{d}x \quad (\alpha>0).$$

易知 n 维随机向量$(X_1,\cdots,X_n)$的联合密度是

$$p(x_1,\cdots,x_n) = \frac{1}{(2\pi)^{n/2}}\exp\left\{-\frac{1}{2}(x_1^2+\cdots+x_n^2)\right\},$$

利用公式(6.8)可直接考查 Y 的分布函数，然后就可推知 Y 的分布密度由(6.10)式给出(参看文献[1]). 这里我们用数学归纳法证明

(6.10)式成立.

当 $n=1$ 时,$Y=X_1^2$,以前(第二章例 5.2)已求出 Y 的分布密度是

$$p(x)=\begin{cases}\dfrac{1}{\sqrt{2\pi}}x^{-1/2}\mathrm{e}^{-x/2}, & x>0,\\ 0, & x\leqslant 0.\end{cases}$$

故当 $n=1$ 时,(6.10)式成立$\left(\text{注意 }\Gamma\left(\dfrac{1}{2}\right)=\sqrt{\pi}\right)$.

设 $n=k$ 时结论成立,即 $\eta \triangleq \sum\limits_{i=1}^{k}X_i^2$ 的分布密度 $p_k(x)$ 由(6.10)式给出.我们来研究 $n=k+1$ 的情形.由于 $Y=\sum\limits_{i=1}^{k+1}X_i^2=\eta+X_{k+1}^2$,$\eta$ 与 X_{k+1}^2 相互独立,从本章公式(4.3)知 Y 的分布密度为

$$q(x)=\int_{-\infty}^{+\infty}p_k(u)p_1(x-u)\mathrm{d}u.$$

易知,当 $x\leqslant 0$ 时,$q(x)=0$;当 $x>0$ 时,

$$\begin{aligned}q(x)&=\int_0^x p_k(u)p_1(x-u)\mathrm{d}u\\&=\int_0^x\frac{1}{2^{k/2}\Gamma\left(\dfrac{k}{2}\right)}u^{k/2-1}\mathrm{e}^{-u/2}\frac{1}{\sqrt{2\pi}}(x-u)^{-1/2}\mathrm{e}^{-(x-u)/2}\mathrm{d}u\\&=\int_0^x\frac{\mathrm{e}^{-x/2}}{2^{(k+1)/2}\Gamma\left(\dfrac{k}{2}\right)\sqrt{\pi}}u^{k/2-1}(x-u)^{-1/2}\mathrm{d}u\\&\xlongequal{u=xv}\frac{x^{(k+1)/2-1}\mathrm{e}^{-x/2}}{2^{(k+1)/2}\Gamma\left(\dfrac{k}{2}\right)\sqrt{\pi}}\int_0^1 v^{k/2-1}(1-v)^{-1/2}\mathrm{d}v\\&=Cx^{(k+1)/2-1}\mathrm{e}^{-x/2}\quad(C\text{ 是与 }x\text{ 无关的常数}).\end{aligned}$$

由于 $q(x)$ 是分布密度,知 $\int_{-\infty}^{+\infty}q(x)\mathrm{d}x=1$. 于是

$$\int_0^{+\infty}Cx^{(k+1)/2-1}\mathrm{e}^{-x/2}\mathrm{d}x=1.$$

由此知 $C\cdot 2^{(k+1)/2}\int_0^{+\infty}t^{(k+1)/2-1}\mathrm{e}^{-t}\mathrm{d}t=1$,故

$$C=\frac{1}{2^{(k+1)/2}\Gamma\left(\frac{k+1}{2}\right)}.$$

因此 $q(x)=p_{k+1}(x)$. 可见,$n=k+1$ 时(6.10)式仍成立. 所以,对一切 $n\geqslant 1$,Y 的分布密度均由(6.10)式给出.

定义 6.9 若随机变量 ξ 的分布密度由(6.10)式给出,则称 ξ 服从 n 个自由度的 **χ^2(卡方)分布**.

以后将看到,χ^2 分布在统计学里有广泛应用.

例 6.4 设 $X_1,\cdots,X_n$ 独立同分布,共同分布是指数分布,其密度函数是

$$p(x)=\begin{cases}\lambda e^{-\lambda x}, & x>0,\\ 0, & x\leqslant 0,\end{cases}$$

则

$$Y=\sum_{i=1}^{n}X_i \quad (n\geqslant 1)$$

的分布密度是

$$p_n(x)=\begin{cases}\dfrac{\lambda^n}{(n-1)!}x^{n-1}e^{-\lambda x}, & x>0,\\ 0, & x\leqslant 0.\end{cases} \tag{6.11}$$

我们可用数学归纳法证明这个结论. 当 $n=1$ 时,结论显然成立. 设 $n=k$ 时结论成立,即 $\sum\limits_{i=1}^{k}X_i$ 的分布密度 $p_k(x)$ 由(6.11)式给出. 我们来研究 $n=k+1$ 的情形. 由于 $Y=\sum\limits_{i=1}^{k+1}X_i=\left(\sum\limits_{i=1}^{k}X_i\right)+X_{k+1}$,$\sum\limits_{i=1}^{k}X_i$ 与 X_{k+1} 相互独立,从本章公式(4.3)知 Y 的分布密度为

$$q(x)=\int_{-\infty}^{+\infty}p_k(u)p_1(x-u)\mathrm{d}u.$$

易知,当 $x\leqslant 0$ 时,$q(x)=0$;当 $x>0$ 时,

$$\begin{aligned}q(x)&=\int_0^x p_k(u)p_1(x-u)\mathrm{d}u=\int_0^x\frac{\lambda^k}{(k-1)!}u^{k-1}e^{-\lambda u}\lambda e^{-\lambda(x-u)}\mathrm{d}u\\&=\frac{\lambda^{k+1}}{(k-1)!}e^{-\lambda x}\int_0^x u^{k-1}\mathrm{d}u=\frac{\lambda^{k+1}}{k!}x^k e^{-\lambda x}.\end{aligned}$$

因此 $q(x)=p_{k+1}(x)$. 可见,当 $n=k+1$ 时,Y 的分布密度由(6.11)式给出. 所以,对一切 $n\geqslant 1$,Y 的分布密度均由(6.11)式给出. 顺便看出,

随机变量 $Z=2\lambda Y$ 服从 $2n$ 个自由度的 χ^2 分布(参看第二章的(5.1)式).

例 6.5　一个罐子装有 $2N$ 张标有数字的卡片,其中有两个 1,两个 2,两个 3,…,两个 N. 现从罐中任意取出 $m(1\leqslant m<2N)$ 张卡片,问:剩下的卡片中平均有多少对?(这是 Daniel Bernoulli (1700—1782)提出并解决的问题,此问题有一种提法是:某地方有 N 对夫妇,若干年后死去了 m 个人,问:剩下的人中平均有几对夫妇?)

解　对 $i=1,\cdots,N$,令

$$X_i=\begin{cases}1, & \text{两个 } i \text{ 仍在罐中},\\ 0, & \text{否则},\end{cases}$$

则 $X_1+\cdots+X_N$ 便是剩下的卡片中成对的个数.

显然 $\mathrm{E}(X_i)=P(X_i=1)(i=1,\cdots,N)$. 我们指出

$$P(X_i=1)=\mathrm{C}_{2N-2}^m\mathrm{C}_2^0/\mathrm{C}_{2N}^m. \tag{6.12}$$

实际上,对固定的 i,罐中卡片分为两类:第一类由两个 i 组成,第二类由其余的 $2N-2$ 张卡片组成. 从罐中任取 m 张卡片,则 $\{X_i=1\}=\{m$ 张卡片全来自第二类$\}$. 由此知(6.12)式成立.

从(6.12)式知

$$\begin{aligned}P(X_i=1)&=\frac{(2N-2)!}{m!(2N-2-m)!}\Big/\frac{(2N)!}{m!(2N-m)!}\\&=\frac{(2N-m)(2N-m-1)}{(2N)(2N-1)}\quad(i=1,\cdots,N),\end{aligned}$$

于是

$$\mathrm{E}\left(\sum_{i=1}^N X_i\right)=\sum_{i=1}^N\mathrm{E}(X_i)=\frac{(2N-m)(2N-m-1)}{2(2N-1)},$$

即剩下的卡片中平均有 $\dfrac{(2N-m)(2N-m-1)}{2(2N-1)}$ 对.

例 6.6　一批产品共有 N 件,其中 D 件是不合格品. 现随机抽取 n $(1\leqslant n\leqslant N)$件,设这 n 件中所包含的不合格品件数是 X(在第二章已指出 X 服从超几何分布). 我们可利用期望的性质(若干个随机变量之和的期望等于各随机变量的期望之和),直接求出 X 的期望和方差.

实际上,将这 n 件产品按抽得的先后次序排成一行,令

$$X_i = \begin{cases} 1, & \text{第 } i \text{ 件是不合格品}, \\ 0, & \text{第 } i \text{ 件是合格品} \end{cases} \quad (i = 1, \cdots, n),$$

显然 $X = \sum_{i=1}^{n} X_i$,于是

$$\begin{aligned} \mathrm{E}(X) &= \sum_{i=1}^{n} \mathrm{E}(X_i) = \sum_{i=1}^{n} P(X_i = 1) \\ &= \sum_{i=1}^{n} P(\text{第 } i \text{ 件是不合格品}). \end{aligned}$$

利用古典概型知识推知 $P(\text{第 } i \text{ 件是不合格品}) = \frac{D}{N}$,于是 $\mathrm{E}(X) = \frac{n}{N}D$. 这与第二章的直接计算结果(见第二章的公式(6.1))是一致的.

当 $n=1$ 时,

$$\begin{aligned} \mathrm{var}(X) &= \mathrm{var}(X_1) = \mathrm{E}(X_1^2) - (\mathrm{E}(X_1))^2 \\ &= \mathrm{E}(X_1) - (\mathrm{E}(X_1))^2 = \frac{D(N-D)}{N^2}. \end{aligned}$$

以下设 $n>1$,则

$$X^2 = \left(\sum_{i=1}^{n} X_i\right)^2 = \sum_{i=1}^{n} X_i^2 + 2\sum_{i<j} X_i X_j = \sum_{i=1}^{n} X_i + 2\sum_{i<j} X_i X_j.$$

故

$$\begin{aligned} \mathrm{E}(X^2) &= \mathrm{E}(X) + 2\sum_{i<j} \mathrm{E}(X_i X_j) \\ &= \mathrm{E}(X) + 2\sum_{i<j} P(X_i = 1 \text{ 且 } X_j = 1). \end{aligned}$$

利用古典概型推知

$$\begin{aligned} P(X_i = 1, X_j = 1) &= P(\text{第 } i \text{ 件和第 } j \text{ 件是不合格品}) \\ &= D(D-1)/[N(N-1)], \end{aligned}$$

于是

$$\begin{aligned} \mathrm{E}(X^2) &= \frac{n}{N}D + 2 \cdot \mathrm{C}_n^2 \frac{D(D-1)}{N(N-1)} \\ &= \frac{n}{N}D + \frac{n(n-1)D(D-1)}{N(N-1)}. \end{aligned}$$

因此

$$\mathrm{var}(X) = \mathrm{E}(X^2) - (\mathrm{E}(X))^2$$

$$=\frac{n}{N}D+\frac{n(n-1)D(D-1)}{N(N-1)}-\left(\frac{n}{N}D\right)^2$$
$$=\frac{nD(N-n)(N-D)}{N^2(N-1)}.$$

总之,有

$$\operatorname{var}(X)=\begin{cases}0, & N=1,\\ \dfrac{n(N-n)D(N-D)}{N^2(N-1)}, & N>1.\end{cases}$$

4. n 个随机变量的多个函数

设 $X_1,\cdots,X_n$ 是 n 个随机变量,$f_k(x_1,\cdots,x_n)(k=1,\cdots,m)$ 是 n 元函数,

$$Y_k \triangleq f_k(X_1,\cdots,X_n)\quad (k=1,\cdots,m).$$

我们来研究 m 维随机向量 $(Y_1,\cdots,Y_m)$ 的概率分布.

***定理 6.4**　设 $(X_1,\cdots,X_n)$ 有联合密度 $p(x_1,\cdots,x_n)$,且 $\mathbf{R}^n$ 中的区域 A(可以是全空间)满足 $P((X_1,\cdots,X_n)\in A)=1$,函数 $f_1(x_1,\cdots,x_n),\cdots,f_n(x_1,\cdots,x_n)$ 满足下列三个条件:

(1) 对任何实数 $u_1,\cdots,u_n$,方程组

$$f_k(x_1,\cdots,x_n)=u_k\quad (k=1,\cdots,n)\tag{6.13}$$

在 A 中至多有一个解 $x_i=x_i(u_1,\cdots,u_n),i=1,\cdots,n$;

(2) 对一切 $k=1,\cdots,n$,f_k 在 A 中有连续偏导数;

(3) 雅可比行列式 $\dfrac{\partial(f_1,\cdots,f_n)}{\partial(x_1,\cdots,x_n)}$ 在 A 中处处不等于 0.

又设 $Y_k=f_k(X_1,\cdots,X_n)(k=1,\cdots,n)$,$G=\{(u_1,\cdots,u_n)$: 方程组(6.13)在 A 中有解$\}$及

$$q(u_1,\cdots,u_n)=\begin{cases}p(x_1(u_1,\cdots,u_n),\cdots,x_n(u_1,\cdots,u_n))\left|\dfrac{\partial(x_1,\cdots,x_n)}{\partial(u_1,\cdots,u_n)}\right|, & \\ & (u_1,\cdots,u_n)\in G,\\ 0, & (u_1,\cdots,u_n)\overline{\in} G,\end{cases}$$

这里 $\left|\dfrac{\partial(x_1,\cdots,x_n)}{\partial(u_1,\cdots,u_n)}\right|$ 是函数 $x_1(u_1,\cdots,u_n),\cdots,x_n(u_1,\cdots,u_n)$ 的雅可比行列式的绝对值,则 $q(u_1,\cdots,u_n)$ 是 $(Y_1,\cdots,Y_n)$ 的联合密度.

证明　这是本章定理 4.3 的直接推广,证明方法也是类似的,从略.　□

我们主要研究多个随机变量的两类函数: 一类是线性函数;另一

类是所谓的“次序统计量”. 首先研究前者. 设 $X_1,\cdots,X_n$ $(n\geqslant 2)$是 n 个随机变量,$\boldsymbol{A}=(a_{ij})_{m\times n}$是 $m\times n$ 矩阵,

$$Y_i=\sum_{j=1}^{n}a_{ij}X_j\quad(i=1,\cdots,m).$$

m 维随机向量$(Y_1,\cdots,Y_m)$的概率分布有何特性?

***定理 6.5** 设 $\boldsymbol{\xi}=(X_1,\cdots,X_n)$,$\boldsymbol{\eta}=(Y_1,\cdots,Y_m)$分别为 n 维和 m 维随机向量,且

$$\begin{bmatrix}Y_1\\ \vdots\\ Y_m\end{bmatrix}=\boldsymbol{A}\begin{bmatrix}X_1\\ \vdots\\ X_n\end{bmatrix}.\tag{6.14}$$

若 $\boldsymbol{\xi}$ 有期望 $\mathbf{E}(\boldsymbol{\xi})$及协方差阵 $\boldsymbol{\Sigma}$,则

$$\begin{bmatrix}\mathrm{E}(Y_1)\\ \vdots\\ \mathrm{E}(Y_m)\end{bmatrix}=\boldsymbol{A}\begin{bmatrix}\mathrm{E}(X_1)\\ \vdots\\ \mathrm{E}(X_n)\end{bmatrix}\quad(\text{即}(\mathbf{E}(\boldsymbol{\eta}))^{\mathrm{T}}=\boldsymbol{A}(\mathbf{E}(\boldsymbol{\xi}))^{\mathrm{T}}),\tag{6.15}$$

$$\mathrm{cov}(\boldsymbol{\eta},\boldsymbol{\eta})=\boldsymbol{A\Sigma A}^{\mathrm{T}}.\tag{6.16}$$

证明 由于 $\mathrm{E}(Y_i)=\sum_{k=1}^{n}a_{ik}\mathrm{E}(X_k)$,故(6.15)式成立. 又由于 $Y_i-\mathrm{E}(Y_i)=\sum_{k=1}^{n}a_{ik}(X_k-\mathrm{E}(X_k))$,知

$$(Y_i-\mathrm{E}(Y_i))(Y_j-\mathrm{E}(Y_j))=\sum_{k=1}^{n}\sum_{l=1}^{n}a_{ik}a_{jl}(X_k-\mathrm{E}(X_k))(X_l-\mathrm{E}(X_l)).$$

于是

$$\begin{aligned}\mathrm{cov}(Y_i,Y_j)&=\sum_{k=1}^{n}\sum_{l=1}^{n}a_{ik}a_{jl}\mathrm{E}(X_k-\mathrm{E}(X_k))(X_l-\mathrm{E}(X_l))\\&=\sum_{k=1}^{n}\sum_{l=1}^{n}a_{ik}a_{jl}\sigma_{kl},\end{aligned}\tag{6.17}$$

这里 $\sigma_{kl}=\mathrm{cov}(X_k,X_l)$.

由于 $\boldsymbol{\Sigma}=(\sigma_{kl})_{n\times n}$,从(6.17)式知(6.16)式成立. □

***定理 6.6** 设 n 维随机向量$(X_1,\cdots,X_n)$服从 n 维正态分布 $N(\boldsymbol{\mu},\boldsymbol{\Sigma})$(即联合密度由(6.6)式给出),又设

$$\begin{bmatrix}Y_1\\ \vdots\\ Y_m\end{bmatrix}=\boldsymbol{A}\begin{bmatrix}X_1\\ \vdots\\ X_n\end{bmatrix},$$

这里 $\boldsymbol{A}=(a_{ij})_{m\times n}$$(m\leqslant n)$是秩为 m 的矩阵,则 m 维随机向量$(Y_1,\cdots,Y_m)$服从 m

维正态分布$N(\boldsymbol{\mu A}^{\mathrm{T}},\boldsymbol{A\Sigma A}^{\mathrm{T}})$.

本定理的证明比较长,这里从略,在§3.8中用小字叙述证明,供关心证明的读者参考.

现在研究"次序统计量",它们都是多个随机变量的函数.设$x_1,\cdots,x_n$是任何n个实数,将其从小到大排列得到数列

$$x_{(1)}\leqslant\cdots\leqslant x_{(n)},$$

其中$x_{(1)}$是n个数中最小者,即$x_{(1)}=\min\{x_1,\cdots,x_n\}$,$x_{(k)}$是从小到大排在第$k$位的数,$x_{(n)}$是$n$个数中最大者.这些$x_{(k)}$都是$x_1,\cdots,x_n$的函数,即$x_{(k)}=f_k(x_1,\cdots,x_n)(k=1,\cdots,n)$,这些$f_k$都是确定的函数.

设$X_1=X_1(\omega),\cdots,X_n=X_n(\omega)$是$n$个随机变量,令

$$X_{(k)}=X_{(k)}(\omega)\triangleq f_k(X_1(\omega),\cdots,X_n(\omega))\quad(k=1,\cdots,n),$$

称$X_{(k)}$是$X_1,\cdots,X_n$的**第k个次序统计量**.

我们要研究的问题是,若$X_1,\cdots,X_n$独立同分布,共同分布函数(或分布密度)已知,如何求出:

(1) $X_{(k)}$的概率分布$(k=1,\cdots,n)$;

(2) $(X_{(1)},\cdots,X_{(n)})$的联合分布;

(3) 极差$X_{(n)}-X_{(1)}$的概率分布.

我们把答案写成三个定理,其证明比较复杂,将在§3.8中叙述证明,供关心证明的读者参考.

***定理6.7**　设$X_1,\cdots,X_n(n\geqslant2)$独立同分布,共同分布函数是$F(x)$,则$X_{(k)}$的分布函数为

$$P(X_{(k)}\leqslant x)=\frac{n!}{(k-1)!(n-k)!}\int_0^{F(x)}u^{k-1}(1-u)^{n-k}\mathrm{d}u \tag{6.18}$$

$$(k=1,\cdots,n).$$

***定理6.8**　设$X_1,\cdots,X_n(n\geqslant2)$独立同分布,共同分布密度是$p(x)$,则次序统计量向量$(X_{(1)},\cdots,X_{(n)})$的联合密度为

$$q(x_1,\cdots,x_n)=\begin{cases}n!\prod\limits_{i=1}^{n}p(x_i), & x_1<\cdots<x_n,\\ 0, & \text{其他}.\end{cases} \tag{6.19}$$

***定理6.9**　设$X_1,\cdots,X_n(n\geqslant2)$独立同分布,共同的分布函数是$F(x)$,共同的分布密度是$p(x)$,则有下列结论:

(1) $(X_{(1)},X_{(n)})$的联合密度为

$$q_1(u_1,u_2)=\begin{cases}n(n-1)(F(u_2)-F(u_1))^{n-2}p(u_1)p(u_2), & u_1<u_2,\\ 0, & u_1\geqslant u_2;\end{cases}\tag{6.20}$$

(2) 极差 $\xi\triangleq X_{(n)}-X_{(1)}$ 的分布函数为

$$P(\xi\leqslant x)=\begin{cases}n\int_{-\infty}^{+\infty}(F(x+u)-F(u))^{n-1}p(u)\mathrm{d}u, & x>0,\\ 0, & x\leqslant 0.\end{cases}\tag{6.21}$$

例 6.7　设 $X_1,\cdots,X_n$ 独立同分布,共同分布是区间$[0,1]$上的均匀分布,求第 k 个次序统计量 $X_{(k)}$ 的概率分布及 $\mathrm{E}(X_{(k)})$,$\mathrm{var}(X_{(k)})$.

解　X_1 的分布函数和分布密度分别为

$$F(x)=\begin{cases}0, & x\leqslant 0,\\ x, & 0<x<1,\\ 1, & x\geqslant 1,\end{cases}\quad p(x)=\begin{cases}1, & 0\leqslant x\leqslant 1,\\ 0, & \text{其他}.\end{cases}$$

从(6.18)式知 $X_{(k)}$ 的分布函数为

$$P(X_{(k)}\leqslant x)=\begin{cases}\dfrac{n!}{(k-1)!(n-k)!}\int_0^x u^{k-1}(1-u)^{n-k}\mathrm{d}u, & 0\leqslant x\leqslant 1,\\ 0, & x<0,\\ 1, & x>1,\end{cases}$$

从而 $X_{(k)}$ 的分布密度是

$$q_k(x)=\begin{cases}\dfrac{n!}{(k-1)!(n-k)!}x^{k-1}(1-x)^{n-k}, & 0\leqslant x\leqslant 1,\\ 0, & \text{其他}.\end{cases}$$

于是

$$\mathrm{E}(X_{(k)})=\int_0^1 xq_k(x)\mathrm{d}x=\frac{k}{n+1},\quad (\text{见注})$$

$$\mathrm{var}(X_{(k)})=\int_0^1\left(x-\frac{k}{n+1}\right)^2 q_k(x)\mathrm{d}x=\frac{k(n+1-k)}{(n+1)^2(n+2)}$$

$$(k=1,\cdots,n).$$

注　我们用到等式

$$\int_0^1 x^{p-1}(1-x)^{q-1}\mathrm{d}x=\frac{\Gamma(p)\Gamma(q)}{\Gamma(p+q)}\quad(p>0,q>0),\tag{6.22}$$

这里 $\Gamma(\alpha)=\int_0^{+\infty}x^{\alpha-1}\mathrm{e}^{-x}\mathrm{d}x\ (\alpha>0)$. 这个等式可如下证明:由于

$$\Gamma(p)\Gamma(q)=\int_0^{+\infty}x^{p-1}\mathrm{e}^{-x}\mathrm{d}x\cdot\int_0^{+\infty}y^{q-1}\mathrm{e}^{-y}\mathrm{d}y=\int_0^{+\infty}\int_0^{+\infty}x^{p-1}y^{q-1}\mathrm{e}^{-(x+y)}\mathrm{d}x\mathrm{d}y,$$

作变量替换 $x=uv,y=u(1-v)$，则 $\left|\dfrac{\partial(x,y)}{\partial(u,v)}\right|=u$，且

$$\begin{aligned}\Gamma(p)\Gamma(q)&=\int_0^{+\infty}\int_0^1 u^{p+q-1}\mathrm{e}^{-u}v^{p-1}(1-v)^{q-1}\mathrm{d}u\mathrm{d}v\\&=\int_0^1 v^{p-1}(1-v)^{q-1}\mathrm{d}v\cdot\int_0^{+\infty}u^{p+q-1}\mathrm{e}^{-u}\mathrm{d}u\\&=\int_0^1 v^{p-1}(1-v)^{q-1}\mathrm{d}v\cdot\Gamma(p+q).\end{aligned}$$

故(6.22)式成立.

*__例 6.8__　设 $X_1,\cdots,X_n(n\geqslant 2)$ 独立同分布，共同的分布密度是

$$p(x)=\begin{cases}\lambda\mathrm{e}^{-\lambda x}, & x>0,\\0, & x\leqslant 0,\end{cases}$$

其中 λ 是正数，又设 $X_{(1)},\cdots,X_{(n)}$ 是 $X_1,\cdots,X_n$ 的次序统计量，$Y_i=X_{(i)}-X_{(i-1)}$ $(i=1,\cdots,n;X_{(0)}\triangleq 0)$，试求 $Y_1,\cdots,Y_n$ 的联合分布.

解　从(6.19)式知 $(X_{(1)},\cdots,X_{(n)})$ 的联合密度是

$$q(x_1,\cdots,x_n)=\begin{cases}n!\lambda^n\exp\left\{-\lambda\sum_{i=1}^n x_i\right\}, & 0<x_1<\cdots<x_n,\\0, & \text{其他}.\end{cases}$$

设 $y_1,\cdots,y_n$ 都是正数，$x_0=0$，则

$$\begin{aligned}P(Y_1\leqslant y_1,\cdots,Y_n\leqslant y_n)&=\int\cdots\int_{\left\{\substack{x_i-x_{i-1}\leqslant y_i\\ i=1,\cdots,n}\right\}}q(x_1,\cdots,x_n)\mathrm{d}x_1\cdots\mathrm{d}x_n\\&=\int\cdots\int_{\left\{\substack{0<x_1<\cdots<x_n\\ x_i-x_{i-1}\leqslant y_i\\ i=1,\cdots,n}\right\}}n!\lambda^n\exp\left\{-\lambda\sum_{i=1}^n x_i\right\}\mathrm{d}x_1\cdots\mathrm{d}x_n.\end{aligned}$$

作变量替换 $v_i=x_i-x_{i-1}(i=1,\cdots,n)$（这里 $x_0=0$），则 $x_i=v_1+\cdots+v_i\,(1\leqslant i\leqslant n)$ 且

$$\begin{aligned}&P(Y_1\leqslant y_1,\cdots,Y_n\leqslant y_n)\\&=\int_0^{y_1}\cdots\int_0^{y_n}n!\lambda^n\exp\left\{-\lambda\sum_{i=1}^n\sum_{k=1}^i v_k\right\}\left|\frac{\partial(x_1,\cdots,x_n)}{\partial(v_1,\cdots,v_n)}\right|\mathrm{d}v_1\cdots\mathrm{d}v_n\\&=\int_0^{y_1}\cdots\int_0^{y_n}n!\lambda^n\exp\left\{-\lambda\sum_{k=1}^n(n-k+1)v_k\right\}\mathrm{d}v_1\cdots\mathrm{d}v_n \qquad (6.23)\\&=\prod_{k=1}^n\left[\int_0^{y_k}(n-k+1)\lambda\exp\{-\lambda(n-k+1)v_k\}\mathrm{d}v_k\right]. \qquad (6.24)\end{aligned}$$

给定 $i(1\leqslant i\leqslant n)$,当 $k\neq i$ 时,令 $y_k\to\infty$,从上面的式子推知

$$P(Y_i\leqslant y_i)=\int_0^{y_i}(n-i+1)\lambda\exp\{-\lambda(n-i+1)v_i\}\mathrm{d}v_i.$$

这表明 Y_i 服从参数为 $(n-i+1)\lambda$ 的指数分布.再利用(6.24)式,知

$$P(Y_1\leqslant y_1,\cdots,Y_n\leqslant y_n)=\prod_{k=1}^{n}P(Y_k\leqslant y_k).$$

这表明 $Y_1,\cdots,Y_n$ 是相互独立的.从(6.23)式知 $(Y_1,\cdots,Y_n)$ 的联合密度是

$$h(v_1,\cdots,v_n)=\begin{cases}n!\lambda^n\exp\left\{-\lambda\sum\limits_{k=1}^{n}(n-k+1)v_k\right\}, & v_1>0,\cdots,v_n>0,\\ 0, & \text{其他}.\end{cases}$$

我们还顺便看出,若 $\xi_i=(n-i+1)(X_{(i)}-X_{(i-1)})(i=1,\cdots,n)$,这里 $X_{(0)}\triangleq 0$,则 $\xi_1,\cdots,\xi_n$ 独立同分布,共同分布是参数为 λ 的指数分布.

*§3.7 条件分布和条件期望

设 X 和 Y 是两个随机变量.给定实数 y,如果 $P(Y=y)>0$,则称 x 的函数 $P(X\leqslant x|Y=y)$ 为在 $Y=y$ 的条件下 X 的**条件分布函数**,记作 $F_{X|Y}(x|y)$.显然,根据条件概率的定义,有

$$F_{X|Y}(x|y)=P(X\leqslant x,Y=y)/P(Y=y). \tag{7.1}$$

如果 $P(Y=y)=0$(例如 Y 是连续型随机变量),怎样定义 X 的条件分布函数呢? 这就不能从条件概率的初等定义(见第一章的§1.5)出发了.我们采用下列很自然的处理方法.

定义 7.1 设对任何 $\varepsilon>0$, $P(y-\varepsilon<Y\leqslant y+\varepsilon)>0$,若极限

$$\lim_{\varepsilon\to 0}P(X\leqslant x|y-\varepsilon<Y\leqslant y+\varepsilon) \tag{7.2}$$

存在,则称此极限为在 $Y=y$ 的条件下 X 的**条件分布函数**,记为

$$P(X\leqslant x|Y=y)\quad 或\quad F_{X|Y}(x|y),$$

即
$$F_{X|Y}(x\mid y)=\lim_{\varepsilon\to 0}P(X\leqslant x|y-\varepsilon<Y\leqslant y+\varepsilon).$$

不难看出,当 $P(Y=y)>0$ 时,(7.2)式和(7.1)式有相同的结果.

应注意的是,条件分布(函数)涉及联合分布,由后者所确定.我们分两种情形进行讨论.

1. 离散型情形

设 (X,Y) 是二维离散型随机向量,其概率分布为

$$P(X = x_i, Y = y_j) = p_{ij} \quad (i = 1,2,\cdots; j = 1,2,\cdots),$$

这里 $$P(Y=y_j)>0 \quad (j\geqslant 1),$$

则在 $Y=y_j$ 的条件下 X 的条件分布是

$$P(X = x_i | Y = y_j) = \frac{P(X = x_i, Y = y_j)}{P(Y = y_j)}$$

$$= \frac{p_{ij}}{\sum_k p_{kj}} \quad (i = 1,2,\cdots). \tag{7.3}$$

例 7.1 设二维随机向量(X,Y)的可能值是$(0,0)$，$(0,1)(1,0)$，$(1,1)$，且

$$P(X = 0, Y = 0) = P(X = 1, Y = 1) = 1/4 + \varepsilon,$$

$$P(X = 0, Y = 1) = P(X = 1, Y = 0) = 1/4 - \varepsilon$$

$$(0 \leqslant \varepsilon \leqslant 1/4).$$

于是 $$P(X=0|Y=0)=\frac{P(X=0,Y=0)}{P(Y=0)}=\left(\frac{1}{4}+\varepsilon\right)\Big/\frac{1}{2}=\frac{1}{2}+2\varepsilon.$$

同理得

$$P(X = 1|Y = 0) = \frac{1}{2} - 2\varepsilon,$$

$$P(X = 0|Y = 1) = \frac{1}{2} - 2\varepsilon,$$

$$P(X = 1|Y = 1) = \frac{1}{2} + 2\varepsilon.$$

例 7.2 一射手进行射击，单发击中目标的概率为 $p(0<p<1)$，射击进行到射中目标两次为止. 设 X 表示第一次射中目标所需的射击次数，Y 表示总共进行的射击次数，试求二维随机向量(X,Y)的联合分布和条件分布.

解 显然 $P(X=m,Y=n)=p^2q^{n-2}(m=1,\cdots,n-1;n=2,3,\cdots)$，这里 $q=1-p$. 对其他的 m,n，显然有 $P(X=m,Y=n)=0$. 于是

$$P(X = m) = \sum_{n=m+1}^{\infty} P(X = m, Y = n)$$

$$= \sum_{n=m+1}^{\infty} p^2 q^{n-2} = pq^{m-1} \quad (m = 1,2,\cdots),$$

$$P(Y=n)=\sum_{m=1}^{n-1}P(X=m,Y=n)=\sum_{m=1}^{n-1}p^2q^{n-2}$$
$$=(n-1)p^2q^{n-2}\quad(n=2,3,\cdots).$$

所以条件分布是

$$P(X=m\,|\,Y=n)=\begin{cases}\dfrac{1}{n-1}, & n\geqslant 2,\ m=1,\cdots,n-1,\\ 0, & \text{其他},\end{cases}$$

$$P(Y=n\,|\,X=m)=\begin{cases}pq^{n-m-1}, & n\geqslant m+1,\\ 0, & n\leqslant m.\end{cases}$$

例 7.3 设随机变量 X 与 Y 相互独立，X 服从参数为 λ_1 的泊松分布，Y 服从参数为 λ_2 的泊松分布，试求在 $X+Y=n$ 的条件下 X 的条件分布(这里 n 是正整数).

解 由于 $X+Y$ 服从参数为 $\lambda_1+\lambda_2$ 的泊松分布，故对 $k=0,1,\cdots,n$，有

$$P(X=k\,|\,X+Y=n)=\frac{P(X=k,X+Y=n)}{P(X+Y=n)}$$
$$=\frac{P(X=k)P(Y=n-k)}{P(X+Y=n)}$$
$$=\frac{\lambda_1^k}{k!}e^{-\lambda_1}\frac{\lambda_2^{n-k}}{(n-k)!}e^{-\lambda_2}\Big/\left[\frac{1}{n!}(\lambda_1+\lambda_2)^n e^{-(\lambda_1+\lambda_2)}\right]$$
$$=C_n^k\left(\frac{\lambda_1}{\lambda_1+\lambda_2}\right)^k\left(\frac{\lambda_2}{\lambda_1+\lambda_2}\right)^{n-k}.$$

这表明，在 $X+Y=n$ 的条件下 X 的条件分布是参数为 n，$\dfrac{\lambda_1}{\lambda_1+\lambda_2}$ 的二项分布.

例 7.4 设随机变量 X 与 Y 相互独立，都服从参数是 n,p 的二项分布，试求在 $X+Y=m(0\leqslant m\leqslant 2n)$的条件下 X 的条件分布.

解 记 $l=\min\{n,m\}$，易知

$$P(X+Y=m)=\sum_{i=0}^{l}P(X=i,Y=m-i)$$
$$=\sum_{i=0}^{l}P(X=i)P(Y=m-i)$$

$$= \sum_{i=0}^{l} C_n^i p^i (1-p)^{n-i} C_n^{m-i} p^{m-i} (1-p)^{n-m+i}$$

$$= \sum_{i=0}^{l} C_n^i C_n^{m-i} p^m (1-p)^{2n-m}$$

$$= C_{2n}^m p^m (1-p)^{2n-m}.$$

于是,当 $k=0,1,\cdots,l$ 时,

$$P(X=k \mid X+Y=m) = \frac{P(X=k, X+Y=m)}{P(X+Y=m)}$$

$$= \frac{C_n^k p^k (1-p)^{n-k} \cdot C_n^{m-k} p^{m-k} (1-p)^{n-m+k}}{C_{2n}^m p^m (1-p)^{2n-m}}$$

$$= \frac{C_n^k C_n^{m-k}}{C_{2n}^m}.$$

当 $k>l$ 时,显然 $P(X=k \mid X+Y=m)=0$.

由此可见,在 $X+Y=m$ 的条件下 X 的条件分布是超几何分布.

2. 连续型情形

设二维随机向量(X,Y)有联合分布函数 $F(x,y)$,联合密度 $p(x,y)$. 在我们对 $p(x,y)$作出若干假定(这些假定在实际应用中碰到的大多数情形下是满足的)后,可找出条件分布的表达式.

实际上,Y 的分布密度为 $p_Y(y)=\int_{-\infty}^{+\infty} p(x,y)\mathrm{d}x$,$Y$ 的分布函数为 $F_Y(y)=\int_{-\infty}^{y} p_Y(u)\mathrm{d}u$. 若 $p_Y(u)$ 在 $u=y$ 处连续,则 $\frac{\mathrm{d}F_Y(y)}{\mathrm{d}y}=p_Y(y)$,从而有

$$\lim_{\varepsilon \to 0} \frac{F_Y(y+\varepsilon)-F_Y(y-\varepsilon)}{2\varepsilon} = p_Y(y).$$

若 $\int_{-\infty}^{x} p(u,v)\mathrm{d}u$ 在 $v=y$ 处连续,则 $\frac{\partial F(x,y)}{\partial y}=\int_{-\infty}^{x} p(u,y)\mathrm{d}u$,从而有

$$\lim_{\varepsilon \to 0} \frac{F(x,y+\varepsilon)-F(x,y-\varepsilon)}{2\varepsilon} = \int_{-\infty}^{x} p(u,y)\mathrm{d}u.$$

于是

$$
\begin{aligned}
F_{X|Y}(x|y) &\triangleq \lim_{\varepsilon\to 0} P(X\leqslant x|y-\varepsilon<Y\leqslant y+\varepsilon)\\
&=\lim_{\varepsilon\to 0}\frac{P(X\leqslant x,y-\varepsilon<Y\leqslant y+\varepsilon)}{P(y-\varepsilon<Y\leqslant y+\varepsilon)}\\
&=\lim_{\varepsilon\to 0}\frac{F(x,y+\varepsilon)-F(x,y-\varepsilon)}{F_Y(y+\varepsilon)-F_Y(y-\varepsilon)}\\
&=\frac{\int_{-\infty}^{x} p(u,y)\mathrm{d}u}{p_Y(y)}\quad (\text{当 } p_Y(y)>0 \text{ 时})\\
&=\int_{-\infty}^{x}\frac{p(u,y)}{p_Y(y)}\mathrm{d}u.
\end{aligned}
\tag{7.4}
$$

这就求出了在 $Y=y$ 的条件下 X 的条件分布函数. 从(7.4)式来看,自然称 $p(x,y)/p_Y(y)$ 为在 $Y=y$ 的条件下 X 的**条件分布密度**,记作 $p_{X|Y}(x|y)$,即

$$
p_{X|Y}(x|y)=\frac{p(x,y)}{p_Y(y)}. \tag{7.5}
$$

这与离散型情形下的条件分布(见(7.3)式)很相似. 应注意出现(7.5)式的前提是 $p_Y(y)>0$.

例 7.5 设二维随机向量 (X,Y) 服从二维正态分布,联合密度 $p(x,y)$ 由本章(2.7)式给出. 易知 Y 的分布密度为

$$
p_Y(y)=\frac{1}{\sqrt{2\pi}\sigma_2}\exp\left\{-\frac{1}{2\sigma_2^2}(y-\mu_2)^2\right\}.
$$

利用(7.5)式知,在 $Y=y$ 的条件下 X 的条件分布密度为

$$
p_{X|Y}(x|y)=\frac{1}{\sqrt{2\pi(1-\rho^2)}\sigma_1}\exp\left\{-\frac{(x-m)^2}{2(1-\rho^2)\sigma_1^2}\right\},
$$

其中 $m=\mu_1+\rho\dfrac{\sigma_1}{\sigma_2}(y-\mu_2)$.

例 7.6 设二维随机向量 (X,Y) 的联合密度为

$$
p(x,y)=\begin{cases}\dfrac{1}{y}\mathrm{e}^{-y}\cdot\mathrm{e}^{-x/y}, & x>0 \text{ 且 } y>0,\\ 0, & \text{其他}.\end{cases}
$$

给定 $y>0$,试求出条件概率 $P(X>1|Y=y)$.

解 从(7.5)式知,在 $Y=y$ 的条件下 X 的条件分布密度是

$$p_{X|Y}(x|y)=\frac{p(x,y)}{p_Y(y)}.$$

注意到 $p_Y(y)=\int_{-\infty}^{+\infty}p(x,y)\mathrm{d}x=\int_0^{+\infty}\frac{1}{y}\mathrm{e}^{-y}\cdot\mathrm{e}^{-x/y}\mathrm{d}x=\mathrm{e}^{-y}$，于是

$$p_{X|Y}(x|y)=\begin{cases}\frac{1}{y}\mathrm{e}^{-x/y}, & x>0\text{ 且 }y>0,\\ 0, & x\leqslant 0\text{ 且 }y>0.\end{cases}$$

因此

$$P(X>1|Y=y)=\int_1^{+\infty}\frac{1}{y}\mathrm{e}^{-x/y}\mathrm{d}x=\mathrm{e}^{-1/y}.$$

定义 7.2 设 X 和 Y 是两个随机变量.

(1) 若在 $Y=y$ 的条件下 X 的可能值是 $x_1,x_2,\cdots$(有限个或可列无穷个)，条件概率分布是 $P(X=x_i|Y=y)(i=1,2,\cdots)$，则称和数

$$\sum_i x_iP(X=x_i|Y=y)$$

(若有无穷多个 x_i，则要求级数绝对收敛)为在 $Y=y$ 的条件下 X 的**条件期望**，记为

$$\mathrm{E}(X|Y=y).$$

(2) 若在 $Y=y$ 的条件下 X 有条件分布密度 $p_{X|Y}(x|y)$，则称积分

$$\int_{-\infty}^{+\infty}xp_{X|Y}(x|y)\mathrm{d}x \tag{7.6}$$

(要求积分绝对收敛)为在 $Y=y$ 的条件下 X 的**条件期望**，记为

$$\mathrm{E}(X|Y=y).$$ [①]

设二维随机向量 (X,Y) 有联合密度 $p(x,y)$，从(7.5)式和(7.6)式知

---

① 条件期望的一般定义如下：设在 $Y=y$ 的条件下 X 的条件分布函数存在. 对任何 $\varepsilon>0$，令

$$X^*=\left[\frac{1}{\varepsilon}X\right]\varepsilon\quad([x]\text{ 表示不超过 }x\text{ 的最大整数}).$$

若 $\mathrm{E}(X^*|Y=y)$ 存在$\left(\text{即级数}\sum_{k=-\infty}^{\infty}k\varepsilon P(X^*=k\varepsilon|Y=y)\text{绝对收敛}\right)$ 且 $\lim\limits_{\varepsilon\to 0}\mathrm{E}(X^*|Y=y)$ 存在，则把这个极限定义为在 $Y=y$ 的条件下 X 的条件期望，记为 $\mathrm{E}(X|Y=y)$. 可以证明：若有条件分布密度 $p_{X|Y}(x|y)$，这个极限恰好由(7.6)式给出.

$$\mathrm{E}(X|Y=y)=\frac{1}{p_Y(y)}\int_{-\infty}^{+\infty}xp(x,y)\mathrm{d}x, \tag{7.7}$$

这里 $p_Y(y)=\int_{-\infty}^{+\infty}p(x,y)\mathrm{d}x$ 是 Y 的分布密度. 条件期望 $\mathrm{E}(X|Y=y)$ 的含义是：在 $Y=y$ 的条件下 X 取值的平均大小. 可以证明条件期望与期望之间有如下深刻的关系：

定理 7.1 设二维随机向量 (X,Y) 有联合密度 $p(x,y)$，则

$$\mathrm{E}(X)=\int_{\{y:\ p_Y(y)>0\}}\mathrm{E}(X|Y=y)p_Y(y)\mathrm{d}y, \tag{7.8}$$

这里 $p_Y(y)$ 是 Y 的分布密度.

证明 首先指出，若 $p_Y(y)=0$，则

$$\int_{-\infty}^{+\infty}xp(x,y)\mathrm{d}x=0.$$

实际上，对任何 $A>0$，有

$$\begin{aligned}\left|\int_{-A}^{A}xp(x,y)\mathrm{d}x\right| &\leqslant A\int_{-A}^{A}p(x,y)\mathrm{d}x\leqslant A\int_{-\infty}^{+\infty}p(x,y)\mathrm{d}x\\ &=Ap_Y(y)=0,\end{aligned}$$

于是

$$\int_{-\infty}^{+\infty}xp(x,y)\mathrm{d}x=\lim_{A\to\infty}\int_{-A}^{A}xp(x,y)\mathrm{d}x=0.$$

可见

$$\begin{aligned}(7.8)\text{ 式右端}&=\int_{\{y:\ p_Y(y)>0\}}\left(\int_{-\infty}^{+\infty}xp(x,y)\mathrm{d}x\right)\mathrm{d}y\\ &=\int_{-\infty}^{+\infty}\left(\int_{-\infty}^{+\infty}xp(x,y)\mathrm{d}x\right)\mathrm{d}y=\int_{-\infty}^{+\infty}x\left(\int_{-\infty}^{+\infty}p(x,y)\mathrm{d}y\right)\mathrm{d}x\\ &=\int_{-\infty}^{+\infty}xp_X(x)\mathrm{d}x=\mathrm{E}(X),\end{aligned}$$

这是 $p_X(x)$ 是 X 的分布密度. 这就证明了(7.8)式成立. □

有时，把(7.8)式写成

$$\mathrm{E}(X)=\int_{-\infty}^{+\infty}\mathrm{E}(X|Y=y)p_Y(y)\mathrm{d}y.$$

这时要注意，当 $p_Y(y)=0$ 时，规定 $\mathrm{E}(X|Y=y)=0$.

对于离散型情形，有类似的定理.

定理 7.2[①]　设(X,Y)是二维随机向量,Y 的可能值是 $y_1,y_2,\cdots$(有限个或可列无穷个),$P(Y=y_i)>0(i=1,2,\cdots)$,X 的可能值是 $x_1,x_2,\cdots$(有限个或可列无穷个),且 $\mathrm{E}(X)$存在,则

$$\mathrm{E}(X)=\sum_i \mathrm{E}(X|Y=y_i)P(Y=y_i). \tag{7.9}$$

证明　由于 $P(X=x_k,Y=y_i)=P(X=x_k|Y=y_i)P(Y=y_i)$,知

$$\begin{aligned}\mathrm{E}(X)&=\sum_k x_k P(X=x_k)=\sum_k x_k\sum_i P(X=x_k,Y=y_i)\\&=\sum_i\sum_k x_k P(X=x_k|Y=y_i)P(Y=y_i)\\&=\sum_i \mathrm{E}(X|Y=y_i)P(Y=y_i).\end{aligned}$$

这表明(7.9)式成立. □

公式(7.8)和(7.9)的意义在于：为了求 $\mathrm{E}(X)$,有时 $\mathrm{E}(X)$不便直接求出,而条件期望 $\mathrm{E}(X|Y=y)$从含义出发反而易于求出,此时利用公式(7.8)或(7.9)就可求出 $\mathrm{E}(X)$来.

类似地,我们也可求出在 $X=x$ 的条件下 Y 的条件分布和条件期望 $\mathrm{E}(Y|X=x)$.

例 7.7　一矿工在有三个门的矿井中迷了路,第 1 个门通到一个通道,沿此通道走 2 小时可到达地面;第 2 个门通到另一个通道,沿它走 3 小时又回到原处;第 3 个门通到第 3 个通道,沿它走 5 小时也回到原处.假定该矿工神情紧张,总是等可能地从三个门中任意选择一个进入通道,试问：该矿工到达地面平均要多少时间?

解　设矿工到达地面所需时间为 X(单位：小时),用 Y 表示该矿工所选择的门的编号,即

$$Y=\begin{cases}1, & \text{选第 1 个门},\\2, & \text{选第 2 个门},\\3, & \text{选第 3 个门},\end{cases}$$

则 $P(Y=1)=P(Y=2)=P(Y=3)=1/3$,于是

---

① 我们还可证明比定理 7.2 更一般的结论：设(X,Y)是二维随机向量,Y 的可能值是 $y_1,y_2,\cdots$(有限个或可列无穷个),$P(Y=y_i)>0(i=1,2,\cdots)$,且 $\mathrm{E}(X)$存在,则(7.9)式成立.这个结论的证明较长,从略.

$$\mathrm{E}(X)=\sum_{i=1}^{3}P(Y=i)\mathrm{E}(X|Y=i)=\frac{1}{3}\sum_{i=1}^{3}\mathrm{E}(X|Y=i).$$

易知,当 $Y=1$ 时,$X=2$,故 $\mathrm{E}(X|Y=1)=2$;当 $Y=2$ 时,3 小时后回到原处,故 $\mathrm{E}(X|Y=2)=3+\mathrm{E}(X)$;当 $Y=3$ 时,5 小时后回到原处,故 $\mathrm{E}(X|Y=3)=5+\mathrm{E}(X)$. 于是

$$\begin{aligned}\mathrm{E}(X)&=\frac{1}{3}(2+3+\mathrm{E}(X)+5+\mathrm{E}(X))\\&=\frac{1}{3}(10+2\mathrm{E}(X)).\end{aligned}\tag{7.10}$$

由此推知 $\mathrm{E}(X)=10$①,即该矿工到达地面平均要 10 小时.

例 7.8[5] 一家供电公司新建不久,生产不够稳定,每月可以供应某工厂的电力服从[10,30](单位:万度)上的均匀分布,而该工厂每月实际生产所需要的电力服从[10,20]上的均匀分布.若工厂能从这家供电公司得到足够的电力,则每 1 万度电可创造 30 万元的利润;若工厂从供电公司得不到足够的电力,则不足部分由工厂通过其他途径自行解决,此时每 1 万度电只能产生 10 万元的利润.问:该工厂每月的平均利润是多少?

解 设工厂每月实际生产所需的电力为 X(单位:万度),供电公司每月供给该工厂的电力为 Y(单位:万度),工厂每月的利润为 R(单位:万元),则由所给的条件知

$$R=\begin{cases}30X, & X\leqslant Y,\\ 30Y+10(X-Y), & X>Y.\end{cases}$$

于是,当 $20\leqslant y\leqslant 30$ 时,有

$$\mathrm{E}(R|Y=y)=\int_{10}^{20}30x\cdot\frac{1}{10}\mathrm{d}x=450;$$

当 $10\leqslant y<20$ 时,有

$$\mathrm{E}(R|Y=y)=\int_{10}^{y}30x\cdot\frac{1}{10}\mathrm{d}x+\int_{y}^{20}[30y+10(x-y)]\cdot\frac{1}{10}\mathrm{d}x$$

① 细心的读者会想到,只有证明了 $\mathrm{E}(X)$存在(且是一个有限数),才能从(7.10)式推出 $\mathrm{E}(X)=10$. 用 τ 表示该矿工到达地面之前在第 2 或第 3 通道经过的次数,则 $P(\tau=k)=\left(\frac{2}{3}\right)^k\frac{1}{3}$ $(k=0,1,\cdots)$. 于是 $\mathrm{E}(\tau)=2$. 由于 $X\leqslant 5\tau+2$,故 $\mathrm{E}(X)$存在且有限.

$$=50+40y-y^2.$$

从(7.8)式知

$$\begin{aligned}\mathrm{E}(R)&=\int_{10}^{30}\mathrm{E}(R|Y=y)p_Y(y)\mathrm{d}y\\&=\int_{10}^{20}(50+40y-y^2)\frac{1}{20}\mathrm{d}y+\int_{20}^{30}450\times\frac{1}{20}\mathrm{d}y\\&\approx 433,\end{aligned}$$

即该工厂每月的平均利润约为 433 万元.

条件分布和条件期望的概念可以推广到两个随机向量的情形. 设 $\boldsymbol{X}=(X_1,\cdots,X_m)$ 和 $\boldsymbol{Y}=(Y_1,\cdots,Y_n)$ 分别是 m 维和 n 维随机向量,我们也可讨论在 $\boldsymbol{Y}=(y_1,\cdots,y_n)$ 的条件下 $\boldsymbol{X}$ 的条件分布函数. 给定 $\boldsymbol{y}=(y_1,\cdots,y_n)$,若 $P(\boldsymbol{Y}=\boldsymbol{y})>0$,则 $x_1,\cdots,x_m$ 的函数

$$P(X_1\leqslant x_1,\cdots,X_m\leqslant x_m|\boldsymbol{Y}=\boldsymbol{y})\quad(\text{条件概率})$$

就叫作在 $\boldsymbol{Y}=\boldsymbol{y}$ 的条件下 $\boldsymbol{X}$ 的**条件分布函数**,记为 $F_{\boldsymbol{X}|\boldsymbol{Y}}(x_1,\cdots,x_m|\boldsymbol{y})$. 若 $P(\boldsymbol{Y}=\boldsymbol{y})=0$,令 $A_\varepsilon=\{y_1-\varepsilon<Y_1\leqslant y_1+\varepsilon,\cdots,y_n-\varepsilon<Y_n\leqslant y_n+\varepsilon\}$ $(\varepsilon>0)$. 若 $P(A_\varepsilon)>0$,且极限

$$\lim_{\varepsilon\to 0}P(X_1\leqslant x_1,\cdots,X_m\leqslant x_m|A_\varepsilon)$$

存在,则把这个极限定义为在 $\boldsymbol{Y}=\boldsymbol{y}$ 的条件下 $\boldsymbol{X}$ 的**条件分布函数**,仍记为 $F_{\boldsymbol{X}|\boldsymbol{Y}}(x_1,\cdots,x_m|\boldsymbol{y})$.

可以证明,在相当广泛的条件下,若 $\boldsymbol{X}=(X_1,\cdots,X_m)$ 与 $\boldsymbol{Y}=(Y_1,\cdots,Y_n)$ 有联合密度 $p(x_1,\cdots,x_m,y_1,\cdots,y_n)$,则

$$\begin{aligned}&F_{\boldsymbol{X}|\boldsymbol{Y}}(x_1,\cdots,x_m|y_1,\cdots,y_n)\\&\quad=\int_{-\infty}^{x_1}\cdots\int_{-\infty}^{x_m}\frac{p(u_1,\cdots,u_m,y_1,\cdots,y_n)}{p_Y(y_1,\cdots,y_n)}\mathrm{d}u_1\cdots\mathrm{d}u_m,\end{aligned}\tag{7.11}$$

这里 $p_Y(y_1,\cdots,y_n)$ 是 $\boldsymbol{Y}=(Y_1,\cdots,Y_n)$ 的联合密度. 很自然称这里的被积函数为在 $\boldsymbol{Y}=(y_1,\cdots,y_n)$ 的条件下 $\boldsymbol{X}$ 的**条件分布密度**. 固定 $\boldsymbol{y}=(y_1,\cdots,y_n)$,不难推知在 $\boldsymbol{Y}=\boldsymbol{y}$ 的条件下 X_i 的**条件分布密度**为

$$p_i(u_i|\boldsymbol{y})=\int_{-\infty}^{+\infty}\cdots\int_{-\infty}^{+\infty}\frac{p(u_1,\cdots,u_m,y)}{p_Y(y)}\mathrm{d}u_1\cdots\mathrm{d}u_{i-1}\mathrm{d}u_{i+1}\cdots\mathrm{d}u_m$$

$$(\text{当 } p_{\boldsymbol{Y}}(\boldsymbol{y})>0\text{ 时}).$$

在 $\boldsymbol{Y}=\boldsymbol{y}$ 的条件下 X_i 的**条件期望**为

$$\mathrm{E}(X_i|\boldsymbol{Y}=\boldsymbol{y})=\int_{-\infty}^{+\infty} u p_i(u|\boldsymbol{y})\mathrm{d}u \quad (i=1,\cdots,m).$$

自然定义 $\mathbf{E}(\boldsymbol{X}|\boldsymbol{Y}=\boldsymbol{y})$ 为向量

$$(\mathrm{E}(X_1|\boldsymbol{Y}=\boldsymbol{y}),\mathrm{E}(X_2|\boldsymbol{Y}=\boldsymbol{y}),\cdots,\mathrm{E}(X_m|\boldsymbol{Y}=\boldsymbol{y})).$$

若 $X_1,\cdots,X_m,Y$ 是 $m+1$ 个随机变量,我们如何根据 $X_1,\cdots,X_m$ 的观测值去预测 Y 的值呢? 即如何找出函数 $\psi(x_1,\cdots,x_m)$,使得用 $\psi(X_1,\cdots,X_m)$ 去预测 Y,均方误差 $\mathrm{E}(Y-\psi)^2$ 达到最小值? 可以证明,若 $\mathrm{E}(Y^2)$ 存在,$\boldsymbol{X}=(X_1,\cdots,X_m)$,$\varphi(x_1,\cdots,x_m)=\mathrm{E}(Y|\boldsymbol{X}=(x_1,\cdots,x_m))$,则 $\mathrm{E}(Y-\varphi(X_1,\cdots,X_m))^2=\min\limits_{\psi}\{\mathrm{E}(Y-\psi)^2\}$. 换句话说,条件期望 $\mathrm{E}(Y|\boldsymbol{X}=(x_1,\cdots,x_m))$ 给出了 Y 的均方误差最小的预测(参看§3.8).

*§3.8 补充知识

本节要对 n 维正态分布和次序统计量的有关定理给出证明,也要对"条件期望提供最佳预测"这一结论进行论证.

1. 关于 n 维正态分布

我们在§3.6(定义6.8)已定义过 n 维正态分布. 遵照大多数文献的习惯,讨论正态分布及有关问题时常常将向量理解为列向量,我们把定义6.8改写为下列定义8.1.

定义 8.1 称 n 维随机向量 $\boldsymbol{\xi}=(X_1,\cdots,X_n)^{\mathrm{T}}$ 服从 **n 维正态分布**,若 $\boldsymbol{\xi}$ 有如下的联合密度:

$$p(\boldsymbol{x})=\frac{1}{(2\pi)^{n/2}|\boldsymbol{\Sigma}|^{1/2}}\exp\left\{-\frac{1}{2}(\boldsymbol{x}-\mu)^{\mathrm{T}}\boldsymbol{\Sigma}^{-1}(\boldsymbol{x}-\mu)\right\}, \tag{8.1}$$

其中 $\boldsymbol{x}=(x_1,\cdots,x_n)^{\mathrm{T}}$,$\boldsymbol{\mu}=(\mu_1,\cdots,\mu_n)^{\mathrm{T}}$ 是一固定向量,$\boldsymbol{\Sigma}=(\sigma_{ij})_{n\times n}$ 是 n 阶正定矩阵,$|\boldsymbol{\Sigma}|$ 是 $\boldsymbol{\Sigma}$ 的行列式,$\boldsymbol{a}^{\mathrm{T}}$ 表示 $\boldsymbol{a}$ 的转置.

称服从 n 维正态分布的随机向量为 **n 维正态随机向量**.

若 $\boldsymbol{\xi}$ 的联合密度由(8.1)式给出,记为 $\boldsymbol{\xi}\sim N(\boldsymbol{\mu},\boldsymbol{\Sigma})$.

定理 8.1 设 $(X_1,\cdots,X_n)^{\mathrm{T}}\sim N(\boldsymbol{\mu},\boldsymbol{\Sigma})$,

$$\boldsymbol{A}=\begin{bmatrix} a_{11} & a_{12} & \cdots & a_{1n} \\ a_{21} & a_{22} & \cdots & a_{2n} \\ \vdots & \vdots & & \vdots \\ a_{n1} & a_{n2} & \cdots & a_{nn} \end{bmatrix}, \quad |\boldsymbol{A}|\neq 0,$$

$$Y_i = \sum_{j=1}^{n} a_{ij} X_j \quad (i = 1, \cdots, n),$$

则

$$(Y_1, \cdots, Y_n)^{\mathrm{T}} \sim N(\boldsymbol{A\mu}, \boldsymbol{A\Sigma A}^{\mathrm{T}}).$$

证明　设 $\boldsymbol{y} = (y_1, \cdots, y_n)^{\mathrm{T}}$，$\boldsymbol{x} = (x_1, \cdots, x_n)^{\mathrm{T}}$，对于“$n$ 维矩形”

$$D = \{\boldsymbol{y} = (y_1, \cdots, y_n)^{\mathrm{T}} : a_i < y_i < b_i, i = 1, \cdots, n\},$$

记

$$D^* = \{\boldsymbol{x} = (x_1, \cdots, x_n)^{\mathrm{T}} : \boldsymbol{Ax} \in D\},$$

则

$$\begin{aligned} P((Y_1, \cdots, Y_n)^{\mathrm{T}} \in D) &= P((X_1, \cdots, X_n)^{\mathrm{T}} \in D^*) \\ &= \int \cdots \int_{D^*} \frac{1}{(2\pi)^{n/2} |\boldsymbol{\Sigma}|^{1/2}} \exp\left\{-\frac{1}{2}(\boldsymbol{x} - \boldsymbol{\mu})^{\mathrm{T}} \boldsymbol{\Sigma}^{-1} (\boldsymbol{x} - \boldsymbol{\mu})\right\} \mathrm{d}\boldsymbol{x} \end{aligned}$$

（这里 $\mathrm{d}\boldsymbol{x} = \mathrm{d}x_1 \cdots \mathrm{d}x_n$）.

作变量替换 $\boldsymbol{y} = \boldsymbol{Ax}$，则 $\boldsymbol{x} = \boldsymbol{A}^{-1}\boldsymbol{y}$，且雅可比行列式为

$$\frac{\partial(x_1, \cdots, x_n)}{\partial(y_1, \cdots, y_n)} = |\boldsymbol{A}^{-1}| = |\boldsymbol{A}|^{-1}.$$

于是

$$\begin{aligned} & P((Y_1, \cdots, Y_n)^{\mathrm{T}} \in D) \\ &= \int \cdots \int_{D} \frac{1}{(2\pi)^{n/2} |\boldsymbol{\Sigma}|^{1/2}} \exp\left\{-\frac{1}{2}(\boldsymbol{A}^{-1}\boldsymbol{y} - \boldsymbol{\mu})^{\mathrm{T}} \boldsymbol{\Sigma}^{-1} (\boldsymbol{A}^{-1}\boldsymbol{y} - \boldsymbol{\mu})\right\} \|\boldsymbol{A}\|^{-1} \mathrm{d}\boldsymbol{y} \\ &= \int \cdots \int_{D} \frac{1}{(2\pi)^{n/2} |\boldsymbol{A\Sigma A}^{\mathrm{T}}|^{1/2}} \exp\left\{-\frac{1}{2}(\boldsymbol{y} - \boldsymbol{A\mu})^{\mathrm{T}} (\boldsymbol{A\Sigma A}^{\mathrm{T}})^{-1} (\boldsymbol{y} - \boldsymbol{A\mu})\right\} \mathrm{d}\boldsymbol{y}, \end{aligned}$$

这里 $\|\boldsymbol{A}\|$ 是 $\boldsymbol{A}$ 的行列式的绝对值. 这表明 $(Y_1, \cdots, Y_n)^{\mathrm{T}} \sim N(\boldsymbol{A\mu}, \boldsymbol{A\Sigma A}^{\mathrm{T}})$.　□

定理 8.2　设 $(X_1, \cdots, X_m, X_{m+1}, \cdots, X_n)^{\mathrm{T}} \sim N(\boldsymbol{\mu}, \boldsymbol{\Sigma})$ $(1 \leqslant m < n)$，且

$$\boldsymbol{\mu} = \begin{bmatrix} \boldsymbol{\mu}^{(1)} \\ \boldsymbol{\mu}^{(2)} \end{bmatrix}, \quad \boldsymbol{\Sigma} = \begin{bmatrix} \boldsymbol{\Sigma}^{(1)} & \boldsymbol{O} \\ \boldsymbol{O} & \boldsymbol{\Sigma}^{(2)} \end{bmatrix},$$

其中 $\boldsymbol{\mu}^{(1)}$ 是 m 维列向量，$\boldsymbol{\mu}^{(2)}$ 是 $n-m$ 维列向量，$\boldsymbol{\Sigma}^{(1)}$ 是 m 阶矩阵，$\boldsymbol{\Sigma}^{(2)}$ 是 $n-m$ 阶矩阵，$\boldsymbol{O}$ 表示零矩阵，则

$$\boldsymbol{X}^{(1)} = (X_1, \cdots, X_m)^{\mathrm{T}} \sim N(\boldsymbol{\mu}^{(1)}, \boldsymbol{\Sigma}^{(1)}),$$

$$\boldsymbol{X}^{(2)} = (X_{m+1}, \cdots, X_n)^{\mathrm{T}} \sim N(\boldsymbol{\mu}^{(2)}, \boldsymbol{\Sigma}^{(2)}).$$

证明　记 $\boldsymbol{x}^{(1)} = (x_1, \cdots, x_m)^{\mathrm{T}}$，$\boldsymbol{x}^{(2)} = (x_{m+1}, \cdots, x_n)^{\mathrm{T}}$. 易知 $(X_1, \cdots, X_m, \cdots, X_n)^{\mathrm{T}}$ 的联合密度为

$$\begin{aligned} & p(x_1, \cdots, x_m, x_{m+1}, \cdots, x_n) \\ &= \frac{1}{(2\pi)^{m/2} |\boldsymbol{\Sigma}^{(1)}|^{1/2}} \exp\left\{-\frac{1}{2}(\boldsymbol{x}^{(1)} - \boldsymbol{\mu}^{(1)})^{\mathrm{T}} (\boldsymbol{\Sigma}^{(1)})^{-1} (\boldsymbol{x} - \boldsymbol{\mu}^{(1)})\right\} \end{aligned}$$

$$\cdot \frac{1}{(2\pi)^{(n-m)/2}\ |\boldsymbol{\Sigma}^{(2)}|^{1/2}} \exp\left\{-\frac{1}{2}(\boldsymbol{x}^{(2)}-\boldsymbol{\mu}^{(2)})^{\mathrm{T}}(\boldsymbol{\Sigma}^{(2)})^{-1}(\boldsymbol{x}^{(2)}-\boldsymbol{\mu}^{(2)})\right\}. \tag{8.2}$$

于是

$$\begin{aligned}
P((X_1,\cdots,X_m)^{\mathrm{T}}\in D) &= P((X_1,\cdots,X_m)^{\mathrm{T}}\in D,(X_{m+1},\cdots,X_n)\in \mathbf{R}^{n-m}) \\
&= \int\cdots\int_D \frac{1}{(2\pi)^{m/2}|\boldsymbol{\Sigma}^{(1)}|^{1/2}} \exp\left\{-\frac{1}{2}(\boldsymbol{x}^{(1)}-\boldsymbol{\mu}^{(1)})^{\mathrm{T}}(\boldsymbol{\Sigma}^{(1)})^{-1}(\boldsymbol{x}^{(1)}-\boldsymbol{\mu}^{(1)})\right\}\mathrm{d}\boldsymbol{x}^{(1)} \\
&\quad \cdot \int\cdots\int_{\mathbf{R}^{n-m}} \frac{1}{(2\pi)^{(n-m)/2}\ |\boldsymbol{\Sigma}^{(2)}|^{1/2}} \\
&\quad \cdot \exp\left\{-\frac{1}{2}(\boldsymbol{x}^{(2)}-\boldsymbol{\mu}^{(2)})^{\mathrm{T}}(\boldsymbol{\Sigma}^{(2)})^{-1}(\boldsymbol{x}^{(2)}-\boldsymbol{\mu}^{(2)})\right\}\mathrm{d}\boldsymbol{x}^{(2)} \\
&= \int\cdots\int_D \frac{1}{(2\pi)^{m/2}\ |\boldsymbol{\Sigma}^{(1)}|^{1/2}} \exp\left\{-\frac{1}{2}(\boldsymbol{x}^{(1)}-\boldsymbol{\mu}^{(1)})^{\mathrm{T}}(\boldsymbol{\Sigma}^{(1)})^{-1}(\boldsymbol{x}^{(1)}-\boldsymbol{\mu}^{(1)})\right\}\mathrm{d}\boldsymbol{x}^{(1)}.
\end{aligned}$$

这表明$(X_1,\cdots,X_m)^{\mathrm{T}}\sim N(\boldsymbol{\mu}^{(1)},\boldsymbol{\Sigma}^{(1)})$.

同理知$(X_{m+1},\cdots,X_n)^{\mathrm{T}}\sim N(\boldsymbol{\mu}^{(2)},\boldsymbol{\Sigma}^{(2)})$. □

系 8.1 在定理 8.2 的假设条件下,$(X_1,\cdots,X_m)$与$(X_{m+1},\cdots,X_n)$相互独立.

证明 从(8.2)式不难推知所述的结论成立. □

定理 8.3 设$(X_1,\cdots,X_m,\cdots,X_n)^{\mathrm{T}}\sim N(\boldsymbol{\mu},\boldsymbol{\Sigma})(1\leqslant m<n)$,则

$$(X_1,\cdots,X_m)^{\mathrm{T}} \sim N(\boldsymbol{\mu}^{(1)},\boldsymbol{\Sigma}_{11}),$$

其中$\boldsymbol{\mu}^{(1)}$是$\boldsymbol{\mu}$的前m个分量构成的列向量,$\boldsymbol{\Sigma}_{11}$是$\boldsymbol{\Sigma}$的左上部(m阶子矩阵),即有

$$\boldsymbol{\Sigma}=\begin{bmatrix}\boldsymbol{\Sigma}_{11} & \boldsymbol{\Sigma}_{12}\\ \boldsymbol{\Sigma}_{21} & \boldsymbol{\Sigma}_{22}\end{bmatrix},\quad \boldsymbol{\mu}=\begin{bmatrix}\boldsymbol{\mu}^{(1)}\\ \boldsymbol{\mu}^{(2)}\end{bmatrix}.$$

证明 令

$$(Y_1,\cdots,Y_n)^{\mathrm{T}}=\begin{bmatrix}\boldsymbol{I}_m & \boldsymbol{O}\\ -\boldsymbol{\Sigma}_{21}\boldsymbol{\Sigma}_{11}^{-1} & \boldsymbol{I}_{n-m}\end{bmatrix}\begin{bmatrix}X_1\\ \vdots\\ X_n\end{bmatrix}\quad (\boldsymbol{I}_l \text{ 是 } l \text{ 阶单位矩阵}),$$

则

$$\begin{bmatrix}Y_1\\ \vdots\\ Y_m\end{bmatrix}=\begin{bmatrix}X_1\\ \vdots\\ X_m\end{bmatrix}.$$

利用定理 8.1,知

$$(Y_1,\cdots,Y_n)^{\mathrm{T}} \sim N(\boldsymbol{B\mu},\boldsymbol{B\Sigma B}^{\mathrm{T}}),$$

其中$\boldsymbol{B}=\begin{bmatrix}\boldsymbol{I}_m & \boldsymbol{O}\\ -\boldsymbol{\Sigma}_{21}\boldsymbol{\Sigma}_{11}^{-1} & \boldsymbol{I}_{n-m}\end{bmatrix}$.易知

$$\boldsymbol{B}\boldsymbol{\mu}=\boldsymbol{B}\begin{bmatrix}\boldsymbol{\mu}^{(1)}\\ \boldsymbol{\mu}^{(2)}\end{bmatrix}=\begin{bmatrix}\boldsymbol{\mu}^{(1)}\\ *\end{bmatrix},\quad \boldsymbol{B}\boldsymbol{\Sigma}\boldsymbol{B}^{\mathrm{T}}=\begin{bmatrix}\boldsymbol{\Sigma}_{11} & \boldsymbol{O}\\ \boldsymbol{O} & \boldsymbol{\Sigma}_{22}-\boldsymbol{\Sigma}_{21}\boldsymbol{\Sigma}_{11}^{-1}\boldsymbol{\Sigma}_{12}\end{bmatrix}.$$

再根据定理 8.2,知

$$(Y_1,\cdots,Y_m)^{\mathrm{T}}\sim N(\boldsymbol{\mu}^{(1)},\boldsymbol{\Sigma}_{11}).$$ □

定理 8.4　设 $(X_1,\cdots,X_n)^{\mathrm{T}}\sim N(\boldsymbol{\mu},\boldsymbol{\Sigma})$,$\boldsymbol{A}$ 是 $m\times n$ 矩阵且 $\boldsymbol{A}$ 的秩等于 m $(1\leqslant m\leqslant n)$,$(Y_1,\cdots,Y_m)^{\mathrm{T}}=\boldsymbol{A}(X_1,\cdots,X_n)^{\mathrm{T}}$,则

$$(Y_1,\cdots,Y_m)^{\mathrm{T}}\sim N(\boldsymbol{A}\boldsymbol{\mu},\boldsymbol{A}\boldsymbol{\Sigma}\boldsymbol{A}^{\mathrm{T}}).\tag{8.3}$$

证明　若 $m=n$,则结论就是定理 8.1;若 $m<n$,则从线性代数的知识知可添加 $n-m$ 行在 $\boldsymbol{A}$ 的下方使得到的矩阵

$$\boldsymbol{B}=\begin{bmatrix}\boldsymbol{A}\\ \boldsymbol{C}\end{bmatrix}$$

非奇异.令

$$(Z_1,\cdots,Z_n)^{\mathrm{T}}=\boldsymbol{B}(X_1,\cdots,X_n)^{\mathrm{T}}.$$

从定理 8.1 知

$$(Z_1,\cdots,Z_n)^{\mathrm{T}}\sim N(\boldsymbol{B}\boldsymbol{\mu},\boldsymbol{B}\boldsymbol{\Sigma}\boldsymbol{B}^{\mathrm{T}}),$$

注意

$$\boldsymbol{B}\boldsymbol{\mu}=\begin{bmatrix}\boldsymbol{A}\boldsymbol{\mu}\\ \boldsymbol{C}\boldsymbol{\mu}\end{bmatrix},\quad \boldsymbol{B}\boldsymbol{\Sigma}\boldsymbol{B}^{\mathrm{T}}=\begin{bmatrix}\boldsymbol{A}\boldsymbol{\Sigma}\boldsymbol{A}^{\mathrm{T}} & \boldsymbol{A}\boldsymbol{\Sigma}\boldsymbol{C}^{\mathrm{T}}\\ \boldsymbol{C}\boldsymbol{\Sigma}\boldsymbol{A}^{\mathrm{T}} & \boldsymbol{C}\boldsymbol{\Sigma}\boldsymbol{C}^{\mathrm{T}}\end{bmatrix},$$

$$(Z_1,\cdots,Z_m)^{\mathrm{T}}=(Y_1,\cdots,Y_m)^{\mathrm{T}}.$$

利用定理 8.3,知(8.3)式成立.　□

定理 8.5　设 $X=(X_1,\cdots,X_n)^{\mathrm{T}}\sim N(\boldsymbol{\mu},\boldsymbol{\Sigma})$,则有下列结论:

(1) $\mathbf{E}(\boldsymbol{X})\triangleq(\mathrm{E}(X_1),\cdots,\mathrm{E}(X_n))^{\mathrm{T}}=\boldsymbol{\mu}$;

(2) $\mathrm{cov}(\boldsymbol{X},\boldsymbol{X})=\boldsymbol{\Sigma}$.

证明　先考虑 $\boldsymbol{\Sigma}=\boldsymbol{I}$(单位阵)的情形,此时 $X_1,\cdots,X_n$ 独立同分布,且 $X_i\sim N(\mu_i,1)$(这里 $i=1,\cdots,n,\boldsymbol{\mu}=(\mu_1,\cdots,\mu_n)^{\mathrm{T}}$).于是

$$\mathrm{E}(X_i)=\mu_i,\quad \mathrm{cov}(X_i,X_j)=0(i\neq j),\quad \mathrm{var}(X_i)=1.$$

所以　$$(\mathrm{E}(X_1),\mathrm{E}(X_2),\cdots,\mathrm{E}(X_n))^{\mathrm{T}}=\boldsymbol{\mu},\quad \mathrm{cov}(\boldsymbol{X},\boldsymbol{X})=\boldsymbol{I}.$$

故 $\boldsymbol{\Sigma}=\boldsymbol{I}$ 时定理的结论成立.

现在研究一般情形.设 $\boldsymbol{\Sigma}$ 是任何 n 阶正定矩阵,根据线性代数的知识有方阵 $\boldsymbol{A}$,使得 $\boldsymbol{A}\boldsymbol{\Sigma}\boldsymbol{A}^{\mathrm{T}}=\boldsymbol{I}$.令 $\boldsymbol{Y}=\boldsymbol{A}\boldsymbol{X}$,从定理 8.1 知 $\boldsymbol{Y}\sim N(\boldsymbol{A}\boldsymbol{\mu},\boldsymbol{A}\boldsymbol{\Sigma}\boldsymbol{A}^{\mathrm{T}})$,即

$$\boldsymbol{Y}\sim N(\boldsymbol{A}\boldsymbol{\mu},\boldsymbol{I}).$$

根据已证部分,知

$$E(\boldsymbol{Y}) = \boldsymbol{A\mu}, \quad \mathrm{cov}(\boldsymbol{Y},\boldsymbol{Y}) = \boldsymbol{I}.$$

由于 $\boldsymbol{X}=\boldsymbol{A}^{-1}\boldsymbol{Y}$,利用期望的“线性”性质知

$$\mathrm{E}(\boldsymbol{X}) = \boldsymbol{A}^{-1}\mathrm{E}(\boldsymbol{Y}) = \boldsymbol{A}^{-1}\boldsymbol{A\mu} = \boldsymbol{\mu},$$

$$\mathrm{cov}(\boldsymbol{X},\boldsymbol{X}) = \boldsymbol{A}^{-1}\mathrm{cov}(\boldsymbol{Y},\boldsymbol{Y})(\boldsymbol{A}^{-1})^{\mathrm{T}} = \boldsymbol{A}^{-1}(\boldsymbol{A}^{-1})^{\mathrm{T}} = \boldsymbol{\Sigma}.$$ □

2. 次序统计量

我们已在§3.6中给出了次序统计量的定义.设 $X_1,\cdots,X_n$ 是 n 个随机变量,$X_{(1)},\cdots,X_{(n)}$ 是其全部次序统计量.当 $X_1,\cdots,X_n(n\geqslant 2)$ 独立同分布时,对次序统计量叙述了三个定理(定理6.7至定理6.9),现在提供证明.这三个定理就是下面的定理8.6,定理8.7和定理8.8.

定理8.6 设随机变量 $X_1,\cdots,X_n(n\geqslant 2)$ 独立同分布,共同分布函数是 $F(x)$,则 $X_{(k)}$ 的分布函数为

$$P(X_{(k)}\leqslant x) = \frac{n!}{(k-1)!(n-k)!}\int_0^{F(x)} u^{k-1}(1-u)^{n-k}\,\mathrm{d}u \tag{8.4}$$

$$(k = 1,\cdots,n).$$

证明 事件 $\{X_{(k)}\leqslant x\}$ 发生当且仅当 n 个事件 $\{X_1\leqslant x\},\cdots,\{X_n\leqslant x\}$ 中至少 k 个发生.由于这 n 个事件相互独立而且每个事件发生的概率是 $F(x)$,故

$$P(X_{(k)}\leqslant x) = \sum_{i=k}^{n}\mathrm{C}_n^i(F(x))^i(1-F(x))^{n-i}. \tag{8.5}$$

我们指出,对于 $0\leqslant p\leqslant 1$,有恒等式

$$\sum_{i=k}^{n}\mathrm{C}_n^i p^i(1-p)^{n-i} = \frac{n!}{(k-1)!(n-k)!}\int_0^{p} u^{k-1}(1-u)^{n-k}\,\mathrm{d}u. \tag{8.6}$$

当 $p=0$ 时,(8.6)式等号的两端都是0;当 $p>0$ 时,可以验证等号两端的导数相等,从而(8.6)式成立(也可利用多次分部积分得到(8.6)式).从(8.5)式和(8.6)式推知(8.4)式成立. □

定理8.7 设 $X_1,\cdots,X_n$ 独立同分布,共同分布密度是 $p(x)$,则次序统计量向量 $(X_{(1)},\cdots,X_{(n)})$ 的联合密度为

$$q(x_1,\cdots,x_n) = \begin{cases} n!\prod_{i=1}^{n}p(x_i), & x_1<\cdots<x_n, \\ 0, & \text{其他}. \end{cases} \tag{8.7}$$

证明 对任何 $i\neq j(1\leqslant i,j\leqslant n)$,$(X_i,X_j)$ 的联合密度是 $p(u)p(v)$,故

$$P(X_i = X_j) = \iint_{\{(u,v):\,u=v\}} p(u)p(v)\,\mathrm{d}u\mathrm{d}v = 0.$$

于是

$$P(X_1,\cdots,X_n\ \text{两两不相等}) = 1.$$

任给定 $y_1,\cdots,y_n$，易知

$$P(X_{(1)}\leqslant y_1,\cdots,X_{(n)}\leqslant y_n)$$
$$=P(\omega\text{: }X_{(1)}(\omega)\leqslant y_1,\cdots,X_{(n)}(\omega)\leqslant y_n,\text{且 }X_1(\omega),\cdots,X_n(\omega)\text{ 两两不相等}).$$

令

$$E=\{(i_1,\cdots,i_n)\text{: }i_1,\cdots,i_n\text{ 是 }1,\cdots,n\text{ 的一个排列}\},$$
$$A_{i_1\cdots i_n}=\{\omega\text{: }X_{i_1}(\omega)<\cdots<X_{i_n}(\omega),\text{且 }X_{i_1}(\omega)\leqslant y_1,\cdots,X_{i_n}(\omega)\leqslant y_n\},$$

则

$$\{\omega\text{: }X_{(1)}(\omega)\leqslant y_1,\cdots,X_{(n)}(\omega)\leqslant y_n,\text{且 }X_1(\omega),\cdots,X_n(\omega)\text{ 两两不相等}\}$$
$$=\bigcup_{(i_1,\cdots,i_n)\in E}A_{i_1\cdots i_n},$$

于是
$$P(X_{(1)}\leqslant y_1,\cdots,X_{(n)}\leqslant y_n)=\sum_{(i_1,\cdots,i_n)\in E}P(A_{i_1\cdots i_n}).$$

由于$(X_{i_1},\cdots,X_{i_n})$的联合密度是 $\prod_{k=1}^{n}p(x_k)$，故 $P(A_{i_1\cdots i_n})=P(A_{1\cdots n})$. 由于 E 共有 $n!$ 个元素，故

$$P(X_{(1)}\leqslant y_1,\cdots,X_{(n)}\leqslant y_n)=n!P(A_{1\cdots n})$$
$$=n!\underset{\left\{\substack{x_1<\cdots<x_n\\ x_1\leqslant y_1,\cdots,x_n\leqslant y_n}\right\}}{\int\cdots\int}\prod_{i=1}^{n}p(x_i)\mathrm{d}x_1\cdots\mathrm{d}x_n$$
$$=\int_{-\infty}^{y_1}\cdots\int_{-\infty}^{y_n}q(x_1,\cdots,x_n)\mathrm{d}x_1\cdots\mathrm{d}x_n,$$

其中 $q(x_1,\cdots,x_n)$由(8.7)式给出. 这就证明了 $q(x_1,\cdots,x_n)$是 $X_{(1)},\cdots,X_{(n)}$ 的联合密度. □

定理 8.8 设 $X_1,\cdots,X_n(n\geqslant 2)$独立同分布，共同分布函数是 $F(x)$，共同分布密度是 $p(x)$，则有下列结论：

(1) $(X_{(1)},X_{(n)})$的联合密度是

$$q_1(u_1,u_2)=\begin{cases}n(n-1)(F(u_2)-F(u_1))^{n-2}p(u_1)p(u_2), & u_1<u_2,\\ 0, & u_1\geqslant u_2.\end{cases}\tag{8.8}$$

(2) $\xi\triangleq X_{(n)}-X_{(1)}$ 的分布函数是

$$P(\xi\leqslant x)=\begin{cases}n\int_{-\infty}^{+\infty}(F(x+u)-F(u))^{n-1}p(u)\mathrm{d}u, & x>0,\\ 0, & x\leqslant 0.\end{cases}\tag{8.9}$$

证明 (1) 设 $x_1\leqslant x_2$，则从(8.7)式知

$$P(X_{(1)}\leqslant x_1,X_{(n)}\leqslant x_2)=P(X_{(1)}\leqslant x_1,X_{(2)}\leqslant x_2,\cdots,X_{(n)}\leqslant x_2)$$

$$=\int_{-\infty}^{x_1}\int_{-\infty}^{x_2}\cdots\int_{-\infty}^{x_2}q(u_1,\cdots,u_n)\mathrm{d}u_1\mathrm{d}u_2\cdots\mathrm{d}u_n$$

$$=\int_{-\infty}^{x_1}\int_{u_1}^{x_2}\cdots\int_{u_{n-1}}^{x_2}n!p(u_1)\cdots p(u_n)\mathrm{d}u_1\mathrm{d}u_2\cdots\mathrm{d}u_n$$

$$=\int_{-\infty}^{x_1}\int_{u_1}^{x_2}\cdots\int_{u_{n-2}}^{x_2}n!p(u_1)\cdots p(u_{n-1})\left(\int_{u_{n-1}}^{x_2}p(u_n)\mathrm{d}u_n\right)\mathrm{d}u_1\mathrm{d}u_2\cdots\mathrm{d}u_{n-1}$$

$$=\int_{-\infty}^{x_1}\int_{u_1}^{x_2}\cdots\int_{u_{n-2}}^{x_2}n!p(u_1)\cdots p(u_{n-1})(F(x_2)-F(u_{n-1}))\mathrm{d}u_1\mathrm{d}u_2\cdots\mathrm{d}u_{n-1}$$

$$=\int_{-\infty}^{x_1}\int_{u_1}^{x_2}\cdots\int_{u_{n-3}}^{x_2}n!p(u_1)\cdots p(u_{n-2})$$

$$\cdot\left[\int_{u_{n-2}}^{x_2}p(u_{n-1})(F(x_2)-F(u_{n-1}))\mathrm{d}u_{n-1}\right]\mathrm{d}u_1\mathrm{d}u_2\cdots\mathrm{d}u_{n-2}$$

$$=\int_{-\infty}^{x_1}\int_{u_1}^{x_2}\cdots\int_{u_{n-3}}^{x_2}n!p(u_1)\cdots p(u_{n-2})\frac{(F(x_2)-F(u_{n-2}))^2}{2}\mathrm{d}u_1\mathrm{d}u_2\cdots\mathrm{d}u_{n-2}$$

$$=\cdots=n!\int_{-\infty}^{x_1}\int_{u_1}^{x_2}\frac{1}{(n-2)!}(F(x_2)-F(u_2))^{n-2}p(u_1)p(u_2)\mathrm{d}u_1\mathrm{d}u_2$$

$$=\int_{-\infty}^{x_1}\int_{-\infty}^{x_2}q_1(u_1,u_2)\mathrm{d}u_1\mathrm{d}u_2,$$

这里 $q_1(u_1,u_2)$由(8.8)式给出.

若 $x_1>x_2$,则

$$P(X_{(1)}\leqslant x_1,X_{(n)}\leqslant x_2)$$

$$=P(X_{(1)}\leqslant x_2,X_{(n)}\leqslant x_2)=\int_{-\infty}^{x_2}\int_{-\infty}^{x_2}q_1(u_1,u_2)\mathrm{d}u_1\mathrm{d}u_2$$

$$=\int_{-\infty}^{x_1}\int_{-\infty}^{x_2}q_1(u_1,u_2)\mathrm{d}u_1\mathrm{d}u_2.$$

这是因为当 $u_1>x_2,u_2\leqslant x_2$ 时,$q_1(u_1,u_2)=0$.

综上所述,$q_1(u_1,u_2)$是$(X_{(1)},X_{(n)})$的联合密度.

(2) 不难看出 $\xi\geqslant0$. 对任何 $x\geqslant0$,有

$$P(\xi\leqslant x)=\iint\limits_{\{u_2-u_1\leqslant x\}}q_1(u_1,u_2)\mathrm{d}u_1\mathrm{d}u_2$$

$$=\int_{-\infty}^{+\infty}\int_{u_1}^{u_1+x}n(n-1)(F(u_2)-F(u_1))^{n-2}p(u_1)p(u_2)\mathrm{d}u_1\mathrm{d}u_2$$

$$=\int_{-\infty}^{+\infty}\left[\int_{u_1}^{u_1+x}n(n-1)(F(u_2)-F(u_1))^{n-2}p(u_2)\mathrm{d}u_2\right]p(u_1)\mathrm{d}u_1$$

$$= n\int_{-\infty}^{+\infty} (F(u_1 + x) - F(u_1))^{n-1} p(u_1) \mathrm{d}u_1.$$

当 $x<0$ 时,显然 $P(\xi\leqslant x)=0$.

总之,ξ 的分布函数由(8.9)式给出. □

3. 条件期望与最佳预测

设 X 和 Y 是两个随机变量,一个重要问题是根据 X 的观测值去预测 Y 的值(例如,根据成年人的足长(脚趾到脚跟的长度)推测该人的身高,这在刑侦工作中相当重要). 换句话说,如何寻找函数 $\psi(x)$,使得 $\psi(X)$ 的值最接近 Y? 在§3.7 中已指出,当 $\psi(x)=\mathrm{E}(Y|X=x)$时,均方误差 $\mathrm{E}(Y-\psi(X))^2$ 最小. 现在来严格叙述并证明这个结论.

定理 8.9 设二维随机向量(X,Y)有联合密度 $p(x,y)$,$\mathrm{E}(Y^2)$存在,令

$$\varphi(x) = \begin{cases} \mathrm{E}(Y|X = x), & p_X(x) > 0, \\ 0, & p_X(x) = 0, \end{cases}$$

这里 $p_X(x)$是 X 的分布密度,则

$$\mathrm{E}(Y - \varphi(X))^2 = \min_{\psi}\{\mathrm{E}(Y - \psi(X))^2\} \tag{8.10}$$

(当(X,Y)是离散型时,有类似的结论,从略).

证明 不妨设 $\mathrm{E}(\psi(X))^2$ 存在. 易知

$$\begin{aligned} \mathrm{E}(Y - \psi(X))^2 &= \mathrm{E}(Y - \varphi(X) + \varphi(X) - \psi(X))^2 \\ &= \mathrm{E}(Y - \varphi(X))^2 + \mathrm{E}(\varphi(X) - \psi(X))^2 \\ &\quad + 2\mathrm{E}((Y - \varphi(X))(\varphi(X) - \psi(X))). \end{aligned}$$

我们指出,上式等号右端第三项等于 0. 为此只需证明

$$\mathrm{E}(Y(\varphi(X) - \psi(X))) = \mathrm{E}(\varphi(X)(\varphi(X) - \psi(X))). \tag{8.11}$$

若 $p_X(x)=0$,则 $\int_{-\infty}^{+\infty} p(x,y)\mathrm{d}y = 0$,从而不难推知 $\int_{-\infty}^{+\infty} yp(x,y)\mathrm{d}y = 0$. 于是

$$\int_{-\infty}^{+\infty} yp(x,y)\mathrm{d}y = \varphi(x)p_X(x) \quad (\text{一切 } x)$$

(参看公式(7.7),注意交换 X 与 Y 的位置). 利用均值公式(4.10),知

$$\begin{aligned} \mathrm{E}(Y(\varphi(X) - \psi(X))) &= \int_{-\infty}^{+\infty}\int_{-\infty}^{+\infty} y(\varphi(x) - \psi(x))p(x,y)\mathrm{d}x\mathrm{d}y \\ &= \int_{-\infty}^{+\infty} (\varphi(x) - \psi(x))\left(\int_{-\infty}^{+\infty} yp(x,y)\mathrm{d}y\right)\mathrm{d}x \\ &= \int_{-\infty}^{+\infty} (\varphi(x) - \psi(x))\varphi(x)p_X(x)\mathrm{d}x \\ &= \mathrm{E}(\varphi(X)(\varphi(X) - \psi(X))), \end{aligned}$$

故(8.11)式成立. 于是 $E(Y-\psi(X))^2 \geqslant E(Y-\varphi(X))^2$. □

定理 8.9 可推广到 X,Y 不一定有联合密度的情形,这时条件期望 $E(Y|X=x)$ 的定义也需推广. 这些都涉及较深的数学,从略.

例 8.1 用 X 表示我国成年人的足长(单位:cm),Y 表示成年人的身高(单位:cm),经过我国公安部门研究,有下列公式

$$E(Y|X=x)=6.876x.$$

一案犯在保险柜前面留下足迹,测得足长 25.3 cm,代入上式计算出此案犯的身高在 174 cm 左右. 这一信息对于刻画案犯外形有重要的作用.

仿效定理 8.9 及其证明方法,可得到下面的定理:

定理 8.10 设 $X_1,\cdots,X_m,Y$ 这 $m+1$ 个随机变量有联合密度 $p_0(x_1,\cdots,x_m,y)$, $E(Y^2)$存在,令

$$\varphi(x_1,\cdots,x_m)=\begin{cases}E(Y|X_1=x_1,\cdots,X_m=x_m), & p(x_1,\cdots,x_m)>0,\\ 0, & p(x_1,\cdots,x_m)=0,\end{cases}$$

这里 $p(x_1,\cdots,x_m)$是 $X_1,\cdots,X_m$ 的联合密度,即

$$p(x_1,\cdots,x_m)=\int_{-\infty}^{+\infty}p_0(x_1,\cdots,x_m,y)\mathrm{d}y,$$

则

$$E(Y-\varphi(X_1,\cdots,X_m))^2=\min_{\psi}\{E(Y-\psi(X_1,\cdots,X_m))^2\}.$$

习 题 三

1. 设二维离散型随机向量(X,Y)有如下的概率分布:

X \ Y	-1	0	1
0	0	1/4	0
1	1/4	0	1/4
2	0	1/4	0

求边缘分布,又问: X 与 Y 是否相互独立?

2. 设二维随机向量(X,Y)在矩形区域

$$D=\{(x,y): a<x<b, c<y<d\}$$

上服从均匀分布,求联合密度和边缘密度,又问: X 与 Y 是否相互独立?

3. 设二维随机向量(X,Y)的联合密度为

$$p(x,y)=\begin{cases}c(R-\sqrt{x^2+y^2}), & x^2+y^2\leqslant R^2,\\ 0, & x^2+y^2>R^2,\end{cases}$$

求：(1) 系数 c；　(2) 向量(X,Y)落入圆 $x^2+y^2\leqslant r^2(0<r<R)$的概率.

4. 设二维随机向量(X,Y)服从区域

$$D=\left\{(x,y):\frac{(x+y)^2}{2a^2}+\frac{(x-y)^2}{2b^2}\leqslant 1\right\}\quad(a,b>0)$$

上的均匀分布，求(X,Y)的联合密度.

5. 设二维随机向量(X,Y)的联合密度为

$$p(x,y)=\frac{c}{(1+x^2)(1+y^2)},$$

(1) 求系数 c；

(2) 求(X,Y)落入以$(0,0)$，$(0,1)$，$(1,0)$，$(1,1)$为顶点的正方形的概率，又问：X 与 Y 是否相互独立？

6. 对于下列三组参数，写出二维正态随机向量的联合密度与边缘密度：

	μ_1	μ_2	σ_1	σ_2	ρ
(1)	3	0	1	1	1/2
(2)	1	1	1/2	1/2	1/2
(3)	1	2	1	1/2	0

7. 设随机变量 X 与 Y 相互独立，其分布密度分别为

$$p_X(x)=\begin{cases}1, & 0\leqslant x\leqslant 1,\\ 0, & \text{其他},\end{cases}\qquad p_Y(y)=\begin{cases}e^{-y}, & y>0,\\ 0 & y\leqslant 0,\end{cases}$$

求 $X+Y$ 的分布密度.

8. 设随机变量 X 与 Y 相互独立，分别服从自由度为 m,n 的 χ^2 分布，即

$$p_X(x)=\begin{cases}\dfrac{1}{2^{m/2}\Gamma\left(\dfrac{m}{2}\right)}x^{m/2-1}e^{-x/2}, & x>0,\\ 0, & x\leqslant 0,\end{cases}$$

$$p_Y(y)=\begin{cases}\dfrac{1}{2^{n/2}\Gamma\left(\dfrac{n}{2}\right)}y^{n/2-1}e^{-y/2}, & y>0,\\ 0, & y\leqslant 0,\end{cases}$$

试证明：$X+Y$ 也服从 χ^2 分布，其自由度是 $m+n$.

9. 设系统 L 由两个相互独立的子系统 L_1，L_2 连接而成，连接的方式如下图所示，分别为

(1) 串联；　　　　(2) 并联；

(3) 备用(当系统 L_1 损坏时，系统 L_2 开始工作).

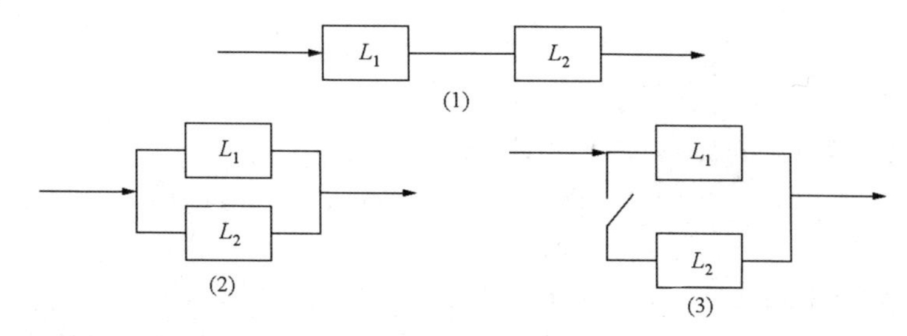

9 题图 系统的连接方式

已知 L_1, L_2 的寿命分别为 X, Y，它们分布密度分别为

$$p_X(x)=\begin{cases}\alpha e^{-\alpha x}, & x>0,\\ 0, & x\leqslant 0,\end{cases}$$

$$p_Y(y)=\begin{cases}\beta e^{-\beta y}, & y>0,\\ 0, & y\leqslant 0,\end{cases}$$

其中 $\alpha>0, \beta>0$，且 $\alpha\neq\beta$，试分别就这三种连接方式写出系统 L 的寿命 Z 的分布密度.

10. 设二维随机向量 (X,Y) 的联合密度为

$$p(x,y)=\begin{cases}4xy\exp\{-(x^2+y^2)\}, & x>0, y>0,\\ 0, & \text{其他},\end{cases}$$

求 $Z=\sqrt{X^2+Y^2}$ 的均值.

11. 设二维随机向量 (X,Y) 服从区域

$$D=\{(x,y): 0<x<1, 0<y<x\}$$

上的均匀分布，求 $E(X)$，$\operatorname{var}(X)$ 及 X 与 Y 的相关系数.

12. 设随机变量 $X\sim N(0,1)$，$Y=X^n$（n 是正整数），求 X 与 Y 的相关系数.

13. 设随机变量 X_1 与 X_2 相互独立，分布密度分别为

$$p_1(x)=\begin{cases}2x, & 0\leqslant x\leqslant 1,\\ 0, & \text{其他},\end{cases}$$

$$p_2(x)=\begin{cases}e^{-(x-5)}, & x>5,\\ 0, & \text{其他},\end{cases}$$

求 $E(X_1X_2)$.

14. 设 X 和 Y 是随机变量，$\operatorname{var}(X)=25$，$\operatorname{var}(Y)=36$，相关系数 $\rho_{XY}=0.4$，求 $\operatorname{var}(X+Y)$ 及 $\operatorname{var}(X-Y)$.

15. 设二维随机向量 (X,Y) 服从二维正态分布，$E(X)=E(Y)=0$，$\operatorname{var}(X)=a^2$，$\operatorname{var}(Y)=b^2$，$\rho_{XY}=0$，试求 (X,Y) 落入区域

$$D = \left\{(x,y): \frac{x^2}{a^2} + \frac{y^2}{b^2} \leqslant k^2\right\} \quad (k > 0)$$

的概率.

16. 设三维随机向量(X,Y,Z)的联合密度为

$$p(x,y,z) = \begin{cases} \mathrm{e}^{-(x+y+z)}, & x > 0, y > 0, z > 0, \\ 0, & \text{其他}, \end{cases}$$

试分别求出随机变量 X,Y,Z 的分布密度,又问:X,Y,Z 相互独立吗?

17. 设随机变量 X,Y,Z 相互独立,都服从标准正态分布,求 $\xi \triangleq \sqrt{X^2+Y^2+Z^2}$ 的概率分布.

18. 设随机变量 $X_1,\cdots,X_n$ 独立同分布,共同分布是威布尔分布,即共同的分布函数是

$$F(x) = \begin{cases} 1 - \exp\left\{-\left(\dfrac{x}{\eta}\right)^m\right\}, & x > 0, \\ 0, & x \leqslant 0 \end{cases} \quad (m > 0, \eta > 0),$$

试证明 $\xi \triangleq \min\{X_1,\cdots,X_n\}(n\geqslant 2)$仍服从威布尔分布.

19. 对于随机变量 X,Y,Z,已知

$$\mathrm{E}(X) = \mathrm{E}(Y) = 1, \quad \mathrm{E}(Z) = -1,$$
$$\mathrm{var}(X) = \mathrm{var}(Y) = \mathrm{var}(Z) = 1,$$
$$\rho_{XY} = 0, \quad \rho_{XZ} = 1/2, \quad \rho_{YZ} = -1/2,$$

试求 $\mathrm{E}(X+Y+Z)$及 $\mathrm{var}(X+Y+Z)$.

20. 设随机变量 X 与 Y 相互独立,$X \sim N(0,1)$,$Y \sim N(0,1)$,试求 $U=X+Y$,$V=X-Y$ 的联合密度.

21. 设随机变量 X 与 Y 相互独立,$X \sim N(0,1)$,$Y \sim N(0,1)$,试证:$U=X^2+Y^2$ 与 $V=X/Y$ 是相互独立的.

22. 设随机变量 X 与 Y 相互独立,X 服从区间$[0,1]$上的均匀分布,Y 服从区间$[1,3]$上的均匀分布,试求 $\mathrm{E}(XY)$及 $\mathrm{var}(XY)$.

23. 设随机变量 X 与 Y 相互独立,且 $\mathrm{var}(X)$和 $\mathrm{var}(Y)$存在,试证:

$$\mathrm{var}(XY) \geqslant \mathrm{var}(X)\mathrm{var}(Y).$$

24. 设一城市有 n 个区,其中住有 x_j 个居民的区共有 n_j 个$\left(\sum_j n_j = n\right)$. 令

$$m = \sum_j \frac{n_j x_j}{n}, \quad \sigma^2 = \sum_j \frac{n_j x_j^2}{n} - m^2$$

(m 是每个区的居民的平均数). 现在随机选取 r 个区,并数出其中每个区中的居民数,设 $X_1,\cdots,X_r$ 分别为这 r 个区的居民数,试证:

$$\mathrm{E}(X_1+\cdots+X_r)=mr,\quad \mathrm{var}(X_1+\cdots+X_r)=\frac{\sigma^2 r(n-r)}{n-1}.$$

25. 设 $X_1,\cdots,X_n$ 是独立同分布的正值随机变量列，试证：

$$\mathrm{E}\left(\frac{X_1+\cdots+X_k}{X_1+\cdots+X_n}\right)=\frac{k}{n}\quad (k=1,\cdots,n).$$

26. 设随机变量 $X_1,\cdots,X_n$ 独立同分布，$X_1\sim N(\mu,\sigma^2)$，记

$$\xi=\sum_{i=1}^{m}X_i,\quad \eta=\sum_{i=1}^{n}X_i\quad (1\leqslant m<n),$$

试求(ξ,η)的联合密度.

27. 设随机变量 X 与 Y 独立同分布，$X\sim N(\mu,\sigma^2)$，α,β 是两个实数(全不为 0).

(1) 求 $\alpha X+\beta Y$ 与 $\alpha X-\beta Y$ 的相关系数和联合密度；

(2) 证明：$\mathrm{E}(\max\{X,Y\})=\mu+\frac{\sigma}{\sqrt{\pi}}$.

*28. 考虑 $m(m\geqslant 2)$个独立试验. 每个试验具有 $r(r\geqslant 2)$个可能的试验结果，相应出现的概率分别为 $p_1,\cdots,p_r\left(\sum_{i=1}^{r}p_i=1\right)$. 用 X_i 表示 m 个试验中结果 $i(i=1,\cdots,r)$出现的次数. 试求出：

(1) r 维随机向量$(X_1,\cdots,X_r)$的概率分布；

(2) X_i 与 $X_j(i\neq j)$的协方差.

29. 设 $X_1,\cdots,X_n(n\geqslant 2)$是独立同分布的随机变量列，且 $\mathrm{E}(X_1-\mathrm{E}(X_1))^3=0$，试证：随机变量 $\xi=\frac{1}{n}\sum_{i=1}^{n}X_i$ 与 $\eta=\sum_{i=1}^{n}(X_i-\xi)^2$ 是不相关的.

30. 若 X 的分布密度是偶函数，且 $\mathrm{E}(X^2)$存在，试证：$|X|$与 X 不相关，但它们不相互独立. 若 $X_1,\cdots,X_n(n\geqslant 2)$相互独立，$\mathrm{var}(X_i)=\sigma_i^2(i=1,\cdots,n)$，试找“权” $a_1,\cdots,a_n\left(a_i\geqslant 0,\ \sum_{i=1}^{n}a_i=1\right)$，使得$\sum_{i=1}^{n}a_iX_i$ 的方差最小.

31. 若 X 与 Y 都是只取两个值的随机变量，试证：若 X 与 Y 不相关，则 X 与 Y 相互独立.

32. 设二维随机向量(X,Y)有如下的概率分布：

X \ Y	0	1
0	0.3	0.3
1	0.3	0.1

求：(1) $X+Y$ 的概率分布；　　(2) $X-Y$ 的概率分布；

(3) $Z \triangleq 2X+3Y+4$ 的概率分布及 $\mathrm{E}(Z)$.

33. 设函数

$$\delta(x)=\begin{cases}1, & x\geqslant 0,\\ 0, & x<0,\end{cases}$$

试证：随机变量 X 与 Y 相互独立的充分必要条件是

$$\mathrm{E}(\delta(a-X)\delta(b-Y))=\mathrm{E}(\delta(a-X))\mathrm{E}(\delta(b-Y)) \quad (\text{一切 } a,b).$$

34. 一辆交通车送 25 名乘客到 7 个站，假设每一个乘客等可能地在任一站下车，且他们行动独立，交通车只在有人下车时才停站，问：该交通车停站的期望次数是多少？

35. 50 个人排队作肺部透视，假设他们中有 4 个阳性患者，问：在出现第一个阳性患者之前，阴性反应者的人数平均是多少？

36. 设随机变量 $X_1,\cdots,X_m$ 相互独立且具有相同的概率分布：

$$P(X_1=k)=p_k \quad (k=0,1,\cdots),$$

试证：$\mathrm{E}(\min\{X_1,\cdots,X_m\})=\sum\limits_{k=1}^{\infty}r_k^m$，其中 $r_k=\sum\limits_{n\geqslant k}p_n$.

37. 从区间[0,1]中随机地选 n 个点，试分别求出这 n 个值的最大值、最小值和极差的均值.

38. 若对于随机变量 X，$\mathrm{E}(\mathrm{e}^{aX})$存在（$a$ 是正常数），试证：

$$P(X\geqslant\varepsilon)\leqslant \mathrm{e}^{-a\varepsilon}\mathrm{E}(\mathrm{e}^{aX}) \quad (\text{一切 } \varepsilon>0).$$

39. 设随机变量 X 与 Y 相互独立，$X\sim N(\mu_1,\sigma_1^2)$，$Y\sim N(\mu_2,\sigma_2^2)$，已知 $\mu_1,\mu_2,\sigma_1^2,\sigma_2^2$，试求 $P(X>Y)$.

40. 设二维随机向量(X,Y)的概率分布如下：

$X \backslash Y$	0	1	2	3	4
0	0.08	0.07	0.06	0.01	0.01
1	0.06	0.10	0.12	0.05	0.02
2	0.05	0.06	0.09	0.04	0.03
3	0.02	0.03	0.03	0.03	0.04

求出下列概率：$P(X=2)$，$P(Y\geqslant 2)$，$P(X=Y)$，$P(X\leqslant 2,Y\leqslant 2)$，$P(X>Y)$.

41. 设二维随机向量(X,Y)的联合密度是

$$p(x,y)=\begin{cases}cy^2, & 0\leqslant x\leqslant 2 \text{ 且 } 0\leqslant y\leqslant 1,\\ 0, & \text{其他},\end{cases}$$

试确定常数 c 的值并计算概率 $P(X\leqslant 1)$，$P(X+Y>2)$，$P(X=3Y)$.

*42. 设一天走进某百货商店的顾客数是均值为 1200 的随机变量，又设这些顾

客所花的钱数是相互独立的，都是均值为 50 元的随机变量，并且任一顾客所花的钱数和进入该商店的总人数相互独立，试问：该商店一天的平均营业额是多少？

43. 设随机变量 X 与 Y 独立同分布，共同分布是几何分布，即

$$P(X=k)=pq^k \quad (k=0,1,\cdots;\ q=1-p),$$

试证：

(1) $\min\{X,Y\}$ 与 $X-Y$ 相互独立；

(2) $Z=\min\{X,Y\}$ 与 $W=\max\{X,Y\}-Z$ 相互独立.

44. 设 a 是区间$[0,1]$中的一个定点，随机变量 X 服从$[0,1]$上的均匀分布，$Y=|X-a|$，问：a 取何值时，X 与 Y 不相关.

*45. 设二维随机向量(X,Y)有联合密度

$$p(x,y)=\begin{cases}3x, & 0<x<1 \text{ 且 } 0<y<x,\\ 0, & \text{其他},\end{cases}$$

试求条件分布密度 $p_{Y|X}(y|x)$和 $p_{X|Y}(x|y)$.

46. 已知二维随机向量(X,Y)的联合密度为

$$p(x,y)=\begin{cases}\dfrac{21}{4}x^2y, & x^2\leqslant y\leqslant 1,\\ 0, & \text{其他},\end{cases}$$

求条件概率 $P(Y\geqslant 0.75|X=0.5)$.

47. 设二维随机向量(X,Y)有联合密度

$$p(x,y)=\begin{cases}24(1-x)y, & 0<y<x<1,\\ 0, & \text{其他},\end{cases}$$

当 $0<y<1$ 时，试求条件期望 $\mathrm{E}(X|Y=y)$.

48. 设随机变量 X 与 Y 独立同分布，都服从参数为 λ 的指数分布，令

$$Z=\begin{cases}3X+1, & X\geqslant Y,\\ 6Y, & X<Y,\end{cases}$$

试求 $\mathrm{E}(Z)$.

49. 设 $X_1,\cdots,X_n(n\geqslant 2)$都是随机变量，它们的期望、方差都存在，试证：协方差阵

$$\boldsymbol{\Sigma}=(\sigma_{ij})_{n\times n} \quad (\sigma_{ij}\triangleq \operatorname{cov}(X_i,X_j))$$

是非负定的，即对一切实数 $t_1,\cdots,t_n$，均有

$$\sum_{i,j}\sigma_{ij}t_it_j\geqslant 0.$$

*50. 设随机变量 X 与 Y 相互独立，都服从区间$[0,1]$上的均匀分布，

$$U\triangleq\sqrt{-2\ln X}\cos(2Y-1)\pi,\quad V\triangleq\sqrt{-2\ln X}\sin(2Y-1)\pi,$$

试求出(U,V)的联合分布.

*51. 设随机变量 X 与 U 相互独立,X 的分布密度是 $p_X(x)$,U 服从区间$[0,1]$上的均匀分布,又函数 $q(x)$满足:

(1) $q(x) \geqslant 0$,且 $\int_{-\infty}^{+\infty} q(x)\mathrm{d}x = 1$;

(2) 存在 $a>0$,使得 $p_X(x)/q(x) \geqslant a$ (当 $q(x)>0$ 时).

令

$$r(x) = a\frac{q(x)}{p_X(x)} \quad (\text{当 } p_X(x) = 0 \text{ 时,规定 } r(x) = 0),$$

$$M = \{U \leqslant r(X)\},$$

试证:

$$P(X \leqslant z | M) = \int_{-\infty}^{z} q(x)\mathrm{d}x,$$

即在 M 发生的条件下 X 的条件分布密度恰好是 $q(x)$.

52. 设随机变量 X 与 Y 独立同分布,共同分布函数是

$$F(t) = \begin{cases} 1 - \mathrm{e}^{-t}, & t \geqslant 0, \\ 0, & t < 0, \end{cases}$$

试证:

$$\mathrm{med}(X+Y) \neq \mathrm{med}(X) + \mathrm{med}(Y) \quad (\mathrm{med}(\xi) \text{ 表示 } \xi \text{ 的中位数}).$$

53. 设 X 与 Y 是相互独立的离散型随机变量,且

$$P(X=0) = P(Y=0) = 3/5,$$

$$P(X=1) = P(Y=1) = 2/5,$$

试证:

$$\mathrm{mode}(X+Y) \neq \mathrm{mode}(X) + \mathrm{mode}(Y) \quad (\mathrm{mode}(\xi) \text{ 是 } \xi \text{ 的众数}).$$

第四章　概率极限定理

§4.1　随机序列的收敛性

设 $X_1,X_2,\cdots$是一列随机变量，研究这种随机变量序列的收敛性无论在理论上或应用上都有十分重要的意义. 所谓收敛性，从直观上说，就是指 n 很大时 X_n 近似地是什么样的随机变量.

例如，我们知道在一组条件可以重复实现的情形下任何事件 A 的概率 $P(A)$的直观意义是：$P(A)$是 A 发生的频率的稳定值. 但是，从数学理论的角度看，概率 $P(A)$要用公理方法加以定义. 按照柯尔莫哥洛夫的公理系统，概率乃是事件的一种具有三条性质的函数(函数值非负，必然事件对应的值是 1，一列互不相容的事件之并对应的值等于各事件对应的值之和). 现在问：这种用公理方法对概率下的定义是否真的具有直观上的"频率的稳定值"的含义呢？换句话说，设 A 是随机事件，$P(A)$的值按公理方法给定出来了，若 A 在 n 次独立试验中发生了 μ_n 次，问：当 n 很大时，$\frac{\mu_n}{n}$ 是否与 $P(A)$很接近？

这个问题可化为讨论随机变量序列的收敛性. 令

$$X_i=\begin{cases}1, & \text{第 } i \text{ 次试验中 } A \text{ 发生}, \\ 0, & \text{第 } i \text{ 次试验中 } A \text{ 不发生}\end{cases} \quad (i=1,2,\cdots),$$

则 $X_1,X_2,\cdots$是随机变量序列. 所谓 n 次独立试验，就是指随机变量 $X_1,\cdots,X_n$ 相互独立. 显然，A 发生的次数为 $\mu_n=\sum_{i=1}^{n}X_i$. 记

$$\xi_n=\frac{1}{n}\sum_{i=1}^{n}X_i \quad (n=1,2,\cdots).$$

问题是：当 n 很大时，随机变量 ξ_n 是否与常数 $P(A)$ 很接近？

对于任何随机变量 X，我们在定义数学期望时曾用比较简单的离散型随机变量 X^* 来近似 X，$0\leqslant X-X^*<\varepsilon$，这里

$$X^* = \begin{cases} 0, & 0 \leqslant X < \varepsilon, \\ -\varepsilon, & -\varepsilon \leqslant X < 0, \\ \varepsilon, & \varepsilon \leqslant X < 2\varepsilon, \\ \cdots\cdots & \cdots\cdots \\ k\varepsilon, & k\varepsilon \leqslant X < (k+1)\varepsilon \ (k \text{ 是任何整数}), \\ \cdots\cdots & \cdots\cdots \end{cases}$$

X^* 与 ε 有关. 实际上,$X^* = \left[\frac{1}{\varepsilon}X\right]\varepsilon$. 令 $\varepsilon = \frac{1}{n}$,$\xi_n = X^*$,则 n 很大时 ξ_n 与 X 任意接近.

又如,设一个射手向一目标连续射击 6000 次,设每次射中的概率是 1/6,问: 射中次数在 900 至 1100 之间的概率是多少? 这个问题从理论上不难回答,从第一章知这个概率等于 $\sum\limits_{k=900}^{1100} C_{6000}^k \left(\frac{1}{6}\right)^k \left(\frac{5}{6}\right)^{6000-k}$. 但具体数值如何计算出,这就不容易了. 用 μ_{6000} 表示 6000 次射击中射中的次数,能否找到比较简单的随机变量 η,其分布函数比较好计算(或其数值可从造好的表中查出),使得 μ_{6000} 与 η 很接近或者说

$$P(900 \leqslant \mu_{6000} \leqslant 1100) \approx P(900 \leqslant \eta \leqslant 1100).$$

总之,这种随机变量的逼近(或近似)问题是很重要的. 很明显,这就涉及随机变量列(例如上面的 ξ_n 或 μ_n)的收敛性问题.

首先要对随机变量列的收敛性给出明确的定义. 按照实际需要,收敛性有几种定义,最重要的是下列三种定义.

以下恒设 η 和 $\xi_1, \xi_2, \cdots$ 是随机变量. 注意,$\eta = \eta(\omega)$,$\xi_1 = \xi_1(\omega)$,$\cdots$,$\xi_n = \xi_n(\omega)$,$\cdots$,这些都是概率空间$(\Omega, \mathscr{F}, P)$上的实值函数!

定义 1.1　称 $\xi_1, \xi_2, \cdots$ **依概率收敛**于 η,若对任何 $\varepsilon > 0$,下式成立:

$$\lim_{n \to \infty} P(|\xi_n - \eta| \geqslant \varepsilon) = 0. \tag{1.1}$$

此时记作 $\xi_n \xrightarrow{P} \eta$.

定义 1.2　称 $\xi_1, \xi_2, \cdots$ **概率为** 1(**或几乎必然**)**地收敛**于 η,若

$$P(\lim_{n \to \infty} \xi_n = \eta) = 1. \tag{1.2}$$

此时记作 $\xi_n \xrightarrow{\text{a.s.}} \eta$ 或 $\xi_n \to \eta$(a. s.). a. s. 是英文 almost surely 的缩写.

定义 1.3　称 $\xi_1, \xi_2, \cdots$ **弱收敛**于 η,若对 η 的分布函数 $F(x)$的任

何连续点 x，下式皆成立：

$$\lim_{n\to\infty}P(\xi_n\leqslant x)=P(\eta\leqslant x). \tag{1.3}$$

此时记作 $\xi_n\xrightarrow{w}\eta$（或 $\xi_n\xrightarrow{d}\eta$）.

弱收敛也叫作**依分布收敛**.①当 $\xi_n\xrightarrow{w}\eta$ 且 η 服从 $N(\mu,\sigma^2)$ 时，常常记为 $\xi_n\xrightarrow{w}N(\mu,\sigma^2)$.

要注意的是，我们在事件的表述上常常省去了 ω，实际上

$$\{|\xi_n-\eta|\geqslant\varepsilon\}=\{\omega:|\xi_n(\omega)-\eta(\omega)|\geqslant\varepsilon\},$$

$$\{\lim_{n\to\infty}\xi_n=\eta\}=\{\omega:\lim_{n\to\infty}\xi_n(\omega)=\eta(\omega)\},$$

$$\{\xi_n\leqslant x\}=\{\omega:\xi_n(\omega)\leqslant x\},\quad \{\eta\leqslant x\}=\{\omega:\eta(\omega)\leqslant x\}.$$

我们在下面的论述中，常常省略 ω.

这三种收敛性有密切的关系.

定理 1.1 设 $\xi_n\xrightarrow{\text{a. s.}}\eta$，则 $\xi_n\xrightarrow{P}\eta$.

证明 研究集合 $A=\{\omega:\xi_1(\omega),\xi_2(\omega),\cdots$ 不收敛于 $\eta(\omega)\}$. 从假设知 $P(A)=0$. 对任何 $\varepsilon>0$，令

$$B=\{\omega:\text{有无穷多个 } n,\text{使得 } |\xi_n(\omega)-\eta(\omega)|\geqslant\varepsilon\},$$

$$B_m=\{\omega:\text{有 } n\geqslant m,\text{使得 } |\xi_n(\omega)-\eta(\omega)|\geqslant\varepsilon\},$$

则 $B_m\supset B_{m+1}$，$B=\bigcap\limits_{m=1}^{\infty}B_m$. 于是

$$\lim_{m\to\infty}P(B_m)=P(B)\leqslant P(A)=0.$$

因为 $P(|\xi_m-\eta|\geqslant\varepsilon)\leqslant P(B_m)$. 所以

$$\lim_{m\to\infty}P(|\xi_m-\eta|\geqslant\varepsilon)=0.$$

这就证明了 $\xi_n\xrightarrow{P}\eta$. □

应注意的是，定理 1.1 的逆不成立.

*__例 1.1__ 设 $\Omega=(0,1)$，$\mathscr{F}$ 由 $(0,1)$ 中所有 Borel 子集组成，P 是这样

---

① 弱收敛的定义还可更广些. 诸 ξ_n 不必要求是在同一个概率空间上的随机变量. 更广的定义是：设 $\xi_n(n=1,2,\cdots)$ 是概率空间 $(\Omega_n,\mathscr{F}_n,P_n)$ 上的随机变量，η 是概率空间 $(\Omega,\mathscr{F},P)$ 上的随机变量，$F_n(x)=P_n(\xi_n\leqslant x)(n=1,2,\cdots)$，$F(x)=P(\eta\leqslant x)$. 若对 $F(x)$ 的任何连续点 x_0，均有 $\lim\limits_{n\to\infty}F_n(x_0)=F(x_0)$，则称 ξ_n **弱收敛**于 η.

的概率测度：对任何区间$(a,b)(0\leqslant a<b\leqslant 1)$，$P((a,b))=b-a$. 在概率空间$(\Omega,\mathscr{F},P)$上考虑下列随机变量序列：

对任何正整数k及$j=1,\cdots,2^k$，令

$$X_{k1}=\begin{cases}1, & 0<\omega<1/2^k,\\ 0, & \text{其他};\end{cases}$$

$$X_{kj}=\begin{cases}1, & (j-1)/2^k\leqslant\omega<j/2^k,\\ 0, & \text{其他}\end{cases}\quad (j>1).$$

这些$\{X_{kj}:k\geqslant 1,j=1,\cdots,2^k\}$可排成一个序列：$X_{11},X_{12},X_{21},X_{22},X_{23},X_{24},X_{31},X_{32},\cdots,X_{38},X_{41},\cdots$(用“字典排列法”，按第1个足标$k$从小到大排，第1个足标相同者则按第2个足标从小到大排). 把这个序列依次记为$\xi_1,\xi_2,\cdots$. 易知，对每个$n\geqslant 1$，有k_n和j_n使得$\xi_n=X_{k_nj_n}$. 对任何$\varepsilon\in(0,1)$，有

$$P(|\xi_n|\geqslant\varepsilon)=P(\xi_n=1)=1/2^{k_n}.$$

由于$n\to\infty$时$k_n\to\infty$，故有$\lim\limits_{n\to\infty}P(|\xi_n|\geqslant\varepsilon)=0$. 这表明$\xi_n\xrightarrow{P}0$.

我们指出，对任何$\omega\in(0,1)$，$\lim\limits_{n\to\infty}\xi_n(\omega)$不存在. 实际上，对任何$\omega$和$k$，有唯一的$j_k$，使得$X_{kj_k}(\omega)=1$，从而$j\neq j_k$时$X_{kj}(\omega)=0$. 由此可见，序列$\xi_1(\omega),\xi_2(\omega),\cdots$中有无穷多个是1，又有无穷多个是0，因而$\lim\limits_{n\to\infty}\xi_n(\omega)$不存在.

*__定理 1.2__　设$\xi_n\xrightarrow{P}\eta$，则$\xi_n\xrightarrow{w}\eta$.

证明　设x_0是η的分布函数$F(x)$的连续点. 记

$$F_n(x)=P(\xi_n\leqslant x)\quad(n=1,2,\cdots).$$

易知，对任何$\varepsilon>0$，有

$$\{\xi_n\leqslant x_0\}=\{\xi_n-\eta+\eta\leqslant x_0\}\subset\{\xi_n-\eta\leqslant-\varepsilon\}\cup\{\eta\leqslant x_0+\varepsilon\},$$

于是

$$P(\xi_n\leqslant x_0)\leqslant P(\xi_n-\eta\leqslant-\varepsilon)+P(\eta\leqslant x_0+\varepsilon).$$

故

$$F_n(x_0)-F(x_0)\leqslant P(|\xi_n-\eta|\geqslant\varepsilon)+F(x_0+\varepsilon)-F(x_0).\tag{1.4}$$

类似地，有

$$\{\xi_n\leqslant x_0\}\supset\{\xi_n-\eta\leqslant\varepsilon,\eta\leqslant x_0-\varepsilon\}.$$

于是

$$P(\xi_n \leqslant x_0) \geqslant P(\xi_n - \eta \leqslant \varepsilon \text{ 且 } \eta \leqslant x_0 - \varepsilon)$$
$$\geqslant P(\eta \leqslant x_0 - \varepsilon) - P(\xi_n - \eta > \varepsilon)$$

(最后的不等号成立用到 $P(A \cap B) \geqslant P(B) - P(\bar{A})$). 故

$$F_n(x_0) \geqslant F(x_0 - \varepsilon) - P(|\xi_n - \eta| \geqslant \varepsilon),$$

$$F_n(x_0) - F(x_0) \geqslant F(x_0 - \varepsilon) - F(x_0) - P(|\xi_n - \eta| \geqslant \varepsilon). \quad (1.5)$$

从(1.4)式和(1.5)式知

$$|F_n(x_0) - F(x_0)| \leqslant F(x_0 + \varepsilon) - F(x_0 - \varepsilon) + P(|\xi_n - \eta| \geqslant \varepsilon).$$

由于 x_0 是 $F(x)$的连续点,因此对任何 $\delta > 0$,有 $\varepsilon > 0$,满足

$$F(x_0 + \varepsilon) - F(x_0 - \varepsilon) < \delta/2.$$

再取 n_0,当 $n \geqslant n_0$ 时,

$$P(|\xi_n - \eta| \geqslant \varepsilon) < \delta/2.$$

于是,对一切 $n \geqslant n_0$,有

$$|F_n(x_0) - F(x_0)| < \delta.$$

这就证明了 $F_n(x_0) \to F(x_0)(n \to \infty)$. 故 $\xi_n \xrightarrow{w} \eta$. □

注 定理 1.2 的逆不真.

例 1.2 设随机变量 $X \sim N(0,1)$. 令

$$\xi_{2n-1} = X, \quad \xi_{2n} = -X \quad (n = 1, 2, \cdots).$$

易知所有的 ξ_n 有相同的分布函数 $\Phi(x)$. 这个 $\Phi(x)$是标准正态分布函数. 当然 $\xi_n \xrightarrow{w} X$. 但是,对 $\varepsilon > 0$,有

$$P(|\xi_n - X| \geqslant \varepsilon) = \begin{cases} 0, & n \text{ 是奇数}, \\ P\left(|X| \geqslant \dfrac{\varepsilon}{2}\right), & n \text{ 是偶数}. \end{cases}$$

可见,$\xi_1, \xi_2, \cdots$并不依概率收敛于 X.

*__定理 1.3__ 设 $\xi_n \xrightarrow{w} \xi, \eta_n \xrightarrow{P} 0$,则 $\xi_n + \eta_n \xrightarrow{w} \xi$.

证明 设 x_0 是 ξ 的分布函数 $F(x)$的连续点. 对 $\varepsilon > 0$,易知

$$P(\xi_n + \eta_n \leqslant x_0) \leqslant P(\eta_n \leqslant -\varepsilon) + P(\xi_n \leqslant x_0 + \varepsilon)$$
$$\leqslant P(|\eta_n| \geqslant \varepsilon) + P(\xi_n \leqslant x_0 + \varepsilon),$$

于是

$$P(\xi_n + \eta_n \leqslant x_0) - F(x_0) \leqslant P(|\eta_n| \geqslant \varepsilon) + P(\xi_n \leqslant x_0 + \varepsilon) - F(x_0 + \varepsilon)$$
$$+ F(x_0 + \varepsilon) - F(x_0). \quad (1.6)$$

另一方面,

$$P(\xi_n+\eta_n\leqslant x_0)\geqslant P(\xi_n\leqslant x_0-\varepsilon,\eta_n\leqslant\varepsilon)$$
$$\geqslant P(\xi_n\leqslant x_0-\varepsilon)-P(\eta_n>\varepsilon)$$
$$\geqslant P(\xi_n\leqslant x_0-\varepsilon)-P(|\eta_n|\geqslant\varepsilon),$$

于是

$$P(\xi_n+\eta_n\leqslant x_0)-F(x_0)\geqslant P(\xi_n\leqslant x_0-\varepsilon)-F(x_0-\varepsilon)+F(x_0-\varepsilon)-F(x_0)-P(|\eta_n|\geqslant\varepsilon).\tag{1.7}$$

任意给定 $\delta>0$，取 $\varepsilon_1>0$ 足够小，使得 $F(x_0+\varepsilon_1)-F(x_0)<\delta/3$ 且 $x_0+\varepsilon_1$ 是 $F(x)$ 的连续点. ①由于 $\xi_n\xrightarrow{w}\xi,\eta_n\xrightarrow{P}0$，存在 n_1，使得对一切 $n\geqslant n_1$，有

$$P(\xi_n\leqslant x_0+\varepsilon_1)-F(x_0+\varepsilon_1)<\delta/3,\quad P(|\eta_n|\geqslant\varepsilon_1)<\delta/3.$$

于是，从(1.6)式知，当 $n\geqslant n_1$ 时，有

$$P(\xi_n+\eta_n\leqslant x_0)-F(x_0)<\delta.\tag{1.8}$$

再取 $\varepsilon_2>0$，使得 $F(x_0)-F(x_0-\varepsilon_2)<\delta/3$ 且 $x_0-\varepsilon_2$ 是 $F(x)$ 的连续点，所以存在 n_2，使得当 $n\geqslant n_2$ 时，有

$$P(\xi_n\leqslant x_0-\varepsilon_2)-F(x_0-\varepsilon_2)>-\delta/3,\quad P(|\eta_n|\geqslant\varepsilon_2)<\delta/3.$$

于是，从(1.7)式知，当 $n\geqslant n_2$ 时，有

$$P(\xi_n+\eta_n\leqslant x_0)-F(x_0)>-\delta.\tag{1.9}$$

从(1.8)式和(1.9)式知，当 $n\geqslant\max\{n_1,n_2\}$ 时，有

$$|P(\xi_n+\eta_n\leqslant x_0)-F(x_0)|<\delta.$$

这就证明了

$$\lim_{n\to\infty}P(\xi_n+\eta_n\leqslant x_0)=F(x_0).$$

故

$$\xi_n+\eta_n\xrightarrow{w}\xi.$$

□

*__定理 1.4__　设 $\xi_n\xrightarrow{w}\xi,\eta_n\xrightarrow{P}1$，则 $\xi_n\eta_n\xrightarrow{w}\xi$.

证明　仿效定理 1.3 的证明方法即可，从略. □

给定随机变量序列 $X_1,X_2,\cdots$，最重要的是研究平均值 $\xi_n=\dfrac{1}{n}\sum_{k=1}^{n}X_k$ 当 $n\to\infty$ 时的收敛性. 更一般地，是研究 $\xi_n=\dfrac{1}{b_n}\sum_{k=1}^{n}(X_k-a_k)$ 当 $n\to\infty$ 时的收敛性，这里 $\{a_k\}$ 和 $\{b_k\}$ 是两列常数.

定义 1.4　设 $X_1,X_2,\cdots$ 是随机变量序列，$\mathrm{E}(X_n)(n=1,2,\cdots)$ 均存在. 若

---

① 我们用到下列事实：单调函数在任何小区间内均有连续点.

$$\xi_n \triangleq \frac{1}{n}\sum_{k=1}^{n}(X_k - \mathrm{E}(X_k)) \xrightarrow{P} 0 \quad (n \to \infty),$$

则称 $X_1, X_2, \cdots$ **服从(弱)大数律**(**或适合大数律**).[①]

定义 1.5 设 $X_1, X_2, \cdots$ 是随机变量序列, $\mathrm{E}(X_n)(n=1,2,\cdots)$ 均存在. 若当 $n \to \infty$ 时, 有

$$\xi_n \triangleq \frac{1}{n}\sum_{k=1}^{n}(X_k - \mathrm{E}(X_k)) \xrightarrow{\text{a.s.}} 0,$$

则称 $X_1, X_2, \cdots$ 服从**强大数律**.

定义 1.6 设 $X_1, X_2, \cdots$ 是随机变量列, $\mathrm{E}(X_n)$ 和 $\mathrm{var}(X_n)(n=1,2,\cdots)$ 都存在. 若 $n \to \infty$ 时, 有

$$\xi_n \triangleq \frac{\sum_{k=1}^{n}(X_k - \mathrm{E}(X_k))}{\sqrt{\mathrm{var}\left(\sum_{k=1}^{n} X_k\right)}} \xrightarrow{w} \xi,$$

这里 $\xi \sim N(0,1)$, 则称 $X_1, X_2, \cdots$ **服从中心极限定理**(**或适合中心极限定理**).

定义 1.7 称 $X_1, X_2, \cdots$ 是**相互独立的随机变量序列**, 若对任何 $n \geqslant 2$, $X_1, \cdots, X_n$ 是相互独立的.

以下两节主要是针对相互独立的随机变量序列, 给出大数律、强大数律及中心极限定理成立的条件, 并叙述这些重要结论的应用.

作为本节末尾, 我们指出在弱收敛的定义 1.3 中为何只对"连续点"提要求. 在定义 $\xi_n \xrightarrow{w} \eta$ 时, 对 η 的分布函数 $F(x)$ 似应对一切 x 均成立 $\lim\limits_{n\to\infty} P(\xi_n \leqslant x) = F(x)$. 但这种"对一切 x 均成立"的要求是过分的, 不适当的. 例如, 设 X 是服从区间 $[-1,1]$ 上均匀分布的随机变量, $\xi_n = \frac{1}{n}X\ (n=1,2,\cdots)$, 则当 $n \to \infty$ 时, $\xi_n \to \eta = 0$(处处). 易知 $P(\xi_n \leqslant 0) = P(X \leqslant 0) = 1/2$, $P(\eta \leqslant 0) = 1$. 于是 $\lim\limits_{n\to\infty} P(\xi_n \leqslant 0) \neq P(\eta \leqslant 0)$.

---

① 在现代文献里, 大数律、强大数律和中心极限定理三名词有更广泛的含义. 这里所下的定义是限制最强的一种.

§4.2　大数律和强大数律

历史上第一个大数律是伯努利得到的，见于他死后 8 年(1713 年)发表的著作《猜度术》中. 它是就伯努利分布(两点分布)情形给出了明确的叙述和严格的论证. 150 年后，俄罗斯数学家切比雪夫于 1866 年前后提出了随机变量的一般概念及更一般的大数律.

定理 2.1(切比雪夫大数律)　设 $X_1, X_2, \cdots$ 是相互独立的随机变量序列，$\mathrm{E}(X_i)=\mu_i$，$\mathrm{var}(X_i)=\sigma_i^2\ (i=1,2,\cdots)$ 且 $\{\sigma_i^2, i=1,2,\cdots\}$ 有界，又设 $S_n=\sum\limits_{i=1}^{n}X_i\ (n=1,2,\cdots)$，则

$$\frac{S_n-\mathrm{E}(S_n)}{n}\xrightarrow{P}0\quad(n\to\infty). \tag{2.1}$$

证明　设 $\sigma_i^2\leqslant M$(一切 $i\geqslant 1$). 利用切比雪夫不等式(见第二章的(7.1))，知

$$P\left(\left|\frac{S_n-\mathrm{E}(S_n)}{n}\right|\geqslant\varepsilon\right)=P(|S_n-\mathrm{E}(S_n)|\geqslant n\varepsilon)$$
$$\leqslant\frac{1}{n^2\varepsilon^2}\mathrm{var}(S_n).$$

由于 $X_1,\cdots,X_n$ 两两不相关，所以 $\mathrm{var}(S_n)=\sum\limits_{i=1}^{n}\mathrm{var}(X_i)\leqslant nM$. 于是

$$P\left(\left|\frac{S_n-\mathrm{E}(S_n)}{n}\right|\geqslant\varepsilon\right)\leqslant\frac{M}{n\varepsilon^2}\quad(\text{一切 }\varepsilon>0).$$

由此知(2.1)式成立.[①]　□

推论 2.1　设 $X_1, X_2, \cdots$ 是独立同分布的随机变量序列，且 $\mu=\mathrm{E}(X_1)$ 和 $\sigma^2=\mathrm{var}(X_1)$ 都存在，又设 $S_n=\sum\limits_{i=1}^{n}X_i\ (n=1,2,\cdots)$，则

$$\frac{S_n}{n}\xrightarrow{P}\mu\quad(n\to\infty). \tag{2.2}$$

证明　从(2.1)式直接推知(2.2)式成立.　□

---

① 从证明过程可看出，在定理 2.1 的叙述中把“相互独立”改为“两两不相关”后，结论仍成立.

推论 2.2(伯努利大数律) 设单次试验中事件 A 发生的概率是 p，在 $n(n\geqslant 2)$ 次独立重复试验中 A 发生了 ν_n 次，则

$$\frac{\nu_n}{n}\xrightarrow{P} p \quad (n\to\infty). \tag{2.3}$$

证明 令

$$X_i=\begin{cases}1, & 第\ i\ 次试验中\ A\ 发生,\\ 0, & 第\ i\ 次试验中\ A\ 不发生\end{cases} \qquad (i=1,2,\cdots),$$

则 $\frac{\nu_n}{n}=\frac{1}{n}\sum_{i=1}^{n}X_i$. 由于 $X_1,X_2,\cdots$ 是独立同分布的随机变量序列，$\mathrm{E}(X_i)=p$，$\mathrm{var}(X_i)=p(1-p)(i=1,2,\cdots)$，故由推论 2.1 的(2.2)式推知(2.3)式成立. □

推论 2.1 是最常用到的大数律，其中方差存在的条件可以去掉，而且可以证明更强的结论（见下面的定理 2.4），但证明较长，我们不证了. 自然会问：若不假定期望 $\mathrm{E}(X_1)$ 存在，是否存在常数 a，使得

$$\frac{S_n}{n}\xrightarrow{P} a \quad (n\to\infty)?$$

我们指出，这时 a 可能不存在.

例 2.1 设 $X_1,X_2,\cdots$ 是独立同分布的随机变量序列，共同分布是柯西分布，即分布密度是

$$p(x)=\frac{1}{\pi(1+x^2)}.$$

记 $S_n=\sum_{i=1}^{n}X_i(n=1,2,\cdots)$. 可以证明，对任何 $n\geqslant 1$，$\frac{1}{n}S_n$ 与 X_1 有相同的分布函数（参看§4.4）. 因此，对任何实数 a 和 $\varepsilon>0$，有

$$P\left(\left|\frac{S_n}{n}-a\right|\geqslant\varepsilon\right)\equiv P(|X_1-a|\geqslant\varepsilon)>0.$$

故 $\frac{S_n}{n}$ 不能以概率收敛于 a.

现在问：什么条件下强大数律成立？我们首先叙述并证明下面的定理：

定理 2.2(Cantelli 强大数律) 设 $X_1,X_2,\cdots$ 是相互独立的随机变量序列，$\mathrm{E}(X_i)=\mu_i$，$\mathrm{E}(X_i-\mu_i)^4\leqslant M(i=1,2,\cdots;M$ 是一个常数)，又设

$S_n=\sum_{i=1}^{n}X_i(n=1,2,\cdots)$，则

$$\frac{S_n-\mathrm{E}(S_n)}{n}\xrightarrow{\text{a.s.}}0\quad(n\to\infty).\tag{2.4}$$

为了证明定理 2.2,先证明下面的引理：

引理 2.1　设 $X_1,\cdots,X_n(n\geqslant2)$相互独立,且 $\mathrm{E}(X_i)=0,\mathrm{E}(X_i^4)\leqslant M\ (i=1,\cdots,n;M$ 是一个常数),则

$$\mathrm{E}\Big(\sum_{i=1}^{n}X_i\Big)^4\leqslant3n^2M.\tag{2.5}$$

证明　用数学归纳法. 显然,(2.5)式对 $n=1$ 成立. 设 $n=k$ 时(2.5)式成立,则

$$\begin{aligned}\Big(\sum_{i=1}^{k+1}X_i\Big)^4&=\Big(\sum_{i=1}^{k}X_i+X_{k+1}\Big)^4\\&=\Big(\sum_{i=1}^{k}X_i\Big)^4+4\Big(\sum_{i=1}^{k}X_i\Big)^3X_{k+1}+6\Big(\sum_{i=1}^{k}X_i\Big)^2X_{k+1}^2\\&\quad+4\Big(\sum_{i=1}^{k}X_i\Big)X_{k+1}^3+X_{k+1}^4.\end{aligned}$$

于是

$$\begin{aligned}\mathrm{E}\Big(\sum_{i=1}^{k+1}X_i\Big)^4&=\mathrm{E}\Big(\sum_{i=1}^{k}X_i\Big)^4+4\mathrm{E}\Big(\sum_{i=1}^{k}X_i\Big)^3\mathrm{E}(X_{k+1})\\&\quad+6\mathrm{E}\Big(\sum_{i=1}^{k}X_i\Big)^2\mathrm{E}(X_{k+1}^2)+4\mathrm{E}\Big(\sum_{i=1}^{k}X_i\Big)\mathrm{E}(X_{k+1}^3)\\&\quad+\mathrm{E}(X_{k+1}^4).\end{aligned}$$

又由于 $\mathrm{E}(X_i^2)\leqslant(\mathrm{E}(X_i^4))^{1/2}$，$\mathrm{E}(X_i)=0(i=1,2,\cdots)$，且 $\mathrm{E}\Big(\sum_{i=1}^{k}X_i\Big)^2=\mathrm{E}(X_1^2)+\cdots+\mathrm{E}(X_k^2)\leqslant k\sqrt{M}$,故

$$\begin{aligned}\mathrm{E}\Big(\sum_{i=1}^{k+1}X_i\Big)^4&\leqslant3k^2M+0+6kM+0+M\\&\leqslant3(k+1)^2M,\end{aligned}$$

从而 $n=k+1$ 时(2.5)式也成立. 故对一切 n,(2.5)式成立.　□

定理 2.2 的证明　注意定理中的条件 $X_i=X_i(\omega)(i=1,2,\cdots)$，

$S_n=S_n(\omega)=\sum_{i=1}^{n}X_i(\omega)(n=1,2,\cdots)$. 令

$$D=\left\{\omega:\ \sum_{n=1}^{\infty}\left(\frac{S_n(\omega)-\mathrm{E}(S_n)}{n}\right)^4 \text{发散}\right\}.$$

我们来证明 $P(D)=0$.

任意给定 $A>0$,令

$$D_N=\left\{\omega:\ \sum_{n=1}^{N}\left(\frac{S_n(\omega)-\mathrm{E}(S_n)}{n}\right)^4>A\right\}\quad(N=1,2,\cdots),$$

则 $D\subset\bigcup_{N=1}^{\infty}D_N$,由此有

$$P(D)\leqslant P\left(\bigcup_{N=1}^{\infty}D_N\right)=\lim_{N\to\infty}P(D_N).\tag{2.6}$$

另一方面,

$$AI_{D_N}(\omega)\leqslant\sum_{n=1}^{N}\left(\frac{S_n(\omega)-\mathrm{E}(S_n)}{n}\right)^4,$$

于是

$$\begin{aligned}\mathrm{E}(AI_{D_N}(\omega))&\leqslant\mathrm{E}\left(\sum_{n=1}^{N}\left(\frac{S_n(\omega)-\mathrm{E}(S_n)}{n}\right)^4\right)\\&=\sum_{n=1}^{N}\mathrm{E}\left(\frac{S_n(\omega)-\mathrm{E}(S_n)}{n}\right)^4\\&\leqslant\sum_{n=1}^{N}\frac{1}{n^4}3n^2M\quad(\text{引理 2.1})\\&\leqslant 3M\sum_{n=1}^{\infty}\frac{1}{n^2}.\end{aligned}$$

由于 $\mathrm{E}(AI_{D_N}(\omega))=A\mathrm{E}(I_{D_N}(\omega))=AP(D_N)$,因此

$$P(D_N)\leqslant\frac{3M}{A}\sum_{n=1}^{\infty}\frac{1}{n^2}.$$

令 $N\to\infty$,从(2.6)式得 $P(D)\leqslant\frac{3M}{A}\sum_{n=1}^{\infty}\frac{1}{n^2}$. 令 $A\to\infty$,知 $P(D)=0$,故 $P(D^c)=1$. 当 $\omega\in D^c$ 时,级数 $\sum_{n=1}^{\infty}\left(\frac{S_n(\omega)-\mathrm{E}(S_n)}{n}\right)^4$ 收敛,从而

$$\lim_{n\to\infty}\frac{S_n(\omega)-\mathrm{E}(S_n)}{n}=0.$$

这表明(2.4)式成立. □

推论 2.3 设 $X_1, X_2, \cdots$ 是独立同分布的随机变量序列,且 $\mu = \mathrm{E}(X_1)$ 和 $\mathrm{E}(X_1^4)$ 存在,又设 $S_n = \sum_{i=1}^{n} X_i \ (n = 1,2,\cdots)$, 则

$$\frac{S_n}{n} \xrightarrow{\text{a. s.}} \mu \quad (n \to \infty).$$

证明 这是定理 2.2 的直接推论. □

推论 2.4(Borel 强大数律) 设单次试验中事件 A 发生的概率是 p,在 $n(n \geqslant 2)$ 次独立重复试验中 A 发生了 ν_n 次,则

$$P\left(\lim_{n\to\infty} \frac{\nu_n}{n} = p\right) = 1. \tag{2.7}$$

证明 这是推论 2.3 的直接推论. □

经过比较复杂的推理(参看文献[7]或[10]),可以证明下面两个定理:

*__定理 2.3(柯尔莫哥洛夫强大数律)__ 设 $X_1, X_2, \cdots$ 是相互独立的随机变量序列,$X_n(n=1,2,\cdots)$ 的期望和方差都存在,且 $\sum_{n=1}^{\infty} \frac{\mathrm{var}(X_n)}{n^2}$ 收敛,又设 $S_n = \sum_{i=1}^{n} X_i$ $(n = 1,2,\cdots)$, 则

$$\frac{S_n - \mathrm{E}(S_n)}{n} \xrightarrow{\text{a. s.}} 0 \quad (n \to \infty), \tag{2.8}$$

显然,定理 2.1 或定理 2.2 的条件满足时定理 2.3 的条件一定满足,故后者是更一般的定理.

*__定理 2.4(柯尔莫哥洛夫强大数律)__ 设 $X_1, X_2, \cdots$ 是独立同分布的随机变量序列,且 $\mu = \mathrm{E}(X_1)$ 存在,又设 $S_n = \sum_{i=1}^{n} X_i \ (n = 1,2,\cdots)$, 则

$$\frac{S_n}{n} \xrightarrow{\text{a. s.}} \mu \quad (n \to \infty). \tag{2.9}$$

强大数律是法国数学家 E. Borel 于 1909 年首次就一类特殊的随机变量序列提出并给出证明的(见推论 2.4). 此后,经过学者们的研究,形成了一般性结论(见上述定理 2.2 至定理 2.4). 由于概率为 1 地收敛可推出依概率收敛(定理 1.1),故一个随机变量序列服从强大数律时必定服从大数律. 但是,确有这样的随机变量序列,它服从大数律,

却不服从强大数律.

*例 2.2 设 $X_1,X_2,\cdots$是相互独立的随机变量序列,$X_1\equiv 0$,对一切 $n\geqslant 2$,X_n 只取三个可能的值:$n,-n,0$,且

$$P(X_n=n)=P(X_n=-n)=\frac{1}{2n\ln n},\quad P(X_n=0)=1-\frac{1}{n\ln n}.$$

易知

$$\mathrm{E}(X_n)=0\ (n=1,2,\cdots),\quad \mathrm{var}\,(X_1)=0,$$

$$\mathrm{var}(X_n)=\frac{n}{\ln n}\quad (n=2,3,\cdots).$$

令 $S_n=\sum\limits_{k=1}^{n}X_k(n=1,2,\cdots)$,我们指出

$$\frac{S_n-\mathrm{E}(S_n)}{n}\xrightarrow{P}0\quad (n\to\infty).\tag{2.10}$$

实际上,$\mathrm{var}(S_n)=\sum\limits_{k=1}^{n}\mathrm{var}\,(X_k)=\sum\limits_{k=2}^{n}\frac{k}{\ln k}$. 由于 $x\geqslant 3$ 时$\frac{x}{\ln x}$是 x 的增函数$\left(\text{因为导数}\left(\frac{x}{\ln x}\right)'>0\right.$,故 $\mathrm{var}(S_n)\leqslant\frac{2}{\ln 2}+\frac{n^2}{\ln n}$. 利用切比雪夫不等式,有

$$P\left(\left|\frac{S_n-\mathrm{E}(S_n)}{n}\right|\geqslant\varepsilon\right)\leqslant\frac{1}{n^2\varepsilon}\mathrm{var}(S_n)\to 0\quad(\varepsilon>0,n\to\infty).$$

这表明(2.10)式成立,即 $X_1,X_2,\cdots$服从大数律.

下面证明 $X_1,X_2,\cdots$不服从强大数律.

用反证法. 设 $X_1,X_2,\cdots$服从强大数律,则 Ω_1 满足 $P(\Omega_1)=1$,对一切 $\omega\in\Omega_1$,有 $\lim\limits_{n\to\infty}\frac{S_n}{n}=0$. 于是,当 $\omega\in\Omega_1$ 时,有

$$\frac{X_n}{n}=\frac{S_n}{n}-\frac{n-1}{n}\left(\frac{S_{n-1}}{n-1}\right)\to 0\quad (n\to\infty)\tag{2.11}$$

设

$$A_n=\left\{\left|\frac{X_n}{n}\right|<1\right\}\ (n=1,2,\cdots),\quad A=\bigcup_{m=1}^{\infty}\left(\bigcap_{n=m}^{\infty}A_n\right).$$

当 $\omega\in\Omega_1$ 时,从(2.11)式知,有 $m\geqslant 1$,使得当 $n\geqslant m$ 时,$\left|\frac{X_n}{n}\right|<1$,从而 $\omega\in A$. 故 $\Omega_1\subset A$,于是 $P(A)=1$.

另一方面,可以证明 $P(A)=0$. 实际上,$A_n=\{X_n=0\}(n=1,2,\cdots)$,对一切 $l>m>1$,$A_m,A_{m+1},\cdots,A_l$ 是相互独立的,故

$$P\left(\bigcap_{n=m}^{l}A_n\right)=\prod_{n=m}^{l}P(A_n)=\prod_{n=m}^{l}\left(1-\frac{1}{n\ln n}\right)$$

$$\leqslant \sum_{n=m}^{l} \exp\left\{-\frac{1}{n\ln n}\right\} = \exp\left\{-\sum_{n=m}^{l} \frac{1}{n\ln n}\right\}$$

(这里不等号成立用到 $x \geqslant 0$ 时 $1-x \leqslant e^{-x}$). 由于 $\sum_{n=m}^{l} \frac{1}{n\ln n} \to \infty\ (l \to \infty)$，因此 $P\left(\bigcap_{n=m}^{\infty} A_n\right) = \lim_{l\to\infty} P\left(\bigcap_{n=m}^{l} A_n\right) = 0$. 于是 $P(A) = \lim_{m\to\infty} P\left(\bigcap_{n=m}^{\infty} A_n\right) = 0$. 这与前面指出的 $P(A)=1$ 相矛盾. 这个矛盾表明 $(X_1, X_2, \cdots)$ 不服从强大数律.

大数律和强大数律有广泛的应用：

(1) 它们是很多统计方法的理论依据.

例如，为了估计随机变量 X 的期望，若 $X_1, \cdots, X_n$ 是 X 的 n 次观测值，人们常常用平均值 $\overline{X} = \frac{1}{n}\sum_{i=1}^{n} X_i$ 作为 $E(X)$ 的估计量(近似值). 由于强大数律：当 $n \to \infty$ 时，$\frac{1}{n}\sum_{i=1}^{n} X_i \xrightarrow{\text{a.s.}} E(X)$，故 n 较大时用 $\overline{X}$ 估计 $E(X)$ 是合理的. 对于 X 的方差，人们常常用 $\frac{1}{n}\sum_{i=1}^{n}(X_i - \overline{X})^2$ 作为 $\text{var}(X)$ 的估计量. 利用强大数律，知

$$\lim_{n\to\infty} \frac{1}{n}\sum_{i=1}^{n}(X_i - \overline{X})^2 = \lim_{n\to\infty}\left\{\frac{1}{n}\sum_{i=1}^{n} X_i^2 - \left(\frac{\sum_{i=1}^{n} X_i}{n}\right)^2\right\}$$

$$= E(X_1^2) - (E(X_1))^2 = \text{var}(X) \quad (\text{a.s.}).$$

这表明，当 n 较大时，用 $\frac{1}{n}\sum_{i=1}^{n}(X_i - \overline{X})^2$ 估计 X 的方差是合理的.

(2) 大数律和强大数律是用随机模拟法计算数学期望和概率的理论依据.

为了计算随机变量 X 的期望 $E(X)$，若能够产生与 X 有相同概率分布的相互独立的随机变量序列 $X_1, X_2, \cdots$，则根据强大数律，$\overline{X} = \frac{1}{n}\sum_{i=1}^{n} X_i$ 就是 $E(X)$ 的近似值(当 n 很大时).

怎样得到与 X 有相同概率分布的相互独立的随机变量序列 $X_1, X_2, \cdots$ 呢？设 X 的分布函数是 $F(x)$，$U_1, U_2, \cdots$ 是服从区间 $(0,1)$ 上均匀分布的相互独立的随机变量序列. 令 $X_i = F^{-1}(U_i)\ (i=1,2,\cdots)$，

这里

$$F^{-1}(u) = \min\{x: F(x) \geqslant u\} \quad (0 < u < 1)$$

是随机变量 X 的 u 分位数. 从第二章的§2.5知 $X_1, X_2, \cdots$ 是独立同分布的随机变量序列,共同分布函数恰好是 $F(x)$.

怎样得到服从(0,1)上均匀分布的相互独立的随机变量序列 U_1, $U_2, \cdots$ 的观测值(所谓均匀分布随机数组成的序列)呢? 现代的方法有许多种,许多统计软件包都有现成的程序产生这种观测值(随机数).

计算概率可化为计算期望. 设 A 是随机事件, I_A 是 A 的示性函数,即

$$I_A = \begin{cases} 1, & A \text{发生}, \\ 0, & \text{否则}, \end{cases}$$

则

$$P(A) = \mathrm{E}(I_A).$$

例 2.3(计算炮弹(或导弹)对平面目标的毁伤概率) 设有 m 发炮弹(或导弹)同时向敌方的某个平面目标(例如飞机场、发电厂)射击. 根据炮弹的落点可以确定该目标是否被有效毁伤(例如飞机场不能起飞飞机、发电厂不能发电).

我们用平面坐标系 Oxy 内的点来表示平面上的点. 设 m 发炮弹的落点是 (X_i, Y_i) $(i=1, \cdots, m)$. 由于随机性,落点与瞄准点 (a_i, b_i) 一般不相同. 设 (X_i, Y_i) 服从二维正态分布 $N(\boldsymbol{\mu}_i, \boldsymbol{\Sigma})$,这里

$$\boldsymbol{\mu}_i = \begin{bmatrix} a_i \\ b_i \end{bmatrix}, \quad \boldsymbol{\Sigma} = \begin{bmatrix} \sigma_1^2 & 0 \\ 0 & \sigma_2^2 \end{bmatrix} \quad (i = 1, \cdots, m),$$

这里 a_i, b_i $(i=1, \cdots, m)$ 及 σ_1^2, σ_2^2 都是已知数.

设

$$\varphi(X_1, Y_1, \cdots, X_m, Y_m) = \begin{cases} 1, & \text{落点造成目标有效毁伤}, \\ 0, & \text{否则}, \end{cases}$$

则目标被有效毁伤的概率为 $P(\varphi=1)$.

我们可用随机模拟法计算概率 $P(\varphi=1)$. 易知

$$\begin{aligned} X_i &= a_i + \sigma_1 \xi_i, \\ Y_i &= b_i + \sigma_2 \eta_i \end{aligned} \quad (i = 1, \cdots, m),$$

其中 $\xi_1, \eta_1, \cdots, \xi_m, \eta_m$ 是独立同分布的随机变量序列,共同分布是 $N(0,1)$.

为了得到这样的随机变量序列，设 $\theta_1,\cdots,\theta_{2m}$ 是服从区间(0,1)上均匀分布的相互独立的随机变量序列，令

$$\begin{aligned}\xi_i &= \sqrt{-2\ln\theta_{2i-1}}\cos 2\pi\theta_{2i},\\ \eta_i &= \sqrt{-2\ln\theta_{2i-1}}\sin 2\pi\theta_{2i}\end{aligned}\qquad (i=1,\cdots,m)$$

即可(有的软件包能直接产生 $N(0,1)$ 的随机数，就不需要这些 $\theta_1,\cdots,\theta_{2m}$ 了).

设 $\theta_1,\cdots,\theta_{2m}$ 有 N 组值(N 非常大，例如 $N=10^3$ 或 10^4)：

$$\theta_1^{(k)},\ \theta_2^{(k)},\ \cdots,\ \theta_{2m}^{(k)}\quad (k=1,\cdots,N),$$

相应地有 $\xi_i^{(k)},\eta_i^{(k)}$ 及 $X_i^{(k)},Y_i^{(k)}(k=1,\cdots,N;i=1,\cdots,m)$. 计算

$$J \triangleq \frac{1}{N}\sum_{k=1}^{N}\varphi(X_1^{(k)},Y_1^{(k)},\cdots,X_m^{(k)},Y_m^{(k)}),$$

这个 J 就是概率 $P(\varphi=1)$ 的估计值.

(3) 计算积分 $I=\int_a^b f(x)\mathrm{d}x$.

这个计算问题表面上看与概率论无关，但可用概率论方法(随机模拟法)进行计算.

不失一般性，假定被积函数是非负的(对于一般情形，设 $f(x)$ 有下界 A. 令 $f^*(x)=f(x)-A$，则 $f^*(x)\geqslant 0$，且

$$\int_a^b f(x)\mathrm{d}x=\int_a^b f^*(x)\mathrm{d}x+A(b-a),$$

故只需考虑非负函数的积分). 设 $u_1,u_2,\cdots$ 是服从区间(0,1)上均匀分布的相互独立的随机变量序列，令 $\xi_i=a+(b-a)u_i$，则 ξ_i 服从区间(a,b)上的均匀分布. 依强大数律，有

$$\frac{1}{n}\sum_{i=1}^{n}f(\xi_i)\xrightarrow{\text{a. s.}}\mathrm{E}f(\xi_1)\quad (n\to\infty).$$

由于 $\mathrm{E}f(\xi_1)=\int_a^b f(x)\dfrac{1}{b-a}\mathrm{d}x$，故当 n 很大时，

$$\int_a^b f(x)\mathrm{d}x\approx(b-a)\frac{1}{n}\sum_{i=1}^{n}f(\xi_i).$$

由此可见，只要得到服从(0,1)上均匀分布的随机数 $u_1,\cdots,u_n$，就可得

到 $\int_a^b f(x)\mathrm{d}x$ 的近似值.

我们还指出,这个方法可推广用于计算高维的数值积分

$$\int \cdots \int_D f(x_1, \cdots, x_m)\mathrm{d}x_1 \cdots \mathrm{d}x_m,$$

具体叙述从略.

§4.3 中心极限定理

本节要叙述中心极限定理成立的条件. 我们将会看到:若 X_1, X_2, ⋯是相互独立的随机变量序列,则在相当广泛的条件下中心极限定理成立,从而平均值 $\frac{1}{n}\sum_{i=1}^{n}X_i$ 近似服从正态分布(当 n 相当大时). 这个结论在理论上和应用上均有重要意义,也显示了正态分布的突出地位.

我们首先考虑独立同分布的情形,然后考虑相互独立但不必同分布的情形.

定理 3.1(林德伯格-列维中心极限定理) 设 $X_1, X_2, \cdots$ 是独立同分布的随机变量序列,$\mu=\mathrm{E}(X_1)$ 和 $\sigma^2=\mathrm{var}(X_1)$ 都存在,且 $\sigma>0$,又设 $S_n=\sum_{i=1}^{n}X_i(n=1,2,\cdots)$,则对一切 x,下式成立:

$$\lim_{n\to\infty}P\left(\frac{S_n-n\mu}{\sqrt{n}\sigma}\leqslant x\right)=\int_{-\infty}^{x}\frac{1}{\sqrt{2\pi}}\mathrm{e}^{-u^2/2}\mathrm{d}u. \qquad (3.1)$$

设 $\xi_n \triangleq (S_n-n\mu)/(\sqrt{n}\sigma)$,则 $\xi_n=(S_n-\mathrm{E}(S_n))/\sqrt{\mathrm{var}(S_n)}$. 若随机变量 $\eta\sim N(0,1)$,则(3.1)式的含义是 $\xi_n \xrightarrow{w} \eta$. 定理 3.1 表明,不管 X_1 的分布函数是怎样的,只要其期望和方差存在,则 n 很大时 ξ_n 近似服从标准正态分布,从而 S_n 近似服从正态分布 $N(n\mu, n\sigma^2)$.

定理 3.2(李雅普诺夫中心极限定理) 设 $X_1, X_2, \cdots$ 是相互独立的随机变量序列,$\mu_i=\mathrm{E}(X_i)$,$\sigma_i^2=\mathrm{var}(X_i)(i=1,2,\cdots)$都存在,且存在 $r>2$,使得

$$\lim_{n\to\infty}\frac{1}{B_n^r}\sum_{i=1}^{n}\mathrm{E}(|X_i-\mu_i|)^r=0,\tag{3.2}$$

这里 $B_n=\sqrt{\sigma_1^2+\cdots+\sigma_n^2}(n=1,2,\cdots)$，又设 $S_n=\sum_{i=1}^{n}X_i(n=1,2,\cdots)$，则对一切 x，下式成立：

$$\lim_{n\to\infty}P\left(\frac{S_n-\mathrm{E}(S_n)}{\sqrt{\mathrm{var}(S_n)}}\leqslant x\right)=\int_{-\infty}^{x}\frac{1}{\sqrt{2\pi}}\mathrm{e}^{-u^2/2}\mathrm{d}u.\tag{3.3}$$

定理 3.1 和定理 3.2 的证明都比较复杂，要用到特征函数的概念及其性质，我们将在 §4.4 中进行初步介绍. 至于详细的证明，可参看文献[7]或[10]. 顺便说一下，林德伯格(Lindeberg)是瑞典数学家，列维(P. Levy)是法国数学家，李雅普诺夫(A. M. Lyapunov)是俄罗斯数学家.

以上两个定理是基本的中心极限定理(更一般的结论见 §4.4)，它们有广泛的应用. 从这两个定理知，当 n 较大时，

$$P\left(\frac{S_n-\mathrm{E}(S_n)}{\sqrt{\mathrm{var}(S_n)}}\leqslant x\right)\approx\Phi(x),\tag{3.4}$$

这里 $\Phi(x)$ 是标准正态分布函数. 这个近似式涉及 x，$\Phi(x)$ 和 n，可以从不同的角度加以利用. 请看下列几个例子.

例 3.1　一加法器同时收到 20 个噪声电压 $V_k(k=1,\cdots,20)$，假设它们相互独立，且都服从区间 $(0,10)$ 上的均匀分布. 设 $V=\sum_{k=1}^{20}V_k$，求 $P(V>105)$.

解　由假设知 $\mathrm{E}(V_1)=5$，$\mathrm{var}(X_1)=\frac{100}{12}$. 从定理 3.1 知

$$\frac{V-20\times5}{\sqrt{20\times100/12}}\text{ 近似服从 }N(0,1),$$

于是

$$\begin{aligned}P(V>105)&=P\left(\frac{V-20\times5}{\sqrt{20\times100/12}}>\frac{105-20\times5}{\sqrt{20\times100/12}}\right)\\&=P\left(\frac{V-20\times5}{\sqrt{20\times100/12}}>0.387\right)\\&\approx1-\Phi(0.387)=0.348.\end{aligned}$$

例 3.2 一家大旅馆有 500 间客房,每间客房装有一台 2kW 的空调机.若开房率为 80%,问:需要多少电力才能有 99%的把握保证有足够的电力使用空调机?

解 将 500 间客房用 1～500 这 500 个数编号,令

$$X_i = \begin{cases} 2, & \text{第 } i \text{ 间客房开动空调机}, \\ 0, & \text{第 } i \text{ 间客房不开动空调机} \end{cases} \quad (i = 1, \cdots, 500).$$

易知,对一切 i,$P(X_i=2)=0.80$.我们要找 y,满足

$$P\left(\sum_{i=1}^{500} X_i \leqslant y\right) = 0.99.$$

不难看出

$$\begin{aligned} &\mathrm{E}(X_i) = 2 \times 0.80 = 1.60, \\ &\mathrm{var}(X_i) = \mathrm{E}(X_i^2) - (\mathrm{E}(X_i))^2 \\ &\qquad = 4 \times 0.80 - 1.60^2 = 0.64 \end{aligned} \qquad (i = 1, \cdots, 500).$$

从(3.4)式知

$$P\left(\frac{\sum_{i=1}^{500} X_i - 500 \times 1.60}{\sqrt{500 \times 0.64}} \leqslant x\right) \approx \Phi(x),$$

即
$$P\left(\sum_{i=1}^{500} X_i \leqslant 500 \times 1.60 + x\sqrt{500 \times 0.64}\right) \approx \Phi(x).$$

查正态分布数值表知 $x=2.33$ 时 $\Phi(x)=0.99$,故

$$y = 500 \times 1.60 + 2.33 \times \sqrt{500 \times 0.64} = 842,$$

即需要 842 kW 的电力才能以 99%的把握保证房客使用空调机.

例 3.3[2] 有一条河流经某城市.河上有一座桥,桥的强度服从正态分布 $N(300,40)$(强度的单位:t(吨)).有很多车要经过此桥.如果各车的平均重量是 5 t,方差是 2 t^2,问:为了保证此桥不出问题的概率(安全度)不小于 0.99997,最多允许在桥上同时出现多少辆车?

解 用 Y 表示该桥的强度.若有 M 辆车在桥上,第 i 辆的重量是 $X_i(i=1,\cdots,M)$,则 M 辆车的总重量为 $S_M = \sum_{i=1}^{M} X_i$.我们可以认为 Y, $X_1,\cdots,X_M$ 是相互独立的,$\mathrm{E}(X_i)=5$, $\mathrm{var}(X_i)=2(i=1,\cdots,M)$.该桥

不出问题的概率为

$$R = P(M\text{ 辆车的总重量不超过桥的强度}).$$

显然 $R=P(S_M\leqslant Y)=P(S_M-Y\leqslant 0)$，我们要找满足不等式 $R\geqslant 0.99997$ 的最大的 M. 不难想到，这个 M 一定相当大. 由于 $\mathrm{E}(S_M)=M\mu_1$，$\mathrm{var}(S_M)=M\sigma_1^2$，这里 $\mu_1=\mathrm{E}(X_i)=5$，$\sigma_1^2=\mathrm{var}(X_i)=2(i=1,\cdots,M)$，从(3.4)式知 S_M 近似服从正态分布 $N(M\mu_1,M\sigma_1^2)$. 又有 $Y\sim N(300,40)$，知 S_M-Y 近似服从正态分布 $N(M\mu_1-300,M\sigma_1^2+40)$. 于是

$$R\approx\Phi\left(\frac{0-(M\mu_1-300)}{\sqrt{M\sigma_1^2+40}}\right).$$

由于 $\Phi(4)=0.99997$，故为了 $R\geqslant 0.99997$，必须且只需

$$\frac{0-(M\mu_1-300)}{\sqrt{M\sigma_1^2+40}}\geqslant 4.$$

令 $x=\sqrt{2M+40}$，则 $M=\frac{1}{2}(x^2-40)$，上述不等式化为

$$\frac{5}{2}x^2+4x-400\leqslant 0.$$

由此知 $x\leqslant 11.87$，从而 $M\leqslant\frac{1}{2}((11.87)^2-40)=50.5$. 也就是说，最多允许 50 辆车同时在桥上.

例 3.4　一份考卷由 99 道题组成，按从易到难的次序排列. 某学生答对第 1 题的概率是 0.99，答对第 2 题的概率是 0.98，…，答对第 i 题的概率是 $1-i/100$ $(i=1,\cdots,99)$. 若规定正确回答 60 道题以上(含 60 道题)才算通过考试，试问：该学生通过考试的可能性有多大？

解　对 $i=1,\cdots,99$，令

$$X_i=\begin{cases}1, & \text{该学生答对第 } i \text{ 题},\\ 0, & \text{该学生未答对第 } i \text{ 题},\end{cases}$$

则 $P(X_i=1)=p_i=1-i/100,\quad P(X_i=0)=1-p_i(i=1,\cdots,99)$.

显然，该学生通过考试的可能性由概率 $P\left(\sum_{i=1}^{99}X_i\geqslant 60\right)$ 来刻画. 为了计算这个概率，我们可以设想还有 $X_{100},X_{101},\cdots$ 使得 $X_1,X_2,\cdots$ 是相互独立的随机变量序列，且 X_{99+i} 与 X_{99} 有相同的分布(一切 $i\geqslant 1$). 易知

$$\mathrm{E}(X_i)=\begin{cases}p_i & 1\leqslant i\leqslant 99,\\ p_{99}, & i>99,\end{cases}$$
$$\mathrm{var}(X_i)=\begin{cases}p_i(1-p_i), & 1\leqslant i\leqslant 99,\\ p_{99}(1-p_{99}), & i>99\end{cases}\quad (i=1,2,\cdots),$$

于是当 $n\geqslant 99$ 时，

$$B_n^2\triangleq\sum_{i=1}^{n}\mathrm{var}(X_i)=\sum_{i=1}^{99}p_i(1-p_i)+(n-99)p_{99}(1-p_{99}).$$

由于 $|X_i-\mathrm{E}(X_i)|^3\leqslant(X_i-\mathrm{E}(X_i))^2\ (i=1,2,\cdots)$，知

$$\sum_{i=1}^{n}\mathrm{E}\,|X_i-\mathrm{E}(X_i)|^3\leqslant\sum_{i=1}^{n}\mathrm{E}(X_i-\mathrm{E}(X_i))^2=B_n^2.$$

于是

$$\lim_{n\to\infty}\frac{1}{B_n^3}\sum_{i=1}^{n}\mathrm{E}\,|X_i-\mathrm{E}(X_i)|^3=0.$$

这表明条件(3.2)满足(取 $r=3$). 易知

$$\mathrm{E}\Big(\sum_{i=1}^{99}X_i\Big)=\sum_{i=1}^{99}\mathrm{E}(X_i)=\sum_{i=1}^{99}p_i=49.5,$$

$$B_{99}^2=\sum_{i=1}^{99}\mathrm{var}(X_i)=\sum_{i=1}^{99}p_i(1-p_i)=16.665.$$

利用定理 3.2，知

$$P\Big(\sum_{i=1}^{99}X_i\geqslant 60\Big)=P\left(\frac{\sum_{i=1}^{99}X_i-49.5}{\sqrt{16.665}}\geqslant\frac{60-49.5}{\sqrt{16.665}}\right)$$
$$=P\left(\frac{\sum_{i=1}^{99}X_i-49.5}{\sqrt{16.665}}\geqslant 2.5735\right)$$
$$\approx 1-\Phi(2.5735)=0.005.$$

这表明，该学生通过考试的可能性很小，大约只有千分之五.

附注　关于 Δ 方法

利用本章前面的知识，可以证明在统计学中有重要应用的下述

定理：

定理 3.3(Δ方法) 设 $\xi_1,\xi_2,\cdots$ 是随机变量序列，满足

$$\sqrt{n}(\xi_n-\theta)\xrightarrow{w}\eta\quad(n\to\infty),$$

其中 θ 是一个常数，$\eta\sim N(0,\sigma^2)$ $(\sigma>0)$，又设 $g(x)$ 满足 $g'(\theta)\neq 0$，则

$$\sqrt{n}(g(\xi_n)-g(\theta))\xrightarrow{w}\zeta\quad(n\to\infty),$$

这里 $\zeta\sim N(0,(g'(\theta))^2\sigma^2)$.

这个定理的意义是：若 ξ_n 近似服从正态分布，则 ξ_n 的函数 $g(\xi_n)$ 在一定条件下也近似服从某个正态分布. 证明较长，从略.

例 3.5(反正弦变换) 设 $X_1,X_2,\cdots$ 是独立同分布的随机变量序列，共同分布是伯努利分布(两点分布)，即

$$P(X_i=1)=p=1-P(X_i=0)\quad(0<p<1,i\geqslant 1).$$

设 $S_n=\sum\limits_{i=1}^{n}X_i(n=1,2,\cdots)$. 从定理 3.1 知

$$\frac{S_n-np}{\sqrt{np(1-p)}}\xrightarrow{w}\eta_0\sim N(0,1),$$

于是
$$\sqrt{n}\left(\frac{S_n}{n}-p\right)\xrightarrow{w}\eta\sim N(0,p(1-p)).$$

设 $g(p)$ 满足 $g'(p)\sqrt{p(1-p)}=\dfrac{1}{2}$，则

$$g(p)=\int\frac{1}{2\sqrt{p(1-p)}}\mathrm{d}p=\arcsin\sqrt{p}+C.$$

从定理 3.3 知

$$\sqrt{n}\left(\arcsin\sqrt{\frac{S_n}{n}}-\arcsin\sqrt{p}\right)\xrightarrow{w}\zeta\sim N\left(0,\frac{1}{4}\right)\quad(n\to\infty).$$

换句话说，$\arcsin\sqrt{\dfrac{S_n}{n}}$ 近似服从正态分布 $N\left(\arcsin\sqrt{p},\dfrac{1}{4n}\right)$.

*§4.4 补充知识

本节要介绍的内容有三个方面：首先，谈谈中心极限定理的研究历史；然后，介绍特征函数的定义和性质；最后，论证柯西分布的一条特殊性质.

1. 关于中心极限定理的研究历史

历史上首先是对服从伯努利分布(两点分布)的相互独立的随机变量序列进行研究的.设 $X_1,X_2,\cdots$ 是独立同分布的随机变量序列,且

$$P(X_i=1)=p=1-P(X_i=0)\quad (i=1,2,\cdots).$$

法国数学家 A. De Moivre (1667—1754)在 1733 年发表的著作里对 $p=1/2$ 的情形首先证明了如下结论:

$$\lim_{n\to\infty}P\left(\frac{n}{2}\leqslant\sum_{i=1}^{n}X_i\leqslant\frac{n}{2}+s\sqrt{n}\right)=\frac{2}{\sqrt{2\pi}}\sum_{k=0}^{\infty}\frac{(-1)^k2^ks^{2k+1}}{k!(2k+1)}\quad (s>0).\tag{4.1}$$

当时还没有正态分布的概念,De Moivre 本人还不知道(4.1)式等号右端正是积分

$$\sqrt{\frac{2}{\pi}}\int_0^s e^{-2x^2}\,dx$$

的值.在 1808 年和 1809 年,美国测量员 R. Adrain 和德国大数学家高斯(F. Gauss (1777—1855))相互独立地提出了正态分布.因此,De Moivre 实质上证明了 $p=1/2$ 时的"中心极限定理":

$$\lim_{n\to\infty}P\left(\frac{S_n-n/2}{\sqrt{n/4}}\leqslant x\right)=\int_{-\infty}^{x}\frac{1}{\sqrt{2\pi}}e^{-u^2/2}\,du,$$

其中 $S_n=\sum\limits_{i=1}^{n}X_i\,(n=1,2,\cdots)$,下同.

在此基础上,法国数学家拉普拉斯在他的名著《概率的分析理论》(1812 年)里对任意的 p 证明了中心极限定理:

$$\lim_{n\to\infty}P\left(\frac{S_n-np}{\sqrt{np(1-p)}}\leqslant x\right)=\int_{-\infty}^{x}\frac{1}{\sqrt{2\pi}}e^{-u^2/2}\,du.$$

半个世纪之后,俄罗斯数学家切比雪夫于 1866 年前后首次提出了随机变量的一般概念,并于 1887 年首先给出了一般随机变量的中心极限定理的论述:

切比雪夫定理 设 $X_1,X_2,\cdots$ 是相互独立的随机变量序列,满足

$$|X_i|\leqslant C\quad (i=1,2,\cdots),$$

这里 C 是一个常数,则对一切 x,有

$$\lim_{n\to\infty}P\left(\frac{1}{B_n}\sum_{i=1}^{n}(X_i-E(X_i))\leqslant x\right)=\int_{-\infty}^{x}\frac{1}{\sqrt{2\pi}}e^{-u^2/2}\,du,$$

其中
$$B_n=\sqrt{\sum_{i=1}^{n}\mathrm{var}(X_i)}\quad (n=1,2,\cdots).$$

应该指出,这个定理的叙述不完全正确:当 B_n 不无限增大时结论不真.当然,当 $B_n\to\infty$ 时所述结论是正确的.但是,他本人的证明是不完善的,他只证明了随

机变量 $\xi_n \triangleq \frac{1}{B_n}\sum_{i=1}^{n}(X_i - \mathrm{E}(X_i))$ 的各阶原点矩的极限是标准正态随机变量的相应的原点矩,并未进而说明 ξ_n 的分布函数确实以标准正态分布函数为极限.但不管怎样,切比雪夫是论述一般随机变量的中心极限定理的第一人,历史功绩很大.不完善之处首先被他的学生马尔可夫注意到.马尔可夫在 1898 年叙述并证明了下面的定理:

马尔可夫定理　设 $X_1, X_2, \cdots$ 是相互独立的随机变量序列,$X_i(i=1,2,\cdots)$ 的期望和方差都存在,且对一切 $r \geqslant 3$,下式皆成立:

$$\lim_{n\to\infty}\frac{C_n(r)}{B_n^r} = 0,$$

这里 $B_n = \left(\sum_{i=1}^{n}\mathrm{var}(X_i)\right)^{1/2}$,$C_n(r) = \sum_{i=1}^{n}\mathrm{E}|X_i - \mathrm{E}(X_i)|^r (n = 1,2,\cdots)$,则有

$$\lim_{n\to\infty}P\left(\frac{1}{B_n}\sum_{i=1}^{n}(X_i - \mathrm{E}(X_i)) \leqslant x\right) = \int_{-\infty}^{x}\frac{1}{\sqrt{2\pi}}\mathrm{e}^{-u^2/2}\mathrm{d}u. \tag{4.2}$$

三年后,切比雪夫的另一个学生李雅普诺夫把马尔可夫定理的条件大为减弱,他于 1901 年证明了如下定理:

李雅普诺夫定理　设 $X_1, X_2, \cdots$ 是相互独立的随机变量序列,$X_i(i=1,2,\cdots)$ 的期望和方差都存在,且存在 $r>2$,使得

$$\lim_{n\to\infty}\frac{C_n(r)}{B_n^r} = 0 \quad (B_n \text{ 和 } C_n(r) \text{ 的含义同前}), \tag{4.3}$$

则(4.2)式成立.

这就是定理 3.2.李雅普诺夫的证明方法是开创性的:利用特征函数(参看下文).从此开始,特征函数成了研究极限定理的强有力工具.

在俄罗斯数学家工作的基础上,瑞典数学家林德伯格于 1922 年证明了更一般的定理:

林德伯格定理　设 $X_1, X_2, \cdots$ 是相互独立的随机变量序列,$X_i(i=1,2,\cdots)$ 的期望和方差都存在,且满足下列条件:对任何 $\varepsilon>0$,有

$$\lim_{n\to\infty}\frac{1}{B_n^2}\sum_{k=1}^{n}\mathrm{E}\{(X_k - \mu_k)^2 I(|X_k - \mu_k| > \varepsilon B_n)\} = 0, \tag{4.4}$$

这里 $\mu_k = \mathrm{E}(X_k)$,B_n 的含义同前,$I(A)$是示性函数,则(4.2)式成立.

条件(4.4)就是所谓的**林德伯格(林氏)条件**.为了理解这个条件的意义,我们指出,从(4.4)式可推出

$$\lim_{n\to\infty}\frac{\max\limits_{1\leqslant k\leqslant n}\{\sigma_k^2\}}{B_n^2} = 0 \quad (\sigma_k^2 \triangleq \mathrm{var}(X_k)). \tag{4.5}$$

实际上,对任何 $\varepsilon>0$,有

$$\begin{aligned}\sigma_k^2 &= \mathrm{E}((X_k-\mu_k)^2 I(|X_k-\mu_k|\leqslant \varepsilon B_n)) \\ &\quad + \mathrm{E}((X_k-\mu_k)^2 I(|X_k-\mu_k|> \varepsilon B_n)) \\ &\leqslant \varepsilon^2 B_n^2 + \sum_{k=1}^{n}\mathrm{E}((X_k-\mu_k)^2 I(|X_k-\mu_k|>\varepsilon B_n)).\end{aligned}$$

从条件(4.4)及 ε 的任意性知(4.5)式成立.

利用切比雪夫不等式知

$$P\left(\left|\frac{X_k-\mu_k}{B_n}\right|>\varepsilon\right)\leqslant\frac{\sigma_k^2}{\varepsilon^2 B_n^2},$$

故从(4.5)式知

$$\lim_{n\to\infty}\max_{1\leqslant k\leqslant n}\left\{P\left(\left|\frac{X_k-\mu_k}{B_n}\right|>\varepsilon\right)\right\}=0. \tag{4.6}$$

注意 $\frac{1}{B_n}\sum_{k=1}^{n}|X_k-\mu_k|=\sum_{k=1}^{n}\left|\frac{X_k-\mu_k}{B_n}\right|$，(4.6)式表示这个和式的加项“一致地小”，这也是条件(4.4)蕴含的性质.

林德伯格条件是相当一般的. 可以验证，如果李雅普诺夫定理中的条件(4.3)满足，则林德伯格条件(4.4)一定满足.

我们还要指出，若 $X_1,X_2,\cdots$ 是独立同分布的随机变量序列，X_1 的期望和方差都存在，且方差不为0，则不难验证林德伯格条件满足，从而(4.2)式成立. 这是法国数学家列维首先指出的. 故定理3.1是林德伯格定理的推论.

应注意的是，林德伯格条件虽然适用范围很广，但还不是中心极限定理成立的必要条件.

例 4.1 设 $X_1,X_2,\cdots$ 是相互独立的随机变量序列，$X_1\sim N(0,1)$，$X_n\sim N(0,2^{n-2})(n=2,3,\cdots)$，$S_n=\sum_{i=1}^{n}X_i\,(n=1,2,\cdots)$，则

$$\xi_n \triangleq \frac{S_n-\mathrm{E}(S_n)}{\sqrt{\mathrm{var}(S_n)}}=\frac{1}{\sqrt{2^{n-1}}}S_n\sim N(0,1).$$

更有 $\xi_n\xrightarrow{w}\eta\sim N(0,1)$. 所以中心极限定理成立.

现在指出，林德伯格条件不满足. 由于 $\mu_k=\mathrm{E}(X_k)=0\,(k=1,2,\cdots)$，$\sigma_1^2=\mathrm{var}(X_1)=1$，$\sigma_k^2=\mathrm{var}(X_k)=2^{k-2}\,(k=2,3,\cdots)$，知

$$B_n^2=\mathrm{var}(S_n)=\sum_{k=1}^{n}\sigma_k^2=2^{n-1}\quad(n=1,2,\cdots),$$

于是

$$\max_{1\leqslant k\leqslant n}\left\{\frac{\sigma_k^2}{B_n^2}\right\}=\frac{\sigma_n^2}{B_n^2}=\frac{1}{2}\quad(n=2,3,\cdots).$$

这表示条件(4.5)不满足，从而林德伯格条件(4.4)不满足.

费勒(W. Feller)在1935年证明了如下定理：若 $X_1, X_2, \cdots$ 是相互独立的随机变量序列，$\mu_i = E(X_i)$ 和 $\sigma_i^2 = \mathrm{var}(X_i)$ $(i=1,2,\cdots)$ 都存在，$B_n^2 = \sum_{k=1}^{n}\sigma_k^2$ $(n=1,2,\cdots)$，而且导致加项"一致地小"的条件(4.5)成立，则林德伯格条件(4.4)也是中心极限定理成立的必要条件.

此后的大量研究都不假定条件(4.5)成立，并且考虑下列更一般的研究问题：设 $\{X_{nk}: n\geqslant 1, k=1,\cdots,n\}$ 是一族随机变量，对任何 $n\geqslant 2$，$X_{n1},\cdots,X_{nn}$ 相互独立，$\xi_n \triangleq \sum_{k=1}^{n} X_{nk}$ $(n=1,2,\cdots)$，在什么条件下 ξ_n 的极限分布是标准正态分布，即

$$\xi_n \xrightarrow{w} \eta \sim N(0,1)?$$

这方面有很多研究成果，读者如有兴趣，可看 A. N. Shiryayev 的书[7]和 B. B. 佩特罗夫的书《独立随机变量之和的极限定理》(中译本，苏淳、黄可明译，中国科技大学出版社，1991).

在中心极限定理的研究中，还有一个问题：如何估计"误差"，即 ξ_n 的分布函数与标准正态分布函数 $\Phi(x)$ 相差多大？$\left(\text{这里 } \xi_n = \sum_{i=1}^{n}(X_i - E(X_i))\Big/B_n, B_n = \left(\sum_{i=1}^{n}\mathrm{var}(X_i)\right)^{1/2}.\right)$

这方面的一项重要结论是：设 $X_1, X_2, \cdots$ 是独立同分布的随机变量序列，X_1 的期望 μ，方差 $\sigma^2(\sigma>0)$ 及 $E|X_1-\mu|^3$ 存在，则存在绝对常数 A(不依赖于 n，也不依赖于 X_1 的分布函数)，满足

$$|P(\xi_n \leqslant x) - \Phi(x)| \leqslant A\frac{\rho}{\sqrt{n}}, \tag{4.7}$$

其中

$$\xi_n = \frac{\sum_{i=1}^{n} X_i - n\mu}{\sqrt{n}\sigma}, \quad \rho = \frac{E(|X_1-\mu|^3)}{\sigma^3}.$$

不等式(4.7)就是著名的 Berry-Esseen 不等式. 常数 A 究竟等于多少呢？可以证明 $A \geqslant \frac{1}{\sqrt{2\pi}} = 0.3989$. 现在已知 $A \leqslant 0.7975$(1972年). 对于相互独立但不同分布的情形，也有类似的但更复杂的不等式. 这方面的研究结果见上述佩特罗夫的书.

2. 特征函数

我们在§4.3中说过，特征函数是证明中心极限定理的强有力工具. 什么是特

征函数？我们要介绍其定义和性质.

定义 4.1 设 X 是任何随机变量，$\mathrm{i}=\sqrt{-1}$ 是虚数单位，则称函数

$$\varphi(t) \triangleq \mathrm{E}(\cos tX)+\mathrm{i}\mathrm{E}(\sin tX) \quad (\text{一切实数 } t)$$

为 X 的**特征函数**.

根据 $\mathrm{e}^{\mathrm{i}x}=\cos x+\mathrm{i}\sin x$（Euler 公式），也可将 $\varphi(t)$ 表示为 $\mathrm{E}(\mathrm{e}^{\mathrm{i}tX})$.

可以证明，特征函数有下列性质：

(1) 设 $\varphi(t)$ 是随机变量 X 的特征函数，则

$$\varphi(0)=1, \quad |\varphi(t)| \leqslant 1,$$

且 $Y \triangleq \frac{1}{b}(X-a)(b \neq 0)$ 的特征函数为 $\psi(t)=\mathrm{e}^{-\mathrm{i}\frac{a}{b}t}\varphi\left(\frac{t}{b}\right)$；

(2)（逆转公式）设随机变量 X 的分布函数是 $F(x)$，特征函数是 $\varphi(t)$，a 和 b $(a<b)$ 都是 $F(x)$ 的连续点，则

$$F(b)-F(a)=\frac{1}{2\pi}\lim_{T\to\infty}\int_{-T}^{T}\frac{\mathrm{e}^{-\mathrm{i}ta}-\mathrm{e}^{-\mathrm{i}tb}}{\mathrm{i}t}\varphi(t)\mathrm{d}t;$$

(3)（唯一性定理）若两个随机变量的特征函数处处相等，则它们的分布函数也处处相等；

(4)（连续性定理）设 $X_1,X_2,\cdots$ 是随机变量序列，X_n 的特征函数是 $\varphi_n(t)(n=1,2,\cdots)$，则为了 $X_n \xrightarrow{w} X(n\to\infty)$，必须且只需对一切 t 有 $\lim\limits_{n\to\infty}\varphi_n(t)=\varphi(t)$，这里 $\varphi(t)$ 是 X 的特征函数；

(5)（乘积定理）若 $X_1,\cdots,X_n(n\geqslant 2)$ 是相互独立的随机变量，X_i 的特征函数是 $\varphi_i(t)(i=1,\cdots,n)$，则 $\sum\limits_{i=1}^{n}X_i$ 的特征函数为 $\varphi(t)=\prod\limits_{i=1}^{n}\varphi_i(t)$；

(6) 设随机变量 $X\sim N(0,1)$，则 X 的特征函数 $\varphi(t)=\mathrm{e}^{-t^2/2}$.

这些结论的证明大多数要用到较多的数学知识（当然，(1)的证明很简单，(3)是(2)的直接推论），可参看文献[7]或[10].

怎样利用特征函数的性质证明中心极限定理呢？我们介绍如下：

设 $X_1,X_2,\cdots$ 是相互独立的随机变量序列，X_k 的期望 μ_k 和方差 $\sigma_k^2(k=1,2,\cdots)$ 都存在，$B_n=\left(\sum\limits_{k=1}^{n}\sigma_k^2\right)^{1/2}$ $(n=1,2,\cdots)$，X_k 的特征函数是 $\psi_k(t)(k=1,2,\cdots)$. 令

$$\xi_n=\frac{\sum\limits_{k=1}^{n}(X_k-\mu_k)}{B_n} \quad (n=1,2,\cdots).$$

从性质(1)和(5)知，ξ_n 的特征函数 $\varphi_n(t)$ 有表达式：

$$\varphi_n(t)=\prod_{k=1}^{n}\mathrm{e}^{-\mathrm{i}t\frac{\mu_k}{B_n}}\psi_k\left(\frac{t}{B_n}\right)=\mathrm{e}^{-\mathrm{i}t\frac{A_n}{B_n}}\prod_{k=1}^{n}\psi_k\left(\frac{t}{B_n}\right)$$

$\left(这里\ A_n=\sum_{k=1}^{n}\mu_k\right)$. 若能证明

$$\lim_{n\to\infty}\varphi_n(t)=\mathrm{e}^{-t^2/2}\quad(一切\ t),\tag{4.8}$$

则根据性质(4),(3),(6)知 $\xi_n\xrightarrow{w}\eta\sim N(0,1)$,即中心极限定理成立.

现以定理 3.1 的证明为例,说明如何验证(4.8)式成立. 既然设 $X_1,X_2,\cdots$ 独立同分布,记 $\mu=\mathrm{E}(X_1)$,$\sigma^2=\mathrm{var}(X_1)$,则 $B_n=\sqrt{n}\sigma$. 仍记

$$\xi_n=\frac{1}{B_n}\sum_{k=1}^{n}(X_k-\mathrm{E}(X_k))\quad(n=1,2,\cdots),$$

则 $\xi_n=\sum_{k=1}^{n}\left(\frac{X_k-\mu}{\sqrt{n}\sigma}\right)(n=1,2,\cdots)$. 设 ξ_n 的特征函数是 $\varphi_n(t)$,$\xi\triangleq\frac{X_1-\mu}{\sigma}$ 的特征函数是 $f(t)$. 从性质(1)和(5)知

$$\varphi_n(t)=\left(f\left(\frac{t}{\sqrt{n}}\right)\right)^n.$$

由于 $\mathrm{E}(\xi)=0$,$\mathrm{var}(\xi)=1$,可以证明 $f'(0)=0$,$f''(0)=-1$,于是

$$f(u)=f(0)+f'(0)u+\frac{1}{2}f''(0)u^2+o(u^2),$$

这里 $o(u^2)$是比 u^2 更高级的无穷小(当 $u\to0$ 时),从而

$$f\left(\frac{t}{\sqrt{n}}\right)=1-\frac{t^2}{2n}+o\left(\frac{1}{n}\right)\quad(n\to\infty).$$

因此

$$\begin{aligned}\ln\varphi_n(t)&=n\ln f\left(\frac{t}{\sqrt{n}}\right)=n\ln\left(1-\frac{t^2}{2n}+o\left(\frac{1}{n}\right)\right)\\&\to-\frac{t^2}{2}\quad(n\to\infty).\end{aligned}$$

这就证明了 $\lim\limits_{n\to\infty}\varphi_n(t)=\mathrm{e}^{-t^2/2}$,即(4.8)式成立. 所以定理 3.1 成立.

至于定理 3.2 和更一般的林德伯格定理,也是通过验证(4.8)式成立来表明定理的结论成立的.

最后,提一下矩母函数的概念. 设 X 是随机变量,若对某个 $\delta>0$ 和一切 $t\in(-\delta,\delta)$,数学期望 $\mathrm{E}(\mathrm{e}^{tX})$存在(是有限数),则称 $\psi(t)\triangleq\mathrm{E}(\mathrm{e}^{tX})$为 X 的**矩母函数**. 矩母函数与特征函数有许多类似的性质,也是研究随机变量特别是随机变量序列弱收敛的工具. 可惜的是,有些随机变量不存在矩母函数. 特征函数之所以重要,不仅由于其具有许多良好的性质,而且由于每个随机变量都有特征函数.

3. 柯西分布的奇特性质

柯西分布很特别,我们在§4.2中说过,若 $X_1,X_2,\cdots$ 是独立同分布的随机变量序列,共同分布是柯西分布,即分布密度是

$$p(x)=\frac{1}{\pi(1+x^2)},\tag{4.9}$$

则对任何 $n\geqslant 2$, $\frac{1}{n}\sum_{k=1}^{n}X_k$ 的分布密度仍由(4.9)式给出$\left(\text{从而,当 } n\to\infty \text{ 时,} \frac{1}{n}\sum_{k=1}^{n}X_k \text{ 不能依概率收敛于任何常数}\right)$. 现在来给出这个结论的证明. $\left(\text{对于一般的柯西分布,即分布密度是 } p(x)=\frac{1}{\sigma\pi\left[1+\left(\frac{x-\mu}{\sigma}\right)^2\right]}(\sigma>0)\text{者,结论是同样的.}\right)$

定理 4.1 设 $X_1,\cdots,X_n(n\geqslant 2)$ 是独立同分布的随机变量,共同的分布密度由(4.9)式给出,则 $\frac{1}{n}\sum_{i=1}^{n}X_i$ 的分布密度仍由(4.9)式给出.

若使用特征函数及其性质,这个定理很容易证明. 实际上,可以证明 X_1 的特征函数为 $\psi(t)=\mathrm{e}^{-|t|}$,于是 $\frac{X_i}{n}$ 的特征函数为 $\psi\left(\frac{t}{n}\right)=\mathrm{e}^{-|t|/n}$,从而 $\frac{1}{n}\sum_{i=1}^{n}X_i$ 的特征函数为 $\varphi_n(t)=\left(\psi\left(\frac{t}{n}\right)\right)^n=\mathrm{e}^{-|t|}=\psi(t)$. 再根据唯一性定理,知 $\frac{1}{n}\sum_{i=1}^{n}X_i$ 与 X_1 有相同的分布函数,从而二者有相同的分布密度.

由于特征函数的性质要用较深的数学知识才能证明,下面不用特征函数直接给出定理 4.1 的"初等"证明,当然有点冗长.

由于

$$\frac{1}{n}\sum_{i=1}^{n}X_i=\frac{n-1}{n}\left(\frac{1}{n-1}\sum_{i=1}^{n-1}X_i\right)+\frac{1}{n}X_n,$$

故只需证明下面的引理:

引理 4.1 设随机变量 X 与 Y 独立同分布,共同的分布密度由(4.9)式给出,又 $p_1>0,p_2>0,p_1+p_2=1$,则 p_1X+p_2Y 的分布密度仍由(4.9)式给出.

证明 易知

$$p_1X\text{ 的分布密度是 }\frac{1}{p_1\pi\left[1+\left(\frac{x}{p_1}\right)^2\right]},$$

$$p_2Y\text{ 的分布密度是 }\frac{1}{p_2\pi\left[1+\left(\frac{y}{p_2}\right)^2\right]},$$

故 $Z\triangleq p_1X+p_2Y$ 的分布密度为

$$q(z)=\int_{-\infty}^{+\infty}\frac{1}{p_1\pi\left[1+\left(\frac{x}{p_1}\right)^2\right]}\cdot\frac{1}{p_2\pi\left[1+\left(\frac{z-x}{p_2}\right)^2\right]}\mathrm{d}x$$

$$=\int_{-\infty}^{+\infty}\frac{b}{\pi^2(1+y^2)[a^2+(y-\theta)^2]}\mathrm{d}y,$$

这里

$$a=\frac{p_2}{p_1},\quad b=\frac{p_2}{p_1^2},\quad \theta=\frac{z}{p_1}. \tag{4.10}$$

下面的工作是计算这个积分. 我们说,有常数 A,B,C,D,使得

$$\frac{b}{(1+y^2)(a^2+(y-\theta)^2)}=\frac{Ay+B}{a^2+(y-\theta)^2}+\frac{Cy+D}{1+y^2}. \tag{4.11}$$

用待定系数法,易知

$$b=(Ay+B)(1+y^2)+(Cy+D)[a^2+(y-\theta)^2]$$
$$=(A+C)y^3+(B-2\theta C+D)y^2+(A+Ca^2+C\theta^2-2\theta D)y$$
$$+B+Da^2+\theta^2D.$$

故应有方程组

$$A+C=0,\quad B-2\theta C+D=0,\quad A+Ca^2+C\theta^2-2\theta D=0,\quad B+Da^2+\theta^2D=b.$$

解此方程组,可知

$$A=\frac{-2\theta b}{(a^2+\theta^2-1)^2+4\theta^2},\quad B=\frac{-b(a^2+\theta^2-1-4\theta^2)}{(a^2+\theta^2-1)^2+4\theta^2},$$

$$C=-A,\qquad D=\frac{b(a^2+\theta^2-1)}{(a^2+\theta^2-1)^2+4\theta^2}.$$

注意到

$$\frac{Ay+B}{a^2+(y-\theta)^2}=\frac{A}{2}\cdot\frac{2(y-\theta)}{a^2+(y-\theta)^2}+\frac{A\theta+B}{a^2+(y-\theta)^2},$$

$$\frac{Cy+D}{1+y^2}=\frac{C}{2}\cdot\frac{2y}{1+y^2}+\frac{D}{1+y^2},$$

于是

$$q(z)=\frac{1}{\pi^2}\int_{-\infty}^{+\infty}\left(\frac{A}{2}\cdot\frac{2(y-\theta)}{a^2+(y-\theta)^2}+\frac{C}{2}\cdot\frac{2y}{1+y^2}\right)\mathrm{d}y$$
$$+\frac{1}{\pi^2}\int_{-\infty}^{+\infty}\frac{A\theta+B}{a^2+(y-\theta)^2}\mathrm{d}y+\frac{1}{\pi^2}\int_{-\infty}^{+\infty}\frac{D}{1+y^2}\mathrm{d}y$$

$$\xlongequal{\text{记为}}\mathrm{I}+\mathrm{II}+\mathrm{III}.$$

易知

$$\text{I} = \frac{A}{2\pi^2}\lim_{L\to\infty}\int_{-L}^{L}[\ln(a^2+(y-\theta)^2)-\ln(1+y^2)]'\mathrm{d}y$$

$$=\frac{A}{2\pi^2}\lim_{L\to\infty}\int_{-L}^{L}\left[\ln\frac{a^2+(y-\theta)^2}{1+y^2}\right]'\mathrm{d}y$$

$$=\frac{A}{2\pi}\lim_{L\to\infty}\left[\ln\frac{a^2+(L-\theta)^2}{1+L^2}-\ln\frac{a^2+(-L-\theta)^2}{1+L^2}\right]$$

$$=0,$$

$$\text{II} = \frac{A\theta+B}{\pi^2}\cdot\frac{\pi}{a}=\frac{A\theta+B}{\pi a},$$

$$\text{III} = \frac{D}{\pi^2}\pi=\frac{D}{\pi}.$$

于是
$$q(z) = \text{I}+\text{II}+\text{III} = \frac{1}{\pi}\left(\frac{A\theta+B}{a}+D\right).$$

下面指出：

$$\frac{A\theta+B}{a}+D=\frac{1}{1+z^2}. \tag{4.12}$$

实际上，将 A,B,D 用 a,b,θ 表达的式子代入，得

$$\frac{A\theta+B}{a}+D=\frac{-2\theta^2\dfrac{b}{a}-\dfrac{b}{a}(a^2+\theta^2-1-4\theta^2)+b(a^2+\theta^2-1)}{(a^2+\theta^2-1)^2+4\theta^2}$$

$$=\frac{b(a^2-a+a^{-1}-1+\theta^2+a^{-1}\theta^2)}{(a^2-1)^2+2(a^2+1)\theta^2+\theta^4}. \tag{4.13}$$

把此式中的 a,b,θ 用 p_1,p_2,z 表达的式子（见(4.10)式）代入，知(4.13)式的分子等于

$$\frac{(p_2-p_1)^2+z^2}{p_1^4},$$

而(4.13)式的分母等于

$$\frac{1}{p_1^4}((p_2-p_1)^2+z^2)(1+z^2),$$

于是(4.12)式成立. 所以 $q(z)=\dfrac{1}{\pi(1+z^2)}$. 这就证明了 p_1X+p_2Y 的分布密度仍由(4.9)式给出. □

利用引理 4.1 和数学归纳法，即知定理 4.1 成立.

习 题 四

*1. 设 $\xi_1,\xi_2,\cdots$ 是随机变量序列，试证：$\xi_n\xrightarrow{P}0(n\to\infty)$ 的充分必要条件是

$$\mathrm{E}\left(\frac{\xi_n^2}{1+\xi_n^2}\right) \to 0 \quad (n \to \infty).$$

提示：利用马尔可夫不等式.

*2. 设 $X_1, X_2, \cdots$ 是随机变量序列，且 X_n 取值 0 或 n^2，$P(X_n = n^2) = \frac{1}{n^2} = 1 - P(X_n = 0)(n=1,2,\cdots)$，易知 $\mathrm{E}(X_n) \equiv 1$（一切 n）. 试证：随机变量序列 $X_1, X_2, \cdots$ 不服从大数律.

*3. 设随机变量序列 $\xi_1, \xi_2, \cdots$ 满足

$$\xi_n \xrightarrow{w} 0 \quad (n \to \infty),$$

试证：

$$\xi_n \xrightarrow{P} 0 \quad (n \to \infty).$$

*4. 试证明本章的定理 1.4（写出证明过程）.

5. 设 $X_1, X_2, \cdots$ 是相互独立的随机变量序列，且

$$P(X_n = n^\alpha) = P(X_n = -n^\alpha) = \frac{1}{2} \quad (n = 1, 2, \cdots)$$

这里 $0 < \alpha < 1$，试证：当 $\alpha < \frac{1}{2}$ 时，这个随机变量序列服从大数律.

6. 设 $X_1, X_2, \cdots$ 是独立同分布的随机变量序列，共同分布是区间 $[0, a]$ 上的均匀分布 $(a > 0)$，$\xi_n = \max\{X_1, \cdots, X_n\}$ $(n = 1, 2, \cdots)$，试证：

$$\xi_n \xrightarrow{P} a \quad (n \to \infty).$$

7. 设 $X_1, X_2, \cdots$ 是独立同分布的随机变量序列，共同分布密度是

$$p(x) = \begin{cases} 2x^{-3}, & x \geqslant 1, \\ 0, & x < 1, \end{cases}$$

试证：随机变量序列 $X_1, X_2, \cdots$ 服从大数律.

8. 设 $f(x)$ 是区间 $[0,1]$ 上有定义的连续函数，且 $0 \leqslant f(x) \leqslant 1$. 若 $\xi_1, \eta_1, \xi_2, \eta_2, \cdots$ 是一列服从 $[0,1]$ 上均匀分布的相互独立的随机变量序列，令

$$\rho_i = \begin{cases} 1, & f(\xi_i) \geqslant \eta_i, \\ 0, & f(\xi_i) < \eta_i \end{cases} \quad (i = 1, 2, \cdots),$$

试证：

$$\frac{1}{n}\sum_{i=1}^{n} \rho_i \xrightarrow{\text{a. s.}} \int_0^1 f(x)\,\mathrm{d}x \quad (n \to \infty).$$

*9. 试证下列条件对应的各个相互独立的随机变量序列服从大数律：

(1) $P(X_k = \sqrt{\ln k}) = P(X_k = -\sqrt{\ln k}) = \frac{1}{2}$ $(k = 2, 3, \cdots)$；

(2) $P\left(X_k=\frac{2^n}{n^2}\right)=\frac{1}{2^n}$ $(k=1,2,\cdots;\ n=1,2,\cdots)$；

(3) $P(X_k=n)=\frac{c}{n^2\ln^2 n}$ $(k=1,2,\cdots;n=2,3,\cdots)$，其中 $c=\left(\sum_{n=2}^{\infty}\frac{1}{n^2\ln^2 n}\right)^{-1}$.

10. 设 $\{X_1,X_2,\cdots\}$ 是独立同分布的随机变量序列，共同分布密度是

$$p(x)=\begin{cases}e^{-(x-a)}, & x>a,\\ 0, & x\leqslant a\end{cases}\quad (a\text{ 是常数}),$$

令 $\xi_n=\min\{X_1,\cdots,X_n\}$ $(n=1,2,\cdots)$，试证：

$$\xi_n \xrightarrow{P} a \quad \text{且} \quad \xi_n \xrightarrow{\text{a.s.}} a \quad (n\to\infty).$$

11. 近似计算时，原始数据 x_k 四舍五入到小数点后第 m 位，这时舍入误差服从的分布可以看作区间 $[-0.5\times 10^{-m},0.5\times 10^{-m}]$ 上的均匀分布，问：据此得 n (n 很大)个 x_k 的和 $\sum_{k=1}^{n}x_k$ 有多大的误差？

12. 计算机在进行加法运算时，对每个加数取整，设所有的取整误差相互独立且都服从 $[-0.5,0.5]$ 上的均匀分布.

(1) 若将 1500 个数相加，问：误差总和的绝对值超过 15 的概率是多少？

(2) 多少个数相加在一起可使得误差总和的绝对值小于 10 的概率为 0.90？

13. 试证：

$$\lim_{n\to\infty}e^{-n}\sum_{k=0}^{n}\frac{1}{k!}n^k=\frac{1}{2}.$$

提示：利用泊松分布和中心极限定理.

14. 设有 30 个同类型的电子器件 $D_1,\cdots,D_{30}$，它们的使用情况如下：D_1 损坏，D_2 立即使用，D_2 损坏，D_3 立即使用，……设它们的使用寿命(单位：h)都服从参数是 0.1 的指数分布，T 是这 30 个器件的总使用寿命，问：T 超过 350 h 的概率是多少？

15. 对足够多的选民进行民意调查，以确定赞成某一候选人的百分比.假设选民中有未知的百分比 p 的人赞成该候选人，并且选民彼此是独立行动的，问：为了有 95%的把握预测 p 的值在 0.045 的误差幅度内，应该调查多少人？

16. 某保险公司发行一年期的保险索赔金分为 1 万元和 2 万元的两种人身意外险，索赔概率 q_k 及投保人数 n_k 如下表所示.保险公司希望只有 5%的可能出现索赔金额超过所收取的保费总额.设保险公司按期望值原理进行保费定价，即保单 i 的保费为

$$\pi(X_i)=(1+\theta)E(X_i)\quad (X_i\text{ 是保单 } i \text{ 对应的索赔费}),$$

试确定 θ 的值.

类别	索赔概率	索赔额/万元	投保人数
1	0.02	1	500
2	0.02	2	500
3	0.10	1	300
4	0.10	2	500

17. 某工厂每个月生产 10000 台液晶投影机，但其液晶片车间生产液晶片的合格品率为 80%. 为了以 99.7% 的把握保证出厂的液晶投影机都能装上合格的液晶片，试问：该液晶片车间每月至少应该生产多少片液晶片？

18. 某产品的合格品率为 99%，问：包装箱中应该装多少个此种产品，才能以 95% 的把握保证每箱中至少有 100 件合格品.

19. 为了确定某城市成年男子中吸烟者的比例 p，任意调查了 n 个成年男子，记其中的吸烟人数为 m. 问：n 至少为多大才能保证 $\frac{m}{n}$ 与 p 的差异小于 0.01 的概率大于 0.95？

*20. 设 $\xi_1,\xi_2,\cdots$ 是随机变量序列，$\xi_n \xrightarrow{w} \eta\,(n\to\infty)$，$\xi_n$ 的分布函数是 $F_n(x)$ $(n=1,2,\cdots)$，η 的分布函数是 $F(x)$. 若 $F(x)$ 是连续函数，试证：当 $n\to\infty$ 时，$\lim\limits_{n\to\infty}\sup\limits_{x}|F_n(x)-F(x)|=0$，即 $\{F_n(x)\}$ 关于 x 一致收敛于 $F(x)$.

第五章 随机过程

§5.1 随机过程的概念

到现在为止,本书的研究对象主要是一个或多个随机变量(随机向量),只是第四章涉及随机变量(无穷)序列.在自然现象、社会现象及实际工作中,我们常常会遇到无穷多个随机变量在一起需要当作一个整体来对待的情形.本章就是对这种情形进行初步探讨.

定义 1.1 给定无穷集 $T\subset(-\infty,+\infty)$,如果对每个 $t\in T$,对应一个随机变量 X_t,则称随机变量族 $\{X_t,t\in T\}$ 为**随机过程**(简称**过程**).①

例 1.1 用 X_t 表示某电话机每天从时刻 0 开始到时刻 t 为止所接到的呼唤次数,则 $\{X_t,t\in[0,+\infty)\}$ 便是一个随机过程.

例 1.2 1826 年,英国植物学家布朗(Brown)发现水中花粉(或其他液体中的微粒)在不停地运动,这种现象后来被人们称为**布朗运动**.由于花粉受到水中分子的碰撞,每秒所受碰撞次数多到 10^{21} 次,这些随机的微小的碰撞力的总和使得花粉做随机运动,以 X_t 表示花粉在时刻 t 所在位置的一个坐标(例如横坐标),则 $\{X_t,t\in[0,+\infty)\}$ 便是一个随机过程.

例 1.3 对晶体管热噪声电压进行测量,每隔 1 微秒测一次.测量时刻记作 $1,2,\cdots$,在时刻 t 的测量值为 X_t,则 $\{X_t,t=1,2,\cdots\}$ 便是一个随机过程.

例 1.4 考查纺织机纺出的一根棉纱.以 X_t 表示时刻 t 纺出的纱的横截面的直径.由于工作条件随时间 t 的变化而不能恒定,这时

---

① 随机过程的定义可以更广泛些.例如,X_t 可以是多维随机向量,参数集 T 也可用任一非空集 Λ 代替.这时 $\{X_t,t\in\Lambda\}$ 常常叫作随机函数(当 Λ 是平面上或空间中的区域时,随机函数又叫作随机场).本章不涉及这些复杂情形.

$\{X_t, t\in[0,+\infty)\}$便是一个随机过程.

例 1.5　假设一家保险公司遭遇的索赔时刻依次是

$$X_1 < \cdots < X_n < \cdots,$$

第 n 次索赔的赔偿金是 $y_n(n\geqslant 1)$. 另一方面,假设公司开始时(时刻 0)的资本是 u(准备金),每单位时间收到的保费是 $c(c>0)$. 于是,到时刻 t 为止的累计索赔次数是

$$N_t = \sup\{n: X_n \leqslant t\} \quad (t\geqslant 0),$$

在时刻 t 该保险公司的资本是

$$U_t = u + ct - \sum_{i=1}^{N_t} y_i \quad (t\geqslant 0).$$

这里$\{N_t, t\geqslant 0\}$和$\{U_t, t\geqslant 0\}$都是随机过程. 对这两个随机过程进行研究无疑是重要的. 例如,问: 该公司破产的概率有多大? 显然,破产概率为 $p=P$(存在 $t>0$ 使得 $U_t<0$). 对 p 的估算就涉及对随机过程$\{U_t, t\geqslant 0\}$的研究.

随机过程的例子太多了,只要考查随机现象如何随时间而变,就会遇到随机过程.

我们用 E 表示这些 X_t 所可能取的值组成的集合,E 叫作**状态空间**. 如果 $X_t=x$,则说随机过程$\{X_t, t\in T\}$在时刻 t 处于**状态** x.

当 T 是可列无穷集(即 T 的全部元素可以排成一个无穷序列)时,$\{X_t, t\in T\}$叫作**离散时间的随机过程**,也叫作**随机序列**. 此时最常见的情形是 $T=\{0,1,2,\cdots\}$或 $T=\{\cdots,-1,0,1,2,\cdots\}$.

当 T 是一个区间(可以是无穷区间)时,$\{X_t, t\in T\}$叫作**连续时间的随机过程**. 这时最常见的情形是 $T=[0,+\infty)$或 $T=(-\infty,+\infty)$.

给定 T 中的 n 个数 $t_1,\cdots,t_n$,记 n 维随机向量$(X_{t_1},\cdots,X_{t_n})$的联合分布函数为 $F_{t_1\cdots t_n}(x_1,\cdots,x_n)$. 这种分布函数的全体

$$\{F_{t_1\cdots t_n}(x_1,\cdots,x_n), n\geqslant 1, t_1,\cdots,t_n \text{ 均属于 } T\}$$

叫作$\{X_t, t\in T\}$的有限维分布族. 这个分布族描写了随机过程的概率特性.

随机过程$\{X_t, t\in T\}$也可从另一角度进行考查. 每个随机变量 X_t 乃是某条件 S 下可能结果 ω 的函数,条件 S 下所有可能的结果组成的集合记为 Ω,X_t 是 Ω 上的函数 $X_t(\omega)$(参看第二章的§2.1). 故从数学

上看,随机过程乃是 t,ω 的二元函数. 固定 ω 后,$X_t(\omega)$便是 t 的函数,这个函数叫作随机过程的一个**实现**,或叫作**现实**、**轨道**、**样本函数**. 我们在一个时间段上对随机过程进行观察,所得到的记录就是随机过程的一个"实现"的一段.

例如,对晶体管热噪声电压进行测量(见例 1.3),在时刻 $1,\cdots,n_0$ 测得的具体数据 $x_1,\cdots,x_{n_0}$ 就是随机过程$\{X_t,t=1,2,\cdots\}$的一个"实现"的一段.

在连续时间情形,随机过程的"实现"常常用曲线表示.

如何根据一个"实现"(或其一段)去推断随机过程的性质,是随机过程研究的一个重要问题,属于过程统计的范围,不属本书范围.

怎样去研究随机过程呢? 通常是按随机过程的概率性质分成几个大类进行研究. 每类随机过程都有专门的名称,最重要的有四类:

(1) 独立增量过程;

(2) 马尔可夫过程;

(3) 平稳过程;

(4) 鞅(Martingale).

这几类随机过程并不互相排斥. 实际上,独立增量过程是特殊的马尔可夫过程,而有些马尔可夫过程又是平稳过程. 前三类随机过程中有一些又是鞅.

随机过程的理论和应用丰富多彩,但一些定理的叙述和证明涉及较深的数学知识. 本章只对前三类随机过程的基本知识进行介绍. 读者如想知道更多的知识,请看 Ross 的名著 *Stochastic Processes*(中译本:《随机过程》何声武等译,中国统计出版社(文献[21])),也可查看 Gihman 和 Skorohod 合著的 *The Theory of Stochastic Processes*(有三大卷,头两卷有中译本)(文献[14]).

需要特别指出的是,在随机过程的研究里,特别是涉及轨道性质的研究里,常常用到"随机等价"的概念.

定义 1.2 称两个过程$\{X_t,t\in T\}$和$\{Y_t,t\in T\}$是**随机等价**的,若

$$P(X_t = Y_t) = 1 \quad (一切\ t \in T).$$

容易看出,两个随机等价的随机过程有相同的有限维分布,即对一切 $n\geqslant 1, t_1<\cdots<t_n(t_i\in T, i=1,\cdots,n)$及 $x_1,\cdots,x_n$,均有

$$P(X_{t_1}\leqslant x_1,\cdots,X_{t_n}\leqslant x_n)=P(Y_{t_1}\leqslant x_1,\cdots,Y_{t_n}\leqslant x_n).$$

从直观上看,两个随机等价的随机过程应该有相同的概率性质.在用随机过程$\{X_t,t\in T\}$刻画一随机现象时,常常尽可能选取与其随机等价但有较规则的轨道性质(如单调性、右连续性或连续性)的随机过程,对后者进行研究,得到的研究结果就是对该随机现象的论断.

还需指出的是,为了书写方便,常常把 X_t 记为 $X(t)$,把 $X_t(\omega)$ 记为 $X(t,\omega)$.

§5.2 独立增量过程

定义 2.1 称$\{X(t),t\in T\}$是**独立增量过程**,若对任何 $n\geqslant 3$ 及 T 中的 n 个数 $t_1<\cdots<t_n$,随机变量

$$X(t_2)-X(t_1),\ X(t_3)-X(t_2),\ \cdots,\ X(t_n)-X(t_{n-1})$$

是相互独立的.

如果此时 $X(t+h)-X(t)\,(h>0)$ 的分布函数不依赖于 t,则称$\{X(t),t\in T\}$是**时齐的独立增量过程**.

从定义可看出,若$\{X(t),t\in T\}$是独立增量过程,Y 是任何随机变量,则$\{X(t)+Y,t\in T\}$也是独立增量过程.故在研究时常常设 $X(0)\equiv 0$(当 $0\in T$ 时).

例 2.1 设 $X_1,X_2,\cdots$ 是相互独立的随机变量序列,记 $S_n=X_1+\cdots+X_n\,(n=1,2,\cdots)$,则$\{S_n,n=1,2,\cdots\}$便是独立增量过程.若所有的 X_i 服从相同的概率分布,则$\{S_n,n=1,2,\cdots\}$是时齐的独立增量过程.第四章中的大数律和中心极限定理都是刻画随机过程$\{S_n,n=1,2,\cdots\}$的性质的.

限于篇幅,我们不去讨论一般的独立增量过程,主要介绍两个最基本、最典型的例子:泊松过程和维纳(Wiener)过程.

定义 2.2 称$\{X(t),t\geqslant 0\}$是**计数过程**,若其所有轨道 $X(t,\omega)$是 t $(t\in[0,+\infty))$的只取整数值的右连续增函数且 $X(0,\omega)=0$.

设 $\tau_1,\tau_2,\cdots$ 是随机变量序列,满足

$$0<\tau_1(\omega)\leqslant\tau_2(\omega)\leqslant\cdots\quad 且\quad \lim_{n\to\infty}\tau_n(\omega)=+\infty,$$

令

$$X(t,\omega) = \max\{n: n \geqslant 1 \text{ 且 } \tau_n(\omega) \leqslant t\} \quad (t \geqslant 0);$$

当 $\tau_1(\omega)>t$ 时,规定 $X(t,\omega)=0$. 易知 $\{X(t),t\geqslant 0\}$ 是计数过程. 这些 τ_i 可看成某种事件出现的时刻(例如 τ_i 是第 i 个顾客到达商店的时刻),$X(t)$ 乃是到时刻 t 为止的某种事件出现的次数(例如到时刻 t 为止累计到达的顾客人数). 计数过程也是重要的研究对象.

定义 2.3 称计数过程 $\{X(t),t\geqslant 0\}$ 是(时齐)**泊松过程**①,若它是时齐的独立增量过程,且存在 $\lambda>0$,对一切 $t>0$,有

$$P(X(t)=k) = \frac{(\lambda t)^k}{k!}\mathrm{e}^{-\lambda t} \quad (k=0,1,\cdots). \tag{2.1}$$

此时也称这个随机过程是参数为 λ 的泊松过程.

定理 2.1 对一切 $s\geqslant 0$,泊松过程 $\{X(t),t\geqslant 0\}$ 有下列性质:

(1) $\mathrm{E}(X(t))=\lambda t, \mathrm{var}(X(t))=\lambda t \ (t\geqslant 0)$; (2.2)

(2) $P(X(t+s)-X(s)\geqslant 2)=o(t) \ (t\to 0)$,即

$$\lim_{t\searrow 0}\frac{1}{t}P(X(t+s)-X(s)\geqslant 2)=0; \tag{2.3}$$

(3) $\lim\limits_{t\searrow 0}\dfrac{1}{t}P(X(t+s)-X(s)=1)=\lambda$; (2.4)

(4) 设 $X(t-)=\lim\limits_{s\nearrow t}X(s) \ (t>0)$,则

$$P(\text{对一切 } t>0, X(t)-X(t-)=0 \text{ 或 } 1)=1. \tag{2.5}$$

证明 (1) (2.1)式表示 $X(t)$ 服从参数为 λt 的泊松分布($t>0$ 时),故(2.2)式成立(注意,当 $t=0$ 时,$X(0)=0$).

(2) 由于

$$\begin{aligned} P(X(t+s)-X(s)\geqslant 2) &= P(X(t)\geqslant 2) \\ &= 1-P(X(t)=0)-P(X(t)=1) = 1-\mathrm{e}^{-\lambda t}-\lambda t\mathrm{e}^{-\lambda t} \\ &= \lambda t[(\lambda t)^{-1}(1-\mathrm{e}^{-\lambda t})-\mathrm{e}^{-\lambda t}], \end{aligned}$$

故(2.3)式成立.

---

① 更一般地,称计数过程 $\{X(t),t\geqslant 0\}$ 是一般的泊松过程,若它是独立增量过程,且存在连续增函数 $\Lambda(t)$ ($\Lambda(0)=0$),使得对一切 $0\leqslant s<t$,有

$$P(X(t)-X(s)=k)=\frac{(\Lambda(t)-\Lambda(s))^k}{k!}\mathrm{e}^{-(\Lambda(t)-\Lambda(s))} \quad (k=0,1,\cdots).$$

本书不考虑一般的泊松过程,下面提到"泊松过程"均指时齐的泊松过程. 若关心非时齐的泊松过程,请看陈家鼎《生存分析与可靠性》(北京大学出版社,2005)的第十章(文献[20]).

(3) 因为 $P(X(t+s)-X(s)=1)=P(X(t)=1)=\lambda t\mathrm{e}^{-\lambda t}$，所以(2.4)式成立.

(4) 令

$$A=\{\omega\text{: 存在 } t>0\text{，使得 } X(t,\omega)-X(t-,\omega)\geqslant 2\}$$

$$(X(t-,\omega)\triangleq\lim_{s\nearrow t}X(s,\omega)),$$

$$A_r=\{\omega\text{: 存在 } t\in(r,r+1]\text{，使得 } X(t,\omega)-X(t-,\omega)\geqslant 2\}$$

$$(r=0,1,\cdots),$$

则

$$A=\bigcup_{r=0}^{\infty}A_r,\quad P(A)\leqslant\sum_{r=0}^{\infty}P(A_r).$$

对任何 $n\geqslant 1$，有

$$A_r\subset\bigcup_{i=1}^{n}\left\{\omega\text{: }X\left(r+\frac{i}{n},\omega\right)-X\left(r+\frac{i-1}{n},\omega\right)\geqslant 2\right\},$$

故

$$\begin{aligned}P(A_r)&\leqslant\sum_{i=1}^{n}P\left(X\left(r+\frac{i}{n}\right)-X\left(r+\frac{i-1}{n}\right)\geqslant 2\right)\\&=nP\left(X\left(\frac{1}{n}\right)\geqslant 2\right).\end{aligned}$$

根据(2.3)式知 $P(A_r)=0$，从而 $P(A)=0$，于是(2.5)式成立. □

什么情形下出现泊松过程呢？

定理 2.2　设计数过程 $\{X(t),t\geqslant 0\}$ 是时齐的独立增量过程，且满足下列条件：

(1) 存在 $t_0>0$，使得 $P(X(t_0)=0)<1$；

(2) $\lim\limits_{t\searrow 0}\frac{1}{t}P(X(t)\geqslant 2)=0$，

则 $\{X(t),t\geqslant 0\}$ 是泊松过程.

***证明**　只需证明存在 $\lambda>0$，对一切 $t>0$，下式成立：

$$P(X(t)=k)=\frac{(\lambda t)^k}{k!}\mathrm{e}^{-\lambda t}\quad(k=0,1,\cdots).\tag{2.6}$$

为此，令 $p_k(t)=P(X(t)=k)\ (k=0,1,\cdots)$.

易知，当 $s>0,t>0$ 时，

$$
\begin{aligned}
p_0(s+t) &= P(X(s+t)=0) \\
&= P(X(s)=0, X(s+t)-X(s)=0) \\
&= P(X(s)=0)P(X(t+s)-X(s)=0) \\
&= p_0(s)p_0(t).
\end{aligned}
$$

于是,对任何正整数 n 和 m,有

$$
p_0(1) = p_0\left(\frac{1}{n}+\cdots+\frac{1}{n}\right) = \left(p_0\left(\frac{1}{n}\right)\right)^n,
$$

$$
p_0\left(\frac{1}{n}\right) = (p_0(1))^{1/n},
$$

$$
p_0\left(\frac{m}{n}\right) = p_0\left(\underbrace{\frac{1}{n}+\cdots+\frac{1}{n}}_{m\text{个}}\right) = \left(p_0\left(\frac{1}{n}\right)\right)^m = (p_0(1))^{m/n}.
$$

可见,对一切有理数 $r>0$,有

$$
p_0(r) = (p_0(1))^r. \tag{2.7}
$$

我们指出

$$
0 < p_0(1) < 1.
$$

实际上,若 $p_0(1)=0$,则对一切 $n\geqslant 1$,有 $P\left(X\left(\frac{1}{n}\right)=0\right)=p_0\left(\frac{1}{n}\right)=0$,从而 $P\left(X\left(\frac{1}{n}\right)\geqslant 1\right)=1$. 于是

$$
\begin{aligned}
P(X(1)\geqslant n) &\geqslant P\left(\bigcap_{i=1}^{n}\left\{X\left(\frac{i}{n}\right)-X\left(\frac{i-1}{n}\right)\geqslant 1\right\}\right) \\
&= \prod_{i=1}^{n} P\left(X\left(\frac{1}{n}\right)\geqslant 1\right) = 1 \quad (\text{一切 } n\geqslant 1).
\end{aligned}
$$

这是不可能的,因为 $X(1)$是实值随机变量. 故 $p_0(1)>0$.

另一方面,根据假设有 $t_0>0$,使得 $P(X(t_0)=0)<1$,故有整数 $n\geqslant t_0$,使得 $P(X(n)=0)<1$. 从(2.7)式知$(p_0(1))^n<1$,从而 $p_0(1)<1$.

总之 $0<p_0(1)<1$. 因为 $p_0(t)$和$(p_0(1))^t$ 在$(0,+\infty)$内都是 t 的减函数,从(2.7)式知 $p_0(t)\equiv(p_0(1))^t$(一切 $t>0$). 令 $\lambda=-\ln p_0(1)$,则 $\lambda>0$,且

$$
p_0(t) = \mathrm{e}^{-\lambda t} \quad (t>0). \tag{2.8}
$$

以下设 $k\geqslant 1$. 易知

$$
\begin{aligned}
p_k(t) = {} & P\left(X(t)=k, \text{且存在 } i(1\leqslant i\leqslant n), \text{使得 } X\left(\frac{i}{n}t\right)-X\left(\frac{i-1}{n}t\right)\geqslant 2\right) \\
& + P\left(X(t)=k, \text{且对一切 } i=1,\cdots,n, X\left(\frac{i}{n}t\right)-X\left(\frac{i-1}{n}t\right)\leqslant 1\right) \\
& \xlongequal{\text{记为}} \mathrm{I}+\mathrm{II}.
\end{aligned}
$$

我们有

$$\mathrm{I} \leqslant P\left(\text{存在 } i(1\leqslant i\leqslant n),\text{使得 } X\left(\frac{i}{n}t\right)-X\left(\frac{i-1}{n}t\right)\geqslant 2\right)$$

$$\leqslant \sum_{i=1}^{n} P\left(X\left(\frac{i}{n}t\right)-X\left(\frac{i-1}{n}t\right)\geqslant 2\right)=nP\left(X\left(\frac{t}{n}\right)\geqslant 2\right).$$

根据定理 2.2 的条件(2),知 $\lim\limits_{n\to\infty}\mathrm{I}=0$.

另一方面,

$$\mathrm{II}=\sum_{\substack{l_i=0\text{或}1\\ l_1+\cdots+l_n=k}} P\left(X\left(\frac{i}{n}t\right)-X\left(\frac{i-1}{n}t\right)=l_i,i=1,\cdots,n\right)$$

$$=\mathrm{C}_n^k\left(P\left(X\left(\frac{t}{n}\right)=1\right)\right)^k\left(P\left(X\left(\frac{t}{n}\right)=0\right)\right)^{n-k}.$$

从(2.8)式知 $P\left(X\left(\frac{t}{n}\right)=0\right)=\mathrm{e}^{-\lambda\frac{t}{n}}$,由此有

$$P\left(X\left(\frac{t}{n}\right)=1\right)=1-P\left(X\left(\frac{t}{n}\right)=0\right)-P\left(X\left(\frac{t}{n}\right)\geqslant 2\right)$$

$$=1-\mathrm{e}^{-\lambda\frac{t}{n}}-o\left(\frac{t}{n}\right)=\frac{\lambda t}{n}(1+o(1)),$$

于是

$$\mathrm{II}=\frac{n!}{k!(n-k)!}\left(\frac{\lambda t}{n}\right)^k(1+o(1))^k\mathrm{e}^{-\lambda t(n-k)/n}.$$

故 $\lim\limits_{n\to\infty}\mathrm{II}=\frac{1}{k!}(\lambda t)^k\mathrm{e}^{-\lambda t}$. 因此当 $k\geqslant 1$ 时,(2.6)式也成立. □

注 不难看出,在定理 2.2 的叙述中,条件(1)用下列(1)′代替后结论仍成立.

(1)′ 存在 $\lambda>0$,使得

$$\lim_{t\searrow 0}\frac{1}{t}P(X(t)=1)=\lambda.$$

例 2.2 假设一家保险公司到时刻 t 为止的累计索赔次数是 $N(t)$ $(t\geqslant 0)$,第 i 次索赔的赔偿金是 $y_i(i=1,2,\cdots)$. 若该公司开业时的初始资本是 $u(u\geqslant 0)$,且每单位时间收到的保险费是常数 $c(c>0)$,令

$$U_t=u+ct-\sum_{i=1}^{N(t)}y_i\quad(t\geqslant 0),$$

则 U_t 是该公司在时刻 t 的资产. 假设 $\{N(t),t\geqslant 0\}$ 是参数为 λ 的泊松过程,$y_1,y_2,\cdots$ 是独立同分布的正值随机变量序列,而且 $\{N(t),t\geqslant 0\}$ 与 $\{y_i,i=1,2,\cdots\}$ 相互独立(即对任何 $m\geqslant 1,n\geqslant 1$ 及 m 个实数 $t_1,\cdots,t_m$,随机向量 $(N(t_1),\cdots,N(t_m))$ 与 $(y_1,\cdots,y_n)$ 是相互独立的,直观意

义是索赔时刻与索赔金额多少没有关系). 用 $\psi(u)$ 表示该公司的破产概率,即

$$\psi(u) = P(\text{存在 } t > 0, \text{使得 } U_t < 0).$$

可以证明[21]下面的定理:

Lundberg 定理 (1) 设 $\mu = \mathrm{E}(y_1)$, $c > \lambda\mu$, 则

$$\psi(0) = \frac{\lambda\mu}{c};$$

(2) 设 y_1 的分布函数是 $F(x)$, 且有 $r_0 > 0$, 满足

$$\int_0^{+\infty} \mathrm{e}^{r_0 x}(1 - F(x))\mathrm{d}x = \frac{c}{\lambda},$$

则

$$\psi(u) \leqslant \mathrm{e}^{-r_0 u} \quad (u \geqslant 0).$$

现代精算学里对破产概率和破产时刻(出现 $U_t < 0$ 的最小 t)有大量研究:对 $u > 0$ 时给出 $\psi(u)$ 的精细估计;对任何 $t_0 > 0$ 估计在时刻 t_0 之前不会发生破产的概率.

关于泊松过程,我们还要不加证明地介绍两条重要定理.

*__定理 2.3__ 设 $X_1, X_2, \cdots$ 是独立同分布的正值随机变量序列,共同分布是参数为 λ 的指数分布,即

$$P(X_i \leqslant x) = \begin{cases} 1 - \mathrm{e}^{-\lambda x}, & x > 0, \\ 0, & x \leqslant 0 \end{cases} \quad (i = 1, 2, \cdots).$$

令

$$N(t) = \max\left\{n: \sum_{i=1}^{n} X_i \leqslant t\right\} \quad (t \geqslant 0)$$

$\left(\text{当 } t < X_1(\omega) \text{ 时, 令 } N(t) = 0; \text{若对一切 } n \geqslant 1, \text{均有 } \sum_{i=1}^{n} X_i(\omega) \leqslant t, \text{则令} N(t) = 0\right)$,

则 $\{N(t), t \geqslant 0\}$ 是参数为 λ 的泊松过程. □

若 $\{X(t), t \geqslant 0\}$ 是参数为 λ 的泊松过程,从(2.5)式知有 $\widetilde{\Omega}$,满足 $P(\widetilde{\Omega}) = 1$,对一切 $\omega \in \widetilde{\Omega}$, $X(t, \omega)$ 作为 t 的函数在间断点的跃度为 1. 在研究泊松过程时永远可以假设每条轨道有这样的性质:在每个间断点的跃度是 1.

*__定理 2.4__ 设 $\{X(t), t \geqslant 0\}$ 是参数为 λ 的泊松过程,

$$\tau_i \triangleq \min\{t: X(t) = i\} \quad (i = 0, 1, \cdots)$$

$$\Delta_i \triangleq \tau_i - \tau_{i-1} \quad (i = 1, 2, \cdots)$$

(τ_i 是首次出现 i 的时刻. 若不存在 t, 使得 $X(t) = i$, 则规定 $\tau_i = 0$), 则 $\Delta_1, \Delta_2, \cdots$ 是

独立同分布的随机变量序列,共同分布是参数为 λ 的指数分布.

读者如关心上面两个定理的证明,可参看文献[20]的第十章.

定义 2.4　称随机过程 $B=\{B_t,t\geqslant 0\}$ 为**维纳过程**,若它满足下列条件:

(1) B 是独立增量过程;

(2) 存在 $\sigma>0$,对任何 $0\leqslant s<t$,有

$$B_t-B_s\sim N(0,(t-s)\sigma^2);$$

(3) B 的所有轨道是连续函数.

维纳过程也叫作**布朗运动过程**(简称**布朗运动**),因为美国数学家维纳最先用这种过程对布朗发现的运动(见例 1.2)给出了严格的数学描述. $B_0\equiv 0$ 且 $\sigma=1$ 时的布朗运动叫作**标准的维纳过程**或**标准的布朗运动**.

什么情况下出现维纳过程?

***定理 2.5**　设随机过程 $\{X_t,t\geqslant 0\}$ 满足下列条件:

(1) $\{X_t,t\geqslant 0\}$ 是时齐的独立增量过程;

(2) $\sigma^2(t)\triangleq \mathrm{E}(X(t))^2$ 是 t 的实值连续函数,且 $\sigma^2(1)>0$;

(3) 所有轨道是连续函数;

(4) $X(0)=0$,

则 $\{X(t),t\geqslant 0\}$ 是维纳过程.

证明比较复杂,从略.

维纳过程有许多重要性质,这里只叙述一个定理.

***定理 2.6**　设 $\{B_t,t\geqslant 0\}$ 是标准的维纳过程,则有下列结论:

(1) 如果 $\xi_t\triangleq\max\limits_{0\leqslant s\leqslant t}B_s$,那么对一切 $t>0$,有

$$P(\xi_t\leqslant y)=\begin{cases}\sqrt{\dfrac{2}{\pi t}}\displaystyle\int_0^y \mathrm{e}^{-u^2/(2t)}\,\mathrm{d}u, & y>0,\\ 0, & y\leqslant 0;\end{cases}$$

(2) 如果 $\eta\triangleq\max\{t:0\leqslant t\leqslant 1,B_t=0\}$,那么

$$P(\eta\leqslant x)=\frac{2}{\pi}\arcsin\sqrt{x}\quad(0\leqslant x\leqslant 1).$$

证明略.

作为本节末尾,我们指出比泊松过程和维纳过程更一般的时齐的独立增量过程是所谓**列维过程**,其一般定义是:$\{X(t),t\geqslant 0\}$ 是时齐的

独立增量过程,且对任何 $\varepsilon>0$,$\lim\limits_{t\searrow 0}P(|X(t+s)-X(s)|\geqslant\varepsilon)=0$(即 $t\to 0+$ 时,$X(t+s)$ 依概率收敛于 $X(s)$). 不难看出,泊松过程和维纳过程都是列维过程. 对于列维过程,现代有大量研究,可参看文献[13]或[14].

§5.3 马尔可夫链

定义 3.1 设 E 是至多可列集(即 E 是有限集或者全部元素可排成一个无穷序列),称取值于 E 的随机变量序列 $\{X_n,n=0,1,\cdots\}$ 是**马尔可夫链**(简称**马氏链**)[①],若对任何非负整数列 $t_1<\cdots<t_{n+1}$ 及 E 中元素 $i_1,\cdots,i_{n+1}$ 如下等式均成立:

$$P(X_{t_{n+1}}=i_{n+1}\mid X_{t_1}=i_1,\cdots,X_{t_n}=i_n)=P(X_{t_{n+1}}=i_{n+1}\mid X_{t_n}=i_n)$$
$$(\text{当 } P(X_{t_1}=i_1,\cdots,X_{t_n}=i_n)>0 \text{ 时}). \tag{3.1}$$

等式(3.1)表达的性质叫作**马尔可夫性质**(简称**马氏性**). 马尔可夫链是马尔可夫于1906年最先提出的. 集合 E 叫作**状态空间**,E 的元素叫作**状态**. 不失一般性,常常把 E 中的元素用整数来表示(或作代号),因而常常假定 $E=\{1,\cdots,M\}$ 或 $E=\{1,2,\cdots\}$,$E=\{\cdots,-1,0,1,2,\cdots\}$. 参数 n 可理解为时间,马尔可夫链可看成一个系统的演变过程. $\{X_n=i\}$ 表示在时刻 n 系统处于状态 i. 我们恒假定 E 中的每个元素均有可能取到,即对 $i\in E$,总有 $n\geqslant 0$,使得 $P(X_n=i)>0$. (3.1)式的直观意义是,已知系统在时刻 t_n 处于状态 i_n,则在未来的时刻 t_{n+1} 处于状态 i_{n+1} 的条件概率与过去的时刻 $t_1,\cdots,t_{n-1}$ 处于什么状态无关. 这体现了一种**无后效性**: 已知现在,则未来与过去无关.

例 3.1(自由随机游动) 一个质点在直线上随机地、一步一步地移动(也可讨论平面上或空间中的移动). 假设质点总位于数轴的整数点上,每隔一个单位时间移动一步,可以移动到左、右相邻的位置或停留在原来的位置上,且转移的概率只与该时刻质点的位置有关,与该时

① 称 X 是取值于至多可列集 E 的随机变量,若 X 的值均属于 E,且对任何 $i\in E$,事件 $\{X=i\}$ 有确定的概率. 这个概念比第二章中定义过的"离散型随机变量"的概念稍广,因为后者要求 E 是由实数组成的至多可列集.

刻以前经过的位置无关. 用 X_n 表示质点在时刻 n 的位置,则 $\{X_n, n=0,1,\cdots\}$ 是马尔可夫链. 状态空间是 $E=\{\cdots,-1,0,1,\cdots\}$. 一种最简单的情况是: $X_0\equiv 0, P(X_{n+1}=i+1\mid X_n=i)=p, P(X_{n+1}=i-1\mid X_n=i)=q(0<p<1; p+q=1; n=0,1,\cdots)$.

例 3.2(可加序列)　设 $\{\xi_n, n=0,1,\cdots\}$ 是一列相互独立、只取整数值的随机变量序列, $X_n=\xi_0+\xi_1+\cdots+\xi_n(n=0,1,\cdots)$, 则 $\{X_n, n=0,1,\cdots\}$ 是马氏链. 实际上,对任何非负整数 $t_1<\cdots<t_{n+1}$ 及整数 $i_1,\cdots,i_{n+1}$, 有

$$
\begin{aligned}
&P(X_{t_{n+1}}=i_{n+1}\mid X_{t_1}=i_1,\cdots,X_{t_n}=i_n)\\
&\quad=P\left(\sum_{k=t_n+1}^{t_{n+1}}\xi_k=i_{n+1}-i_n\;\middle|\;\sum_{k=0}^{t_1}\xi_k=i_1,\cdots,\sum_{k=0}^{t_n}\xi_k=i_n\right)\\
&\quad=P\left(\sum_{k=t_n+1}^{t_{n+1}}\xi_k=i_{n+1}-i_n\right).
\end{aligned}
$$

同理知 $P(X_{t_{n+1}}=i_{n+1}\mid X_{t_n}=i_n)=P\left(\sum_{k=t_n+1}^{t_{n+1}}\xi_k=i_{n+1}-i_n\right)$. 故(3.1)式成立. 所以 $\{X_n, n=0,1,\cdots\}$ 是马氏链.

例 3.3(存储问题)　某家电视机商店最多可存放 S 台电视机,开始时进货 S 台. 设第 n 个月里顾客要购买的电视机台数是 ξ_n, 第 n 个月末盘点时所剩的电视机台数是 $X_n(n=1,2,\cdots)$, 盘点后决定是否进货. 决策方法是: 给定 S_0, 则 $X_n\leqslant S_0$, 则立即进货 $S-X_n$ 台; 若 $X_n>S_0$, 则不进货. 假设 $\{\xi_n, n=1,2,\cdots\}$ 是独立同分布的非负随机变量序列,共同的分布列是 $\{q_k, k=0,1,\cdots\}$ (即 $P(\xi_n=k)=q_k$), 记 $X_0=S$, 这时 $\{X_n, n=0,1,\cdots\}$ 是马氏链.

实际上, $X_0=S$, 当 $n\geqslant 1$ 时,

$$
X_n=\begin{cases}\max\{0, X_{n-1}-\xi_n\}, & S_0<X_{n-1}\leqslant S,\\ \max\{0, S-\xi_n\}, & X_{n-1}\leqslant S_0.\end{cases}
$$

令

$$
f(a,b)=\begin{cases}\max\{0, a-b\}, & S_0<a\leqslant S,\\ \max\{0, S-b\}, & a\leqslant S_0,\end{cases}
$$

则 $X_n=f(X_{n-1},\xi_n)(n=1,2,\cdots)$. 由此知 X_n 是 $\xi_1,\cdots,\xi_n$ 的函数, X_{n+k} 是 $X_n,\xi_{n+1},\cdots,\xi_{n+k}$ 的函数. 于是,对任何非负整数列 $t_1<\cdots<t_{n+1}$,有 $\varphi(\cdot)$,使得

$$X_{t_{n+1}}=\varphi(X_{t_n},\xi_{t_n+1},\cdots,\xi_{t_{n+1}}).$$

可见,对任何 $i_1,\cdots,i_{n+1}$,有

$$\begin{aligned}&P(X_{t_k}=i_k,k=1,\cdots,n+1)\\&=P(X_{t_1}=i_1,\cdots,X_{t_n}=i_n,\varphi(X_{t_n},\xi_{t_n+1},\cdots,\xi_{t_{n+1}})=i_{n+1})\\&=P(X_{t_1}=i_1,\cdots,X_{t_n}=i_n,\varphi(i_n,\xi_{t_n+1},\cdots,\xi_{t_{n+1}})=i_{n+1}).\end{aligned}$$

由于 $\xi_1,\cdots,\xi_{t_{n+1}}$ 相互独立,而 $X_{t_1},\cdots,X_{t_n}$ 都是 $\xi_1,\cdots,\xi_{t_n}$ 的函数,故

$$\begin{aligned}&P(X_{t_k}=i_k,k=1,\cdots,n+1)\\&=P(X_{t_k}=i_k,k=1,\cdots,n)P(\varphi(i_n,\xi_{t_n+1},\cdots,\xi_{t_{n+1}})=i_{n+1}).\end{aligned}\tag{3.2}$$

同理知

$$P(X_{t_n}=i_n,X_{t_{n+1}}=i_{n+1})=P(X_{t_n}=i_n)P(\varphi(i_n,\xi_{t_n+1},\cdots,\xi_{t_{n+1}})=i_{n+1}).\tag{3.3}$$

从(3.2)式知

$$\begin{aligned}&P(X_{t_{n+1}}=i_{n+1}|X_{t_k}=i_k,k=1,\cdots,n)\\&=P(\varphi(i_n,\xi_{t_n+1},\cdots,\xi_{t_{n+1}})=i_{n+1}).\end{aligned}$$

从(3.3)式知

$$P(X_{t_{n+1}}=i_{n+1}|X_{t_n}=i_n)=P(\varphi(i_n,\xi_{t_n+1},\cdots,\xi_{t_{n+1}})=i_{n+1}).$$

于是(3.1)式成立. 故 $\{X_n,n=0,1,\cdots\}$ 是马氏链.

定理 3.1 设 $\{X_n,n=0,1,\cdots\}$ 是取值于 E 的马氏链, A 是一些向量 $(i_1,\cdots,i_{n-1})(n\geqslant2)$(分量均属于 E)组成的集合, B 也是一些向量 $(i_{n+1},\cdots,i_{n+m})$(分量均属于 E)组成的集合,则对任何非负整数列 $t_1<\cdots<t_n<t_{n+1}<\cdots<t_{n+m}$ 及 $i_n\in E$,均有

$$\begin{aligned}&P((X_{t_{n+1}},\cdots,X_{t_{n+m}})\in B|(X_{t_1},\cdots,X_{t_{n-1}})\in A \text{ 且 } X_{t_n}=i_n)\\&=P((X_{t_{n+1}},\cdots,X_{t_{n+m}})\in B|X_{t_n}=i_n)\end{aligned}\tag{3.4}$$

(当 $P((X_{t_1},\cdots,X_{t_{n-1}})\in A$ 且 $X_{t_n}=i_n)>0$ 时).

显然,(3.4)式是(3.1)式的推广. 当 $m=1$ 时, B 由单个 i_{n+1} 组成,

A 由单个向量$(i_1,\cdots,i_{n-1})$组成,则(3.4)式就变成(3.1)式.

定理 3.1 的证明　多次利用(3.1)式,知

$$
\begin{aligned}
&P(X_{t_k}=i_k,k=1,\cdots,n+m)\\
&\quad=P(X_{t_k}=i_k,k=1,\cdots,n+m-1)\\
&\qquad\cdot P(X_{t_{n+m}}=i_{n+m}\mid X_{t_{n+m-1}}=i_{n+m-1})\\
&\quad=P(X_{t_k}=i_k,k=1,\cdots,n+m-2)\\
&\qquad\cdot\prod_{k=m-1}^{m}P(X_{t_{n+k}}=i_{n+k}\mid X_{t_{n+k-1}}=i_{n+k-1})\\
&\quad=\cdots\\
&\quad=P(X_{t_k}=i_k,k=1,\cdots,n)\\
&\qquad\cdot\prod_{k=1}^{m}P(X_{t_{n+k}}=i_{n+k}\mid X_{t_{n+k-1}}=i_{n+k-1}).
\end{aligned}
$$

同理知

$$
\begin{aligned}
&P(X_{t_k}=i_k,k=n,n+1,\cdots,n+m)\\
&\quad=P(X_{t_n}=i_n)\prod_{k=1}^{m}P(X_{t_{n+k}}=i_{n+k}\mid X_{t_{n+k-1}}=i_{n+k-1}).
\end{aligned}
$$

利用条件概率的乘法公式和(3.1)式,知

$$
\begin{aligned}
&\prod_{k=1}^{m}P(X_{t_{n+k}}=i_{n+k}\mid X_{t_{n+k-1}}=i_{n+k-1})\\
&\quad=P(X_{t_k}=i_k,k=n+1,\cdots,n+m\mid X_{t_n}=i_n),
\end{aligned}
$$

于是

$$
\begin{aligned}
&P(X_{t_k}=i_k,k=1,\cdots,n+m)\\
&\quad=P(X_{t_k}=i_k,k=1,\cdots,n)\\
&\qquad\cdot P(X_{t_k}=i_k,k=n+1,\cdots,n+m\mid X_{t_n}=i_n),\\
&P(X_{t_k}=i_k,k=n,n+1,\cdots,n+m)\\
&\quad=P(X_{t_n}=i_n)P(X_{t_k}=i_k,k=n+1,\cdots,n+m\mid X_{t_n}=i_n).
\end{aligned}
$$

故

$$P((X_{t_1},\cdots,X_{t_{n-1}})\in A, X_{t_n}=i_n,(X_{t_{n+1}},\cdots,X_{t_{n+m}})\in B)$$
$$=\sum_{\substack{(i_1,\cdots,i_{n-1})\in A\\(i_{n+1},\cdots,i_{n+m})\in B}} P(X_{t_1}=i_1,\cdots,X_{t_{n-1}}=i_{n-1},X_{t_n}=i_n,$$
$$X_{t_{n+1}}=i_{n+1},\cdots,X_{t_{n+m}}=i_{n+m})$$
$$=\sum P(X_{t_1}=i_1,\cdots,X_{t_{n-1}}=i_{n-1},X_{t_n}=i_n)$$
$$\cdot P(X_{t_{n+1}}=i_{n+1},\cdots,X_{t_{n+m}}=i_{n+m}|X_{t_n}=i_n)$$
$$=P((X_{t_1},\cdots,X_{t_{n-1}})\in A,X_{t_n}=i_n)$$
$$\cdot P((X_{t_{n+1}},\cdots,X_{t_{n+m}})\in B|X_{t_n}=i_n).$$

同理知

$$P(X_{t_n}=i_n,(X_{t_{n+1}},\cdots,X_{t_{n+m}})\in B)$$
$$=P(X_{t_n}=i_n)P((X_{t_{n+1}},\cdots,X_{t_{n+m}})\in B|X_{t_n}=i_n).$$

因此

$$P((X_{t_{n+1}},\cdots,X_{t_{n+m}})\in B|(X_{t_1},\cdots,X_{t_{n-1}})\in A,X_{t_n}=i_n)$$
$$=P((X_{t_{n+1}},\cdots,X_{t_{n+m}})\in B|X_{t_n}=i_n).$$

这就证明了(3.4)式成立. □

(3.4)式更好地体现了无后效性：已知事件"$X_{t_n}=i_n$"(现在)发生了,则未来的事件"$(X_{t_{n+1}},\cdots,X_{t_{n+m}})\in B$"发生的概率与过去的事件"$(X_{t_1},\cdots,X_{t_{n-1}})\in A$"无关.

请读者自己验证：为了使取值于至多可列集 E 的随机变量序列 $\{X_n,n=0,1,\cdots\}$ 是马氏链,必须且只需满足条件：对任何 $n\geqslant 1$ 及 E 中元素 $i_0,i_1,\cdots,i_{n+1}$,均有

$$P(X_{n+1}=i_{n+1}|X_0=i_0,\cdots,X_n=i_n)=P(X_{n+1}=i_{n+1}|X_n=i_n)$$
$$(\text{当 } P(X_k=i_k,k=0,1,\cdots,n)>0 \text{ 时}).$$

定义 3.2 称马氏链$\{X_n,n=0,1,\cdots\}$是**齐次**的,若对一切状态 i, j,条件概率 $P(X_{s+n}=j|X_s=i)$与 s 的值无关. 这个条件概率叫作 n **步转移概率**,记为 $p_{ij}^{(n)}$. 用 p_{ij} 表示 $p_{ij}^{(1)}$,即一步转移概率.

对于马氏链来讲,"状态"和"状态的转移"这两个概念很重要. 我们就是要研究状态的转移的规律(即一个系统的状态随时间的推移而演

变的规律).

本节主要研究齐次的马氏链$\{X_n, n=0,1,\cdots\}$,以下简称齐次马氏链为**马氏链**.我们主要关心下列问题:

(1) 从状态 i 出发,是否有限步后一定到达指定的状态 j?

(2) 状态 i 是否经常出现?

(3) 若状态 i 一定再现,平均再现时间是多少?

(4) 当 n 增大时,n 步转移概率 $p_{ij}^{(n)}$ 如何变化?是否有极限?若有极限,极限是多少?

(5) 在什么条件下,各 X_n 有相同的概率分布?

我们首先对 $p_{ij}^{(n)}$ 进行研究.

定理 3.2　设$\{X_n, n=0,1,\cdots\}$是马氏链,E 是其状态空间,$p_{ij}^{(n)}$ 是 n 步转移概率,则对任何 $n\geqslant 1, 1\leqslant m\leqslant n$,有

$$p_{ij}^{(n)} = \sum_{k\in E} p_{ik}^{(m)} p_{kj}^{(n-m)}, \tag{3.5}$$

这里我们规定 $p_{kj}^{(0)}=\delta_{kj}$(当 $k=j$ 时,$\delta_{kj}=1$;当 $k\neq j$ 时,$\delta_{kj}=0$).

(3.5)式叫作 **Kolmogorov-Chapman 方程**.

证明　只需考虑 $n>1$ 且 $1\leqslant m<n$ 的情形.利用条件概率的乘法公式和(3.1)式,知

$$\begin{aligned}
p_{ij}^{(n)} &= P(X_{n+s}=j\,|\,X_s=i) \\
&= \sum_{k\in E} P(X_{m+s}=k, X_{n+s}=j\,|\,X_s=i) \\
&= \sum_{k\in E} P(X_{m+s}=k\,|\,X_s=i)P(X_{n+s}=j\,|\,X_s=i, X_{m+s}=k) \\
&= \sum_{k\in E} P(X_{m+s}=k\,|\,X_s=i)P(X_{n+s}=j\,|\,X_{m+s}=k) \\
&= \sum_{k\in E} p_{ik}^{(m)} p_{kj}^{(n-m)}.
\end{aligned}$$

□

从(3.5)式知 $p_{ij}^{(n)} = \sum_{k\in E} p_{ik} p_{kj}^{(n-1)}$.可见 n 步转移概率完全由一步转移概率决定.设 $E=\{1,\cdots,M\}$或 $E=\{1,2,\cdots\}$.记 $\boldsymbol{P}=(p_{ij})$(M 阶矩阵或无穷阶矩阵),$\boldsymbol{P}^{(n)}=(p_{ij}^{(n)})$.利用矩阵的乘法运算,知

$$\boldsymbol{P}^{(n)} = \boldsymbol{P}^n.$$

矩阵是研究马氏链的重要手段,但在本节用得不多.上述 $\boldsymbol{P}$ 叫作**一步**

转移概率矩阵.

对于(齐次)马氏链,从时刻 s 处于状态 i 出发的演变规律与 s 取什么样的值无关.事实上,有下面的引理:

引理 3.1 设$\{X_n, n=0,1,\cdots\}$是(齐次)马氏链,$m\geqslant 1$,B 是一些向量$(i_1,\cdots,i_m)$(分量均属于状态空间 E)组成的集合,则对任何非负整数 s,t 及状态 i,只要 $P(X_s=i)>0$,$P(X_t=i)>0$,则一定有

$$P((X_{s+1},\cdots,X_{s+m})\in B\,|\,X_s=i)=P((X_{t+1},\cdots,X_{t+m})\in B\,|\,X_t=i).$$

证明 根据概率的乘法公式和(3.1)式,知

$$P(X_{s+1}=i_1,\cdots,X_{s+m}=i_m|X_s=i)=p_{ii_1}p_{i_1i_2}\cdots p_{i_{n-1}i_m},$$

于是

$$\begin{aligned}&P((X_{s+1},\cdots,X_{s+m})\in B|X_s=i)\\&=\sum_{(i_1,\cdots,i_m)\in B}P(X_{s+1}=i_1,\cdots,X_{s+m}=i_m|X_s=i)\\&=\sum_{(i_1,\cdots,i_m)\in B}p_{ii_1}p_{i_1i_2}\cdots p_{i_{m-1}i_m}.\end{aligned}$$

可见,这个条件概率不依赖于 s 的值. □

令

$$f_{ij}^{*}=P(\text{存在 } n>s,\text{使得 } X_n=j\,|X_s=i),$$

$$f_{ij}^{(k)}=P(X_{s+1}\neq j,X_{s+2}\neq j,\cdots,X_{s+k-1}\neq j,X_{s+k}=j\,|X_s=i)\quad(k=1,2,\cdots).$$

f_{ij}^{*} 的含义是:从状态 i 出发将来经过状态 j 的概率;$f_{ij}^{(k)}$ 的含义是:从状态 i 出发 k 步后首次到达状态 j 的概率.

易知

$$f_{ij}^{*}=\sum_{k=1}^{\infty}f_{ij}^{(k)}. \tag{3.6}$$

从引理 3.1 知 $f_{ij}^{(k)}$ 的值不依赖于 s 的值,从(3.6)式知 f_{ij}^{*} 也不依赖于 s.

定理 3.3 对任何 $n\geqslant 1$,有

$$p_{ij}^{(n)}=\sum_{k=1}^{n}f_{ij}^{(k)}p_{jj}^{(n-k)}\quad(E\text{ 为状态空间},\ i\in E,j\in E),$$

这里规定 $p_{jj}^{(0)}=1$.

证明 由于 $p_{ij}=f_{ij}^{(1)}$,故 $n=1$ 时所述结论成立. 以下设 $n>1$. 利用定理 3.1,知

$$
\begin{aligned}
p_{ij}^{(n)} &= P(X_{s+n}=j \mid X_s=i) \\
&= \sum_{k=1}^{n} P(X_{s+1}\neq j,\cdots,X_{s+k-1}\neq j,X_{s+k}=j, \\
&\qquad X_{s+n}=j \mid X_s=i) \\
&= \sum_{k=1}^{n} P(X_{s+1}\neq j,\cdots,X_{s+k-1}\neq j,X_{s+k}=j \mid X_s=i) \\
&\quad \cdot P(X_{s+n}=j \mid X_{s+k}=j) \\
&= \sum_{k=1}^{n} f_{ij}^{(k)} p_{jj}^{(n-k)}.
\end{aligned}
$$

□

定义 3.3 称状态 i 是**常返**的,若 $f_{ii}^{*}=1$;称状态 i 是**非常返**(或**滑过**)的,若 $f_{ii}^{*}<1$.

为什么叫“常返”呢? 以后将指出: 若 $f_{ii}^{*}=1$,则从状态 i 出发无穷多次经过状态 i 的概率等于 1.

若 i 是常返状态,令

$$
m_i=\sum_{k=1}^{\infty} k f_{ii}^{(k)},
$$

这是一个非负项级数,当级数发散时,规定 m_i 为 $+\infty$.

m_i 的直观意义是: 状态 i 的平均再现时间.

定义 3.4 当 $m_i\neq+\infty$ 时,称 i 是**积极常返状态**(也称为**正常返状态**). 当 $m_i=+\infty$ 时,称 i 是**消极常返状态**(也称为**零常返状态**).

自然问: 如何判别状态的常返性?

定理 3.4 i 是常返状态的充分必要条件是级数 $\sum\limits_{n=1}^{\infty} p_{ii}^{(n)}$ 发散.

证明 从定理 3.3 知

$$
\begin{aligned}
\sum_{n=1}^{N} p_{ii}^{(n)} &= \sum_{n=1}^{N}\sum_{k=1}^{n} f_{ii}^{(k)} p_{ii}^{(n-k)} = \sum_{k=1}^{N}\sum_{n=k}^{N} f_{ii}^{(k)} p_{ii}^{(n-k)} \quad (\text{求和交换次序}) \\
&= \sum_{k=1}^{N} f_{ii}^{(k)}\left(1+\sum_{n=1}^{N-k} p_{ii}^{(n)}\right) \leqslant \sum_{k=1}^{N} f_{ii}^{(k)}\left(1+\sum_{n=1}^{N} p_{ii}^{(n)}\right), \qquad (3.7)
\end{aligned}
$$

故

$$\sum_{k=1}^{N} f_{ii}^{(k)} \geqslant \frac{\sum_{n=1}^{N} p_{ii}^{(n)}}{1+\sum_{n=1}^{N} p_{ii}^{(n)}}.$$

若级数 $\sum_{n=1}^{\infty} p_{ii}^{(n)}$ 发散，即 $\lim_{N\to\infty}\sum_{n=1}^{N} p_{ii}^{(n)} =+\infty$，则 $\sum_{k=1}^{\infty} f_{ii}^{(k)} = 1$，即 $f_{ii}^{*} = 1$. 故是 i 常返状态.

另一方面，从(3.7)式知，对任何固定的 N_0，当 $N\geqslant N_0$ 时，

$$\sum_{n=1}^{N} p_{ii}^{(n)} \geqslant \sum_{k=1}^{N_0} f_{ii}^{(k)}\left(1+\sum_{n=1}^{N-k} p_{ii}^{(n)}\right).$$

若级数 $\sum_{n=1}^{\infty} p_{ii}^{(n)}$ 收敛，则 $\lim_{N\to\infty}\sum_{n=1}^{N} p_{ii}^{(n)} = \alpha$. 于是

$$\alpha \geqslant \sum_{k=1}^{N_0} f_{ii}^{(k)}(1+\alpha),$$

从而

$$\sum_{k=1}^{N_0} f_{ii}^{(k)} \leqslant \frac{\alpha}{1+\alpha}.$$

令 $N_0\to\infty$，得 $f_{ii}^{*}\leqslant\frac{\alpha}{1+\alpha}<1$. 故 i 是非常返状态. □

推论 3.1 若 j 是非常返状态，则

$$\sum_{n=1}^{\infty} p_{ij}^{(n)} \text{ 收敛} \quad (\text{一切 } i).$$

证明 考虑

$$\begin{aligned}\sum_{n=1}^{N} p_{ij}^{(n)} &= \sum_{n=1}^{N}\sum_{k=1}^{n} f_{ij}^{(k)} p_{jj}^{(n-k)} = \sum_{k=1}^{N} f_{ij}^{(k)} \sum_{n=k}^{N} p_{jj}^{(n-k)} \\ &\leqslant \sum_{k=1}^{N} f_{ij}^{(k)} \sum_{n=0}^{\infty} p_{jj}^{(n)} \quad (p_{jj}^{(0)}=1) \\ &\leqslant f_{ij}^{*} \sum_{n=0}^{\infty} p_{jj}^{(n)}.\end{aligned}$$

由于 $f_{ij}^{*}\leqslant 1$，$\sum_{n=0}^{\infty} p_{jj}^{(n)}$ 收敛，故 $\sum_{n=1}^{\infty} p_{ij}^{(n)}$ 收敛. □

令

$$g_{ii}=P(\text{有无穷多个 } n, \text{使得 } X_n=i \mid X_s=i),$$

$$g_{ii}(m)=P(\text{至少有 } m \text{ 个 } n>s, \text{使得 } X_n=i \mid X_s=i)$$

$$(m \text{ 是正整数}).$$

易知 $g_{ii}(1)=f_{ii}^*$，且 $g_{ii}=\lim\limits_{m\to\infty} g_{ii}(m)$.

定理 3.5　若 i 是常返状态，则 $g_{ii}=1$；若 i 是非常返状态，则 $g_{ii}=0$.

证明　考虑

$$\begin{aligned}
g_{ii}(m+1) &= P(\text{至少有 } m+1 \text{ 个 } n>s, \text{使得 } X_n=i \mid X_s=i) \\
&= \sum_{k=1}^{\infty} P(X_{s+1}\neq i,\cdots,X_{s+k-1}\neq i, X_{s+k}=i, \\
&\qquad\qquad \text{且至少有 } m \text{ 个 } l>s+k, \text{使得 } X_l=i \mid X_s=i) \\
&= \sum_{k=1}^{\infty} P(X_{s+1}\neq i,\cdots,X_{s+k-1}\neq i, X_{s+k}=i \mid X_s=i) \\
&\quad \cdot P(\text{至少有 } m \text{ 个 } l>s+k, \text{使得 } X_l=i \mid X_{s+k}=i) \\
&= \sum_{k=1}^{\infty} f_{ii}^{(k)} g_{ii}(m) = f_{ii}^* g_{ii}(m) \quad (m=1,2,\cdots).
\end{aligned}$$

于是 $g_{ii}(m)=(f_{ii}^*)^m\ (m=1,2,\cdots)$，从而

$$g_{ii}=\lim_{m\to\infty} g_{ii}(m)=\begin{cases}1, & i \text{ 是常返状态}, \\ 0, & i \text{ 是非常返状态}.\end{cases}$$ □

定义 3.5　称状态 i **可到达状态** j，若存在 $n\geqslant 1$，使得 $p_{ij}^{(n)}>0$.

易知状态 i 可到达状态 j 的充分必要条件是 $f_{ij}^*>0$.

定理 3.6　若 i 是常返状态，状态 i 可到达状态 j，则 j 是常返状态，且 $f_{ij}^*=f_{ji}^*=1$.

证明　既然状态 i 可到达状态 j，故有 $n\geqslant 1$，使得

$$\alpha \triangleq P(X_{s+n}=j \mid X_s=i)>0.$$

易知

$$\begin{aligned}
\alpha =& P(X_{s+n}=j, \text{且存在 } l>s+n, \text{使得 } X_l=i \mid X_s=i) \\
&+P(X_{s+n}=j, \text{且对一切 } l>s+n, \text{有 } X_l\neq i \mid X_s=i) \\
\xlongequal{\text{记为}}& \text{I}+\text{II}.
\end{aligned}$$

由于

$$
\begin{aligned}
\mathrm{I} &= P(X_{s+n}=j \mid X_s=i) \\
&\quad \cdot P(\text{存在 } l>s+n,\text{使得 } X_l=i \mid X_s=i, X_{s+n}=j) \\
&= \alpha \lim_{m\to\infty} P(\text{存在 } l\in(s+n,m],\text{使得 } X_l=i \mid X_s=i, X_{s+n}=j) \\
&= \alpha \lim_{m\to\infty} P(\text{存在 } l\in(s+n,m],\text{使得 } X_l=i \mid X_{s+n}=j) \\
&= \alpha P(\text{存在 } l>s+n,\text{使得 } X_l=i \mid X_{s+n}=j) \\
&= \alpha f_{ji}^{*},
\end{aligned}
$$

$\mathrm{II} \leqslant P(\text{对一切 } l>s+n,\text{有 } X_l\neq i \mid X_s=i)=0$ (定理 3.5),

所以 $\alpha=\alpha f_{ji}^{*}$,从而 $f_{ji}^{*}=1$. 由此知有 $m\geqslant 1$,使得 $p_{ji}^{(m)}>0$.

从定理 3.2 知

$$p_{jj}^{(m+l+n)} \geqslant p_{ji}^{(m)} p_{ii}^{(l)} p_{ij}^{(n)},$$

于是

$$\sum_{l=1}^{N} p_{jj}^{(m+l+n)} \geqslant p_{ji}^{(m)} p_{ij}^{(n)} \sum_{l=1}^{N} p_{ii}^{(l)}.$$

由于 i 是常返状态,知 $\sum_{l=1}^{N} p_{ii}^{(l)} \to \infty\ (N\to\infty)$,从上式知级数 $\sum_{l=1}^{\infty} p_{jj}^{(m+l+n)}$ 发散. 再利用定理 3.4,知 j 是常返状态. 由 $f_{ji}^{*}=1$,利用已证得的结果,知 $f_{ij}^{*}=1$. □

若状态 i 可到达状态 j,状态 j 又可到达状态 i,则称状态 i 与 j **互通**. 根据定理 3.6,所有的常返状态可按互通关系分类,同一类的任何两个状态互通,不同类的状态不互通(即不能从一个类的状态到达另一个类的状态). 此外,所有的非常返状态算作一类(当然,这个类可能是空的). 应注意,非常返状态有的可能到达常返状态,但常返状态不可能到达任何非常返状态.

我们还要指出,若一个类里有一个状态是积极常返状态,则该类的其他状态也是积极常返的.

定理 3.7 若 i 是积极常返,状态 i 可到达状态 j,则 j 也是积极常返状态.

证明 对任何状态 i,令

$$P_i(z)=\sum_{n=0}^{\infty} p_{ii}^{(n)} z^n \quad (0<z<1),$$

$$F_i(z)=\sum_{n=0}^{\infty}f_{ii}^{(n)}z^n \quad (0<z<1),$$

这里

$$p_{ii}^{(0)}\triangleq 1,\quad f_{ii}^{(0)}\triangleq 0.$$

从定理 3.3 知

$$p_{ii}^{(n)}z^n=\sum_{k=1}^{n}f_{ii}^{(k)}p_{ii}^{(n-k)}z^n \quad (n=1,2,\cdots),$$

于是

$$\sum_{n=1}^{\infty}p_{ii}^{(n)}z^n=\sum_{n=1}^{\infty}\sum_{k=1}^{n}f_{ii}^{(k)}p_{ii}^{(n-k)}z^n=\sum_{k=1}^{\infty}f_{ii}^{(k)}z^k\sum_{n=k}^{\infty}p_{ii}^{(n-k)}z^{n-k}.$$

故 $P_i(z)=1+F_i(z)P_i(z)$,从而

$$(1-z)P_i(z)=\frac{1}{(1-F_i(z))/(1-z)} \quad (0<z<1). \tag{3.8}$$

利用洛必达法则,知

$$\lim_{z\nearrow 1}\frac{1-F(z)}{1-z}=\lim_{z\nearrow 1}F'(z)=\lim_{z\nearrow 1}\sum_{k=1}^{\infty}kf_{ii}^{(k)}z^{k-1}$$

$$=\sum_{k=1}^{\infty}kf_{ii}^{(k)}>0.$$

若 i 是积极常返状态,则 $\sum_{k=1}^{\infty}kf_{ii}^{(k)}$ 是一正数. 故从(3.8)式知,i 是积极常返状态的充分必要条件是

$$\lim_{z\nearrow 1}(1-z)P_i(z)>0. \tag{3.9}$$

若状态 i 可到达状态 j,从定理 3.6 知状态 j 也可到达状态 i. 于是,有 $m\geqslant 1$ 及 $n\geqslant 1$,使得

$$p_{ij}^{(m)}>0,\quad p_{ji}^{(n)}>0.$$

因此,对任何 $l\geqslant 0$,有

$$p_{jj}^{(n+l+m)}\geqslant p_{ji}^{(n)}p_{ii}^{(l)}p_{ij}^{(m)}.$$

令 $c=p_{ji}^{(n)}p_{ij}^{(m)}$,$s=n+m$,则 $c>0$,且

$$p_{jj}^{(l+s)}\geqslant cp_{ii}^{(l)} \quad (\text{一切 } l\geqslant 0).$$

于是

$$\sum_{l=0}^{\infty}p_{jj}^{(l+s)}z^{l+s}\geqslant cP_i(z)z^s,$$

$$(1-z)\left(P_j(z)-\sum_{k=0}^{s-1}p_{jj}^{(k)}z^k\right)\geqslant c(1-z)P_i(z)z^s.$$

再利用(3.9)式,知

$$\lim_{z\nearrow 1}(1-z)P_j(z)>0.$$

这表明 j 是积极常返状态. □

现在问:当 $n\to\infty$ 时,$p_{ij}^{(n)}$ 是否有极限?

当 j 是非常返状态时,从推论 3.1 知 $\lim\limits_{n\to\infty}p_{ij}^{(n)}=0$;当 j 是常返状态时,情况较复杂,极限有时不存在.

例 3.4 设状态空间为 $E=\{1,2\}$,一步转移概率组成矩阵

$$\boldsymbol{P}=\begin{bmatrix}0&1\\1&0\end{bmatrix},$$

即 $p_{11}=0,p_{12}=1,p_{21}=1,p_{22}=0$.

易知 $\boldsymbol{P}^{2n}=\begin{bmatrix}1&0\\0&1\end{bmatrix},\boldsymbol{P}^{2n-1}=\begin{bmatrix}0&1\\1&0\end{bmatrix}=\boldsymbol{P}$(一切 $n\geqslant 1$). 故 $\lim\limits_{n\to\infty}p_{ij}^{(n)}$ 不存在 (一切 $i,j\in E$).

什么情形下 $\lim\limits_{n\to\infty}p_{ij}^{(n)}$ 存在呢? 为了给出充分必要条件,先引进"周期"的概念.

定义 3.6 设 i 是常返状态,称整数集合

$$A=\{n:n\geqslant 1,p_{ii}^{(n)}>0\}$$

的最大公约数 d 为 i 的**周期**.

我们不加证明地介绍下列几条重要定理:

定理 3.8 设 i 是常返状态,状态 i 可到达状态 j,则常返状态 j 与状态 i 有相等的周期.

定理 3.9 对一切 i,j,$\lim\limits_{n\to\infty}p_{ij}^{(n)}$ 均存在的充分必要条件是每个积极常返状态(如果有的话)的周期是 1.

定理 3.10 设 j 是消极常返状态,则对一切 i,有 $\lim\limits_{n\to\infty}p_{ij}^{(n)}=0$.

定理 3.11 设马氏链的状态空间是 E,任何两个状态可相互到达,而且存在周期是 1 的积极常返状态,则 $\lim\limits_{n\to\infty}p_{ij}^{(n)}=\pi_j$(一切 $j\in E$)与状态 i 无关,而且$\{\pi_j,j\in E\}$是方程组

$$x_j=\sum_{i\in E}x_ip_{ij},\quad x_j\geqslant 0\ (j\in E),\quad \sum_{j\in E}x_j=1$$

的唯一解(这里 p_{ij} 是一步转移概率).

定理 3.12 对一切 i,j, $\lim\limits_{n\to\infty}\dfrac{1}{n}\sum\limits_{k=1}^{n}p_{ij}^{(k)}$ 永远存在. 若记这个极限为 π_{ij}, 则矩阵 $\boldsymbol{\Pi}=(\pi_{ij})$ 满足

$$\boldsymbol{\Pi}=\boldsymbol{\Pi P}=\boldsymbol{P\Pi}=\boldsymbol{\Pi}^2 \quad (\boldsymbol{P}\text{ 是一步转移概率组成的矩阵}).$$

定理 3.13 设 $\{X_n, n=0,1,\cdots\}$ 是马氏链, 其状态空间是 E, X_0 的概率分布是 $\{p_i, i\in E\}$ (即 $p_i=P(X_0=i)$), 则所有 $X_n(n=0,1,\cdots)$ 有相同的概率分布的充分必要条件是 $\{p_i\}$ 满足

$$p_i=\sum_{k\in E}p_k p_{ki} \quad (\text{一切 } i\in E). \tag{3.10}$$

满足(3.10)式的 $\{p_i\}$ 叫作马氏链的**平稳分布**.

定理 3.14 若马氏链 $\{X_n, n=0,1,\cdots\}$ 的任何两个状态可相互到达且存在平稳分布, 则强大数律成立, 即

$$P\left(\lim_{n\to\infty}\frac{1}{n}\sum_{k=1}^{n}f(X_k)=\mathrm{E}f(X_0)\right)=1,$$

其中 $f(x)$ 是任何有界函数.

定理 3.15 若马氏链的状态空间是有限集, 则没有消极常返状态, 必有积极常返状态, 而且存在平稳分布.

这些定理的证明, 有些较容易, 有些较复杂, 见文献[13].

例 3.5(两状态的马氏链) 设状态空间 $E=\{0,1\}$, 一步转移概率矩阵是

$$\boldsymbol{P}=\begin{bmatrix}p_{00} & p_{01}\\ p_{10} & p_{11}\end{bmatrix}=\begin{bmatrix}1-a & a\\ b & 1-b\end{bmatrix},$$

其中 a,b 已知, $0<a<1$, $0<b<1$.

我们来求出 $p_{ij}^{(n)}$, 并研究当 $n\to\infty$ 时, $p_{ij}^{(n)}$ 的渐近性质.

用数学归纳法可以证明

$$(p_{ij}^{(n)})=\boldsymbol{P}^n=\begin{bmatrix}\dfrac{b}{a+b}+\dfrac{a}{a+b}(1-a-b)^n & \dfrac{a}{a+b}-\dfrac{a}{a+b}(1-a-b)^n\\ \dfrac{b}{a+b}-\dfrac{b}{a+b}(1-a-b)^n & \dfrac{a}{a+b}+\dfrac{b}{a+b}(1-a-b)^n\end{bmatrix}.$$

因为 $0<a+b<2$, 故 $-1<1-a-b<1$, 从而

$$\lim_{n\to\infty} p_{00}^{(n)} = \frac{b}{a+b}, \quad \lim_{n\to\infty} p_{01}^{(n)} = \frac{a}{a+b},$$

$$\lim_{n\to\infty} p_{10}^{(n)} = \frac{b}{a+b}, \quad \lim_{n\to\infty} p_{11}^{(n)} = \frac{a}{a+b}.$$

例 3.6 有 6 个车站,它们之间有公路连接,如图 5.3.1 所示. 汽车每天可以从一个车站驶到与之直接有公路相连接的相邻车站,在夜间到达车站留宿并接受加油、清洗、检修等服务,次日清晨各站按相同的比例将各辆汽车派往其相邻车站. 试说明在运行了很多日子以后,各站每晚留宿的汽车比例趋于稳定,求出这个比例,以便恰当地设置各站的服务规模.

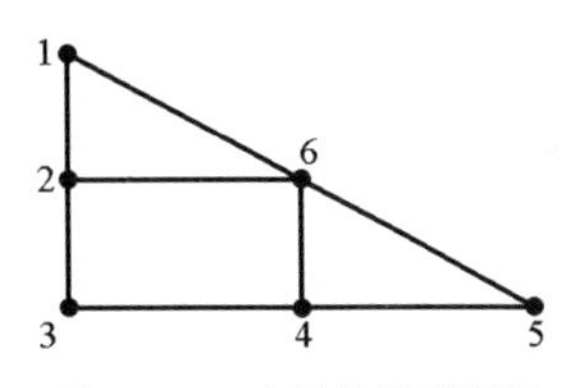

图 5.3.1 车站位置示意图

解 设一辆汽车在第 n 天留宿的站号为 X_n,于是在 $X_n=k$ 的条件下,第 $n+1$ 天它留宿的站号是以概率 $1/n_k$ 取与 k 站相邻的各站之一(n_k 为与 k 站相邻的车站数),而与第 $n-1$ 天及以前各天留宿何站无关. 可见,刻画一辆汽车的留宿(运行)情况的随机变量序列 $\{X_n, n=0, 1,\cdots\}$ 是一个齐次的马氏链,其一步转移概率组成的矩阵为

$$\boldsymbol{P} = (p_{ij})_{6\times 6} = \begin{bmatrix} 0 & 1/2 & 0 & 0 & 0 & 1/2 \\ 1/3 & 0 & 1/3 & 0 & 0 & 1/3 \\ 0 & 1/2 & 0 & 1/2 & 0 & 0 \\ 0 & 0 & 1/3 & 0 & 1/3 & 1/3 \\ 0 & 0 & 0 & 1/2 & 0 & 1/2 \\ 1/4 & 1/4 & 0 & 1/4 & 1/4 & 0 \end{bmatrix}, \quad (3.11)$$

这里 $p_{ij}(i=1,\cdots,6; j=1,\cdots,6)$ 是 i 站一步转移到 j 站的概率.

首先,这个马氏链的任意两状态可相互到达. 实际上,由于 $p_{i\,i+1}>0(i=1,\cdots,5)$,且 $p_{61}>0$,易知当 $i<j$ 时,$p_{ij}^{(j-i)} \geqslant p_{i\,i+1}p_{i+1\,i+2}\cdots p_{j-1\,j}>0$;当 $i>j$ 时,$p_{ij}^{(6-i+j)} \geqslant p_{i6}^{(6-i)}p_{61}p_{1j}^{(j-1)}>0$(这里规定 $p_{kk}^{(0)}=1$). 故任何两个状态可相互到达. 由此知全体状态构成一个类且每个状态是积极常返的(根据定理 3.15). 由于 $p_{11}^{(2)} \geqslant p_{12}p_{21} = \frac{1}{2}\times\frac{1}{3}>0$ 且 $p_{11}^{(3)} \geqslant p_{12}p_{26}p_{61} = \frac{1}{2}\times\frac{1}{3}\times\frac{1}{4}>0$,故从周期的定义知状态 1 的周期是 1. 从

定理 3.8 知每个状态的周期都是 1. 再利用定理 3.11 知，$\lim\limits_{n\to\infty}p_{ij}^{(n)}=\pi_j$ 存在且与 i 无关，$(\pi_1,\cdots,\pi_6)$是方程组

$$(x_1,\cdots,x_6)\boldsymbol{P}=(x_1,\cdots,x_6),\quad x_j\geqslant 0\ (j=1,\cdots,6),$$

$$\sum_{j=1}^{6}x_j=1\quad (\boldsymbol{P}\text{ 的含义见(3.11) 式})$$

的唯一解.

可以求得$(\pi_1,\cdots,\pi_6)=\left(\frac{1}{8},\frac{3}{16},\frac{1}{8},\frac{3}{16},\frac{1}{8},\frac{1}{4}\right)$. 于是

$$\begin{aligned}\lim_{n\to\infty}P(X_n=j)&=\lim_{n\to\infty}\sum_{i=1}^{6}P(X_0=i)p_{ij}^{(n)}\\&=\pi_j\quad (j=1,\cdots,6).\end{aligned}$$

这表明，很多日子以后，各站每晚留宿的汽车所占的比例趋于稳定，而且这些比例可以求出.

*§5.4 分支过程

在研究家族人口演变或姓氏消亡的问题里，设开始时(第 0 代)是一个人(为简单计，只考虑男性及其男性后代)，问：第 n 代有多少人？假设第 n 代的男性人数是 $X_n(n=0,1,\cdots)$，$X_0=1$，那么 X_n 与 X_{n+1}有何关系？设第 n 代的第 $i(i\geqslant 1)$个男性有 Y_{ni} 个儿子，则

$$X_{n+1}=Y_{n1}+Y_{n2}+\cdots+Y_{nX_n}\quad (n=0,1,\cdots)$$

(当 $X_n=0$ 时，规定 $X_{n+1}=0$). 问：X_n 的概率分布是怎样的？当 n 无限增大时，X_n 的变化趋势如何？是否会灭绝(即存在 n，使得 $X_n=0$)？

我们考虑下面比较简单的模型：假设各代的生殖规律是一样的，即有随机变量族$\{Y_{ni}:n=0,1,\cdots;i=1,2,\cdots\}$，它们是独立同分布的只取非负整数值的随机变量，使得

$$X_{n+1}=\sum_{i=1}^{X_n}Y_{ni}\quad (n=0,1,\cdots)\tag{4.1}$$

(这里规定当 $X_n=0$ 时，$X_{n+1}=0$).

令

$$p_k=P(Y_{ni}=k)\quad (k=0,1,\cdots).\tag{4.2}$$

定义 4.1 上述随机变量序列$\{X_n,n=0,1,\cdots\}$叫作 **G-W 分支过程**(简称**分支过程**).

这个分支过程是英国学者 Galton 和 Watson 于 1874 年首次提出的.更一般的分支过程见文献[14].可以证明,这个过程是以$\{0,1,\cdots\}$为状态空间的齐次的马氏链.但是,我们不利用马氏链的一般理论,而是直接进行概率分析,因为此时可使用强有力的手段——母函数.

1. 母函数的定义和性质

设 X 是只取非负整数值的随机变量,$p_k=P(X=k)$ $(k=0,1,\cdots)$.令

$$f(z)=\sum_{k=0}^{\infty}p_k z^k \quad (|z|\leqslant 1),$$

它叫作 X 的**母函数**,也叫作数列$\{p_k\}$的母函数.

母函数的重要性主要体现在下列两条性质上.

引理 4.1 (1) 设随机变量 X 的母函数是 $f(z)$.若 $\mathrm{E}(X)$存在,则

$$\mathrm{E}(X)=f'(1);$$

若$\mathrm{var}(X)$存在,则

$$\mathrm{var}(X)=f''(1)+f'(1)-(f'(1))^2.$$

(2) 设 X 和 Y 都是只取非负整数值的随机变量且相互独立,又 X 的母函数是 $f(z)$,Y 的母函数是 $g(z)$,$X+Y$ 的母函数是 $h(z)$,则

$$h(z)=f(z)g(z) \quad (|z|\leqslant 1).$$

证明 (1) 若 $\mathrm{E}(X)$存在,则$\sum_{k=1}^{\infty}kp_k$ 收敛.于是

$$f'(z)=\sum_{k=1}^{\infty}kp_k z^{k-1} \quad (0<z<1).$$

对任何 $z\in(0,1)$,有 $\xi\in(z,1)$,使得

$$\frac{f(z)-1}{z-1}=f'(\xi)=\sum_{k=1}^{\infty}kp_k\xi^{k-1}.$$

令 $z\nearrow 1$,知

$$\lim_{z\nearrow 1}\frac{f(z)-1}{z-1}=\sum_{k=1}^{\infty}kp_k=\mathrm{E}(X),$$

即

$$f'(1)=\mathrm{E}(X) \quad (\text{导数均指左导数}).$$

不难推知

$$\begin{aligned}\mathrm{var}(X)&=\mathrm{E}(X^2)-(\mathrm{E}(X))^2=\sum_{k=1}^{\infty}k^2p_k-(f'(1))^2\\&=\sum_{k=1}^{\infty}k(k-1)p_k+\sum_{k=1}^{\infty}kp_k-(f'(1))^2\\&=f''(1)+f'(1)-(f'(1))^2.\end{aligned}$$

(2) 易知

$$\begin{aligned} h(z) &= \sum_{n=0}^{\infty} P(X+Y=n)z^n \\ &= \sum_{n=0}^{\infty}\sum_{k=0}^{n} P(X=k,Y=n-k)z^n \\ &= \sum_{n=0}^{\infty}\sum_{k=0}^{n} P(X=k)z^k \cdot P(Y=n-k)z^{n-k} \\ &= \sum_{n=0}^{\infty}\sum_{k=0}^{n} a_k b_{n-k}, \end{aligned}$$

这里

$$a_k = P(X=k)z^k, \quad b_l = P(Y=l)z^l.$$

根据级数的乘法公式,知

$$\sum_{k=0}^{\infty} a_k \cdot \sum_{l=0}^{\infty} b_l = \sum_{n=0}^{\infty}\left(\sum_{k=0}^{n} a_k b_{n-k}\right),$$

所以

$$h(z) = f(z)g(z) \quad (|z| \leqslant 1). \qquad \square$$

定理 4.1　对于分支过程$\{X_n, n=0,1,\cdots\}$来说,若 X_n 的母函数是 $f_n(z)(n=1,2,\cdots)$,则对一切 $n\geqslant 1$,有

$$f_{n+1}(z) = f(f_n(z)) = f_n(f(z)) \quad (|z| \leqslant 1), \tag{4.3}$$

其中

$$f(z) \triangleq f_1(z).$$

证明　注意到(4.1)式和(4.2)式,得知 $X_1=Y_{01}$,所有 Y_{ni} 与 X_1 有相同的母函数:

$$f_1(z) = \sum_{k=0}^{\infty} p_k z^k \quad (|z| \leqslant 1).$$

当 $k\geqslant 1$ 时,

$$\begin{aligned} P(X_{n+1}=k) &= \sum_{i=0}^{\infty} P(X_n=i, X_{n+1}=k) \\ &= \sum_{i=1}^{\infty} P(X_n=i, Y_{n1}+\cdots+Y_{ni}=k) \\ &= \sum_{i=1}^{\infty} P(X_n=i) P(Y_{n1}+\cdots+Y_{ni}=k), \end{aligned}$$

于是

$$
\begin{aligned}
f_{n+1}(z) &= \sum_{k=0}^{\infty} P(X_{n+1} = k) z^k \\
&= P(X_n = 0, X_{n+1} = 0) + P(X_n \geqslant 1, X_{n+1} = 0) \\
&\quad + \sum_{k=1}^{\infty} P(X_{n+1} = k) z^k \\
&= P(X_n = 0) + \sum_{k=0}^{\infty} \sum_{i=1}^{\infty} P(X_n = i) P\Big(\sum_{j=1}^{i} Y_{nj} = k\Big) z^k \\
&= P(X_n = 0) + \sum_{i=1}^{\infty} P(X_n = i) \sum_{k=0}^{\infty} P\Big(\sum_{j=1}^{i} Y_{nj} = k\Big) z^k \\
&= P(X_n = 0) + \sum_{i=1}^{\infty} P(X_n = i) (f_1(z))^i \\
&= \sum_{i=0}^{\infty} P(X_n = i) (f_1(z))^i = f_n(f_1(z)).
\end{aligned}
$$

因此

$$
f_{n+1}(z) = f_n(f_1(z)) \quad (n = 1, 2, \cdots). \tag{4.4}
$$

我们说,由此可推出

$$
f_{n+1}(z) = f_1(f_n(z)). \tag{4.5}
$$

用数学归纳法.当 $n=1$ 时,显然成立((4.5)式化为(4.4)式).设 $n=k$ 时(4.5)式成立,即 $f_{k+1}(z)=f_1(f_k(z))$.于是,利用(4.4)式,知

$$
f_{k+2}(z) = f_{k+1}(f_1(z)) = f_1(f_k(f_1(z))) = f_1(f_{k+1}(z)).
$$

故对 $n=k+1$,(4.5)式仍成立.所以,对一切 $n\geqslant 1$,(4.5)式成立.注意 $f(z) \triangleq f_1(z)$,所以(4.3)式成立. □

定理 4.2 对于分支过程$\{X_n, n=0,1,\cdots\}$来说,若 $\mathrm{E}(X_1)=m$ 存在,则

$$
\mathrm{E}(X_n) = m^n \quad (n = 0, 1, \cdots);
$$

若 $\mathrm{var}(X_1)=\sigma^2$ 存在,则对一切 $n\geqslant 1$,有

$$
\mathrm{var}(X_n) = \begin{cases} n\sigma^2, & m = 1, \\ \dfrac{m^{n-1}(m^n - 1)}{m-1}\sigma^2, & m \neq 1. \end{cases} \tag{4.6}
$$

证明 从(4.3)式知

$$
f'_{n+1}(1) = f'(f_n(1)) f'_n(1) = f'(1) f'_n(1) \quad (\text{因为 } f_n(1) = 1),
$$

故 $f'_n(1)=(f'(1))^n$.由于 $\mathrm{E}(X_n)=f'_n(1)$,知

$$
\mathrm{E}(X_n) = (\mathrm{E}(X_1))^n = m^n \quad (n = 0, 1, \cdots).
$$

关于 $\mathrm{var}(X_n)$的公式证明稍长.注意到

$$
f'_{n+1}(z) = f'(f_n(z)) f'_n(z),
$$

$$f''_{n+1}(z) = f''(f_n(z))(f'_n(z))^2 + f'(f_n(z))f''_n(z).$$

于是

$$\begin{aligned}f''_{n+1}(1) &= f''(1)(f'_n(1))^2 + f'(1)f''_n(1)\\ &= f''(1)m^{2n} + mf''_n(1).\end{aligned}$$

故

$$f''_n(1) = f''(1)m^{2n-2} + mf''_{n-1}(1).$$

这是 $f''_n(1)$的递推公式.易知

$$f''_n(1) = f''(1)(m^{2n-2} + m^{2n-3} + \cdots + m^{n-1})$$

(可用数学归纳法验证此式成立).于是由引理 4.1 知

$$\begin{aligned}\mathrm{var}(X_n) &= f''_n(1) + f'_n(1) - (f'_n(1))^2\\ &= f''(1)(m^{2n-2} + m^{2n-3} + \cdots + m^{n-1}) + m^n - m^{2n}.\end{aligned}$$

由于

$$\begin{aligned}\sigma^2 &= \mathrm{var}(X_1) = f''(1) + f'(1) - (f'(1))^2\\ &= f''(1) + m - m^2,\end{aligned}$$

故 $f''(1)=\sigma^2-m+m^2$.于是

$$\begin{aligned}\mathrm{var}(X_n) &= \sigma^2(m^{2n-2} + m^{2n-3} + \cdots + m^{n-1})\\ &\quad + (m^2 - m)(m^{2n-2} + m^{2n-3} + \cdots + m^{n-1}) + m^n - m^{2n}\\ &= \sigma^2 m^{n-1}(m^{n-1} + m^{n-2} + \cdots + m + 1).\end{aligned}$$

由此知(4.6)式成立.　□

2. 灭绝概率

设$\{X_n, n=0,1,\cdots\}$是分支过程,令

$$q = P(\lim_{n\to\infty} X_n = 0),$$

这个 q 就称为**灭绝概率**.由于$\{\lim\limits_{n\to\infty} X_n=0\}=\bigcup\limits_{n=1}^{\infty}\{X_n=0\}$且$\{X_n=0\}\subset\{X_{n+1}=0\}$,知

$$q = \lim_{n\to\infty} P(X_n = 0) = \lim_{n\to\infty} f_n(0), \tag{4.7}$$

这里 $f_n(z)$是 X_n 的母函数.

定理 4.3　设 $p_0+p_1<1$(即 $P(X_1>1)>0$),则灭绝概率 q 满足:$q=f(q)$,而且当 $m\leqslant 1$ 时,$q=1$;当 $m>1$ 时,q 是方程

$$z = f(z)$$

在区间$[0,1)$中的唯一根,这里 $f(z)$是 X_1 的母函数,$m=\mathrm{E}(X_1)$.

证明　因为 $f_{n+1}(0)=f(f_n(0))$,利用 $f(z)$的连续性及(4.7)式,知 $q=f(q)$.下面分两种情形讨论:

(1) $m\leqslant 1$ 的情形.

此时 $f'(z)=\sum_{k=1}^{\infty}kp_kz^{k-1}<1\ (0\leqslant z<1)$ $\left(\text{因为 } f''(z)=\sum_{k=2}^{\infty}k(k-1)p_kz^{k-2}>0\ (0\leqslant z<1)\text{，且 } f'(1)=m\leqslant 1\right)$，于是 $(f(z)-z)'<0(0<z<1)$，从而 $f(z)-z$ 是 z 的严格减函数. 故对一切 $z\in[0,1)$，有

$$f(z)-z>f(1)-1=0,\quad \text{即}\quad z<f(z).$$

这就证明了，当 $m\leqslant 1$ 时，$q=1$.

(2) $m>1$ 的情形.

此时 $\lim\limits_{z\nearrow 1}f'(z)-1>0$，故有 $\varepsilon>0$，使得 $z\in[1-\varepsilon,1)$ 时，$f'(z)-1>0$，从而 $f(z)-z$ 是 $[1-\varepsilon,1]$ 上的严格增函数. 由于 $f(1)-1=0$，故对一切 $z\in[1-\varepsilon,1)$，有 $f(z)-z<0$. 因为 $f(0)-0\geqslant 0$，故方程 $f(z)=z$ 在 $[0,1)$ 中有至少有一个根.

由于 $f''(z)>0$，知方程 $f(z)=z$ 在 $[0,1)$ 中恰有一个根. 用反证法. 假若有两个根 $z_1,z_2(0\leqslant z_1<z_2<1)$，则依罗尔定理有 $\xi_1\in(z_1,z_2)$ 和 $\xi_2\in(z_2,1)$，满足 $f'(\xi_1)-1=0$，$f'(\xi_2)-1=0$. 再用罗尔定理知，有 $c\in(\xi_1,\xi_2)$，满足 $f''(c)=0$. 这与 $f''(z)>0(0<z<1)$ 相矛盾.

下面指出，这个唯一的根就是 q. 为此只需证明 $q<1$.

用反证法. 设 $q=1$. 于是

$$\lim_{n\to\infty}f_n(0)=1. \tag{4.8}$$

前面已证过，当 $m>1$ 时，有 $\varepsilon\in(0,1)$，使得 $z\in[1-\varepsilon,1)$ 时，

$$f(z)<z. \tag{4.9}$$

另一方面，

$$\begin{aligned}f_{n+1}(0)&=f_n(f(0))=f_n(p_0)\\&=P(X_n=0)+\sum_{k=1}^{\infty}P(X_n=k)p_0^k\\&\leqslant P(X_n=0)+\sum_{k=1}^{\infty}P(X_n=k)p_0\\&=p_0+(1-p_0)P(X_n=0)\\&=p_0+(1-p_0)f_n(0).\end{aligned}$$

由此可见，当 $f_n(0)<1$ 时，$f_{n+1}(0)<1$. 由于 $f_1(0)=f(0)<1$，故对一切 $n\geqslant 1$，有 $f_n(0)<1$. 从(4.8)式知 n 充分大时 $f_n(0)\in(1-\varepsilon,1)$，于是

$$f_{n+1}(0)=f(f_n(0))<f_n(0)\quad(\text{根据(4.9)式}).$$

这与 $f_n(0)\leqslant f_{n+1}(0)$ 相矛盾. 故 $q<1$. □

从定理 4.3 知道，若 $m>1$，$p_0>0$，则 $0<q<1$；若 $m>1$，$p_0=0$，则 $q=0$.

定理 4.4　设 $p_1<1$(即 $P(X_1=1)<1$),则

$$P(\lim_{n\to\infty}X_n = 0 \text{ 或 } +\infty) = 1. \tag{4.10}$$

***证明**　当 $q=1$ 时,显然结论成立.以下设 $q<1$.此时必有

$$p_0 + p_1 < 1. \tag{4.11}$$

用反证法.设 $p_0+p_1=1$,则用数学归纳法推知

$$P(X_n \leqslant 1) = 1 \quad (n = 1,2,\cdots).$$

于是

$$\begin{aligned} f_{n+1}(0) &= P(X_n \leqslant 1, X_{n+1} = 0) \\ &= P(X_n = 0) + P(X_n = 1, X_{n+1} = 0) \\ &= P(X_n = 0) + P(X_n = 1)P(Y_{n1} = 0) \\ &= P(X_n = 0) + (1 - P(X_n = 0))p_0 \\ &= p_0 + (1 - p_0)f_n(0). \end{aligned}$$

令 $n\to\infty$,得 $q=p_0+(1-p_0)q$.由于 $p_0=1-p_1>0$,故 $q=1$.这与 $q<1$ 的假设相矛盾.故(4.11)式成立.既然 $q<1$,从定理 4.3 知 $m>1$($m\triangleq \mathrm{E}(X_1)$).从(4.11)式知

$$f''(z) = \sum_{k=2}^{\infty} k(k-1)p_k z^{k-2} > 0 \quad (0 < z \leqslant 1).$$

于是 $f'(z)$是严格增函数,从而

$$f'(q) < f'(1).$$

从 $f_n(z)=f_{n-1}(f(z))$知

$$f_n'(z) = f_{n-1}'(f(z))f'(z),$$

于是

$$\begin{aligned} f_n'(q) &= f_{n-1}'(q)f'(q) \quad (\text{因为 } f(q) = q) \\ &= \cdots = (f'(q))^n. \end{aligned}$$

易知

$$1 = \frac{f(1) - f(q)}{1-q} = f'(\xi) > f'(q) \quad (q < \xi < 1),$$

于是 $\sum_{n=1}^{\infty} f_n'(q) = \sum_{n=1}^{\infty}(f'(q))^n$ 收敛,即级数 $\sum_{n=1}^{\infty}\left(\sum_{k=1}^{\infty}P(X_n = k)kq^{k-1}\right)$ 收敛.可见,对任何 $k\geqslant 1$,级数 $\sum_{n=1}^{\infty}P(X_n = k)kq^{k-1}$ 收敛.由此可推出:对一切 $k\geqslant 1$,有

$$P(\omega\text{: 对无穷多个 } n, X_n(\omega) = k) = 0. \tag{4.12}$$

我们分两种情形论证:

(1) $p_0>0$ 的情形.

此时 $q>0$. 从级数 $\sum_{n=1}^{\infty} P(X_n=k)kq^{k-1}$ 收敛知级数 $\sum_{n=1}^{\infty} P(X_n=k)$ 收敛. 由此不难推知(4.12)式成立.

(2) $p_0=0$ 的情形.

此时 $P(X_n \leqslant X_{n+1})=1$(一切 $n \geqslant 0$), 于是

$$\begin{aligned} & P(\omega\text{: 对无穷多个 } n, X_n(\omega)=k) \\ & \quad = P(\omega\text{: 对充分大的 } n, \text{均有 } X_n(\omega)=k) \\ & \quad \leqslant \sum_{l=1}^{\infty} P(\text{对一切 } n \geqslant l, \text{均有 } X_n=k). \end{aligned} \tag{4.13}$$

易看出

$$\begin{aligned} & P(\text{对一切 } n \geqslant l, \text{均有 } X_n=k) \\ & \quad \leqslant P(X_l=k, X_{l+1}=k, \cdots, X_{l+m}=k) \quad (m \geqslant 1) \\ & \quad = P(X_l=k, Y_{l1}+\cdots+Y_{lk}=1, Y_{l+1\,1}+\cdots+Y_{l+1\,k}=k, \cdots, \\ & \qquad\quad Y_{l+m-1\,1}+\cdots+Y_{l+m-1\,k}=k) \\ & \quad = P(X_l=k) \prod_{i=l}^{l+m-1} \prod_{j=1}^{k} P(Y_{ij}=1) \quad (\text{因为 } P(Y_{ij}=0)=p_0=0) \\ & \quad = P(X_l=k) p_1^{(m-1)k}. \end{aligned}$$

令 $m \to \infty$, 知

$$P(\text{对一切 } n \geqslant l, \text{均有 } X_n=k)=0.$$

由于 l 的任意性及(4.13)式, 知(4.12)式仍成立.

下面指出, 从(4.12)式可推出(4.10)式成立. 令

$$A_i=\{\omega\text{: 有无穷多个 } n, \text{使得 } 1 \leqslant X_n(\omega) \leqslant i\} \quad (i=1,2,\cdots).$$

从(4.12)式知 $P(A_i)=0(i=1,2,\cdots)$, 于是

$$P\left(\bigcup_{i=1}^{\infty} A_i\right)=0.$$

令 $B=\bigcap_{i=1}^{\infty} A_i^c$($A_i^c$ 是 A_i 的余集), 则 $B=\left(\bigcup_{i=1}^{\infty} A_i\right)^c$. 故 $P(B)=1$. 显然, 有

$$\begin{aligned} B & =\{\omega\text{: 对任何 } i \geqslant 1, n \text{ 充分大时 } X_n(\omega)>i\} \\ & \quad \cup\{\omega\text{: } n \text{ 充分大时 } X_n(\omega)=0\} \\ & =\{\omega\text{: } \lim_{n \to \infty} X_n(\omega)=+\infty\} \cup\{\omega\text{: } \lim_{n \to \infty} X_n(\omega)=0\}. \end{aligned}$$

这就证明了(4.10)式成立. □

例 4.1 设分支过程的表达式(4.1)中所有 Y_{ni} 的共同概率分布 $\{p_k\}$ 是这样的:

$$p_k=bc^{k-1} \quad (k=1,2,\cdots),$$

$$p_0 = 1 - p_1 - p_2 - \cdots,$$

这里 $b>0, c>0, b\leqslant 1-c$，试求出灭绝概率 q.

解　易知$\{p_k\}$的母函数为

$$f(z) = \sum_{k=0}^{\infty} p_k z^k = 1 - \frac{b}{1-c} + \frac{bz}{1-cz} \quad (|z| \leqslant 1).$$

注意

$$m \triangleq \mathrm{E}(X_1) = f'(1) = \frac{b}{(1-c)^2},$$

$$p_0 + p_1 = 1 - \frac{b}{1-c} + b < 1.$$

从定理 4.3 知，当 $b\leqslant(1-c)^2$ 时，灭绝概率 $q=1$；当 $b>(1-c)^2$ 时，q 是方程 $z=f(z)$在区间$[0,1)$中的唯一根 z_0. 易知 $z_0=\dfrac{1-b-c}{c(1-c)}$，于是

$$q = \frac{1-b-c}{c(1-c)}. \tag{4.14}$$

Lotka(1939)曾用上述模型确定美国男性后裔的灭绝概率. 他根据 1920 年的调查数据确定出

$$b = 0.2126, \quad c = 0.5893, \quad p_0 = 0.4825,$$

再利用上面的公式(4.14)求得灭绝概率 $q=0.819$.

§5.5　平稳过程

1. 平稳过程的定义及有关概念

设参数集合 T 满足：若 $s\in T, t\in T$，则 $s+t\in T$. 最常见的情形是 $T=(-\infty,+\infty)$或 $\mathbf{Z}$(全体整数组成)，有时考虑 $T=[0,+\infty)$或 $T=\{0,1,\cdots\}$.

定义 5.1　称随机变量族$\{X_t, t\in T\}$是**严平稳过程**，若对任何 $n\geqslant 1$，T 中的数 $t_1<\cdots<t_n$ 及 s，n 维随机向量$(X_{t_1+s},\cdots,X_{t_n+s})$与$(X_{t_1},\cdots,X_{t_n})$有相同的概率分布.

严平稳过程的直观意义是：任何有限维分布不随时间的推移而改变，有关事件发生的概率与观测时间的起始点无关.

定义 5.2　称随机变量族$\{X_t, t\in T\}$是**宽平稳过程**，若它满足下列条件：

(1) $\mathrm{E}(X_t^2)$存在 (一切 t)；

(2) $\mathrm{E}(X_t)=$常数 (不依赖于 t);

(3) 协方差 $\mathrm{E}((X_{t+s}-\mathrm{E}(X_{t+s}))(X_t-\mathrm{E}(X_t)))$不依赖于 t (一切 $t\in T,s\in T$). ①

定义 5.3 设$\{X_t,t\in T\}$是宽平稳过程,则称

$$R(s)\triangleq\mathrm{E}(X_{t+s}-\mathrm{E}(X_{t+s}))(X_t-\mathrm{E}(X_t))$$

为**自协方差函数**,称

$$B(s)\triangleq\mathrm{E}(X_{t+s}X_t)$$

为**相关函数**. 易知 $R(s)=B(s)-(\mathrm{E}(X_0))^2$.

不难看出,若严平稳过程$\{X_t,t\in T\}$的二阶矩有限(即 $\mathrm{E}(X_t^2)$存在),则它是宽平稳过程. "严平稳性"是较强的限制条件. 在环境条件基本不变的情形下,纺织机纺出的棉纱的横截面直径对时间的依赖关系可看成严平稳过程(例 1.4). 宽平稳过程只是对随机变量的矩施加条件,这些条件一般较易满足. 在工程上,通常把宽平稳过程简称为**平稳过程**. 当参数集 T 由整数组成时,常常把"过程"二字改称为"序列"或"列".

例 5.1(调和平稳序列) 设 a,b 是实数,U 是服从区间$[-\pi,\pi]$上均匀分布的随机变量,

$$X_t\triangleq b\cos(at+U)\quad(t\in\mathbf{Z}),$$

则$\{X_t,t\in\mathbf{Z}\}$是宽平稳序列,称之为**调和平稳序列**.

实际上,

$$\mathrm{E}(X_t)=\frac{1}{2\pi}\int_{-\pi}^{\pi}b\cos(at+u)\mathrm{d}u=0,$$

$$\begin{aligned}\mathrm{E}(X_tX_s)&=\frac{1}{2\pi}\int_{-\pi}^{\pi}b^2\cos(at+u)\cos(as+u)\mathrm{d}u\\&=\frac{b^2}{2}\cos(t-s)a,\end{aligned}$$

$$R(s)=\frac{b^2}{2}\cos as.$$

---

① 本书的随机变量均是实值的. 很多书上(例如文献[16])考虑取复数值的宽平稳过程.

例 5.2(白噪声)　设$\{\varepsilon_t, t\in \mathbf{Z}\}$是随机序列，且 $\mathrm{E}(\varepsilon_t)=\mu$，

$$\mathrm{cov}(\varepsilon_t, \varepsilon_s) = \begin{cases} \sigma^2, & t = s, \\ 0, & t \neq s, \end{cases}$$

则$\{\varepsilon_t, t\in \mathbf{Z}\}$是宽平稳序列，称之为**白噪声**. 当 $\mu=0, \sigma=1$ 时，称之为**标准白噪声**.

例 5.3　设 a,b 是实数，$\{U_t, t\in \mathbf{Z}\}$是独立同分布的随机变量序列，共同分布是区间$[0,2\pi]$上的均匀分布，

$$X_t \triangleq b\cos(at+U_t) \quad (t\in \mathbf{Z}),$$

则$\{X_t, t\in \mathbf{Z}\}$是宽平稳序列，且 $\mathrm{E}(X_t)=0$，$\mathrm{var}(X_t)=b^2/2$.

什么情形下宽平稳过程也是严平稳过程呢？我们介绍一个充分条件.

定义 5.4　称$\{X_t, t\in T\}$是**高斯过程**(也称为**正态过程**)，若对任何 $n\geqslant 1$ 及 T 中的数 $t_1,\cdots,t_n$，n 维随机向量$(X_{t_1},\cdots,X_{t_n})$服从 n 维正态分布.

定理 5.1　设$\{X_t, t\in T\}$是高斯过程，则它为严平稳过程的充分必要条件是它为宽平稳过程.

证明　必要性显然. 下面证充分性. 设$\{X_t, t\in T\}$既是高斯过程又是宽平稳过程，则对任何 $t_1,\cdots,t_n$ 及 s，n 维随机向量$(X_{t_1+s},\cdots,X_{t_n+s})$的均值是

$$(\mathrm{E}(X_{t_1+s}),\cdots,\mathrm{E}(X_{t_n+s})).$$

协方差阵是 $\mathbf{V}=(v_{ij})_{n\times n}$，其中

$$v_{ij} = \mathrm{E}(X_{t_i+s}-\mathrm{E}(X_{t_i+s}))(X_{t_j+s}-\mathrm{E}(X_{t_j+s}))$$
$$(i=1,\cdots,n;\ j=1,\cdots,n).$$

由于宽平稳性，知 $\mathrm{E}(X_{t_i+s})=\mathrm{E}(X_{t_i})$，$v_{ij}$ 的值与 s 无关. 由此可见，n 维随机向量$(X_{t_1+s},\cdots,X_{t_n+s})$与$(X_{t_1},\cdots,X_{t_n})$服从相同的正态分布. 所以$\{X_t, t\in T\}$是严平稳过程. □

***定理 5.2**　设$\{X_t, t\in(-\infty,+\infty)\}$是宽平稳过程，$R(t)$是其自协方差函数. 若 $R(t)$连续，且积分$\int_{-\infty}^{+\infty}|R(t)|\,\mathrm{d}t$ 收敛，则有非负函数 $f(\lambda)$，满足

$$R(t)=\int_{-\infty}^{+\infty} f(\lambda)\cos\lambda t\,\mathrm{d}\lambda \quad (\text{一切 } t),$$

而且
$$f(\lambda)=\frac{1}{2\pi}\int_{-\infty}^{+\infty}R(t)\cos\lambda t\,\mathrm{d}t.$$

*定理 5.3**　设$\{X_n,n\in\mathbf{Z}\}$是宽平稳序列,$R(n)$是其自协方差函数.若级数$\sum_{n=-\infty}^{\infty}|R(n)|$收敛,则有非负函数$f(\lambda)$,满足

$$R(n)=\int_{-\pi}^{\pi}f(\lambda)\cos(n\lambda)\mathrm{d}\lambda\quad(\text{一切 }n),$$

而且
$$f(\lambda)=\frac{1}{2\pi}\sum_{n=-\infty}^{\infty}R(n)\cos(n\lambda)=\frac{1}{2\pi}\left(R(0)+2\sum_{n=1}^{\infty}R(n)\cos(n\lambda)\right).$$

定理 5.2 和定理 5.3 的证明用到较深的数学知识,从略.有兴趣的读者可参看文献[16].这两个定理中的$f(\lambda)$叫作**宽平稳过程(序列)的谱密度**,工程上叫作**功率谱密度**.

怎样根据宽平稳序列的一段观测值$X_1,\cdots,X_n$估计$\mathrm{E}(X_t)$及$R(k)$呢?这是实际工作中的重要问题.通常用

$$\hat{\mu}\triangleq\frac{1}{n}\sum_{k=1}^{n}X_k$$

作为$\mathrm{E}(X_t)$的估计量,用

$$\hat{R}(k)\triangleq\frac{1}{n}\sum_{i=1}^{n-k}(X_i-\hat{\mu})(X_{i+k}-\hat{\mu})$$

作为$R(k)$的估计量.可以证明,在相当广泛的条件下有下列结论:

$$P(\lim_{n\to\infty}\hat{\mu}=\mathrm{E}(X_t))=1,$$

$$P(\lim_{n\to\infty}\hat{R}(k)=R(k))=1.$$

这表明,只要n比较大,用$\hat{\mu}$估计$\mathrm{E}(X_t)$和用$\hat{R}(k)$估计$R(k)$都是有道理的.

2. 自回归模型

在宽平稳序列的应用中,最重要的是所谓的 AR(p)模型(p阶自回归模型).

定义 5.5　称实值宽平稳序列$\{X_t,t\in\mathbf{Z}\}$为p**阶自回归序列**(简称 AR(p)),若它满足方程

$$X_t=\varphi_1X_{t-1}+\varphi_2X_{t-2}+\cdots+\varphi_pX_{t-p}+\theta_0\varepsilon_t\quad(t\in\mathbf{Z}),\tag{5.1}$$

这里p是正整数,$\theta_0>0$,$\varphi_1,\cdots,\varphi_p$都是实数($\varphi_p\neq0$),$\{\varepsilon_t\}$是标准的白

噪声(即 $E(\varepsilon_t)\equiv 0, E(\varepsilon_t\varepsilon_s)=0(t\neq s), E(\varepsilon_t^2)=1$),而且多项式

$$\Phi(z)\triangleq 1-\varphi_1 z-\varphi_2 z^2-\cdots-\varphi_p z^p$$

的根均在单位圆外(即对一切复数 z,只要 $|z|\leqslant 1$,必有 $\Phi(z)\neq 0$). 这个 $\Phi(z)$叫作方程(5.1)的**特征多项式**.

从(5.1)式可看出,X_t 的值主要依赖于前 p 个时刻的值 $X_{t-1},\cdots,X_{t-p}$,这是"自回归"一词的由来.

例 5.4　设$\{X_t,t\in\mathbf{Z}\}$是满足下列方程的宽平稳序列:

$$X_t=\frac{5}{6}X_{t-1}-\frac{1}{6}X_{t-2}+\varepsilon_t\quad(t\in\mathbf{Z}),$$

其中$\{\varepsilon_t\}$是独立同分布的随机变量序列,共同分布是 $N(0,1)$.

易知 $\Phi(z)\triangleq 1-\frac{5}{6}z+\frac{1}{6}z^2=\frac{1}{6}(z-3)(z-2)$,可见 $\Phi(z)$的根均在单位圆外. 故$\{X_t,t\in\mathbf{Z}\}$是 AR(2).

例 5.5　在经济研究中有如下模型: X_n 和 Y_n 分别表示时刻 n $(n\in\mathbf{Z})$的商品价格与供应量. 假设

$$X_n=\alpha-\beta Y_n+\xi_n,\quad Y_n=\gamma+\delta X_{n-1}+\eta_n,$$

其中 $\alpha,\beta,\gamma,\delta$ 是实数(与 n 无关),$\{\xi_n\}$和$\{\eta_n\}$是两个随机变量序列,用来表示经济运行时所受的干扰. 解上述方程组,得

$$\begin{aligned}X_n&=\alpha-\beta\gamma-\beta\delta X_{n-1}+\xi_n-\beta\eta_n\\&=\varphi_1 X_{n-1}+\zeta_n,\end{aligned}$$

这里 $\varphi_1=-\beta\delta$, $\zeta_n=\alpha-\beta\gamma+\xi_n-\beta\eta_n$. 在一定条件下,$\{X_n,n\in\mathbf{Z}\}$是 AR(1).

***例 5.6**(单摆)　设

$$X_t=aX_{t-1}+\varepsilon_t\quad(t\in\mathbf{Z}),\tag{5.2}$$

其中 a 是实数,$a\neq 0$, $|a|<1$, $\{\varepsilon_t\}$是白噪声. X_0 可看成单摆的初始振幅,$X_t(t=1,2,\cdots)$是第 t 次摆动时的最大振幅. a 越接近于 0,阻尼越大,稳定得越快. 易知 $\Phi(z)=1-az$ 的根是 $z_1=a^{-1}$,故$|z_1|>1$. 宽平稳序列

$$X_t\triangleq\sum_{j=0}^{\infty}a^j\varepsilon_{t-j}\quad(t\in\mathbf{Z})\tag{5.3}$$

满足(5.2)式,且是 AR(1).

注意方程(5.2)的通解是

$$X_t=\sum_{j=0}^{\infty}a^j\varepsilon_{t-j}+\xi a^t \quad (t\in\mathbf{Z}), \tag{5.4}$$

其中 ξ 是任何随机变量. 表达式 $Y=\sum_{j=0}^{\infty}a^j\varepsilon_{t-j}$ 的含义是:

$$\sum_{j=0}^{n}a^j\varepsilon_{t-j}\xrightarrow{\text{a. s.}}Y \quad (n\to\infty).$$

从(5.3)式和(5.4)式可看出,通解和宽平稳解之间相差一个无穷小量 $|\xi a^t|(t\to\infty)$. 也就是说,任何解随时间推移趋于宽平稳解. 这个宽平稳解的自协方差函数为

$$R(k)=a^kR(0),\quad R(0)=\mathrm{E}(\varepsilon_0^2)/(1-a^2) \quad (k\in\mathbf{Z}),$$

谱密度为

$$f(\lambda)=\frac{\mathrm{E}(\varepsilon_0^2)}{2\pi(1+a^2-2a\cos\lambda)} \quad (-\pi\leqslant\lambda\leqslant\pi).$$

对于 AR(p),我们不加证明地介绍以下几条定理(有关的证明和补充知识,可参看文献[16]).

***定理 5.4**　为了实值随机变量序列 $\{X_t,t\in\mathbf{Z}\}$ 是满足(5.1)式的 AR(p),必须且只需 X_t 有表达式

$$X_t=\theta_0\sum_{j=0}^{\infty}c_j\varepsilon_{t-j} \quad (t\in\mathbf{Z}), \tag{5.5}$$

这里 $\{c_j\}$ 乃是幂级数

$$\frac{1}{\Phi(z)}=\sum_{j=0}^{\infty}c_jz^j \quad (|z|<r) \tag{5.6}$$

的系数($\Phi(z)$ 是方程(5.1)的特征多项式,r 是某个大于 1 的数). (5.5)式中的级数是概率为 1 地收敛的,即

$$\theta_0\sum_{j=0}^{n}c_j\varepsilon_{t-j}\xrightarrow{\text{a. s.}}X_t \quad (n\to\infty).$$

***定理 5.5**　表达式(5.5)确定的宽平稳序列 $\{X_t,t\in\mathbf{Z}\}$ 具有这样的性质:

$$\mathrm{E}(X_t)=0 \quad (t\in\mathbf{Z}),$$

$$R(k)=\theta_0^2\sum_{j=0}^{\infty}c_jc_{j+k} \quad (k\in\mathbf{Z}),$$

而且 $R(k)$ 与方程(5.1)中的参数 $\theta_0,\varphi_1,\cdots,\varphi_p$ 有下列关系式:

$$\sum_{k=1}^{p}R(k)\varphi_k=R(0)-\theta_0^2,$$

$$\sum_{k=1}^{p} R(n-k)\varphi_k = R(n) \quad (n=1,2,\cdots).$$

*__定理 5.6__　设$\{X_t, t\in \mathbf{Z}\}$是满足方程(5.1)的 AR(p),则对任何正整数τ,根据时刻t及以前的观测值$X_t, X_{t-1}, X_{t-2}, \cdots$可得到$X_{t+\tau}$的"最佳线性预测值"为

$$\hat{X}_{t+\tau} = \sum_{j=0}^{p-1} \beta_j^{(\tau)} X_{t-j}, \tag{5.7}$$

其中

$$\begin{bmatrix} \beta_0^{(\tau)} \\ \beta_1^{(\tau)} \\ \beta_2^{(\tau)} \\ \vdots \\ \beta_{p-1}^{(\tau)} \end{bmatrix} = \begin{bmatrix} 1 & 0 & 0 & 0 & \cdots & 0 \\ -\varphi_1 & 1 & 0 & 0 & \cdots & 0 \\ -\varphi_2 & -\varphi_1 & 1 & 0 & \cdots & 0 \\ \vdots & \vdots & \vdots & \vdots & & \vdots \\ -\varphi_{p-1} & -\varphi_{p-2} & -\varphi_{p-3} & \cdots & -\varphi_1 & 1 \end{bmatrix} \begin{bmatrix} c_\tau \\ c_{\tau+1} \\ c_{\tau+2} \\ \vdots \\ c_{\tau+p-1} \end{bmatrix},$$

这里$\{c_k\}$由(5.6)式确定."最佳线性预测"的含义是:观测值的线性函数中均方误差最小者,即有

$$\begin{aligned} &\mathrm{E}|\hat{X}_{t+\tau} - X_{t+\tau}|^2 \\ &= \min\left\{ \mathrm{E}(\xi_t - X_{t+\tau})^2 : \xi_t = \sum_{j=0}^{\infty} \lambda_j X_{t-j}, \lambda_j \text{ 是实数}, \sum_{j=0}^{\infty} \lambda_j^2 \text{ 收敛} \right\}. \end{aligned}$$

从(5.6)式知,$\{c_k\}$可从$\varphi_1, \cdots, \varphi_p$出发用下列递推公式计算出:

$$c_0 = 1, \quad c_k = \sum_{i=1}^{l} \varphi_i c_{k-i} \quad (k \geqslant 1),$$

这里$l = \min\{k, p\}$.

对于一般的宽平稳序列$\{X_t, t\in \mathbf{Z}\}$,我们可以找自回归序列$\{\widetilde{X}_t, t\in \mathbf{Z}\}$作为其近似.更确切些说,有下面的定理:

*__定理 5.7__　设$\{X_t, t\in \mathbf{Z}\}$是任何宽平稳序列,其自协方差函数的$p+1$个值$R(0), R(1), \cdots, R(p)$已知,且矩阵

$$\boldsymbol{R}_p = \begin{bmatrix} R(0) & R(1) & \cdots & R(p) \\ R(1) & R(0) & \cdots & R(p-1) \\ \vdots & \vdots & & \vdots \\ R(p) & R(p-1) & \cdots & R(0) \end{bmatrix}$$

是正定的.设$\theta_0, \varphi_1, \cdots, \varphi_p$由如下方程组所确定:

$$\theta_0^2 = R(0) - \sum_{k=1}^{p} R(k)\varphi_k \quad (\theta_0 > 0),$$

$$\boldsymbol{R}_{p-1} \begin{bmatrix} \varphi_1 \\ \vdots \\ \varphi_p \end{bmatrix} = \begin{bmatrix} R(1) \\ \vdots \\ R(p) \end{bmatrix},$$

则多项式 $\Phi(z)\triangleq 1-\sum_{k=1}^{p}\varphi_k z^k$ 的根都在单位圆外，而且由方程

$$\widetilde{X}_t=\varphi_1\widetilde{X}_{t-1}+\varphi_2\widetilde{X}_{t-2}+\cdots+\varphi_p\widetilde{X}_{t-p}+\theta_0\varepsilon_t$$

（$\{\varepsilon_t\}$是独立同分布的随机变量序列，共同分布是 $N(0,1)$）确定的 p 阶自回归序列 $\{\widetilde{X}_t,t\in\mathbf{Z}\}$的自协方差函数 $\widetilde{R}(k)$满足

$$\widetilde{R}(k)=R(k)\quad(k=0,1,\cdots,p).$$

自然问：在定理 5.7 中的 p 应取多大？这就是自回归模型的定阶问题，属于“过程统计”的研究范围，我们不介绍了.

以上是用 AR(p)来近似一般的宽平稳序列. AR(p)是比较简单而重要的宽平稳序列，还有许多稍微复杂些的模型（例如 ARMA）也可用来作为宽平稳序列的近似.

在实际工作中常常遇到非平稳的时间序列. 一般情形下，时间序列$\{X_t,t\in\mathbf{Z}\}$由三部分叠加而成：

$$X_t=m_t+p_t+y_t,\tag{5.8}$$

其中 m_t 是趋势项，p_t 是周期项（例如反映季节性影响），$\{y_t,t\in\mathbf{Z}\}$是宽平稳序列（反映纯随机性影响）.

如何把(5.8)中的三项分离出来？这是时间序列分析的中心问题. 在许多实际问题里，$m_t+p_t=s(t)$是 t 的非随机函数，如何从$\{X_t,t\in\mathbf{Z}\}$的一段观测值（数据）出发估计出 $s(t)$乃是时间序列的滤波问题. 现代对于时间序列分析已有大量的研究成果.

习 题 五

1. 设$\{X_t,t\geqslant 0\}$和$\{Y_t,t\geqslant 0\}$分别是参数 λ 和 μ 的（时齐）泊松过程，且二者相互独立（即对任何 $0\leqslant t_1<\cdots<t_n$ 及 $0\leqslant s_1<\cdots<s_m$（一切 $n\geqslant 1,m\geqslant 1$），随机向量$(X_{t_1},\cdots,X_{t_n})$与$(Y_{s_1},\cdots,Y_{s_m})$是相互独立的），令 $\xi_t=X_t+Y_t$，$\eta_t=X_t-Y_t$，试问：随机过程$\{\xi_t,t\geqslant 0\}$和$\{\eta_t,t\geqslant 0\}$是否都是泊松过程？（要求讲理由）

2. 假设一天下雨则第二天也下雨的概率是 0.7，一天不下雨则第二天下雨的概率是 0.3. 已知今天下雨的可能性为 50%，试求从明天起连续三天都下雨的概率.

3. 设 $p_{ij}^{(n)}$ 是齐次马氏链的 n 步转移概率. 若存在 $n_0\geqslant 1$，使得对一切状态 i,j，有 $p_{ij}^{(n_0)}>0$，试证：对一切 $n\geqslant n_0$，有 $p_{ij}^{(n)}>0$（一切 i,j）.

4. 设$\{X_n,n=0,1,\cdots\}$是齐次马氏链，E 是其中状态空间，试证：对任何 $n\geqslant 1$ 及 E 中的状态 $i_{n-1},i_n,i_{n+1},\cdots,i_{n+m}$（$m\geqslant 1$），均有

$$P(X_{n-1}=i_{n-1}|X_n=i_n,X_{n+1}=i_{n+1},\cdots,X_{n+m}=i_{n+m})$$
$$=P(X_{n-1}=i_{n-1}|X_n=i_n)$$
（当 $P(X_n=i_n,X_{n+1}=i_{n+1},\cdots,X_{n+m}=i_{n+m})>0$ 时）.

5．设齐次马氏链 $\{X_n,n=0,1,\cdots\}$ 的状态空间是 $E=\{1,2,3\}$，其一步转移概率矩阵是

$$\boldsymbol{P}=\begin{bmatrix}1/2 & 1/3 & 1/6\\ 1/3 & 1/3 & 1/3\\ 1/3 & 1/2 & 1/6\end{bmatrix},$$

试求出 $P(X_{n+2}=j|X_n=i)$（一切 $i,j\in E$），并证明：

$$P(\text{存在 } m>n,\text{使得 } X_m=j|X_n=i)=1.$$

6．设马氏链 $\{X_n,n=0,1,\cdots\}$ 的状态空间是 $E=\{1,2,3\}$，一步转移概率矩阵是

$$\boldsymbol{P}=\begin{bmatrix}1/2 & 1/2 & 0\\ 1/2 & 0 & 1/2\\ 0 & 1/2 & 1/2\end{bmatrix},$$

又知 $P(X_0=i)=p_i\ (i=1,2,3)$，试求 $X_n\ (n\geqslant 1)$ 的概率分布.

7．设齐次马氏链的状态空间为 $E=\{1,2,3,4\}$，一步转移概率矩阵为

$$\boldsymbol{P}=\begin{bmatrix}1/4 & 1/4 & 1/4 & 1/4\\ 0 & 0 & 1 & 0\\ 0 & 0 & 0 & 1\\ 1 & 0 & 0 & 0\end{bmatrix}.$$

（1）此马氏链的任何两状态是否可相互到达？哪些是常返状态？

（2）求状态 1 的周期及平均返回时间.

*8．设齐次马氏链的状态空间 E 由全体整数组成，$p_{i\,i+1}=p_{i\,i-1}=1/2\ (i\in E)$.

（1）此马氏链的任何两状态是否可相互到达？

（2）对状态分类，并求各状态的周期及常返状态的平均返回时间.

提示：利用斯特林公式：

$$\lim_{n\to\infty}\frac{n!}{\left(\dfrac{n}{\mathrm{e}}\right)^n\sqrt{2\pi n}}=1.$$

9．设一齐次马氏链有这样的特点：从每一状态出发只能到达有限多个状态.试证：该马氏链必存在常返状态且从非常返状态（如果有的话）出发迟早要到达常返状态.

10．设 $\{X_n,n=0,1,\cdots\}$ 是齐次马氏链，$X_0\equiv c$（c 是常数），$y_n=X_n-X_{n-1}$（$n=$

1,2,…),试证:$\{y_n, n=1,2,\cdots\}$独立同分布的充分必要条件是$\{X_n, n=0,1,\cdots\}$的转移概率为$p_{ij}=a_{j-i}$(即只与$j-i$有关).

11. 设系统共有$m+1$个状态,记为$0,1,\cdots,m$,状态的转移规律是:若系统在某时刻处于状态i $(1\leqslant i\leqslant m-1)$,则下一步以概率$\frac{i}{m}$转移到状态$i-1$,以概率$1-\frac{i}{m}$转移到状态$i+1$;若某时刻处于状态0,则下一步转移到状态1;若某时刻处于状态m,则下一步转移到状态$m-1$.用X_n表示系统在时刻n的状态,试求出马氏链$\{X_n, n=0,1,\cdots\}$的平稳分布.

12. 设$\{X_t, t\in(-\infty,+\infty)\}$是严平稳过程,$a_1,\cdots,a_n,b_1,\cdots,b_n$是$2n$个常数,

$$y_t = \sum_{k=1}^{n} a_k X_{t+b_k},$$

试证:$\{y_t, t\in(-\infty,+\infty)\}$也是严平稳过程.

13. 设$\{X_t, t\geqslant 0\}$是参数为λ的泊松过程,$y_t=X_{t+1}-X_t$ $(t\geqslant 0)$,试证:$\{y_t, t\geqslant 0\}$是宽平稳过程.

14. (滑动平均过程)设$\{X_n, n\in \mathbf{Z}\}$是两两不相关的实值随机变量序列,$\mathrm{E}(X_n)\equiv 0$,$\mathrm{var}(X_n)\equiv\sigma^2>0$,令

$$Y_n = \sum_{k=0}^{M} a_k X_{n-k} \quad (n\in\mathbf{Z}),$$

其中$a_0,a_1,\cdots,a_M$是实数列,M是正整数,试证:$\{Y_n, n\in\mathbf{Z}\}$是宽平稳序列.

15. 设X和Y都是实值随机变量,$\lambda\neq 0$,

$$\xi_t = X\cos\lambda t + Y\sin\lambda t \quad (t\in(-\infty,+\infty)),$$

试证:$\{\xi_t, t\in(-\infty,+\infty)\}$是宽平稳过程的充分必要条件是$X$与$Y$不相关且

$$\mathrm{E}(X)=\mathrm{E}(Y)=0, \quad \mathrm{var}(X)=\mathrm{var}(Y).$$

16. 设$\{\varepsilon_t, t\in\mathbf{Z}\}$是标准白噪声,$a$是实数,$|a|<1$,

$$X_n = \sum_{k=0}^{\infty} a^k \varepsilon_{n-k} \quad (n\in\mathbf{Z})$$

(这里级数是概率为1地收敛的),试证:$\{X_n, n\in\mathbf{Z}\}$是宽平稳序列;并求出其自协方差函数和谱密度.

*17. 设随机变量ξ与η相互独立,ξ服从区间$[0,2\pi]$上的均匀分布,η的分布密度为$p(x)=(\pi(1+x^2))^{-1}$,令

$$X_t=\cos(\eta t+\xi) \quad (t\in(-\infty,+\infty)),$$

试证:$\{X_t, t\in(-\infty,+\infty)\}$是宽平稳过程;并求出其自协方差函数和谱密度.

18. 设$\{X_t, t\in(-\infty,+\infty)\}$既是宽平稳过程,又是高斯过程,其自协方差函数是$R(t)$,且$\mathrm{E}(X_t)=0$,令

$$Y_t = X_t^2 - R(0),$$

试证：$\{Y_t, t\in(-\infty,+\infty)\}$是宽平稳过程；并求出其自协方差函数.

*19. 设$\{\varepsilon_t, t\in \mathbf{Z}\}$是白噪声. 研究“随机差分方程”

$$X_t = aX_{t-1} + \varepsilon_t \quad (t\in\mathbf{Z}),$$

其中 a 是实数. 试证：

(1) 当$|a|<1(a\neq 0)$时，此方程有唯一的宽平稳解 $X_t = \sum\limits_{i=0}^{\infty} a^i \varepsilon_{t-i}\,(t\in\mathbf{Z})$；

(2) 当$|a|>1$ 时，此方程有唯一的宽平稳解 $X_t = -\sum\limits_{i=1}^{\infty} a^{-i}\varepsilon_{t+i}\,(t\in\mathbf{Z})$

(以上的表达式中等号右端的无穷级数是概率为 1 地收敛于左端的 X_t 的).

附录　关于数学期望几个重要结论的证明

本附录将对正文第二章的定理 6.3,定理 6.5,第三章的定理 4.4,定理 4.6 以及第二章的定理 8.2 给出完全的证明,供关心数学推导的读者参考. 为了便于阅读,我们把这五个定理复述一遍,并分别称为定理 A,定理 B,定理 C,定理 D,定理 E.

定理 A(第二章的定理 6.3)　设随机变量 $X=X(\omega)$ 的期望 $\mathrm{E}(X)$ 存在,随机变量 $Y=Y(\omega)$ 的期望 $\mathrm{E}(Y)$ 也存在,则有下列结论:

(1) 对任何实数 a,$\xi=\xi(\omega)\triangleq aX(\omega)$ 的期望存在,且 $\mathrm{E}(\xi)=a\mathrm{E}(X)$;

(2) $\eta=\eta(\omega)\triangleq X(\omega)+Y(\omega)$ 的期望存在,且 $\mathrm{E}(\eta)=\mathrm{E}(X+Y)=\mathrm{E}(X)+E(Y)$;

(3) 若 $X\geqslant Y$(即对一切 ω,$X(\omega)\geqslant Y(\omega)$),则 $\mathrm{E}(X)\geqslant \mathrm{E}(Y)$.

证明　首先考虑 X 和 Y 都是离散型随机变量的情形.

(1) 设 X 的可能值是 $x_1,x_2,\cdots$(有限个或可列无穷个),Y 的可能值是 y_1,$y_2,\cdots$(有限个或可列无穷个). 若 $a=0$,则显然有 $\mathrm{E}(\xi)=a\mathrm{E}(X)$. 若 $a\neq 0$,则 $\xi=aX$ 的可能值是 $ax_1,ax_2,\cdots$,于是 $\mathrm{E}(\xi)=\sum\limits_i(ax_i)P(\xi=ax_i)=a\sum\limits_i x_iP(X=x_i)=a\mathrm{E}(X)$. 总之,上述定理 A 的(1) 成立.

(2) 设 $\eta=X+Y$ 的可能值是 $z_1,z_2,\cdots$(有限个或可列无穷个),其中 $z_k=x_i+y_j$(对每个 k 对应某些 i,j). 令

$$p_{ij}=P(X=x_i,Y=y_j)\quad(i,j=1,2,\cdots).$$

易知 $P(X=x_i)=\sum\limits_j p_{ij}$,$P(Y=y_j)=\sum\limits_i p_{ij}$. 令 $E_k=\{(i,j):x_i+y_j=z_k\}(k\geqslant 1)$,则

$$\begin{aligned}
\mathrm{E}(X)+\mathrm{E}(Y)&=\sum_i x_iP(X=x_i)+\sum_j y_jP(Y=y_j)\\
&=\sum_i x_i\sum_j p_{ij}+\sum_j y_j\sum_i p_{ij}\\
&=\sum_{i,j}(x_i+y_j)p_{ij}=\sum_k\sum_{(i,j)\in E_k}(x_i+y_j)p_{ij}\\
&=\sum_k z_k\sum_{(i,j)\in E_k}p_{ij}=\sum_k z_kP(X+Y=z_k)\\
&=\mathrm{E}(X+Y)=\mathrm{E}(\eta)
\end{aligned}$$

(注意,上面遇到的级数(若有无穷多项的话)都是绝对收敛的,求和时可交换项的次序).

(3) 若 $X\geqslant Y$,则 $X=Y+(X-Y)$,且 $X-Y\geqslant 0$. 利用已证明的结论和第二章的定理 6.2,知 $\mathrm{E}(X)=\mathrm{E}(Y)+\mathrm{E}(X-Y)\geqslant \mathrm{E}(Y)$.

总之,X 和 Y 是离散型随机变量时定理的结论成立.

下面考虑一般情形(即 X 和 Y 不一定是离散型的).

对任何 $\varepsilon>0$,设 X^* 由第二章的(6.2)式给出(即对任何整数 k,当 $k\varepsilon\leqslant X<(k+1)\varepsilon$ 时,$X^*=k\varepsilon$),即

$$X^* = \begin{cases} 0, & 0\leqslant X<\varepsilon, \\ \varepsilon, & \varepsilon\leqslant X<2\varepsilon, \\ -\varepsilon, & -\varepsilon\leqslant X<0, \\ 2\varepsilon, & 2\varepsilon\leqslant X<3\varepsilon, \\ \cdots\cdots & \cdots\cdots \\ k\varepsilon, & k\varepsilon\leqslant X<(k+1)\varepsilon\ (k\text{ 是整数}), \\ \cdots\cdots & \cdots\cdots \end{cases}$$

我们说,X^* 可由 X 和 ε 表示出来. 实际上,

$$X^* = \left[\frac{1}{\varepsilon}X\right]\varepsilon, \tag{1}$$

这里 $X^*=X^*(\omega)=\left[\frac{1}{\varepsilon}X(\omega)\right]\varepsilon$,$[x]$表示不超过 x 的最大整数.

当 $a>0$ 时,易知

$$\left[\frac{1}{\varepsilon}aX\right]\varepsilon = \left[\frac{1}{\varepsilon/a}X\right]\frac{\varepsilon}{a}a.$$

注意$\left[\frac{1}{\varepsilon/a}X\right]\frac{\varepsilon}{a}$是离散型随机变量,根据已证部分知

$$\mathrm{E}\left(\left[\frac{1}{\varepsilon}aX\right]\varepsilon\right)=\mathrm{E}\left(\left[\frac{1}{\varepsilon/a}X\right]\frac{\varepsilon}{a}a\right)=a\mathrm{E}\left(\left[\frac{1}{\varepsilon/a}X\right]\frac{\varepsilon}{a}\right).$$

令 $\varepsilon\to 0$,根据期望的定义得 $\mathrm{E}(aX)=a\mathrm{E}(X)$.

现在考虑 $a=-1$ 的情形. 由于

$$-[x]-1\leqslant[-x]\leqslant-[x]\quad(\text{一切 } x),$$

我们有

$$-\left[\frac{1}{\varepsilon}X\right]\varepsilon-\varepsilon\leqslant\left[\frac{1}{\varepsilon}(-X)\right]\varepsilon\leqslant-\left[\frac{1}{\varepsilon}X\right]\varepsilon\quad(\varepsilon>0),$$

即

$$-X^*-\varepsilon\leqslant\left[\frac{1}{\varepsilon}(-X)\right]\varepsilon\leqslant-X^*.$$

利用离散型情形已证明的结论,知

$$-\mathrm{E}(X^*)-\varepsilon \leqslant \mathrm{E}\left(\left[\frac{1}{\varepsilon}(-X)\right]\varepsilon\right) \leqslant -\mathrm{E}(X^*).$$

令 $\varepsilon \to 0$,得 $-\mathrm{E}(X) \leqslant \mathrm{E}(-X) \leqslant -\mathrm{E}(X)$,所以 $\mathrm{E}(-X)=-\mathrm{E}(X)$.

当 $a<0$ 时,$aX=(-a)(-X)$,根据已证部分知

$$\mathrm{E}(aX)=(-a)\mathrm{E}(-X)=(-a)(-\mathrm{E}(X))=a\mathrm{E}(X).$$

当 $a=0$ 时,显然有 $\mathrm{E}(aX)=a\mathrm{E}(X)$.

总之,对一切 a,均有 $\mathrm{E}(aX)=a\mathrm{E}(X)$.这表明定理 A 的结论(1)成立.

由于 $[a]+[b] \leqslant [a+b] \leqslant [a]+[b]+1$,知

$$\left[\frac{1}{\varepsilon}X\right]\varepsilon+\left[\frac{1}{\varepsilon}Y\right]\varepsilon \leqslant \left[\frac{1}{\varepsilon}(X+Y)\right]\varepsilon \leqslant \left[\frac{1}{\varepsilon}X\right]\varepsilon+\left[\frac{1}{\varepsilon}Y\right]\varepsilon+\varepsilon,$$

即 $X^*+Y^* \leqslant \left[\frac{1}{\varepsilon}(X+Y)\right]\varepsilon \leqslant X^*+Y^*+\varepsilon$,这里 $Y^*=\left[\frac{1}{\varepsilon}Y\right]\varepsilon$.利用离散型情形已证明的结论,知

$$\mathrm{E}(X^*)+\mathrm{E}(Y^*) \leqslant \mathrm{E}\left(\left[\frac{1}{\varepsilon}(X+Y)\right]\varepsilon\right) \leqslant \mathrm{E}(X^*)+\mathrm{E}(Y^*)+\varepsilon.$$

令 $\varepsilon \to 0$,得

$$\mathrm{E}(X)+\mathrm{E}(Y) \leqslant \mathrm{E}(X+Y) \leqslant \mathrm{E}(X)+\mathrm{E}(Y).$$

所以 $\mathrm{E}(X+Y)=\mathrm{E}(X)+\mathrm{E}(Y)$.故定理 A 的结论(2)成立.

当 $X \geqslant Y$ 时,$X-Y \geqslant 0$,从第二章定理 6.2 知 $\mathrm{E}(X-Y) \geqslant 0$.由于 $X=Y+(X-Y)$,故 $\mathrm{E}(X)=\mathrm{E}(Y)+\mathrm{E}(X-Y) \geqslant \mathrm{E}(Y)$.故定理 A 的结论(3)成立.　□

定理 B(第二章的定理 6.5)　(1) 设 X 是离散型随机变量,可能值是 x_1,x_2,…(有限个或可列无穷个),概率分布是 $p_k=P(X=x_k)(k=1,2,\cdots)$.若 $f(x)$ 是任何函数,则

$$\mathrm{E}f(X)=\sum_k f(x_k)p_k \tag{2}$$

(当 $x_1,x_2,\cdots$ 是无穷序列时,要求级数绝对收敛).

(2) 设 X 是连续型随机变量,分布密度是 $p(x)$.若函数 $f(x)$ 使得积分 $\int_{-\infty}^{+\infty}|f(x)|\,p(x)\mathrm{d}x$ 收敛,则

$$\mathrm{E}f(X)=\int_{-\infty}^{+\infty}f(x)p(x)\mathrm{d}x. \tag{3}$$

证明　设 X 是离散型的,其可能值是 $x_1,x_2,\cdots$,$Y=f(X)$ 的可能值是 y_1,y_2,…(有限个或可列无穷个).令

$$E_k=\{x_i: i \geqslant 1 \text{ 且 } f(x_i)=y_k\} \quad (k=1,2,\cdots),$$

则 $P(Y=y_k)=\sum\limits_{x_i \in E_k}P(X=x_i)$.于是

$$\mathrm{E}f(X)=\sum_{k}y_kP(Y=y_k)=\sum_{k}\sum_{x_i\in E_k}y_kP(X=x_i)$$
$$=\sum_{k}\sum_{x_i\in E_k}f(x_i)P(X=x_i)=\sum_{i}f(x_i)P(X=x_i).$$

这表明(2)式成立.

(3)式的证明比较复杂些.设 X 有分布密度 $p(x)$, $Y=f(X)$.任意给定 $\varepsilon>0$,令

$$Y^*=\left[\frac{1}{\varepsilon}Y\right]\varepsilon,$$

即对任何整数 k,当 $k\varepsilon\leqslant Y<(k+1)\varepsilon$ 时, $Y^*=k\varepsilon$.令 $B_k=\{x:k\varepsilon\leqslant f(x)<(k+1)\varepsilon\}$ (k 是整数),则

$$\mathrm{E}(Y^*)=\sum_{k=-\infty}^{\infty}k\varepsilon P(Y^*=k\varepsilon)=\sum_{k=-\infty}^{\infty}k\varepsilon P(X\in B_k).$$

从第二章的(3.4)式知

$$P(X\in B_k)=\int_{-\infty}^{+\infty}I_{B_k}(x)p(x)\mathrm{d}x,$$

这里 $I_{B_k}(x)$ 是 B_k 的示性函数.于是

$$\begin{aligned}\mathrm{E}(Y^*)&=\sum_{k=-\infty}^{\infty}k\varepsilon\int_{-\infty}^{+\infty}I_{B_k}(x)p(x)\mathrm{d}x\\&=\sum_{k=-\infty}^{\infty}\int_{-\infty}^{+\infty}(f(x)+k\varepsilon-f(x))I_{B_k}(x)p(x)\mathrm{d}x\\&=\sum_{k=-\infty}^{\infty}\int_{-\infty}^{+\infty}f(x)I_{B_k}(x)p(x)\mathrm{d}x+\Delta,\end{aligned}\tag{4}$$

这里
$$\Delta=\sum_{k=-\infty}^{+\infty}\int_{-\infty}^{+\infty}(k\varepsilon-f(x))I_{B_k}(x)p(x)\mathrm{d}x.$$

若 $x\in B_k$,则 $k\varepsilon\leqslant f(x)<(k+1)\varepsilon$,从而有 $|k\varepsilon-f(x)|\leqslant\varepsilon$.于是

$$\begin{aligned}|\Delta|&\leqslant\sum_{k=-\infty}^{\infty}\int_{-\infty}^{+\infty}\varepsilon I_{B_k}(x)p(x)\mathrm{d}x\\&=\varepsilon\int_{-\infty}^{+\infty}\left(\sum_{k=-\infty}^{\infty}I_{B_k}(x)\right)p(x)\mathrm{d}x=\varepsilon\int_{-\infty}^{+\infty}p(x)\mathrm{d}x\\&=\varepsilon.\end{aligned}$$

另一方面,

$$\begin{aligned}&\sum_{k=-\infty}^{\infty}\int_{-\infty}^{+\infty}f(x)I_{B_k}(x)p(x)\mathrm{d}x\\&=\int_{-\infty}^{+\infty}f(x)\left(\sum_{k=-\infty}^{\infty}I_{B_k}(x)\right)p(x)\mathrm{d}x=\int_{-\infty}^{+\infty}f(x)p(x)\mathrm{d}x.\end{aligned}$$

令 $\varepsilon \to 0$,从(4)式知

$$\lim_{\varepsilon \to 0} \mathrm{E}(Y^*) = \int_{-\infty}^{+\infty} f(x)p(x)\mathrm{d}x.$$

由于 $\mathrm{E}f(X)=\mathrm{E}(Y)=\lim\limits_{\varepsilon \to 0}\mathrm{E}(Y^*)$,故(3)式成立. □

定理 C(第三章的定理 4.4) 随机变量设 X 与 Y 相互独立且 $\mathrm{E}(X)$ 和 $\mathrm{E}(Y)$ 都存在,则

$$\mathrm{E}(XY) = \mathrm{E}(X)\mathrm{E}(Y). \tag{5}$$

证明 先考虑 X 和 Y 都是离散型情形. 设 X 的可能值是 $x_1, x_2, \cdots$(有限个或可列无穷个),Y 的可能值是 $y_1, y_2, \cdots$(有限个或可列无穷个). 令

$$p_{ij} = P(X = x_i, Y = y_j) \quad (i,j = 1,2,\cdots).$$

设 $Z=XY$ 的可能值是 $z_1, z_2, \cdots$(有限个或可列无穷个),$E_k=\{(i,j):\ x_iy_j=z_k\}$ $(k=1,2,\cdots)$,则

$$\begin{aligned}
P(Z = z_k) &= \sum_{(i,j)\in E_k} P(X = x_i, Y = y_j) \\
&= \sum_{(i,j)\in E_k} P(X = x_i)P(Y = y_j).
\end{aligned}$$

于是

$$\begin{aligned}
\mathrm{E}(XY) = \mathrm{E}(Z) &= \sum_k z_k P(Z = z_k) \\
&= \sum_k \sum_{(i,j)\in E_k} z_k P(X = x_i)P(Y = y_j) \\
&= \sum_k \sum_{(i,j)\in E_k} x_i y_j P(X = x_i)P(Y = y_j) \\
&= \sum_{i,j} x_i y_j P(X = x_i)P(Y = y_j) \\
&= \sum_i x_i P(X = x_i) \cdot \sum_j y_j P(Y = y_j) \\
&= \mathrm{E}(X)\mathrm{E}(Y).
\end{aligned}$$

这表明,对于离散型随机变量 X,Y,(5)式成立.

现在研究一般的非负随机变量 X,Y.

若 $a\geqslant 0, b\geqslant 0$,易知

$$[a] \leqslant a < [a]+1, \quad [b] \leqslant b < [b]+1,$$

于是

$$[a][b] \leqslant [ab] \leqslant [a][b]+[a]+[b]+1,$$

从而对一切 $\varepsilon>0$,有

$$\left[\frac{1}{\varepsilon}X\right]\varepsilon \cdot \left[\frac{1}{\varepsilon}Y\right]\varepsilon \leqslant \left[\frac{1}{\varepsilon^2}XY\right]\varepsilon^2$$

$$\leqslant \left[\frac{1}{\varepsilon}X\right]\varepsilon \cdot \left[\frac{1}{\varepsilon}Y\right]\varepsilon + \left[\frac{1}{\varepsilon}X\right]\varepsilon^2 + \left[\frac{1}{\varepsilon}Y\right]\varepsilon^2 + \varepsilon^2.$$

注意到$\left[\frac{1}{\varepsilon}X\right]\varepsilon$和$\left[\frac{1}{\varepsilon}Y\right]\varepsilon$都是离散型的随机变量，利用已证明的结果知

$$\begin{aligned}\mathrm{E}\left(\left[\frac{1}{\varepsilon}X\right]\varepsilon\right)\cdot \mathrm{E}\left(\left[\frac{1}{\varepsilon}Y\right]\varepsilon\right) &\leqslant \mathrm{E}\left(\left[\frac{1}{\varepsilon^2}XY\right]\varepsilon^2\right)\\ &\leqslant \mathrm{E}\left(\left[\frac{1}{\varepsilon}X\right]\varepsilon\right)\mathrm{E}\left(\left[\frac{1}{\varepsilon}Y\right]\varepsilon\right)+\varepsilon\mathrm{E}\left(\left[\frac{1}{\varepsilon}X\right]\varepsilon\right)+\varepsilon\mathrm{E}\left(\left[\frac{1}{\varepsilon}Y\right]\varepsilon\right)+\varepsilon^2.\end{aligned}$$

令$\varepsilon\to 0$，根据数学期望的定义得

$$\mathrm{E}(X)\mathrm{E}(Y) \leqslant \mathrm{E}(XY) \leqslant \mathrm{E}(X)\mathrm{E}(Y),$$

所以(5)式成立.

最后研究一般的随机变量X,Y.令

$$x^+ = \max\{x,0\},\quad x^- = \max\{-x,0\},$$

则$x=x^+-x^-$.由于$X=X^+-X^-$，$Y=Y^+-Y^-$，知

$$XY=(X^+-X^-)(Y^+-Y^-)=X^+Y^+-X^+Y^--X^-Y^++X^-Y^-.$$

于是利用已证明的结果得

$$\begin{aligned}\mathrm{E}(XY) &= \mathrm{E}(X^+Y^+)-\mathrm{E}(X^+Y^-)-\mathrm{E}(X^-Y^+)+\mathrm{E}(X^-Y^-)\\ &= \mathrm{E}(X^+)\mathrm{E}(Y^+)-\mathrm{E}(X^+)\mathrm{E}(Y^-)-\mathrm{E}(X^-)\mathrm{E}(Y^+)\\ &\quad +\mathrm{E}(X^-)\mathrm{E}(Y^-)\\ &= (\mathrm{E}(X^+)-\mathrm{E}(X^-))(\mathrm{E}(Y^+)-\mathrm{E}(Y^-)) = \mathrm{E}(X)\mathrm{E}(Y).\end{aligned}$$

故(5)式仍成立.　□

定理 D(第三章的定理 4.6)　(1) 设二维随机向量(X,Y)的可能值是$\boldsymbol{a}_1$，$\boldsymbol{a}_2$，…(有限个或可列无穷个)，$f(x,y)$是任何二元函数，则

$$\mathrm{E}f(X,Y) = \sum_i f(\boldsymbol{a}_i)P((X,Y) = \boldsymbol{a}_i) \tag{6}$$

(当这些$\boldsymbol{a}_i$有无穷个时，要求这个级数绝对收敛).

(2) 设二维随机向量(X,Y)有联合密度$p(x,y)$，二元函数$f(x,y)$满足积分

$$\int_{-\infty}^{+\infty}\int_{-\infty}^{+\infty} |f(x,y)|\ p(x,y)\mathrm{d}x\mathrm{d}y$$

收敛，则

$$\mathrm{E}f(X,Y) = \int_{-\infty}^{+\infty}\int_{-\infty}^{+\infty} f(x,y)p(x,y)\mathrm{d}x\mathrm{d}y. \tag{7}$$

证明　(1) 设$Z=f(X,Y)$的可能值是$z_1,z_2,\cdots,A_k \triangleq \{\boldsymbol{a}_i : f(\boldsymbol{a}_i)=z_k\}$ $(k=1,2,\cdots)$，则

$$\begin{aligned}P(Z = z_k) &= P(f(X,Y) = z_k) = P((X,Y)\in A_k)\\ &= \sum_{\boldsymbol{a}_i\in A_k} P((X,Y) = \boldsymbol{a}_i).\end{aligned}$$

故

$$\mathrm{E}f(X,Y)=\mathrm{E}(Z)=\sum_k z_k P(Z=z_k)=\sum_k z_k \sum_{\boldsymbol{a}_i\in A_k} P((X,Y)=\boldsymbol{a}_i)$$

$$=\sum_k \sum_{\boldsymbol{a}_i\in A_k} f(\boldsymbol{a}_i)P((X,Y)=\boldsymbol{a}_i)=\sum_i f(\boldsymbol{a}_i)P((X,Y)=\boldsymbol{a}_i).$$

这表明(6)式成立.

(2) 设(X,Y)有联合密度$p(x,y)$,$Z=f(X,Y)$,$\varepsilon>0$,

$$J\triangleq\int_{-\infty}^{+\infty}\int_{-\infty}^{+\infty}f(x,y)p(x,y)\mathrm{d}x\mathrm{d}y,$$

$$D_k\triangleq\{(x,y):k\varepsilon\leqslant f(x,y)<(k+1)\varepsilon\}\quad(k\text{ 是任何整数}),$$

$$Z^*\triangleq\left[\frac{1}{\varepsilon}Z\right]\varepsilon\quad,$$

则

$$\mathrm{E}(Z^*)=\sum_{k=-\infty}^{\infty}k\varepsilon P(Z^*=k\varepsilon),$$

其中

$$P(Z^*=k\varepsilon)=P(k\varepsilon\leqslant Z<(k+1)\varepsilon)=P((X,Y)\in D_k)$$

$$=\iint_{D_k}p(x,y)\mathrm{d}x\mathrm{d}y$$

$\left(\text{注意}\iint_{D_k}p(x,y)\mathrm{d}x\mathrm{d}y\triangleq\int_{-\infty}^{+\infty}\int_{-\infty}^{+\infty}I_{D_k}(x,y)p(x,y)\mathrm{d}x\mathrm{d}y\right)$. 易知

$$J=\sum_{k=-\infty}^{\infty}\iint_{D_k}f(x,y)p(x,y)\mathrm{d}x\mathrm{d}y,$$

于是

$$|\mathrm{E}(Z^*)-J|\leqslant\sum_{k=-\infty}^{\infty}\iint_{D_k}|f(x,y)-k\varepsilon|p(x,y)\mathrm{d}x\mathrm{d}y$$

$$\leqslant\varepsilon\sum_{k=-\infty}^{\infty}\iint_{D_k}p(x,y)\mathrm{d}x\mathrm{d}y$$

$$=\varepsilon\int_{-\infty}^{+\infty}\int_{-\infty}^{+\infty}p(x,y)\mathrm{d}x\mathrm{d}y=\varepsilon.$$

令$\varepsilon\to 0$知,$\mathrm{E}(Z)=\lim\limits_{\varepsilon\to 0}\mathrm{E}(Z^*)=J$. 故(7)式成立. □

关于数学期望的存在性,主要结论是下面的定理:

定理 E(第二章的定理 8.2)　设X是随机变量,则$\mathrm{E}(X)$存在的充分必要条件是级数$\sum\limits_{k=1}^{\infty}P(|X|\geqslant k)$收敛.

这个定理的证明较长，先证明三个引理.

引理 1　设 X 是非负随机变量，且级数

$$J_0 = \sum_{k=0}^{\infty} kP(k \leqslant X < k+1)$$

收敛，则对一切 $n \geqslant 1$，有 $J_n \leqslant J_{n+1} \leqslant J_0 + 1$，这里

$$J_n = \sum_{k=0}^{\infty} \frac{k}{2^n} P\left(\frac{k}{2^n} \leqslant X < \frac{k+1}{2^n}\right).$$

证明　对于 $n=0,1,\cdots$，易知

$$\begin{aligned}
\frac{k}{2^n} P\left(\frac{k}{2^n} \leqslant X < \frac{k+1}{2^n}\right) &= \frac{2k}{2^{n+1}} P\left(\frac{2k}{2^{n+1}} \leqslant X < \frac{2(k+1)}{2^{n+1}}\right) \\
&= \frac{2k}{2^{n+1}} \left(P\left(\frac{2k}{2^{n+1}} \leqslant X < \frac{2k+1}{2^{n+1}}\right) + P\left(\frac{2k+1}{2^{n+1}} \leqslant X < \frac{2k+2}{2^{n+1}}\right)\right) \\
&\leqslant \frac{2k}{2^{n+1}} P\left(\frac{2k}{2^{n+1}} \leqslant X < \frac{2k+1}{2^{n+1}}\right) + \frac{2k+1}{2^{n+1}} P\left(\frac{2k+1}{2^{n+1}} \leqslant X < \frac{2k+2}{2^{n+1}}\right).
\end{aligned}$$

于是

$$J_n \leqslant \sum_{m=0}^{\infty} \frac{m}{2^{n+1}} P\left(\frac{m}{2^{n+1}} \leqslant X < \frac{m+1}{2^{n+1}}\right) = J_{n+1}.$$

设 $E_i\,(i=0,1,\cdots)$ 是区间 $[2^n i, 2^n(i+1))$ 中所有整数组成的集合，则

$$\begin{aligned}
J_n &= \sum_{i=0}^{\infty} \sum_{k \in E_i} \frac{k}{2^n} P\left(\frac{k}{2^n} \leqslant X < \frac{k+1}{2^n}\right) \\
&\leqslant \sum_{i=0}^{\infty} \sum_{k \in E_i} \frac{2^n(i+1)}{2^n} P\left(\frac{k}{2^n} \leqslant X < \frac{k+1}{2^n}\right) \\
&= \sum_{i=0}^{\infty} (i+1) P\left(\frac{2^n i}{2^n} \leqslant X < \frac{2^n(i+1)}{2^n}\right) \\
&= \sum_{i=0}^{\infty} (i+1) P(i \leqslant X < i+1) \\
&= \sum_{i=0}^{\infty} iP(i \leqslant X < i+1) + 1 \\
&= J_0 + 1.
\end{aligned}$$

引理 2　设 X 是任何随机变量，则

$$\sum_{k=1}^{\infty} kP(k \leqslant X < k+1) = \sum_{k=1}^{\infty} P(X \geqslant k) \tag{8}$$

（两个级数中若有一个收敛，则另一个也收敛且有相同的和）.

证明　我们有 $P(k \leqslant X < k+1) = P([X]=k)\,(k=0,1,\cdots)$，于是

$$\sum_{k=1}^{\infty} P(X \geqslant k) = \sum_{k=1}^{\infty} \sum_{i=k}^{\infty} P([X]=i) = \sum_{i \geqslant k \geqslant 1} P([X]=i)$$

$$= \sum_{i=1}^{\infty}\sum_{k=1}^{i}P([X]=i) = \sum_{i=1}^{\infty}iP([X]=i)$$

$$= \sum_{i=1}^{\infty}iP(i \leqslant X < i+1).$$

引理 3　设 X 是非负随机变量,则 E(X)存在的充分必要条件是级数 $J_0 = \sum_{k=0}^{\infty}kP(k \leqslant X < k+1)$ 收敛.

证明　必要性　设 E(X)存在,则对任何 $\varepsilon>0$,E(X^*)存在,这里

$$X^* = \left[\frac{1}{\varepsilon}X\right]\varepsilon.$$

由于 X 非负,故 $\mathrm{E}(X^*) = \sum_{k=0}^{\infty}k\varepsilon P(k\varepsilon \leqslant X < (k+1)\varepsilon)$ 是有限数. 取 $\varepsilon = 1$,知级数 J_0 收敛.

充分性　设 $J_0 = \sum_{k=0}^{\infty}kP(k \leqslant X < k+1)$ 是有限数. 从引理 1 知 $\lim\limits_{n\to\infty}J_n$ 存在且有限.

任意给定 $\varepsilon>0$,我们指出 E(X^*)必存在. 实际上,

$$\sum_{k=0}^{\infty}k\varepsilon P(X^* = k\varepsilon) = \varepsilon\sum_{k=1}^{\infty}kP\left(\left[\frac{1}{\varepsilon}X\right] = k\right)$$

$$= \varepsilon\sum_{k=1}^{\infty}kP\left(k \leqslant \frac{1}{\varepsilon}X < k+1\right)$$

$$= \varepsilon\sum_{k=1}^{\infty}P\left(\frac{1}{\varepsilon}X \geqslant k\right) \quad \text{(利用引理 2)}.$$

另一方面,

$$J_n = \sum_{k=0}^{\infty}\frac{k}{2^n}P\left(\frac{k}{2^n} \leqslant X < \frac{k+1}{2^n}\right)$$

$$= \sum_{k=1}^{\infty}k\varepsilon_n P\left(\left[\frac{1}{\varepsilon_n}X\right] = k\right) \quad (\varepsilon_n \triangleq 2^{-n})$$

$$= \varepsilon_n\sum_{k=1}^{\infty}P\left(\frac{1}{\varepsilon_n}X \geqslant k\right).$$

取 n 使得 $\varepsilon_n \leqslant \varepsilon$,则

$$\sum_{k=0}^{\infty}k\varepsilon P(X^* = k\varepsilon) \leqslant \varepsilon\sum_{k=1}^{\infty}P\left(\frac{1}{\varepsilon_n}X \geqslant k\right) = \frac{\varepsilon}{\varepsilon_n}J_n.$$

故级数 $\sum_{k=0}^{\infty}k\varepsilon P(X^* = k\varepsilon)$ 收敛,从而 E(X^*)存在.

注意到 X^* 与 ε 有关,以下用 X_ε 表示 X^*,即 $X_\varepsilon=\left[\frac{1}{\varepsilon}X\right]\varepsilon$. 易知,对一切 $\varepsilon_n=2^{-n}$,有

$$X_\varepsilon\leqslant X\leqslant X_{\varepsilon_n}+\varepsilon_n,\quad X_\varepsilon\geqslant X-\varepsilon\geqslant X_{\varepsilon_n}-\varepsilon,$$

于是

$$X_{\varepsilon_n}-\varepsilon\leqslant X_\varepsilon\leqslant X_{\varepsilon_n}+\varepsilon_n.$$

故

$$\mathrm{E}(X_{\varepsilon_n})-\varepsilon\leqslant \mathrm{E}(X_\varepsilon)\leqslant \mathrm{E}(X_{\varepsilon_n})+\varepsilon_n. \tag{9}$$

由于 $\mathrm{E}(X_{\varepsilon_n})=J_n$,且 $\lim\limits_{n\to\infty}J_n=a$ 存在,在(9)式中令 $n\to\infty$,得 $a-\varepsilon\leqslant\mathrm{E}(X_\varepsilon)\leqslant a$. 因此 $\lim\limits_{\varepsilon\to 0}\mathrm{E}(X_\varepsilon)=a$. 故 $\mathrm{E}(X)$ 存在.

定理 E 的证明　*充分性*　设级数 $\sum\limits_{k=1}^{\infty}P(|X|\geqslant k)$ 收敛. 令

$$X^+=\max\{X,0\},\quad X^-=\max\{-X,0\},$$

则 $\sum\limits_{k=1}^{\infty}P(X^+\geqslant k)$ 收敛,且 $\sum\limits_{k=1}^{\infty}P(X^-\geqslant k)$ 收敛. 从引理 2 和引理 3 知 $\mathrm{E}(X^+)$ 和 $\mathrm{E}(X^-)$ 都存在,而 $X=X^+-X^-$,故 $\mathrm{E}(X)$ 存在.

必要性　设 $\mathrm{E}(X)$ 存在,则对任何 $\varepsilon>0$,$\mathrm{E}(X^*)$ 存在(X^* 的定义见(1)式),即有级数 $\sum\limits_{k=-\infty}^{\infty}|k\varepsilon|P(k\varepsilon\leqslant X<(k+1)\varepsilon)$ 收敛. 取 $\varepsilon=1$,知

$$\sum_{k=1}^{\infty}kP(k\leqslant X<k+1) \tag{10}$$

收敛,而且

$$\sum_{k=1}^{\infty}kP(-k\leqslant X<-k+1) \tag{11}$$

收敛. 从级数(10)收敛和引理 2 知 $\sum\limits_{k=1}^{\infty}P(X\geqslant k)$ 收敛.

另一方面,

$$\begin{aligned}
&\sum_{k=1}^{n}kP(k\leqslant -X<k+1)\\
&\quad=\sum_{k=1}^{n}k(P(k<-X\leqslant k+1)+P(-X=k)-P(-X=k+1))\\
&\quad=\sum_{k=1}^{n}kP(k<-X\leqslant k+1)+\sum_{k=1}^{n}kP(-X=k)\\
&\qquad-\sum_{k=1}^{n}kP(-X=k+1)
\end{aligned}$$

$$
\begin{aligned}
&= \sum_{k=1}^{n} kP(k < -X \leqslant k+1) \\
&\quad + \sum_{k=1}^{n} P(-X = k) - nP(-X = n+1) \\
&\leqslant \sum_{k=0}^{\infty} (k+1)P(k < -X \leqslant k+1) + 1 \\
&= \sum_{k=1}^{\infty} kP(k-1 < -X \leqslant k) + 1.
\end{aligned}
$$

从级数(11)收敛知 $\sum_{k=1}^{\infty} kP(k \leqslant -X < k+1)$ 收敛. 再利用引理 2, 知 $\sum_{k=1}^{\infty} P(-X \geqslant k)$ 收敛. 已经证明了 $\sum_{k=1}^{\infty} P(X \geqslant k)$ 收敛, 所以 $\sum_{k=1}^{\infty} P(|X| \geqslant k)$ 收敛. □

习题答案与提示

习　题　一

1. $1-C_{37}^2/C_{40}^2=0.146$.

2. $P(A)=\dfrac{1}{27}$, $P(B)=\dfrac{1}{9}$, $P(C)=\dfrac{2}{9}$, $P(D)=\dfrac{8}{9}$, $P(E)=\dfrac{8}{27}$, $P(F)=\dfrac{1}{27}$.

3. $C_{13}^2/C_{52}^2=0.0588$.

4. $P(AB)=p+q-r$, $P(A\bar{B})=r-q$, $P(\bar{A}\,\bar{B})=1-r$.

7. $C_7^5\cdot 5!/7^5=0.1499$.

8. 当 $n\leqslant 365$ 时,P(彼此有不同生日) $=C_{365}^n\cdot n!/365^n$,于是

$$P(\text{至少有两人有相同生日})=1-C_{365}^n\cdot n!/365^n.$$

当 $n>365$ 时,P(彼此有不同生日)$=0$,于是

$$P(\text{至少有两人有相同生日})=1.$$

9. $(4\times 5)/C_{10}^3=1/6$.　　**10.** $(10!)^2\times 2^{10}/20!$.

11. $C_{80}^4C_{N-80}^{96}/C_N^{100}$. N 的最好预测值是 2000 或 1999.

12. (1) C_{51}^5/C_{52}^6.　　(2) $(C_4^1C_{13}^3(C_{13}^1)^3+C_4^2(C_{13}^2)^2(C_{13}^1)^2)/C_{52}^6$.　　(3) 0.655.

提示　对(3)先求 6 张皆不同点的概率. 将 52 张分成 13 组,每组为 4 张同点的牌. 任取 6 张,共有 C_{52}^6 种可能的结果. 不同点的结果来自不同的组. 不同点的结果共有 $C_{13}^6\cdot(C_4^1)^6$ 种.

13. $(k-1)(n-k)/C_n^2$.

14. (1),(2),(4)都不正确,(3)和(5)是正确的.

16. 利用第 15 题的不等式来说明.

17. **提示**　利用不等式 $p(1-p)\leqslant\dfrac{1}{4}$ $(0\leqslant p\leqslant 1)$.

18. 不一定.

20. P(最大号码等于 k)$=C_{m-1}^{k-1}/C_n^k$,P(号码均不超过 m)$=C_m^k/C_n^k$(当 $l>i$ 时,规定 $C_i^l=0$).

21. 恰有 k 个号码选中的概率为

$$p_k=C_6^kC_{45}^{6-k}/C_{51}^6,$$

$$p_4=\frac{1}{1213},\quad p_5=\frac{1}{66701},\quad p_6\approx 5.5\times 10^{-8}.$$

22. (1),(3),(4)成立,(2)和(5)不一定成立.

23. **提示** 对 n 用数学归纳法. **25.** $1-\left(\frac{3}{4}\right)^3$.

26. P(丙中|甲、乙、丙中恰有两人中)$=\frac{20}{38}>\frac{1}{2}$.丙中靶的可能性大.

27. 20/21. **29.** 0.

30. $P(C|\overline{A}\,\overline{B})=\dfrac{P(C)-P(AC)-P(BC)+P(ABC)}{1-P(A)-P(B)+P(AB)}$.

31. $P(\text{甲赢})=p^m\sum\limits_{k=0}^{n-1}\mathrm{C}_{m+k-1}^{k}q^k$, $P(\text{乙赢})=q^n\sum\limits_{k=0}^{m-1}\mathrm{C}_{n+k-1}^{k}p^k$.

32. 先摸的人最先摸到白球的概率为$\dfrac{1}{\mathrm{C}_{m+n}^{n}}\sum\limits_{k=0}^{[n/2]}\mathrm{C}_{m-1+n-2k}^{m-1}$

33. $\mathrm{C}_{2n-r}^{n}\left(\frac{1}{2}\right)^{2n-r}$. **34.** $\dfrac{p}{8-7p}$. **35.** $\dfrac{\mathrm{C}_5^2}{\mathrm{C}_6^3}$. **36.** 0.104.

37. (1) 0.9232. (2) 0.1769. **38.** $\dfrac{(\lambda p)^m}{m!}\mathrm{e}^{-\lambda p}$. **39.** $\dfrac{6}{7}$.

40. 0.816. **41.** 不相互独立. **43.** 0.75. **44.** 0.5.

45. 3/4. **提示** 先考查锐角三角形.设所取三点将圆周分成三段,其中两段弧长为 x,y,则第三段弧长为 $2\pi-x-y$.设 $A=$"三点构成锐角三角形",则 A 对应下列集合:

$$G_0=\{(x,y):0<x<\pi,0<y<\pi,x+y>\pi \text{ 且 } (x,y)\in G\},$$

其中 $G=\{(x,y):x>0,y>0,x+y<2\pi\}$,然后考查几何概率.

46. 保险公司亏本的概率约为 4×10^{-7},一年内获利不少于 6 万元的概率约为 0.99784.

47. 0.23.

48. (1) 0.0168. (2) 0.1557. (3) 0.8587. **49.** 0.8793.

习 题 二

1. $\mathrm{C}_{13}^{k}\mathrm{C}_{39}^{5-k}/\mathrm{C}_{52}^{5}, k=0,1,2,3,4,5$. **2.** $\frac{2}{3}\mathrm{e}^{-2}$.

3. 面积的分布函数是

$$F(x)=\begin{cases}1, & x>\dfrac{\pi b^2}{4},\\[2ex] \dfrac{2\sqrt{x/\pi}-a}{b-a}, & \dfrac{\pi a^2}{4}\leqslant x\leqslant\dfrac{\pi b^2}{4},\\[2ex] 0, & x<\dfrac{\pi a^2}{4}.\end{cases}$$

面积的均值是$\frac{\pi}{12}(b^2+ab+a^2)$，

面积的方差是$\frac{\pi^2}{720}(b-a)^2(4b^2+7ab+4a^2)$.

4. (1) $c=1$.　　(2) $c=\frac{\beta^{\alpha+1}}{\Gamma(\alpha+1)}$.　　(3) $c=\frac{1}{\pi}$.

6. $E(Y)=\exp\left\{\mu+\frac{1}{2}\sigma^2\right\}$, $\mathrm{var}(Y)=(e^{\sigma^2}-1)\exp\{2\mu+\sigma^2\}$.

7. $A=\frac{1}{\sigma^2}$, $E(X)=\sqrt{\frac{\pi}{2}}\sigma$, $\mathrm{var}(X)=\left(2-\frac{\pi}{2}\right)\sigma^2$, $P(X>E(X))=e^{-\pi/4}$.

8. 提示　设x_0是$F(x)$的一个间断点，$F(x_0-0)=\lim\limits_{x\nearrow x_0}F(x)$，则不存在$x$，满足$F(x)\in(F(x_0-0),F(x_0))$.

9. $p_Y(y)=\begin{cases}\frac{4\sqrt{2}}{\alpha^3\sqrt{\pi}m^{3/2}}\sqrt{y}e^{-2y/(m\alpha^2)}, & y>0,\\ 0, & y\leqslant 0.\end{cases}$

10. $p_X(x)=\begin{cases}\frac{1}{\pi\sqrt{R^2-x^2}}, & |x|<R,\\ 0, & 其他,\end{cases}$　$E(X)=0$.

11. $F(x)=\begin{cases}0, & x<0,\\ \frac{1}{2}x^2, & 0\leqslant x<1,\\ 1-\frac{1}{2}(2-x)^2, & 1\leqslant x\leqslant 2,\\ 1, & x>2.\end{cases}$

12. $\sigma\leqslant 31.25$.　　**13.** $E(X)=0$.

16. $E(X)=1$.　**提示**　先求X的分布密度.

17. $E(X)=11$, $E(Y)=100$，平均利润可增加20万元.

18. 提示　先证明下列等式成立：

$$\sum_{k=1}^{N}kP(X=k)=\sum_{k=1}^{N}P(X\geqslant k)-NP(X\geqslant N+1).$$

19. 提示　仿效证明马尔可夫不等式时所用的方法.

20. Y的分布函数为

$$F(y)=\begin{cases}0, & y<0,\\ \frac{2\arcsin y}{\pi}, & 0\leqslant y\leqslant 1,\\ 1, & y>1.\end{cases}$$

21. $F(y)=\begin{cases}0, & y<0,\\ 1/5, & 0\leqslant y<1,\\ y/5, & 1\leqslant y<3,\\ 3/5, & 3\leqslant y<5,\\ 1, & y\geqslant 5.\end{cases}$

22. $p(x)=\begin{cases}0, & x\leqslant 0 \text{ 或 } x>3,\\ 2x/9, & 0<x\leqslant 3,\end{cases}$ $\mathrm{E}(X)=2$，p 分位数 $x_p=3\sqrt{p}$.

23. $p(y)=\dfrac{\alpha}{\eta^{\alpha}}\mathrm{e}^{\alpha y}\exp\left\{-\dfrac{1}{\eta^{\alpha}}\mathrm{e}^{\alpha y}\right\}$.

24. $\dfrac{2}{p^2+q^2}$.　　**26.** $\mathrm{E}(X)=\dfrac{91}{21}\approx 4.33$，中位数$=5$.

27. (1) 0.2857.　(2) 0.0606.　**28.** 12.　**提示**　利用计算器(机).

29. p 分位数$=\begin{cases}\ln(2p), & 0<p\leqslant 1/2,\\ -\ln(2(1-p)), & 1/2<p<1.\end{cases}$

30. $\mathrm{E}(d)=\dfrac{3v^2}{\pi g}$，$\mathrm{var}(d)=\dfrac{v^4}{\pi g^2}\left(\dfrac{\pi}{2}+\dfrac{3\sqrt{3}}{4}-\dfrac{9}{\pi}\right)$.

31. 期望$=0.120$，方差$=0.00005$.　**32.** **提示**　利用切比雪夫不等式.

33. **提示**　研究 $\xi=(X-a)/(b-a)$ 的方差，并利用不等式：

$$p(1-p)\leqslant\frac{1}{4}\quad(0\leqslant p\leqslant 1).$$

习　题　三

1. $P(X=0)=1/4$，$P(X=1)=1/2$，$P(X=2)=1/4$，

$P(Y=-1)=1/4$，$P(Y=0)=1/2$，$P(Y=1)=1/4$.

X 与 Y 不相互独立.

2. 联合密度为

$$p(x,y)=\begin{cases}\dfrac{1}{(b-a)(d-c)}, & a<x<b \text{ 且 } c<y<d,\\ 0, & \text{其他；}\end{cases}$$

边缘分布密度为

$$p_X(x)=\begin{cases}\dfrac{1}{b-a}, & a<x<b,\\ 0, & \text{其他，}\end{cases}\qquad p_Y(y)=\begin{cases}\dfrac{1}{d-c}, & c<y<d,\\ 0, & \text{其他.}\end{cases}$$

X 与 Y 相互独立.

3. (1) $c=\dfrac{3}{\pi R^3}$.　(2) $3\left(\dfrac{r}{R}\right)^2-2\left(\dfrac{r}{R}\right)^3$.

4. $p(x,y)=\begin{cases}\dfrac{1}{\pi ab}, & (x,y)\in D,\\ 0, & \text{其他}.\end{cases}$

5. (1) $c=1/\pi^2$. (2) $1/16$. X 与 Y 相互独立.

6. (1) 联合密度是 $\dfrac{1}{\pi\sqrt{3}}\exp\left\{-\dfrac{2}{3}\left[(x-3)^2+y^2-(x-3)y\right]\right\}$,

两个边缘密度分别是 $\dfrac{1}{\sqrt{2\pi}}\exp\left\{-\dfrac{(x-3)^2}{2}\right\}$, $\dfrac{1}{\sqrt{2\pi}}\exp\left\{-\dfrac{y^2}{2}\right\}$.

(2) 联合密度是

$$\frac{4}{\pi\sqrt{3}}\exp\left\{-\frac{2}{3}\left[4(x-1)^2+4(y-1)^2-4(x-1)(y-1)\right]\right\},$$

两个边缘密度分别是 $\sqrt{\dfrac{2}{\pi}}\exp\{-2(x-1)^2\}$, $\sqrt{\dfrac{2}{\pi}}\exp\{-2(y-1)^2\}$.

(3) 联合密度是 $\dfrac{1}{\pi}\exp\left\{-\dfrac{1}{2}\left[(x-1)^2+4(y-2)^2\right]\right\}$,

两个边缘密度分别是 $\dfrac{1}{\sqrt{2\pi}}\exp\left\{-\dfrac{1}{2}(x-1)^2\right\}$, $\sqrt{\dfrac{2}{\pi}}\exp\{-2(y-2)^2\}$.

7. $p(x)=\begin{cases}0, & x\leqslant 0,\\ 1-\mathrm{e}^{-x}, & 0<x<1,\\ \mathrm{e}^{-x}(\mathrm{e}-1), & x\geqslant 1.\end{cases}$

9. (1) $p(z)=\begin{cases}(\alpha+\beta)\mathrm{e}^{-(\alpha+\beta)z}, & z>0,\\ 0, & z\leqslant 0.\end{cases}$

(2) $p(z)=\begin{cases}\alpha\mathrm{e}^{-\alpha z}+\beta\mathrm{e}^{-\beta z}-(\alpha+\beta)\mathrm{e}^{-(\alpha+\beta)z}, & z>0,\\ 0, & z\leqslant 0.\end{cases}$

(3) $p(z)=\begin{cases}\dfrac{\alpha\beta}{\beta-\alpha}(\mathrm{e}^{-\alpha z}-\mathrm{e}^{-\beta z}), & z>0,\\ 0, & z\leqslant 0.\end{cases}$

10. $\mathrm{E}(Z)=\dfrac{3}{4}\sqrt{\pi}$. **11.** $\mathrm{E}(X)=\dfrac{2}{3}$, $\mathrm{var}(X)=\dfrac{1}{18}$. 相关系数为 $\dfrac{1}{2}$.

12. 相关系数 $=\begin{cases}0, & n\text{ 是偶数},\\ \dfrac{n!!}{\sqrt{(2n-1)!!}}, & n\text{ 是奇数},\end{cases}$ 这里 $m!!=\prod\limits_{0\leqslant k<\frac{m}{2}}(m-2k)$.

13. 4. **14.** $\mathrm{var}(X+Y)=85$, $\mathrm{var}(X-Y)=37$. **15.** $1-\mathrm{e}^{-k^2/2}$.

16. $p_X(x)=p_Y(x)=p_Z(x)=\begin{cases}\mathrm{e}^{-x}, & x>0,\\ 0, & x\leqslant 0,\end{cases}$ X,Y,Z 相互独立.

17. 分布密度是

$$p(u)=\begin{cases}\sqrt{\dfrac{2}{\pi}}u^2\mathrm{e}^{-u^2/2}, & u>0,\\ 0, & u\leqslant 0.\end{cases}$$

19. $\mathrm{E}(X+Y+Z)=1$，$\mathrm{var}(X+Y+Z)=3$.

20. 联合密度是

$$p(u,v)=\frac{1}{4\pi}\exp\left\{-\frac{1}{4}(u^2+v^2)\right\}.$$

22. $\mathrm{E}(XY)=1$，$\mathrm{var}(XY)=\dfrac{4}{9}$.

25. **提示** 令 $\xi_i=X_i/(X_1+\cdots+X_n)$. $\xi_1,\cdots,\xi_n$ 服从相同的概率分布.

26. 联合密度是

$$p(u,v)=\frac{1}{2\pi\sqrt{m(n-m)}\sigma^2}\exp\left\{-\frac{1}{2m\sigma^2}(u-m\mu)^2\right.$$
$$\left.-\frac{1}{2(n-m)\sigma^2}(v-u-(n-m)\mu)^2\right\}.$$

27. 相关系数是 $\dfrac{\alpha^2-\beta^2}{\alpha^2+\beta^2}$,联合密度为

$$p(x,y)=\frac{1}{2\pi(\alpha^2+\beta^2)\sigma^2\sqrt{1-\rho^2}}\exp\left\{-\frac{1}{2(1-\rho^2)(\alpha^2+\beta^2)\sigma^2}\right.$$
$$\cdot[(x-(\alpha+\beta)\mu)^2+(y-(\alpha-\beta)\mu)^2$$
$$\left.-2\rho(x-(\alpha+\beta)\mu)(y-(\alpha-\beta)\mu]^2\right\},$$

其中 $\rho=\dfrac{\alpha^2-\beta^2}{\alpha^2+\beta^2}$.

28. $P(X_1=n_1,\cdots,X_r=n_r)=\dfrac{m!}{n_1!\cdots n_r!}p_1^{n_1}\cdots p_r^{n_r}\ (n_1+\cdots+n_r=m)$,

$\mathrm{cov}(X_i,X_j)=-mp_ip_j\,(i\neq j)$.

30. 若有 $\sigma_{i_0}^2=0$,则应取 $a_{i_0}=1, a_i=0(i\neq i_0)$;若所有 $\sigma_i^2>0$,则应取 $a_i=\dfrac{1}{c\sigma_i^2}$

$(i=1,\cdots,n)$,这里 $c=\displaystyle\sum_{k=1}^{n}\frac{1}{\sigma_k^2}$.

32. $P(X+Y=0)=0.3$，$P(X+Y=1)=0.6$，$P(X+Y=2)=0.1$；

$P(X-Y=0)=0.4$, $P(X-Y=1)=0.3$，$P(X-Y=-1)=0.3$；

$P(Z=4)=P(Z=6)=P(Z=7)=0.3$, $P(Z=9)=0.1$；$\mathrm{E}(Z)=6$.

34. $7\left(1-\left(\dfrac{6}{7}\right)^{25}\right)$.　　**35.** $\dfrac{46}{5}$.　　**37.** 分别是 $\dfrac{n}{n+1},\dfrac{1}{n+1},\dfrac{n-1}{n+1}$.

39. $P(X>Y)=\Phi\left(\dfrac{\mu_1-\mu_2}{\sqrt{\sigma_1^2+\sigma_2^2}}\right)$.

40. $P(X=2)=0.27$，　$P(Y\geqslant 2)=0.53$，　$P(X=Y)=0.30$，

$P(X\leqslant 2, Y\leqslant 2)=0.69$，　$P(X>Y)=0.25$.

41. $c=3/2, P(X\leqslant 1)=1/2, P(X+Y>2)=3/8, P(X=3Y)=0$.

42. 提示　设一天走进百货商店的顾客数为 N，第 i 个顾客所花的钱数为 $X_i (i=1,\cdots,N)$. 利用期望的定义证明等式

$$\mathrm{E}\left(\sum_{i=1}^{N} X_i\right)=\mathrm{E}(X_1)\mathrm{E}(N).$$

利用这个等式可得到商店一天的平均营业额为 60000 元.

44. $a=1/2$.

45. 当 $0<x<1$ 时，$p_{Y|X}(y|x)=\begin{cases}1/x, & 0<y<x,\\ 0, & \text{其他的 } y;\end{cases}$

当 $0<y<1$ 时，$p_{X|Y}(x|y)=\begin{cases}\dfrac{2x}{1-y^2}, & x\in(y,1),\\ 0, & \text{其他的 } x.\end{cases}$

46. $P(Y\geqslant 0.75 | X=0.5)=\dfrac{7}{15}$.

47. $\mathrm{E}(X|Y=y)=\dfrac{2y+1}{3}\ (0<y<1)$.　　**48.** $\mathrm{E}(Z)=\dfrac{27}{4\lambda}+\dfrac{1}{2}$.

50. 联合密度是 $p(u,v)=\dfrac{1}{2\pi}\exp\left\{-\dfrac{u^2+v^2}{2}\right\}$.

习　题　四

1. 提示　利用马尔可夫不等式并注意当 $x\geqslant 0$ 时，$\dfrac{x}{1+x}$ 是 x 的严格增函数.

2. 提示　令 $D=\bigcup_{m=1}^{\infty}\bigcap_{n=m}^{\infty}\{X_n=0\}$. 可以证明，$P(D)=1$，对一切 $\omega\in D$，有 $\lim_{n\to\infty} X_n=0$.

8. 提示　利用推论 2.3.　　**10. 提示**　研究 $P(\xi_n>a+\varepsilon)(\varepsilon>0)$.

11. 对任何 $\varepsilon>0$，当 n 很大时，有

$$P(|\text{和的误差}\leqslant\varepsilon)\approx 2\Phi\left(\sqrt{\frac{12}{n}}10^m\varepsilon\right)-1.$$

12. (1) 0.18.　　(2) 441.

14. 约等于 0.18.　　**15.** 不少于 475 人.　　**16.** $\theta=0.165$.

17. 至少应生产 12655 片.　　**18.** 应装 103 件.　　**19.** n 不小于 9604.

习 题 五

1. $\{\xi_t, t\geqslant 0\}$是泊松过程,$\{\eta_t, t\geqslant 0\}$不是泊松过程.

提示 任给定 $0<t_1<\cdots<t_n\ (n\geqslant 2)$,令 $U_i=X_{t_i}-X_{t_{i-1}}$,$V_i=Y_{t_i}-Y_{t_{i-1}}$ $(i=1,\cdots,n)$,$t_0=0$. 易知 $U_1,\cdots,U_n,V_1,\cdots,V_n$ 相互独立,因而 $U_1+V_1,\cdots,U_n+V_n$ 相互独立. 此外,$P(\eta_1=-1)>0$.

2. 0.245. **3. 提示** 利用本章定理 3.2.

5. 记 $p_{ij}^{(2)}=P(X_{n+2}=j\,|\,X_n=i)\ (i,j\in E)$,则

$$(p_{ij}^{(2)})=\boldsymbol{P}^2=\begin{bmatrix}15/36 & 13/36 & 8/36\\ 14/36 & 14/36 & 8/36\\ 14/36 & 13/36 & 9/36\end{bmatrix}.$$

6. $$P(X_n=1)=\frac{1}{3}+\left(\frac{1}{2}\right)^{n+1}\left[1+\frac{(-1)^n}{3}\right]p_1-\frac{1}{3}\left(\frac{-1}{2}\right)^n p_2+\left(\frac{1}{2}\right)^{n+1}\left[-1+\frac{(-1)^n}{3}\right]p_3,$$

$$P(X_n=2)=\frac{1}{3}+\frac{1}{3}(-1)^{n-1}\left(\frac{1}{2}\right)^n(p_1+p_3-2p_2),$$

$$P(X_n=3)=1-P(X_n=1)-P(X_n=2).$$

提示 为了计算 $\boldsymbol{P}^n$,先找正交矩阵 $\boldsymbol{\Gamma}$ 使得 $\boldsymbol{\Gamma}^{\mathrm{T}}\boldsymbol{P}\boldsymbol{\Gamma}$ 为对角形.

7. (1) 均可相互到达; (2) 状态 1 的周期是 1,平均返回时间等于 5/2.

8. 均可相互到达. 每个状态是消极常返的,平均返回时间是 $+\infty$.

11. 平稳分布$\{p_0,p_1,\cdots,p_m\}$如下:

$$p_i=\mathrm{C}_m^i/2^m\quad(i=0,1,\cdots,m).$$

16. 自协方差函数为 $R(\tau)=\dfrac{a^{|\tau|}}{1-a^2}$,谱密度为 $f(\lambda)=\dfrac{1}{2\pi}\sum\limits_{k=-\infty}^{\infty}\mathrm{e}^{-\mathrm{i}k\lambda}\dfrac{a^{|k|}}{1-a^2}$.

17. $R(\tau)=\dfrac{1}{2}\mathrm{e}^{-|\tau|}$, $f(\lambda)=\dfrac{1}{2\pi(1+\lambda^2)}$. **18.** 自协方差函数为 $2(R(\tau))^2$.

19. 提示 当 $|a|<1$ 时,可直接验证 $X_t=\sum\limits_{i=0}^{\infty}a^i\varepsilon_{t-i}\ (t\in\mathbf{Z})$ 是宽平稳序列并满足所述方程. 若$(X_t,t\in\mathbf{Z})$ 是方程的任何宽平稳解,则 $\mathrm{E}(X_t^2)$ 对 t 有界,且

$$X_t-aX_{t-1}=\varepsilon_t.$$

令 $\xi_t=X_t-aX_{t-1}$,则 $\sum\limits_{i=0}^{\infty}a^i\varepsilon_{t-i}=\sum\limits_{i=0}^{\infty}a^i\xi_{t-i}=X_t-\lim\limits_{l\to\infty}a^{l+1}X_{t-l-1}=X_t\,(\text{a. s.})$.

对 $|a|>1$ 的情形可进行类似的推理.

附表　标准正态分布数值表

x	$\Phi(x)$	x	$\Phi(x)$	x	$\Phi(x)$
0.00	0.5000	1.40	0.9192	2.30	0.9893
0.05	0.5199	1.42	0.9222	2.33	0.9901
0.10	0.5398	1.45	0.9265	2.35	0.9906
0.15	0.5596	1.48	0.9306	2.38	0.9913
0.20	0.5793	1.50	0.9332	2.40	0.9918
0.25	0.5987	1.55	0.9394	2.42	0.9922
0.30	0.6179	1.58	0.9429	2.45	0.9929
0.35	0.6368	1.60	0.9452	2.50	0.9938
0.40	0.6554	1.65	0.9505	2.55	0.9946
0.45	0.6736	1.68	0.9535	2.58	0.9951
0.50	0.6915	1.70	0.9554	2.60	0.9953
0.55	0.7088	1.75	0.9599	2.62	0.9956
0.60	0.7257	1.78	0.9625	2.65	0.9960
0.65	0.7422	1.80	0.9641	2.68	0.9963
0.70	0.7580	1.85	0.9678	2.70	0.9965
0.75	0.7734	1.88	0.9699	2.72	0.9967
0.80	0.7881	1.90	0.9713	2.75	0.9970
0.85	0.8023	1.95	0.9744	2.78	0.9973
0.90	0.8159	1.96	0.9750	2.80	0.9974
0.95	0.8289	2.00	0.9772	2.82	0.9976
1.00	0.8413	2.02	0.9783	2.85	0.9978
1.05	0.8531	2.05	0.9798	2.88	0.9980
1.10	0.8643	2.08	0.9812	2.90	0.9981
1.15	0.8749	2.10	0.9821	2.92	0.9982
1.20	0.8849	2.12	0.9830	2.95	0.9984
1.25	0.8944	2.15	0.9842	2.98	0.9986
1.28	0.8997	2.18	0.9854	3.00	0.9987
1.30	0.9032	2.20	0.9861	3.50	0.9998
1.32	0.9066	2.22	0.9868	4.00	0.99997
1.35	0.9115	2.25	0.9878	5.00	0.9999997
1.38	0.9162	2.28	0.9887	6.00	$0.\underbrace{99\cdots9}_{9个9}$

注　表中 $\Phi(x)=\int_{-\infty}^{x}\frac{1}{\sqrt{2\pi}}\mathrm{e}^{-t^2/2}\mathrm{d}t.$

参 考 文 献

[1] Гнеденко Б В. 概率论教程. 丁寿田,译. 北京：高等教育出版社,1956.

[2] 陈家鼎,刘婉如,汪仁官. 概率统计讲义. 第 3 版. 北京：高等教育出版社,2004.

[3] Ross S M. A First Course in Probability. 6th Ed. 影印版. 北京：中国统计出版社,2003.

[4] 汪仁官. 概率论引论. 北京：北京大学出版社,1994.

[5] 钱敏平,叶俊. 随机数学. 北京：高等教育出版社,2000.

[6] Hoffmann-Jorgensen J. Probability with A View Toward Statistics 1. New York：Chapman and Hall, 1994.

[7] Shiryayev A N. Probability. New York：Springer-Verlag,1984.

[8] 茆诗松,周纪芗. 概率论与数理统计. 第 2 版. 北京：中国统计出版社,2000.

[9] 林正炎,苏中根. 概率论. 杭州：浙江大学出版社,2001.

[10] 林正炎,陆传荣,苏中根. 概率极限理论基础. 北京：高等教育出版社,1999.

[11] 程士宏. 测度论与概率论基础. 北京：北京大学出版社,2004.

[12] 周民强. 实变函数. 北京：北京大学出版社,1985.

[13] 胡迪鹤. 随机过程论——基础 · 理论 · 应用. 武汉：武汉大学出版社,2000.

[14] Gihman I I, Skorohod A V. The Theory of Stochastic Processes II. Berlin：Springer-Verlag, 1983.

[15] 何书元. 概率论. 北京：北京大学出版社,2006.

[16] Brockwell P J, Davis R A. 时间序列的理论与方法. 第 2 版. 田铮,译. 北京：高等教育出版社,2001.

[17] 茆诗松,程依明,濮晓龙. 概率论与数理统计教程. 北京：高等教育出版社,2004.

[18] Papoulis A, Pillai S U. 概率、随机变量与随机过程. 第 4 版. 保铮,等,译. 西安：西安交通大学出版社,2004.

[19] DeGroot M H. Probability and Statistics. 2nd Ed. Addison-Wesley Pub com, 1986.

[20] 陈家鼎. 生存分析与可靠性. 北京：北京大学出版社,2005.

[21] Ross S M. 随机过程. 何声武,等,译. 北京：中国统计出版社,1997.
[22] 项可风,吴启光. 试验设计与数据分析. 上海：上海科学技术出版社,1989.
[23] 陈家鼎,孙山泽,李东风,等. 数理统计学讲义. 第 2 版. 北京：高等教育出版社,2006.
[24] 张道奎,孙山泽. 用 EQQ 图评估高考作文试卷评分质量. 北京大学学报(自然科学版),1996, 32(1)：1-7.
[25] 王松桂,陈敏,陈立萍. 线性统计模型. 北京：高等教育出版社,1999.
[26] 陈希孺. 数理统计学简史. 长沙：湖南教育出版社,2002.
[27] Folland G B. Real Analysis. Wiley & Sons, Inc., 1984.
[28] 吴喜之. 统计学：从数据到结论. 北京：中国统计出版社,2004.
[29] 高惠璇. 应用多元统计分析. 北京：北京大学出版社,2005.
[30] Bayes T. An essay towards solving a problem in the doctrine of chances. Phil Trans Roy Soc, 1713, 53：370-418.
[31] Berger J O. 统计决策论及贝叶斯分析. 贾乃光,译. 北京：中国统计出版社,1998.
[32] Efroymson M A. Mathematical Methods for Digital Computers：Multiple regression analysis. New York：John Wiley, 1960.
[33] Freedman D,等. 统计学. 魏宗舒,等,译. 北京：中国统计出版社,1997.
[34] Miller A J. The Convergence of Efroymson Stepwise regression algorithm. The American Statistician, 1996, 50(2)：180-181.
[35] Rosner B. 生物统计学基础. 孙尚拱,译. 北京：科学出版社,2004.
[36] Weisberg S. 应用线性回归. 王静龙,等,译. 北京：中国统计出版社,1998.
[37] Hald A. Statistical Theory with Engineering Application. New York：Wiley, 1952.

名 词 索 引